编委会

主　编　张胜利　温　万　王雅春　顾亚玲

副主编　张海亮　田　佳　王　琨　李委奇

编　委　张　毅　周佳敏　秦春华　邵怀峰　张伟新
王　澳　王　玲　许立华　马龙刚　徐　寒
王　磊　马丽琴　徐　伟　宁景扬　刘灿风
司敬方　张　娟　段鑫磊　李艳艳　郝　峰
韩丽云　杜爱杰　路婷婷　牛书弟　厉　龙
张伟英　苏　亮　贺铁柱　文汇玉　文建强
刘增超　文　鹏　赵学华　叶正河　史春琴
刘景宁　蔡志斌　王　瑞　于一凡　侯丽娥
马苗苗　张艳梅　朱熙春　孙　磊　张　倩
张转弟　金立彬

2020-2021 annual dairy genetic evaluation report in Ningxia Hui Autonomous Region

2020—2021年度
宁夏奶牛遗传评估报告

宁夏回族自治区畜牧工作站 主编

黄河出版传媒集团
阳 光 出 版 社

图书在版编目（CIP）数据

2020—2021年度宁夏奶牛遗传评估报告 / 宁夏回族自治区畜牧工作站主编. -- 银川：阳光出版社，2022.12

ISBN 978-7-5525-6684-0

Ⅰ.①2… Ⅱ.①宁… Ⅲ.①乳牛－群体改良－遗传改良－评估－研究报告－宁夏－2020-2021 Ⅳ.①S823.92

中国国家版本馆CIP数据核字(2023)第000322号

2020—2021年度宁夏奶牛遗传评估报告

宁夏回族自治区畜牧工作站 主编

责任编辑 李少敏
封面设计 赵 倩
责任印制 岳建宁

黄河出版传媒集团 阳光出版社 出版发行

出 版 人 薛文斌
地 址 宁夏银川市北京东路139号出版大厦（750001）
网 址 http://www.ygchbs.com
网上书店 http://shop129132959.taobao.com
电子信箱 yangguangchubanshe@163.com
邮购电话 0951-5047283
经 销 全国新华书店
印刷装订 宁夏银报智能印刷科技有限公司
印刷委托书号 （宁）0026493

开 本 880 mm×1230 mm 1/16
印 张 33.75
字 数 600千字
版 次 2022年12月第1版
印 次 2023年1月第1次印刷
书 号 ISBN 978-7-5525-6684-0
定 价 128.00元

序　言

宁夏地处我国西北内陆，发展奶产业的资源条件优越。“十四五”以来，奶产业先后被自治区党委政府确定为“九大重点产业”之一和“六特”产业之一，也是率先实现现代化的特色优势产业。2013年宁夏启动实施农业特色优势产业新品种选育专项，“优质高产奶牛选育”作为重点项目列为第二轮新品种选育专项重点支持项目。为贯彻落实《种业振兴行动方案》和《全国奶牛遗传改良计划（2021—2035年）》，宁夏奶产业优先发展和重点支持优质高产奶牛遗传改良工作。群体遗传改良是一项系统性工作，定期开展牛群遗传评估可为跟踪牛群遗传水平变化趋势、评价历史选配效果、优化未来选配计划、筛选核心群及种子母牛提供支撑。2019—2020年度，项目组对宁夏奶牛群体开展了遗传评估并发布了遗传评估报告。

2020—2021年度，项目组更新表型数据库，利用各种信息完善牛群系谱数据，通过整合北京地区牛群育种数据开展联合评估，提高了遗传评估的稳定性。《2020—2021年度宁夏奶牛遗传评估报告》（以下简称《报告》）采用2020年最新版CPI指数展示奶牛的综合性能，发布了来自宁夏74个规模化牧场的荷斯坦牛的产奶性状、体型性状、繁殖性状、产犊性状、长寿性状和$CPI1_{2020}$指数的遗传评估结果，全面揭示了宁夏奶牛的遗传水平。本轮遗传评估中，表型数据主要来自近15年来宁夏积累的169 241头奶牛的2 729 570条DHI记录，37 812头奶牛的体型外貌鉴定记录，93 074头奶牛的繁殖、产犊和长寿性状记录。

《报告》揭示了宁夏奶牛群体各个性状的遗传水平现状，可为宁夏奶牛群体的牛只登记、数据收集和遗传改良等工作提供参考，是指导宁夏持续提高奶牛群体遗传水平的科学依据。遗传评估工作和《报告》发布得到了中国奶业协会、中国农业大学、宁夏畜牧工作站、北京奶牛中心和“优质高产奶牛选育”项目二期核心育种场等单位的持续支持，在此一并表示感谢。限于时间仓促和编者水平有限，《报告》中难免有偏误之处，恳请读者批评指正。

编　者

2022 年 3 月

目 录

1 宁夏奶牛养殖概况

宁夏回族自治区（以下简称宁夏）地处我国西北内陆，属温带大陆性干旱、半干旱气候。宁夏位于世界公认的奶牛适宜分布地带，奶业整体生产技术水平位居全国前列，在自动化、信息化、精准化和健康养殖等方面都具有较高水平。

截至 2020 年，宁夏荷斯坦牛存栏 57.4 万头，居全国第 7 位（2006—2020 年宁夏奶牛存栏及其占全国奶牛存栏比例的变化见图 1–1）。2020 年宁夏 DHI（dairy herd improvement，指奶牛群体改良，也称奶牛生产性能测定，余同）参测牧场的泌乳牛日产奶量为 36.1 kg，居全国第 1 位；宁夏牛奶总产量为 215.3 万 t，居全国第 5 位（2006—2020 年宁夏牛奶总产量及其占全国牛奶总产量比例的变化见图 1–2）。2019 年宁夏人均鲜奶占有量 263.8 kg，居全国第 1 位（2006—2019 年宁夏人均鲜奶占有量变化见图 1–3）。

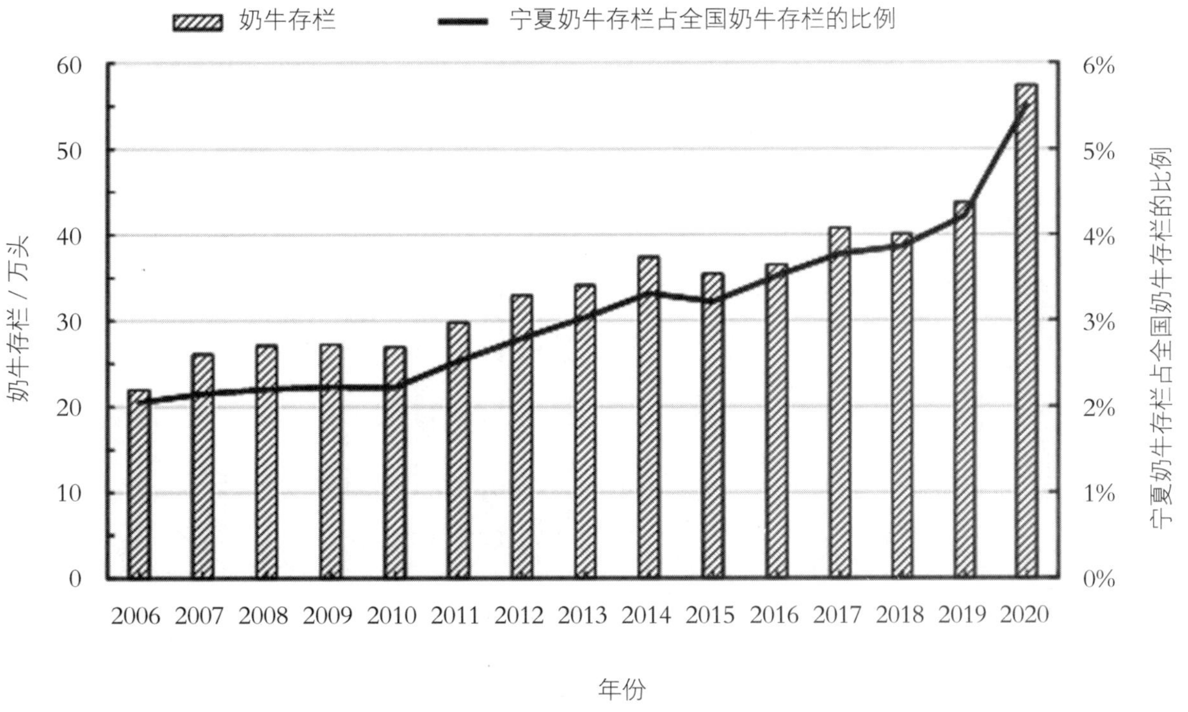

图 1–1 2006—2020 年宁夏奶牛存栏及其占全国奶牛存栏比例的变化

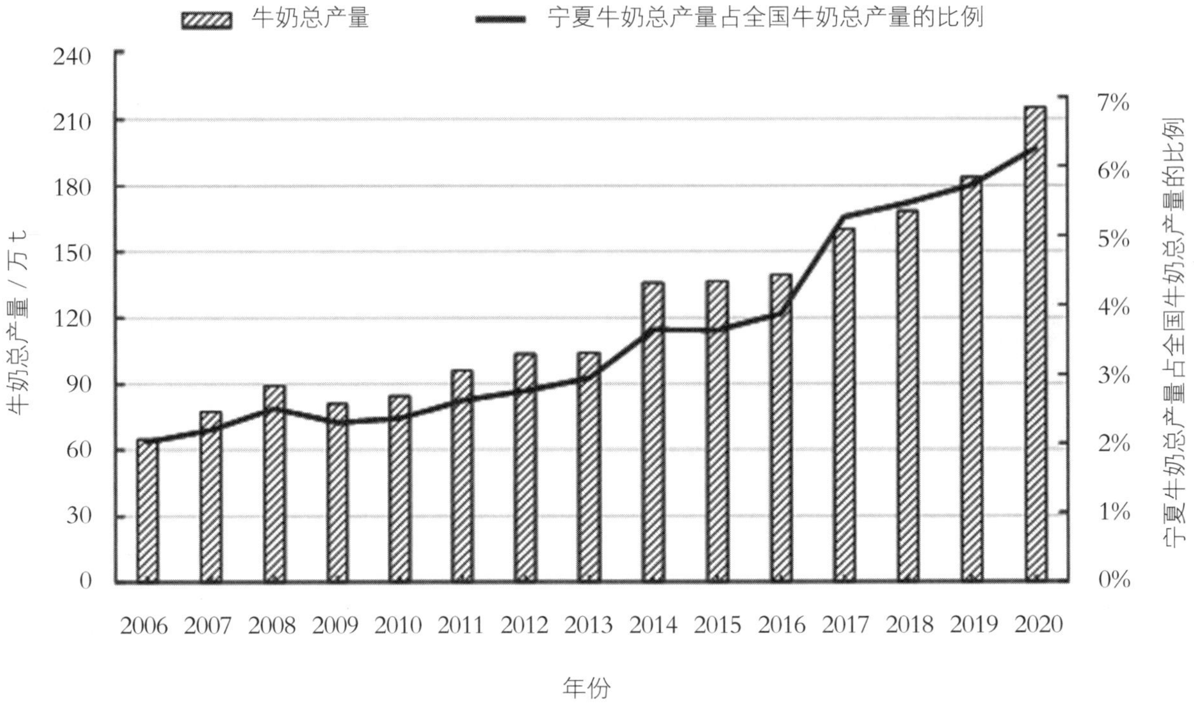

图 1-2　2006—2020 年宁夏牛奶总产量及其占全国牛奶总产量比例的变化

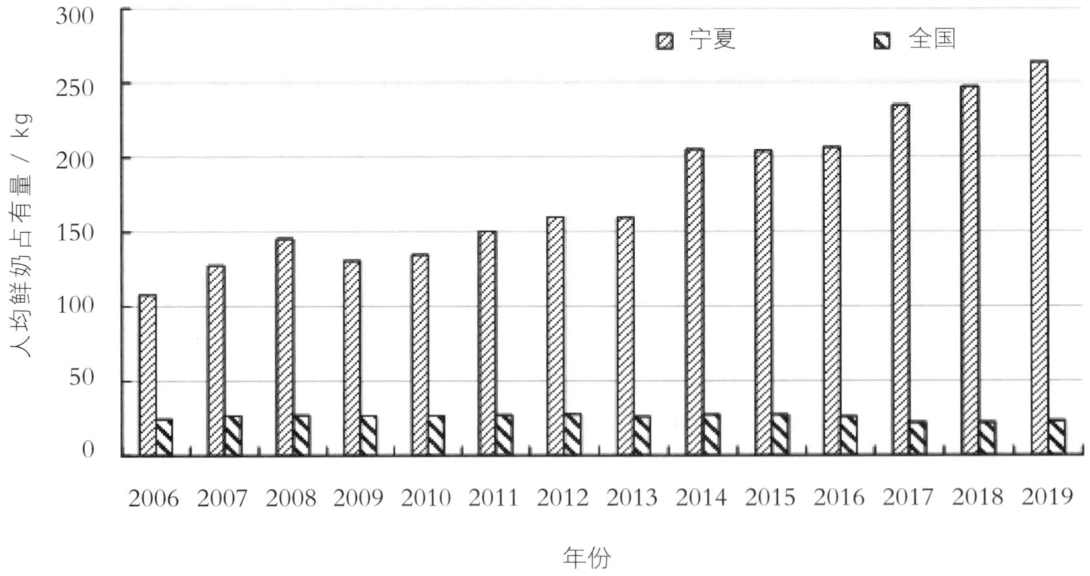

图 1-3　2006—2019 年宁夏及全国人均鲜奶占有量变化

2 宁夏奶牛生产性能测定概况

2.1 参测牧场数及参测牛头数的年度变化

2011 年至 2021 年 7 月宁夏 DHI 参测牧场数见图 2-1-1。宁夏 DHI 参测牧场数基本呈逐年递减的趋势，2019 年以前每年的参测牧场数均大于或等于 30 个。

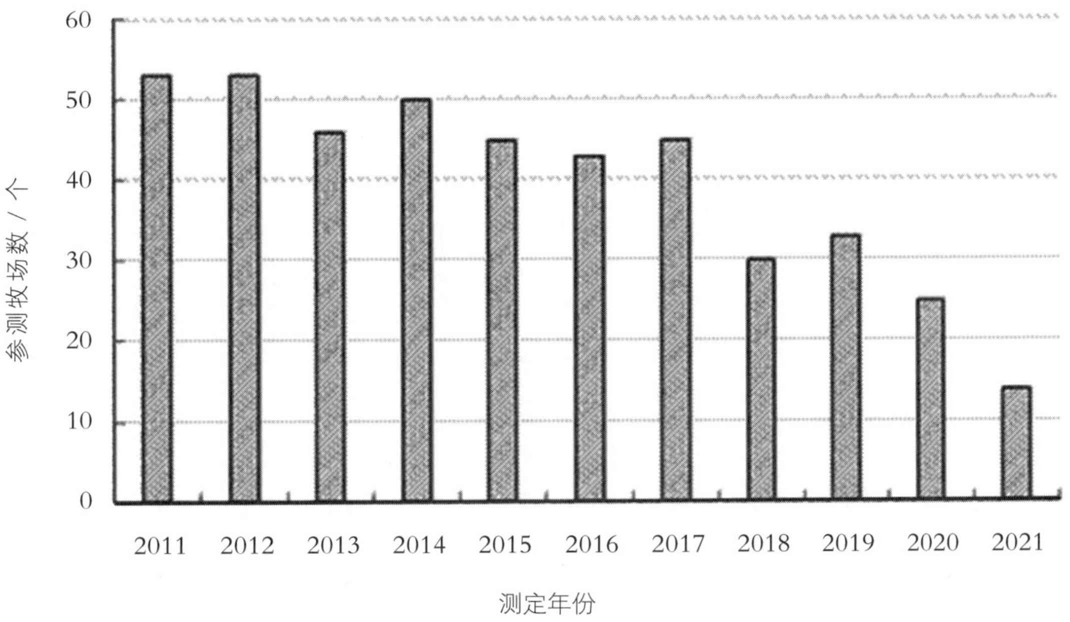

图 2-1-1 2011—2021 年宁夏 DHI 参测牧场数变化

注：2021 年仅包含育种项目二期核心育种场（以下简称核心育种场）。

2011—2021 年宁夏 DHI 记录数见图 2-1-2。2019 年以前，宁夏 DHI 记录数基本逐年递增，2020 年略有下降。

2011—2021 年宁夏 DHI 参测牛头数见图 2-1-3。2017 年以前，宁夏 DHI 参测牛头数基本逐年递增；2018—2020 年，宁夏 DHI 参测牛头数稳定在 5 万头左右。

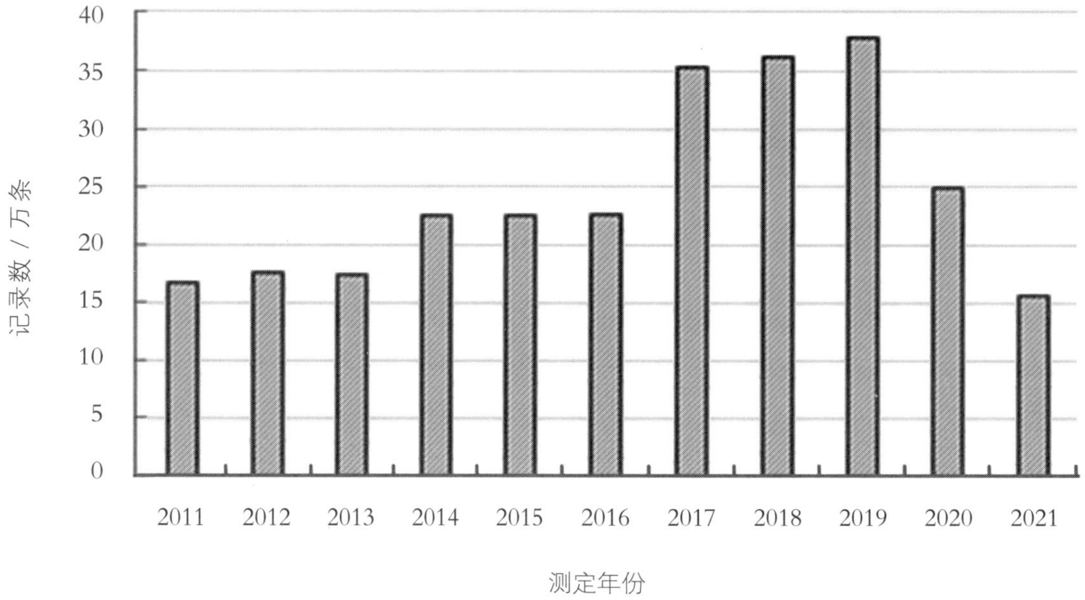

图 2-1-2　2011—2021 年宁夏 DHI 记录数变化

注：2021 年仅包含核心育种场 1 月至 7 月数据。

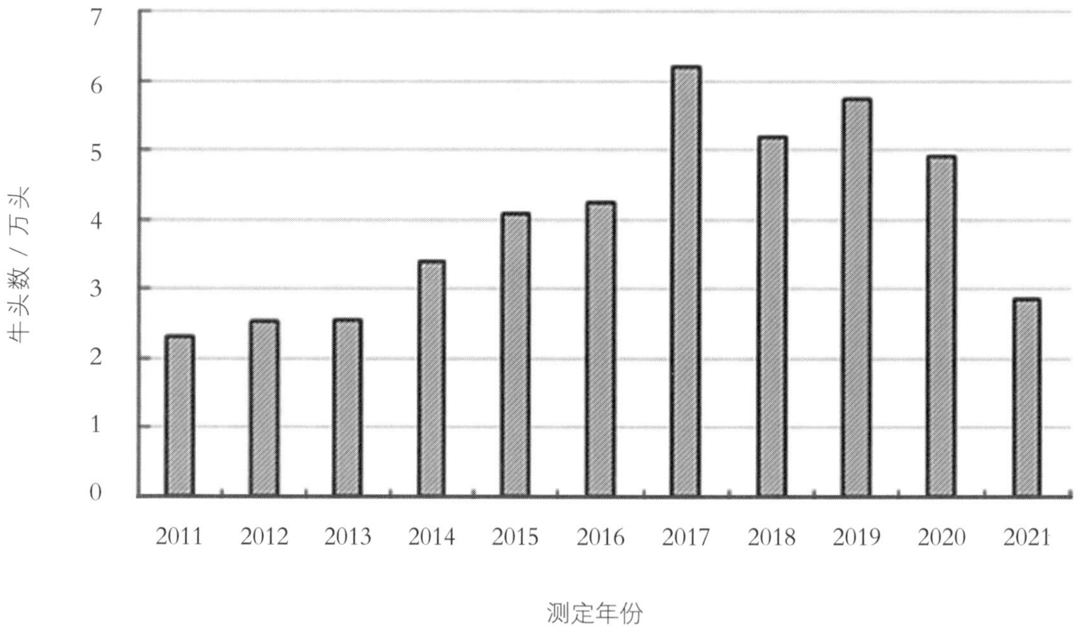

图 2-1-3　2011—2021 年宁夏 DHI 参测牛头数变化

注：2021 年仅包含核心育种场 1 月至 7 月数据。

2.2　主要产奶性能指标的年度变化

宁夏 DHI 非项目场和核心育种场奶牛的产奶量、乳脂率、乳蛋白率及体细胞数随测定年份的变化见图 2-2-1 至图 2-2-4。其中，产奶量基本呈逐年递增的趋势；乳脂率和乳蛋白率的变化趋于平缓；体细胞数总体上呈下降趋势，2016 年以后基本稳定在每毫升 10 万个以内。

在产奶量和体细胞数方面，核心育种场奶牛的表现优于非项目场，但二者间的差距逐渐缩小；在乳脂率和乳蛋白率方面，非项目场与核心育种场基本一致。计算宁夏奶牛体细胞数平均水平时，可将原始记录中的体细胞数转换为体细胞评分，获得体细胞评分均值后再转换为宁夏奶牛体细胞数平均值。

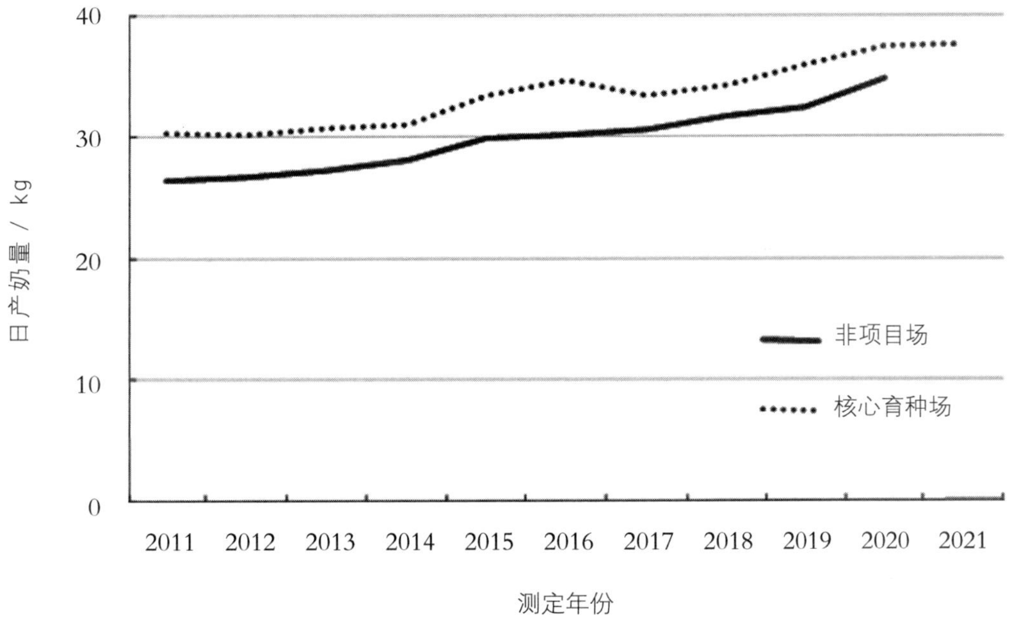

图 2-2-1　2011—2021 年宁夏 DHI 参测奶牛日产奶量变化

注：2021 年仅包含核心育种场 1 月至 7 月数据。

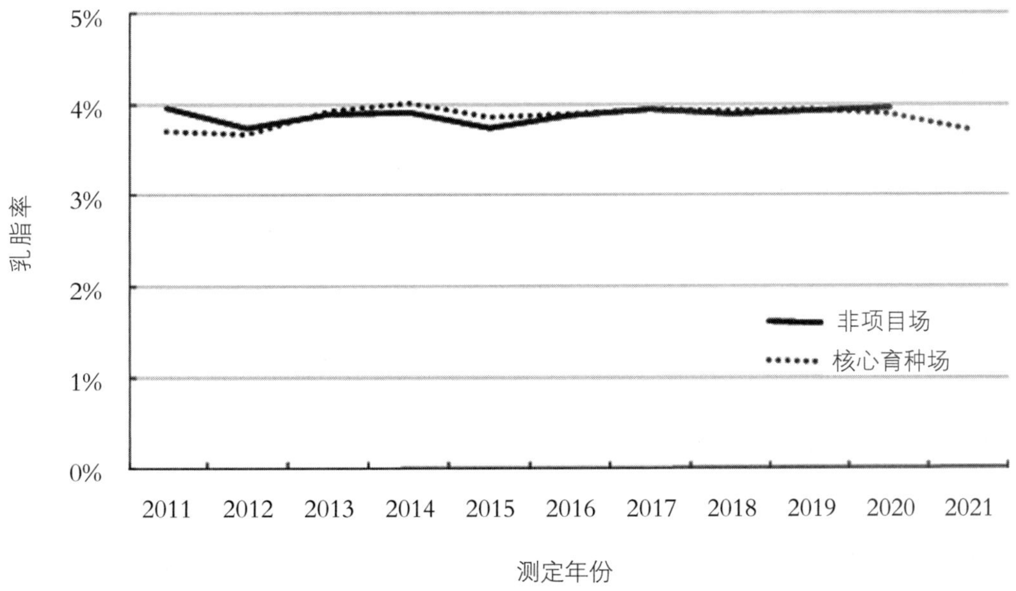

图 2-2-2　2011—2021 年宁夏 DHI 参测奶牛乳脂率变化

注：2021 年仅包含核心育种场 1 月至 7 月数据。

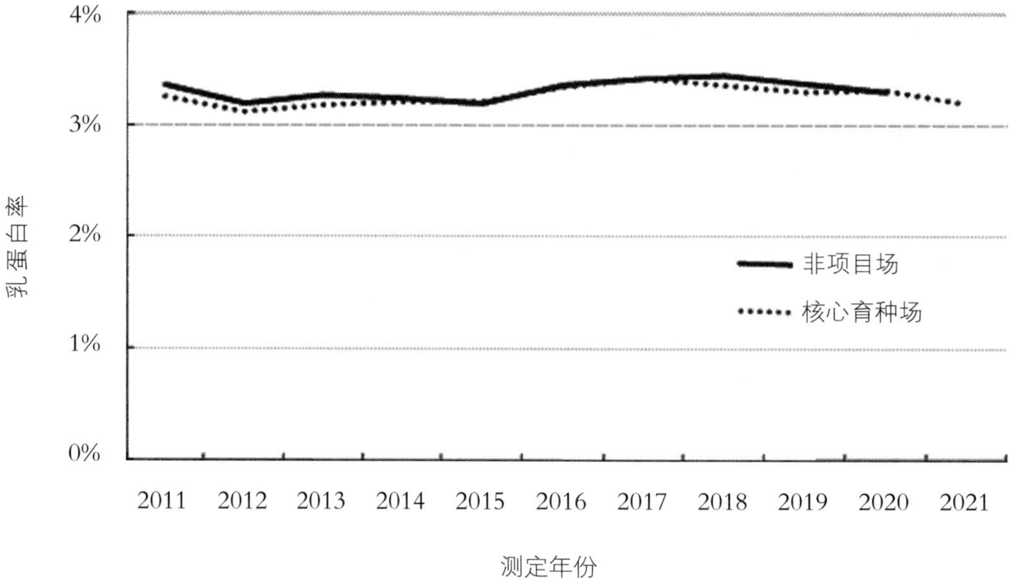

图 2-2-3　2011—2021 年宁夏 DHI 参测奶牛乳蛋白率变化

注：2021 年仅包含核心育种场 1 月至 7 月数据。

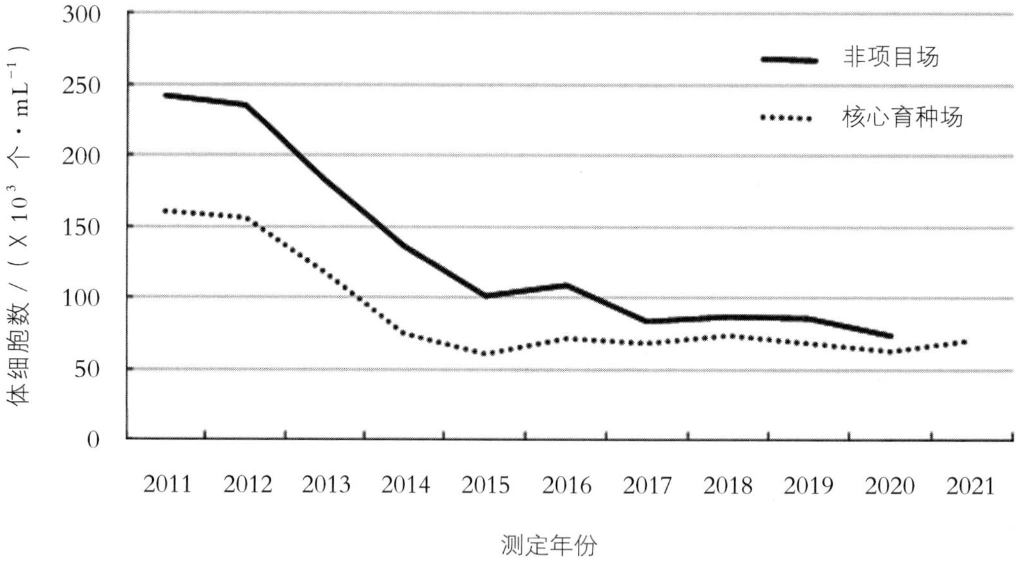

图 2-2-4　2011—2021 年宁夏 DHI 参测奶牛体细胞数变化

注：2021 年仅包含核心育种场 1 月至 7 月数据。

宁夏 DHI 非项目场和核心育种场奶牛的产奶量、乳脂率、乳蛋白率及体细胞数随奶牛出生年份的变化见图 2-2-5 至图 2-2-8。其中，产奶量基本呈逐年递增的趋势；乳脂率和乳蛋白率的变化趋于平缓；体细胞数总体上呈下降的趋势，2011 年以后出生的测定牛只下降幅度趋缓。

在产奶量和体细胞数方面，核心育种场奶牛的表现优于非项目场，但二者间的差距逐渐缩小，2015年非项目场出生奶牛的体细胞数已与核心育种场基本一致；2010年以前，非项目场出生奶牛的乳脂率和乳蛋白率略高于核心育种场，2010年以后，非项目场出生奶牛的乳脂率和乳蛋白率与核心育种场基本一致。计算宁夏奶牛体细胞数平均水平时，可将原始记录中的体细胞数转换为体细胞评分，获得体细胞评分均值后再转换为宁夏奶牛体细胞数平均值。

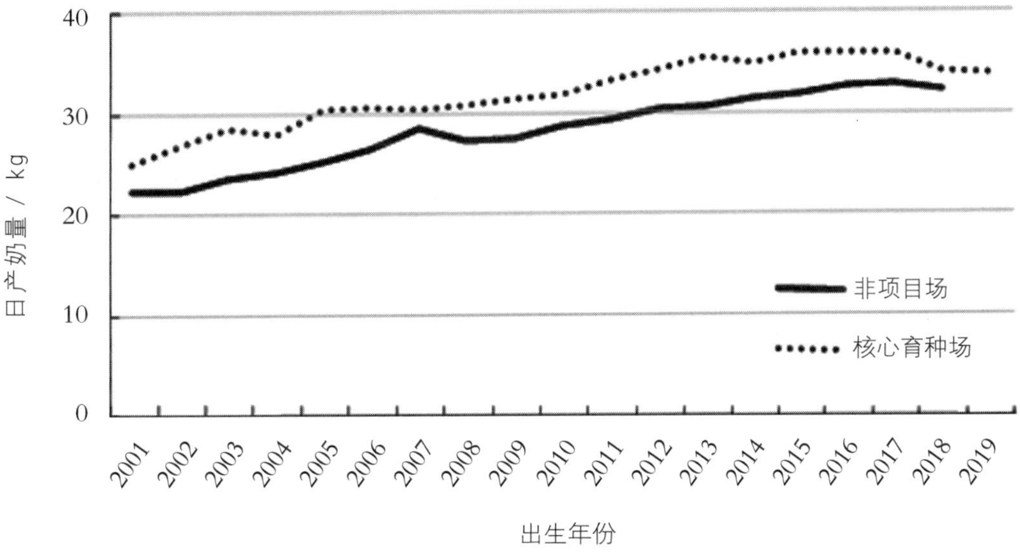

图 2-2-5 宁夏 2001—2019 年出生奶牛日产奶量变化

注：2019 年仅包含核心育种场数据。

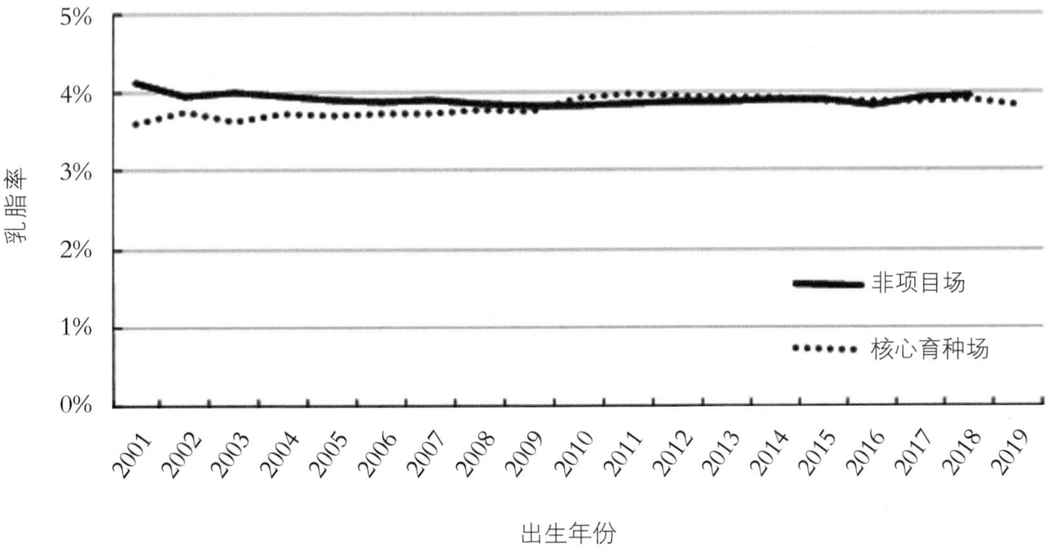

图 2-2-6 宁夏 2001—2019 年出生奶牛乳脂率变化

注：2019 年仅包含核心育种场数据。

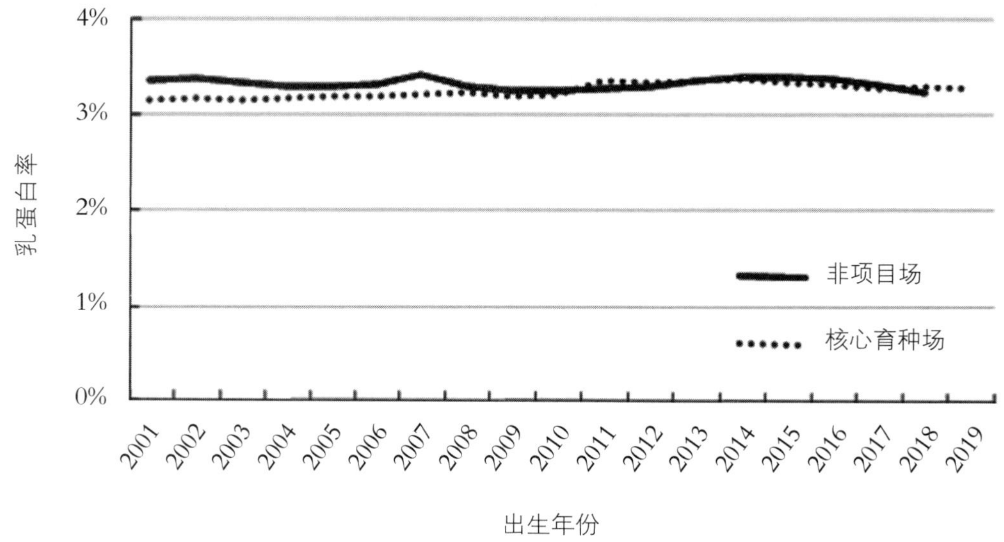

图 2-2-7 宁夏 2001—2019 年出生奶牛乳蛋白率变化

注：2019 年仅包含核心育种场数据。

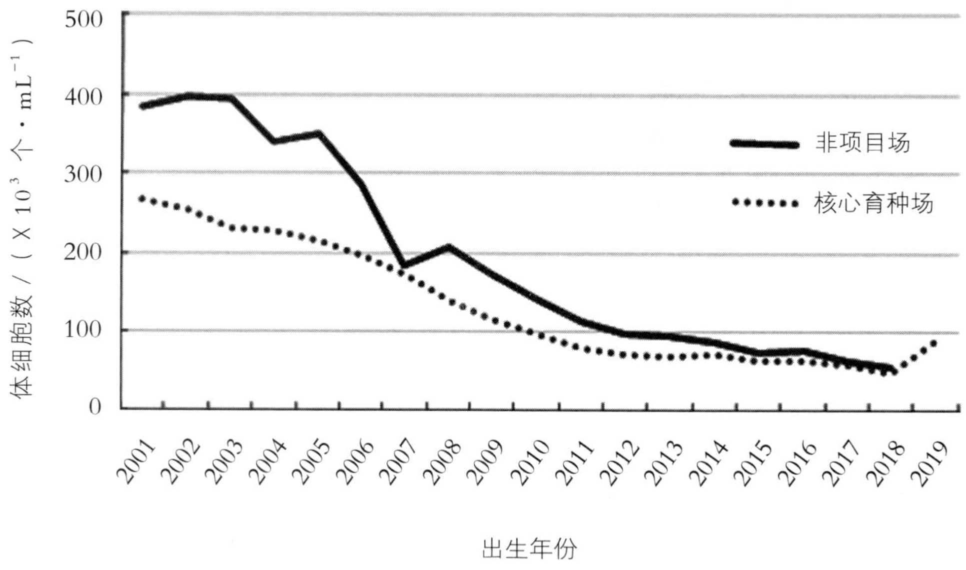

图 2-2-8 宁夏 2001—2019 年出生奶牛体细胞数变化

注：2019 年仅包含核心育种场数据。

2.3 参测规模的年度变化

宁夏非项目场和核心育种场 DHI 测定的数据规模和牛群规模随测定年份的变化见图 2-3-1、图 2-3-2。宁夏 DHI 测定的数据规模和牛群规模基本逐年递增，2013 年以后增长幅度更大。此外，核心育种场 DHI 测定的数据规模和牛群规模均大于非项目场。

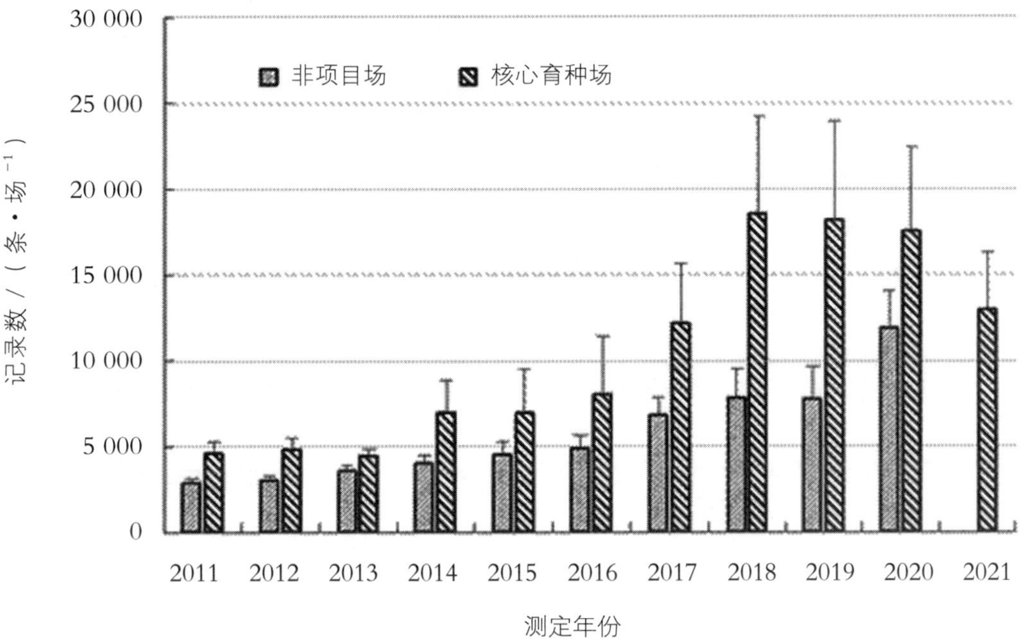

图 2-3-1 2011—2021 年宁夏 DHI 测定的数据规模变化

注：2021 年仅包含核心育种场 1 月至 7 月数据。

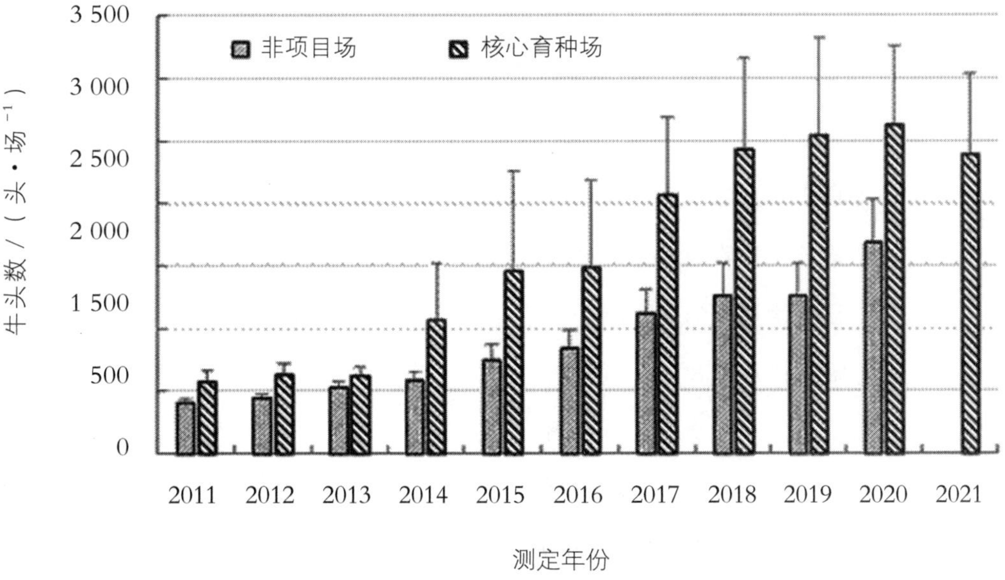

图 2-3-2 2011—2021 年宁夏 DHI 测定的牛群规模变化

注：2021 年仅包含核心育种场 1 月至 7 月数据。

2.4 测定数据有效比例的年度变化

对2011—2021年共计74个参测牧场169 241头奶牛的2 729 570条DHI记录进行数据质量控制（以下简称质控），质控标准及质控后数据量见表2-4-1。DHI数据用于育种值估计时，质控后数据有效比例的变化见图2-4-1。宁夏DHI数据的有效比例基本逐年增加，质控标准4和质控标准8的数据损失量最大，牧场系谱收集整理等方面的工作有待加强，应严格按照《中国荷斯坦牛生产性能测定技术规范》执行。

表2-4-1 DHI数据用于遗传参数及育种值估计的质控标准和质控后数据量

分类		质控标准	质控后数据量	
			遗传参数估计[a]	育种值估计[b]
原始数据		—[c]	2 458 393	2 729 570
1		信息记录完整[d]	2 437 241	2 683 301
2	2.1	日产奶量0～65 kg	2 431 755	2 645 007
	2.2	乳脂率0%～7%	2 414 275	2 624 283
	2.3	乳蛋白率1%～5%	2 410 781	2 620 658
	2.4	体细胞数0～600万个/mL	2 389 566	2 599 183
3	3.1	1胎产犊月龄20～50个月	2 367 590	2 534 312
	3.2	2胎产犊月龄32～66个月	2 349 250	2 481 432
	3.3	3胎产犊月龄44～81个月	2 327 471	2 434 998
	3.4	4胎产犊月龄56～101个月	2 314 181	2 405 520
	3.5	5胎产犊月龄60～120个月	2 310 752	2 394 929
	3.6	6胎产犊月龄70～140个月	2 310 100	2 389 018
	3.7	7胎产犊月龄80～150个月	2 309 856	2 384 974
	3.8	8胎产犊月龄90～160个月	2 309 683	2 383 566
	3.9	9胎产犊月龄100～180个月	2 309 583	2 383 420
	3.10	10胎产犊月龄110～200个月	2 309 550	2 382 920
4		泌乳天数5～305 d	1 859 045	1 924 355
5		胎次内至少有一条泌乳天数＜90 d时的记录	1 690 641	1 769 556
6		胎次内测定次数＞3次	1 569 933	1 681 747

续表

分类		质控标准	质控后数据量	
			遗传参数估计[a]	育种值估计[b]
7		场内参测牛头数 > 100 头	1 569 429	1 681 242
8		匹配到系谱记录（必须有父亲记录）	1 196 273	—
9	9.1	公牛后代女儿数 > 20 头	994 975	—
	9.2	公牛后代女儿分布场 > 3 个	644 549	—

注：

a. 质控后数据用于估计产奶性状的遗传参数，质控标准较为严格；

b. 质控后数据用于估计个体育种值，质控标准较为宽松；

c. “—”表示该质控标准不适用；

d. 信息记录完整指 DHI 记录包含牛号、场号、胎次、出生日期、产犊日期、测定日期及各产奶性能指标测定值等信息。

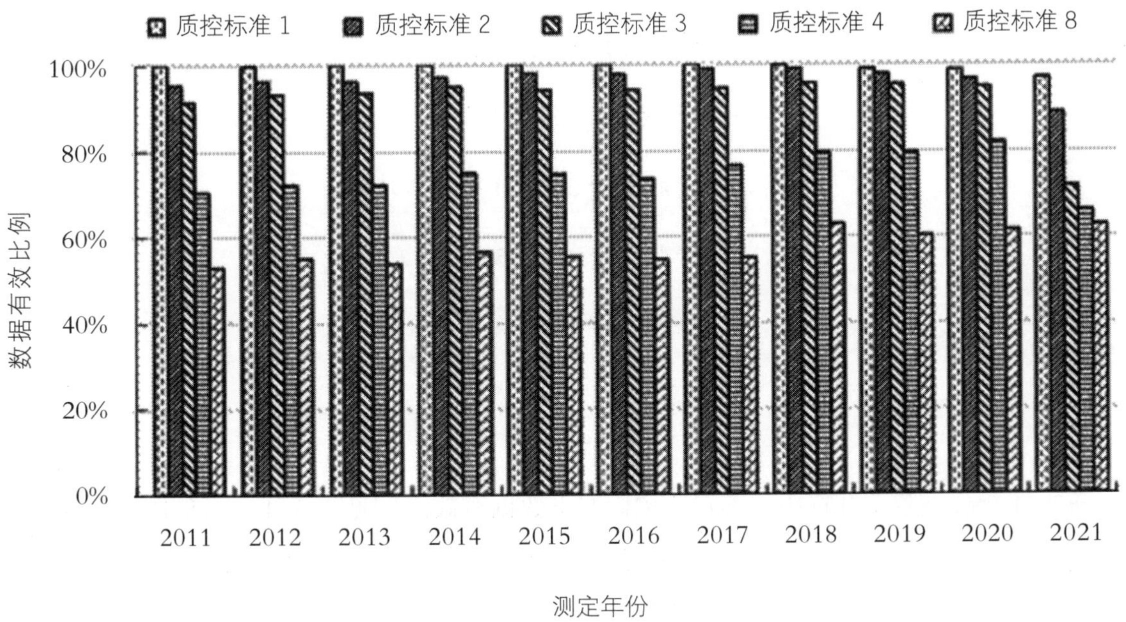

图 2-4-1　2011—2021 年宁夏 DHI 数据用于育种值估计时质控后数据有效比例变化

注：2021 年仅包含核心育种场 1 月至 7 月数据。

3 宁夏奶牛体型线性鉴定概况

3.1 参与体型鉴定牧场数和牛头数的变化

3.1.1 体型鉴定数据质控情况

对宁夏 36 个牧场 2012—2021 年鉴定的 37 812 头 1 ~10 胎母牛单次体型鉴定记录进行数据质控，质控标准和质控后数据量见表 3-1-1。其中，质控条件 5（泌乳天数 30 ~ 180 d）的数据损失量最大。

表 3-1-1 宁夏奶牛体型鉴定数据质控标准及质控后数据量

条件	质控标准	质控后数据量
原始数据	—	37 812
1	无胎次记录或胎次≥ 4 胎	35 431
2	泌乳天数 5 ~ 305 d	31 779
3	头胎产犊月龄 22 ~ 41 个月 2 胎产犊月龄 34 ~ 54 个月 3 胎产犊月龄 46 ~ 65 个月	25 040
4	匹配到系谱记录	24 209
5	泌乳天数 30 ~ 180 d	17 030

2013—2021 年体型鉴定数据中，不同质控标准下数据有效比例见图 3-1-1。总体上，数据有效比例逐年上升。根据《中国荷斯坦牛体型鉴定技术规程》，鉴定奶牛应满足泌乳天数 30 ~ 180 d 的条件，不符合该基本条件的鉴定奶牛有 10 831 头，占比达 28.6%。

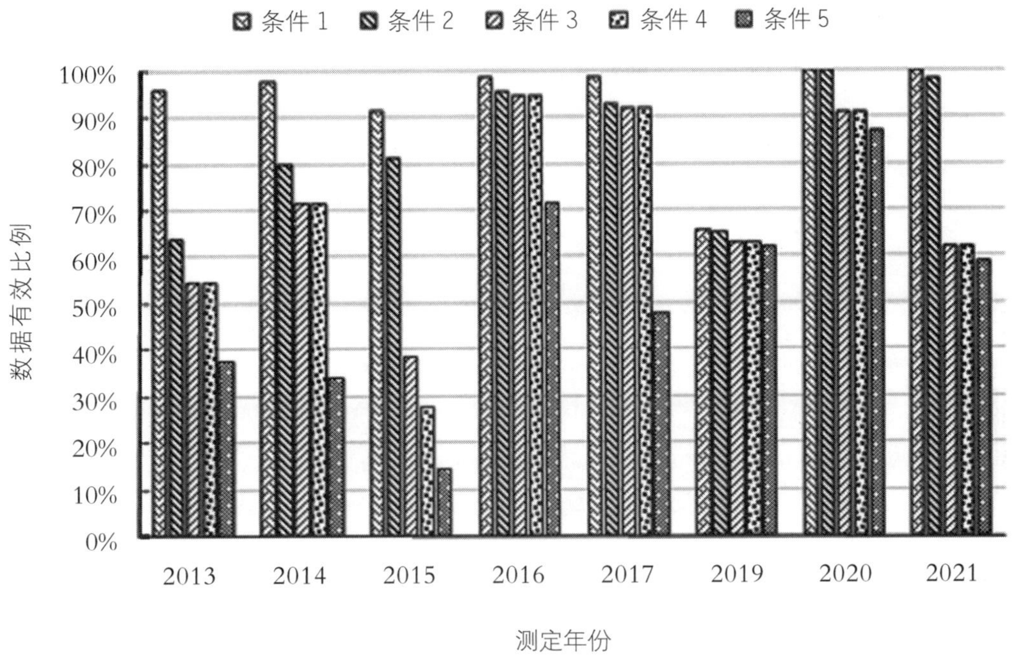

图 3-1-1 2013—2021 年宁夏奶牛体型鉴定数据在不同质控标准下的有效比例

3.1.2 胎次分布

2012—2021 年参与体型鉴定奶牛鉴定时的胎次分布见图 3-1-2。具有胎次记录且不超过 3 胎的 34 114 头鉴定母牛中，头胎牛有 23 946 头，2 胎牛有 7 834 头，3 胎牛有 2 334 头；头胎牛占比最大，达 70.2 %。

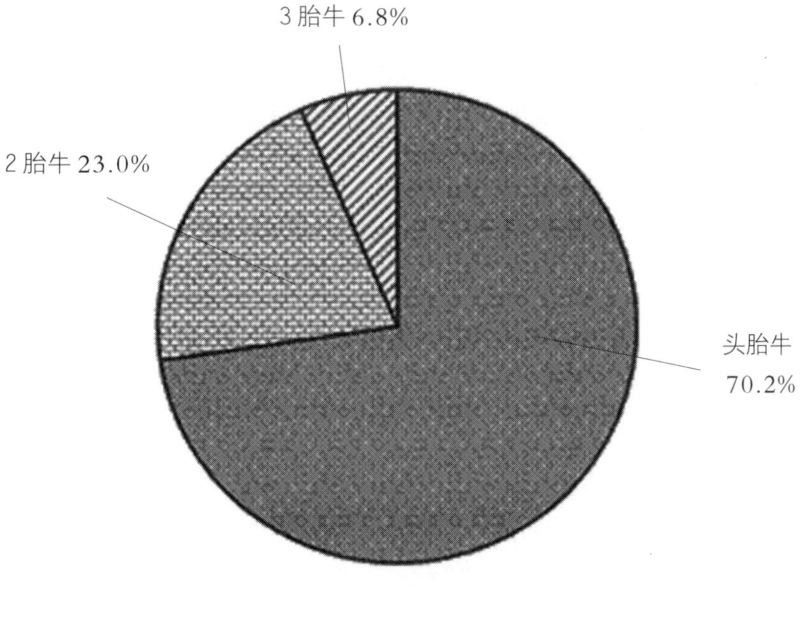

图 3-1-2 2012—2021 年宁夏奶牛体型鉴定时的胎次分布

3.1.3 体型鉴定数据量在各场的分布

宁夏参与体型鉴定的头胎牛在各场的分布情况见图 3−1−3。所有参与鉴定的牧场中，640190 号牧场参与鉴定的牛头数最多，占比达 40.1%；其他牧场中，数据量占比最大的牧场仅有 7.2%。此外，核心育种场数据量占全宁夏数据量的 85.6%。

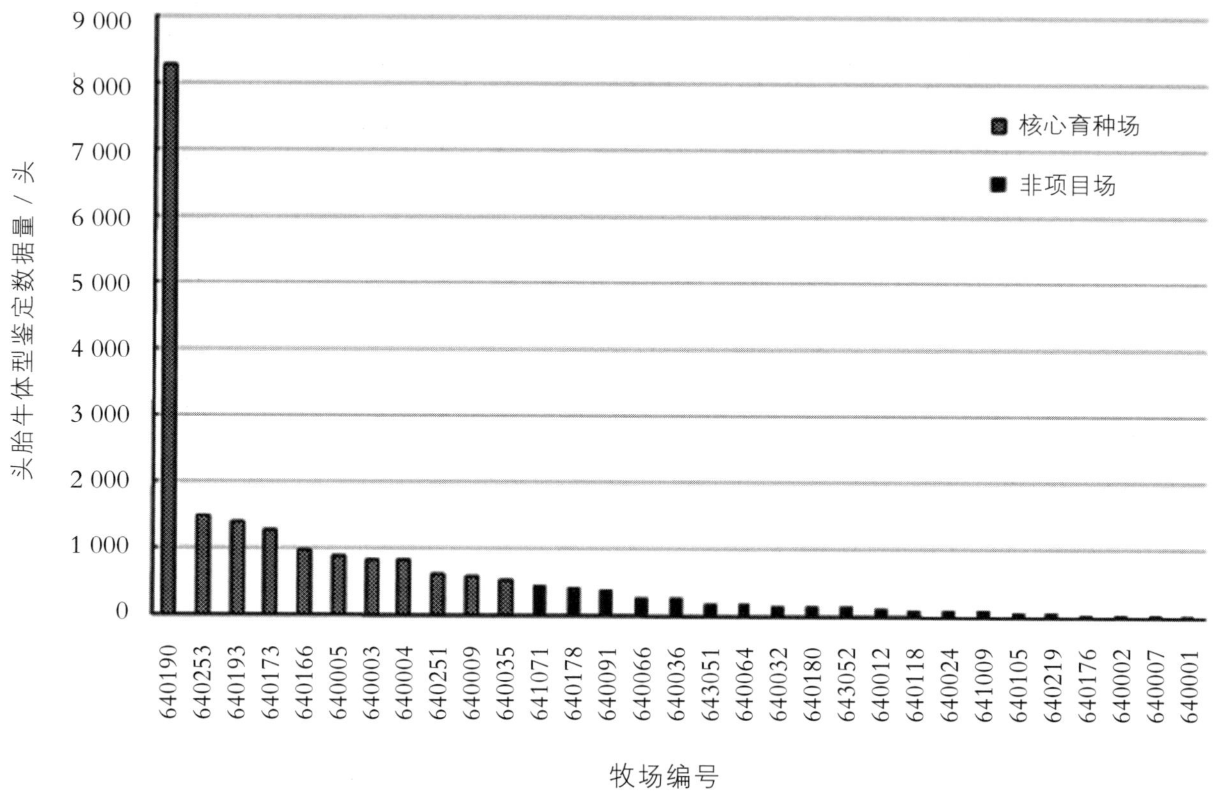

图 3−1−3 宁夏头胎牛体型鉴定数据量在各场的分布变化

宁夏 2010—2019 年出生的头胎牛参与体型鉴定的牛头数及牧场数的变化趋势见图 3−1−4。参与体型鉴定的头胎牛多出生于 2011—2013 年和 2018—2019 年，占比达 86.9%。

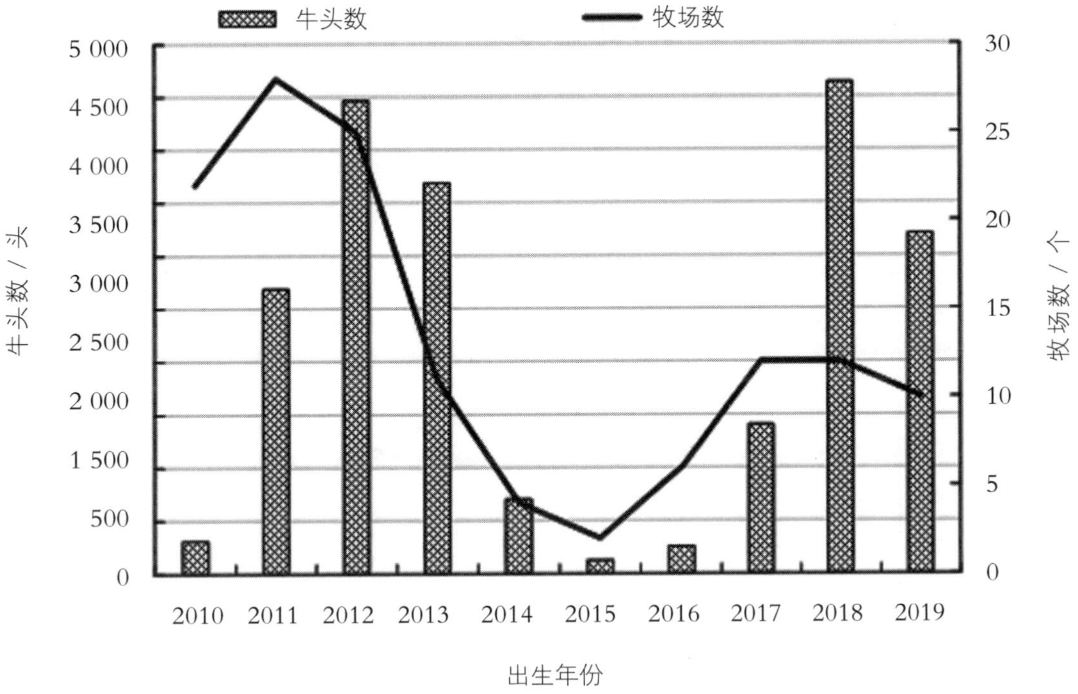

图 3-1-4 宁夏 2010—2019 年出生的头胎牛参与体型鉴定的牛头数及牧场数

3.2 参与体型鉴定的牧场鉴定规模变化

宁夏 2010—2019 年出生的奶牛中，参与体型鉴定的牧场平均鉴定牛头数见图 3-2-1（仅统计参与鉴定的头胎牛）。2011—2014 年和 2017—2019 年参与体型鉴定的牧场鉴定规模较大。

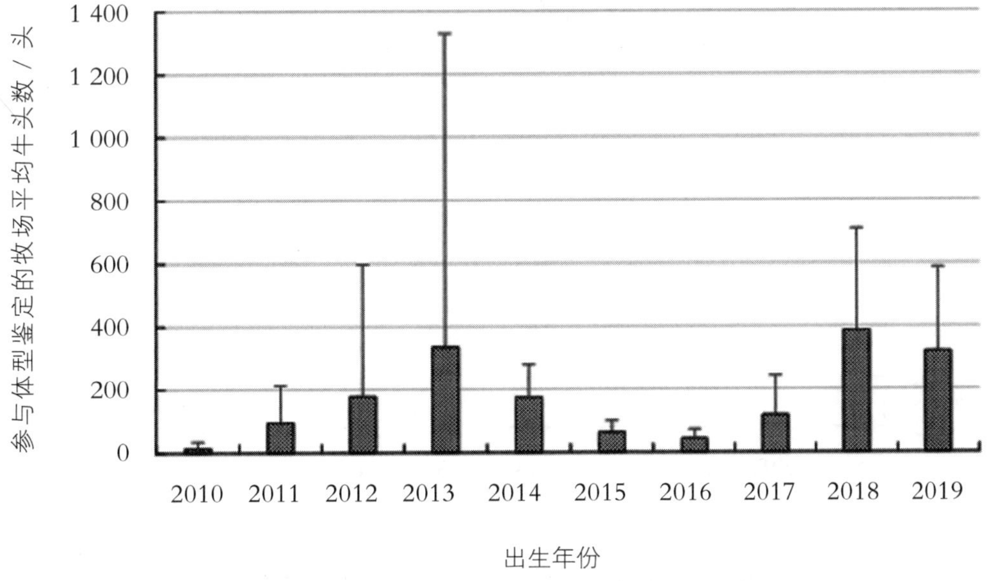

图 3-2-1 宁夏 2010—2019 年出生的头胎牛参与体型鉴定的牧场鉴定规模

3.3 体型鉴定各部位综合评分及体型总分的年度变化

根据《中国荷斯坦牛体型鉴定技术规程》，加权计算得到各部位的综合评分及体型总分。宁夏奶牛体型总分及各部位综合评分随出生年份的变化趋势见图 3-3-1 至图 3-3-6。

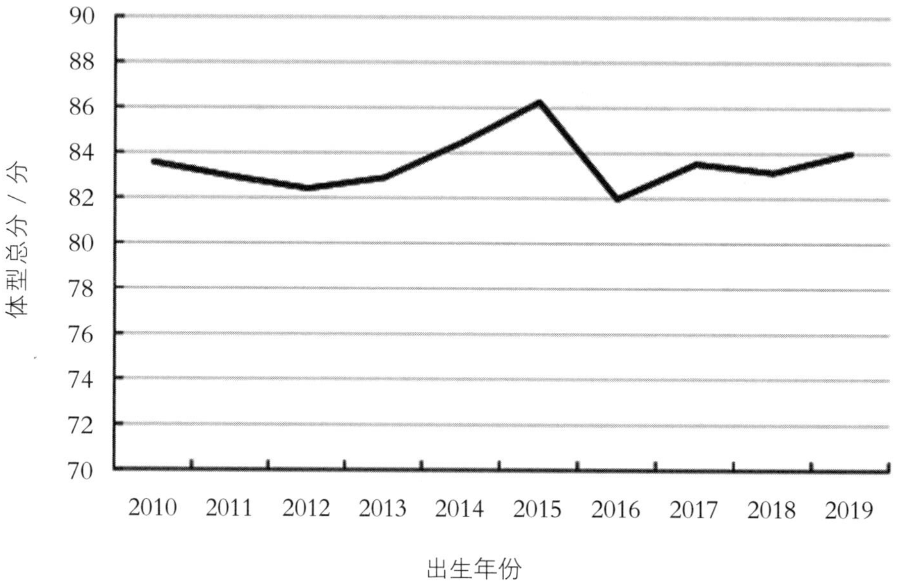

图 3-3-1 宁夏 2010—2019 年出生的头胎牛体型总分变化

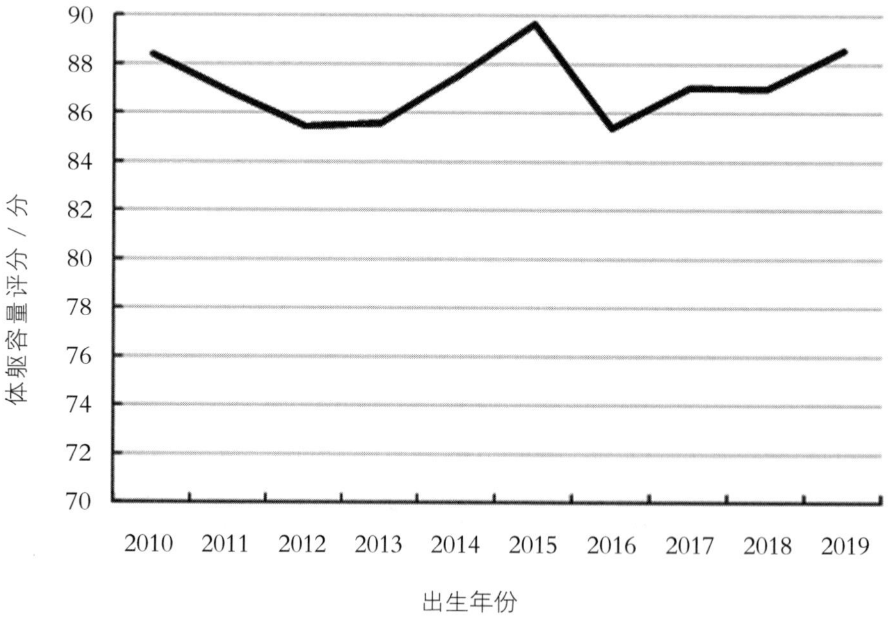

图 3-3-2 宁夏 2010—2019 年出生的头胎牛体躯容量评分变化

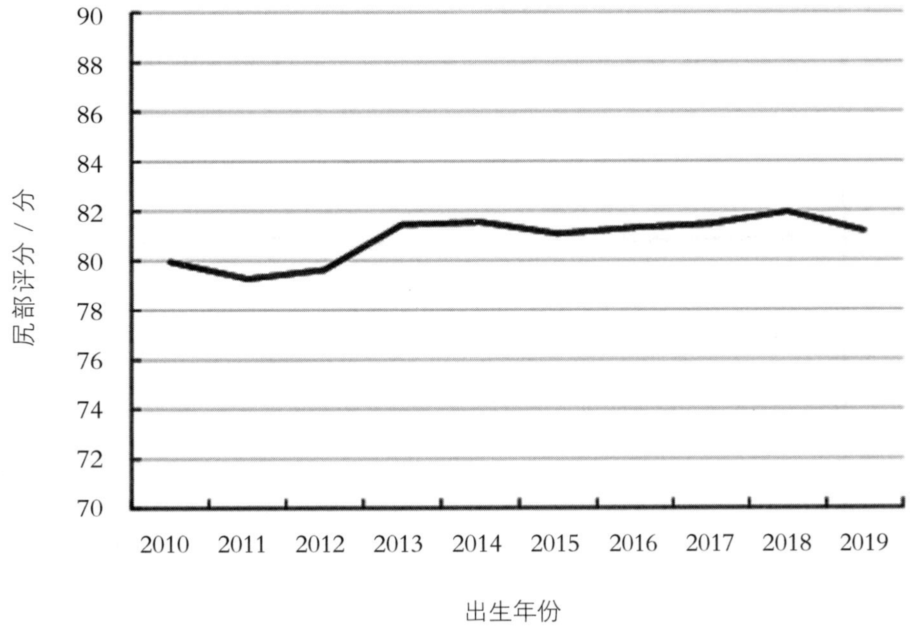

图 3-3-3　宁夏 2010—2019 年出生的头胎牛尻部评分变化

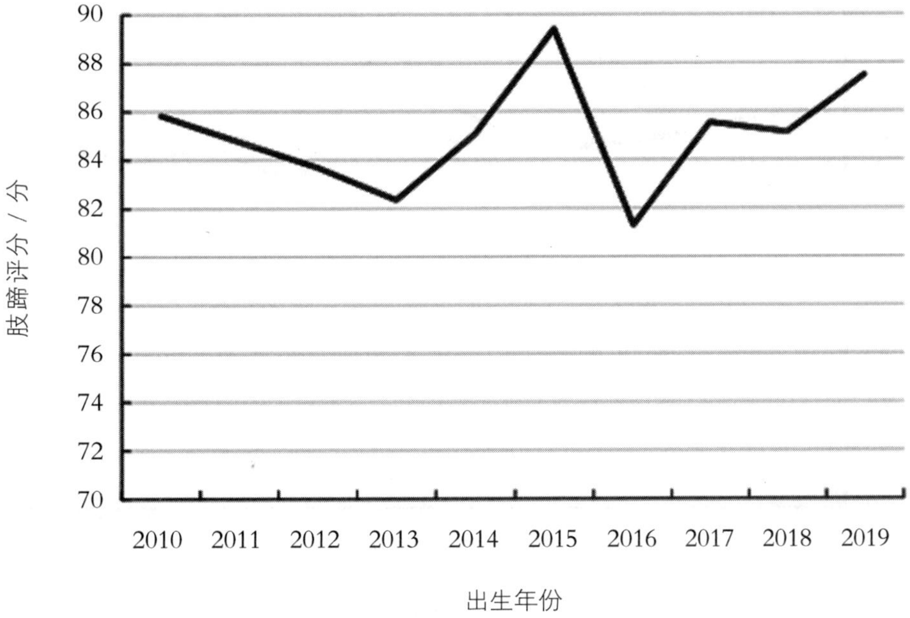

图 3-3-4　宁夏 2010—2019 年出生的头胎牛肢蹄评分变化

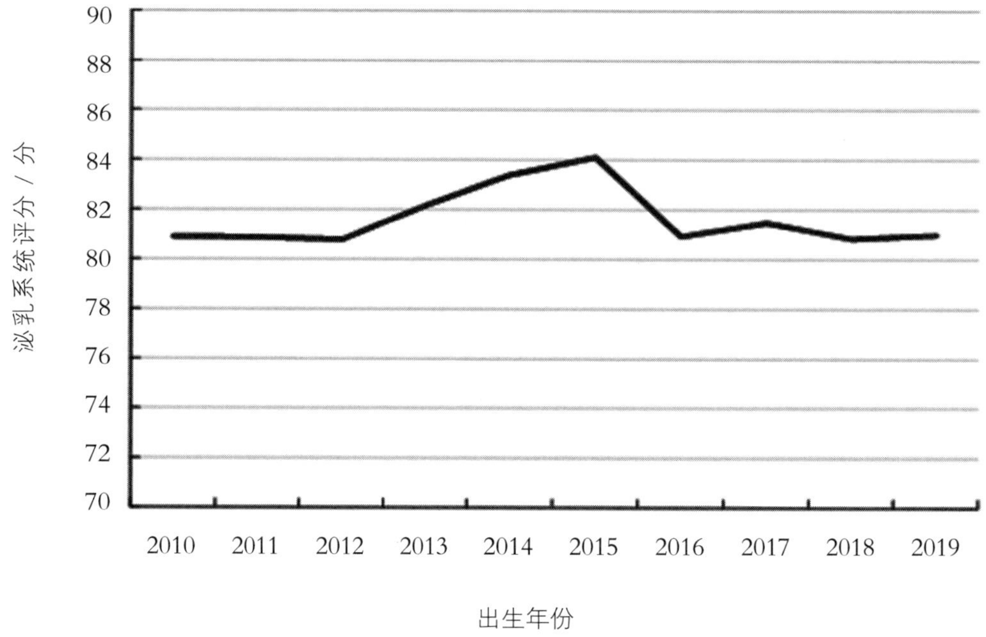

图 3-3-5　宁夏 2010—2019 年出生的头胎牛泌乳系统评分变化

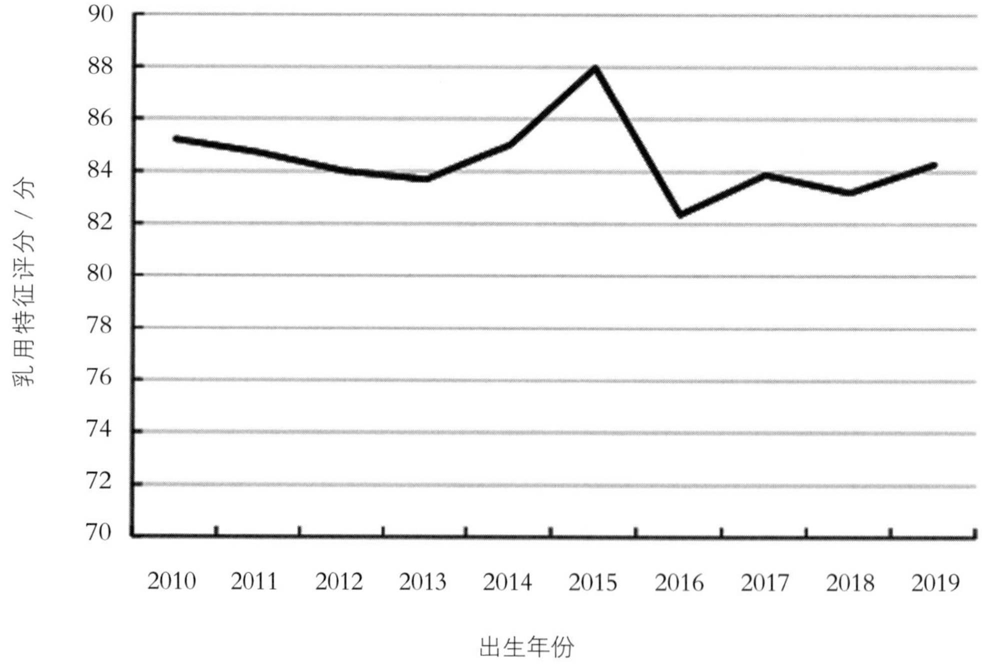

图 3-3-6　宁夏 2010—2019 年出生的头胎牛乳用特征评分变化

3.4 奶牛体型总分不同等级比例的年度变化

根据《中国荷斯坦牛体型鉴定技术规程》，对宁夏参与体型鉴定的头胎牛进行体型总分等级划分，不同等级的头胎牛占比见图 3-4-1。宁夏荷斯坦牛体型总分多处于好佳（good plus）及以上等级。

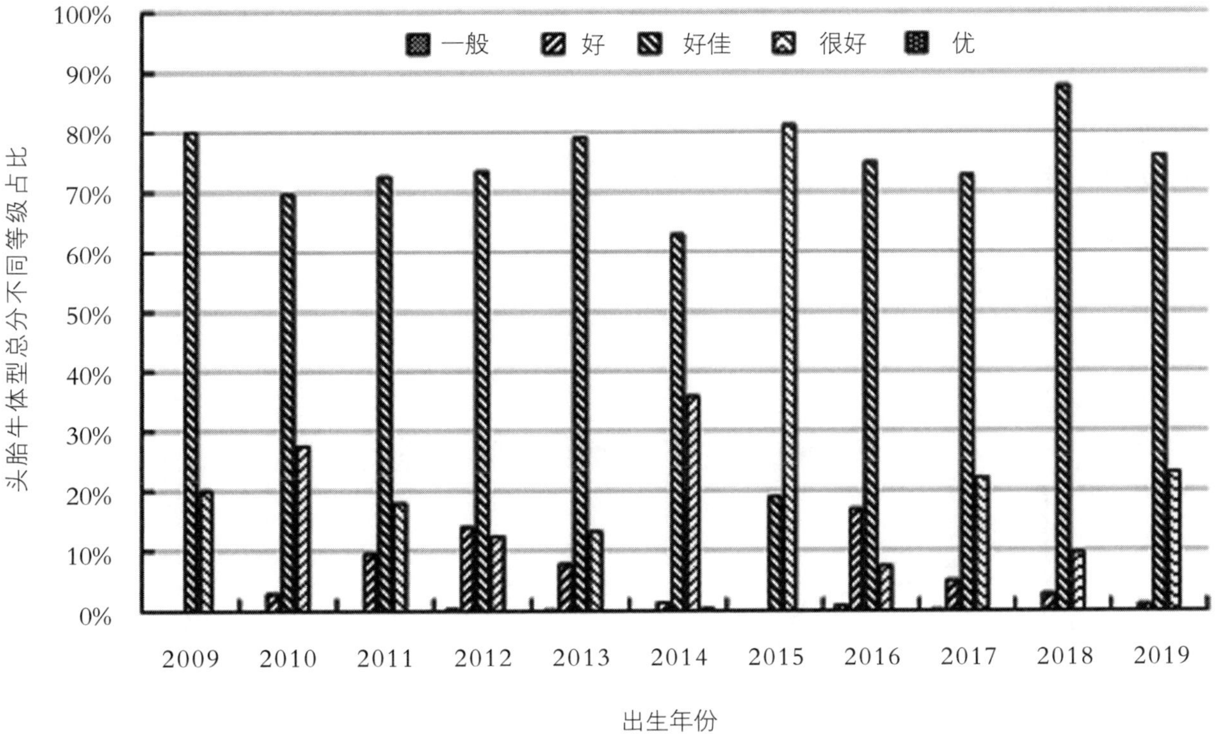

图 3-4-1 宁夏 2010—2019 年出生的头胎牛体型总分等级比例变化

4 宁夏奶牛管理性状概况

基于核心育种场记录的奶牛出生、配种、产犊、妊检、干奶和淘汰等生产事件，计算繁殖、产犊和长寿等管理性状的表型值，展示宁夏代表性牛群的管理性状。

4.1 繁殖性状

根据宁夏 12 个核心育种场 59 912 头荷斯坦牛的出生、配种、产犊和妊检记录，计算宁夏奶牛各繁殖性状的表型值。核心育种场奶牛首次配种日龄（AFS）、首次产犊日龄（AFC）、青年牛首末次配种间隔（IFL_H）、经产牛首末次配种间隔（IFL_C）和产犊至首次配种间隔（ICF）等性状随出生年份的变化趋势见图 4-1-1 至图 4-1-5。

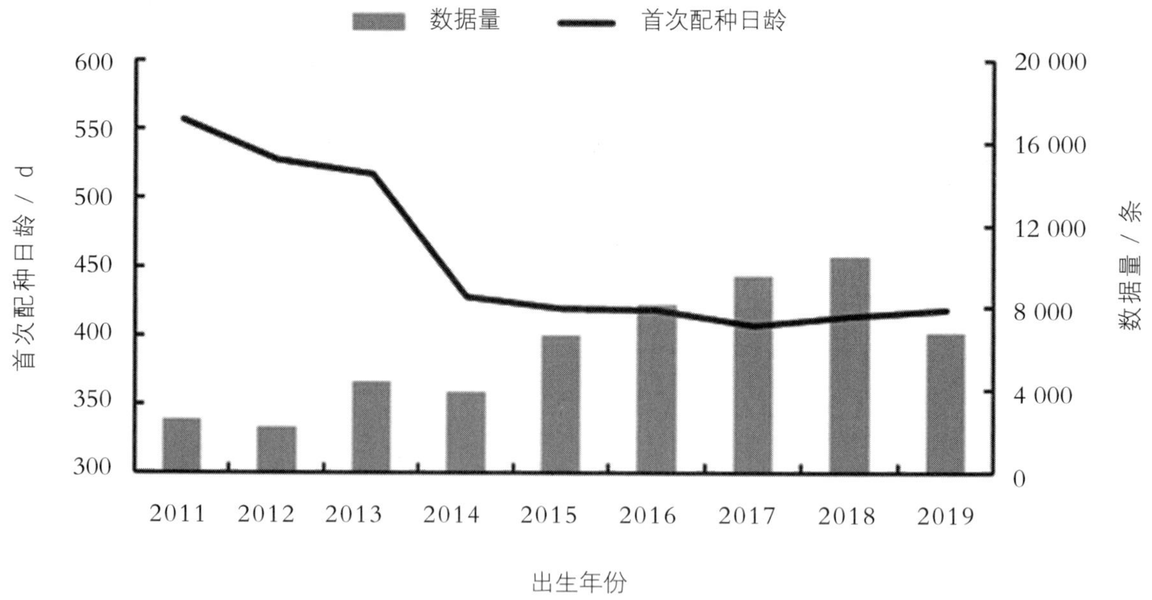

图 4-1-1 宁夏 2011—2019 年出生的奶牛首次配种日龄变化

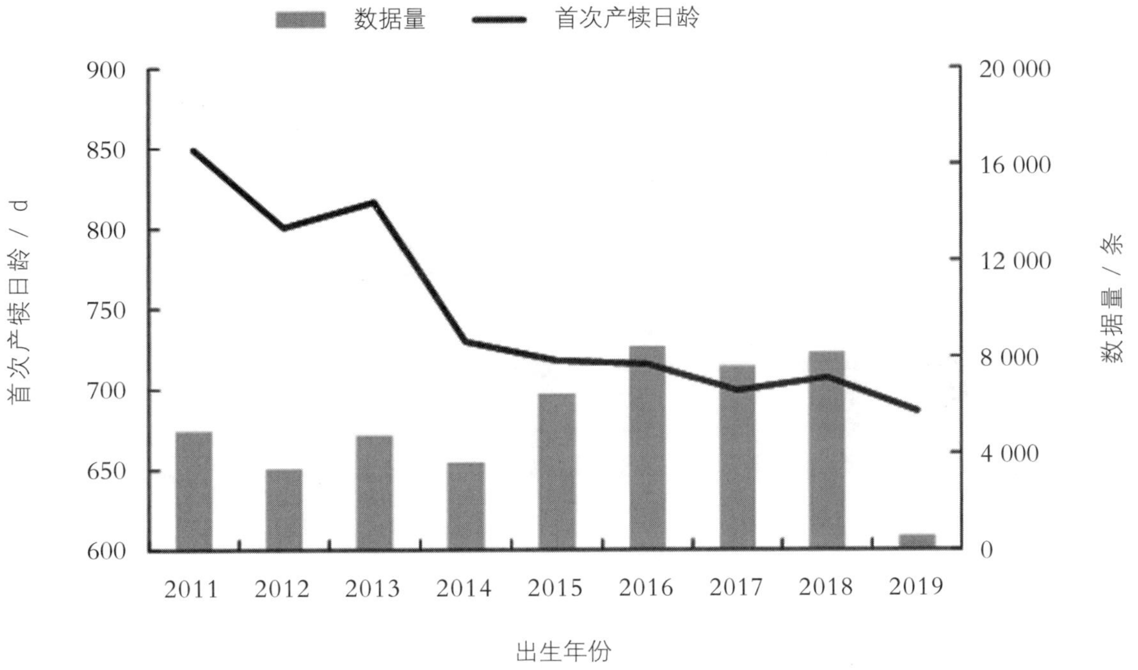

图 4-1-2　宁夏 2011—2019 年出生的奶牛首次产犊日龄变化

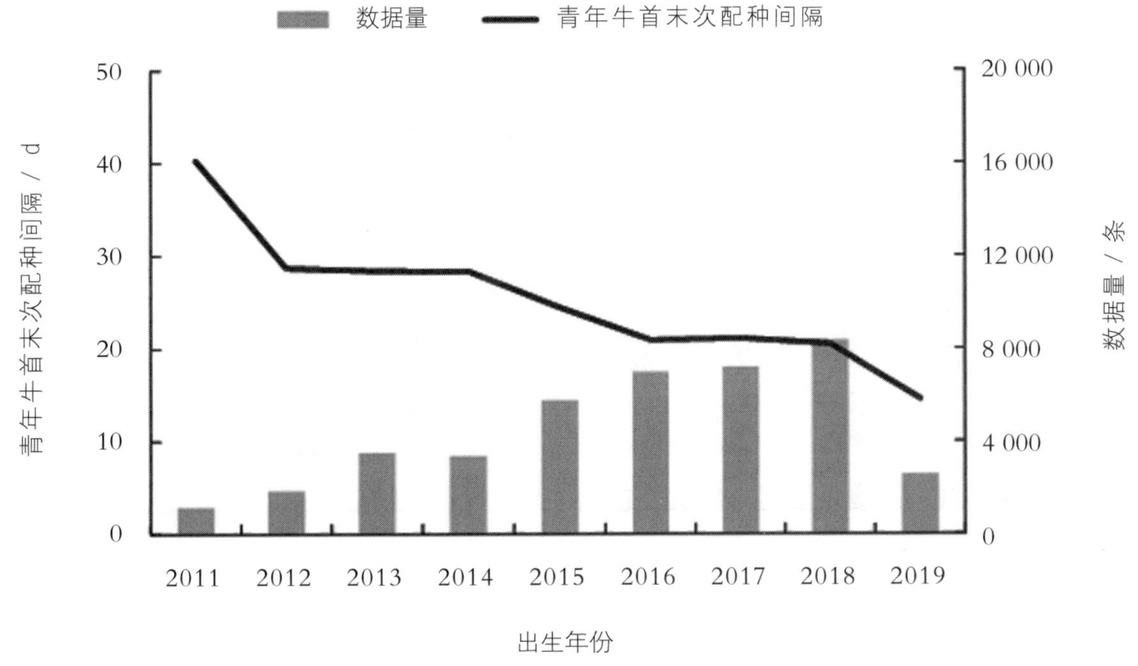

图 4-1-3　宁夏 2011—2019 年出生的青年牛首末次配种间隔变化

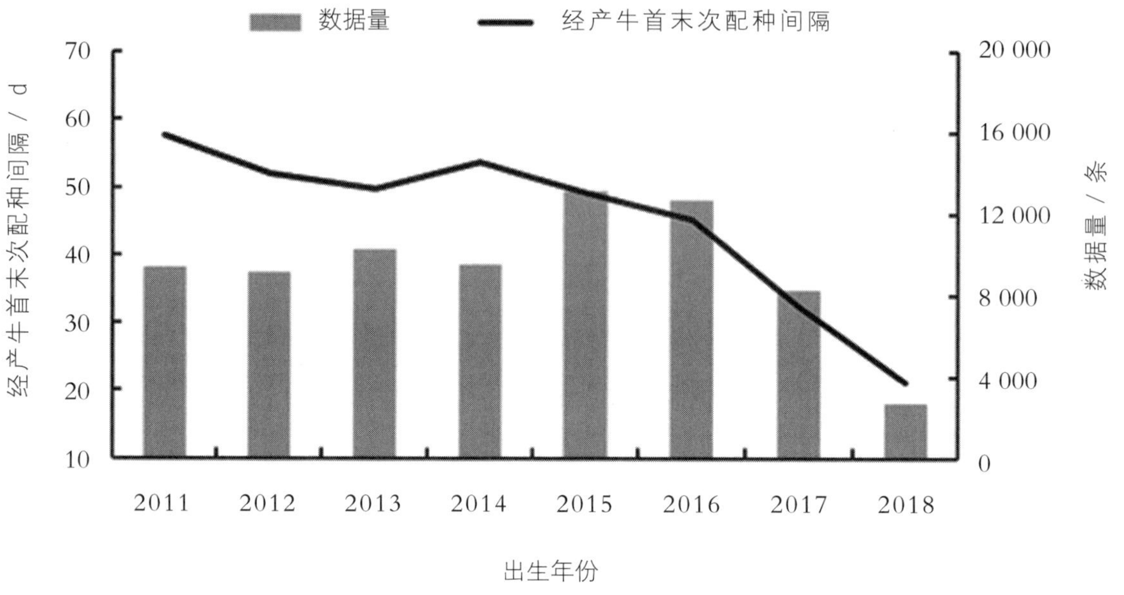

图 4-1-4　宁夏 2011—2018 年出生的经产牛首末次配种间隔变化

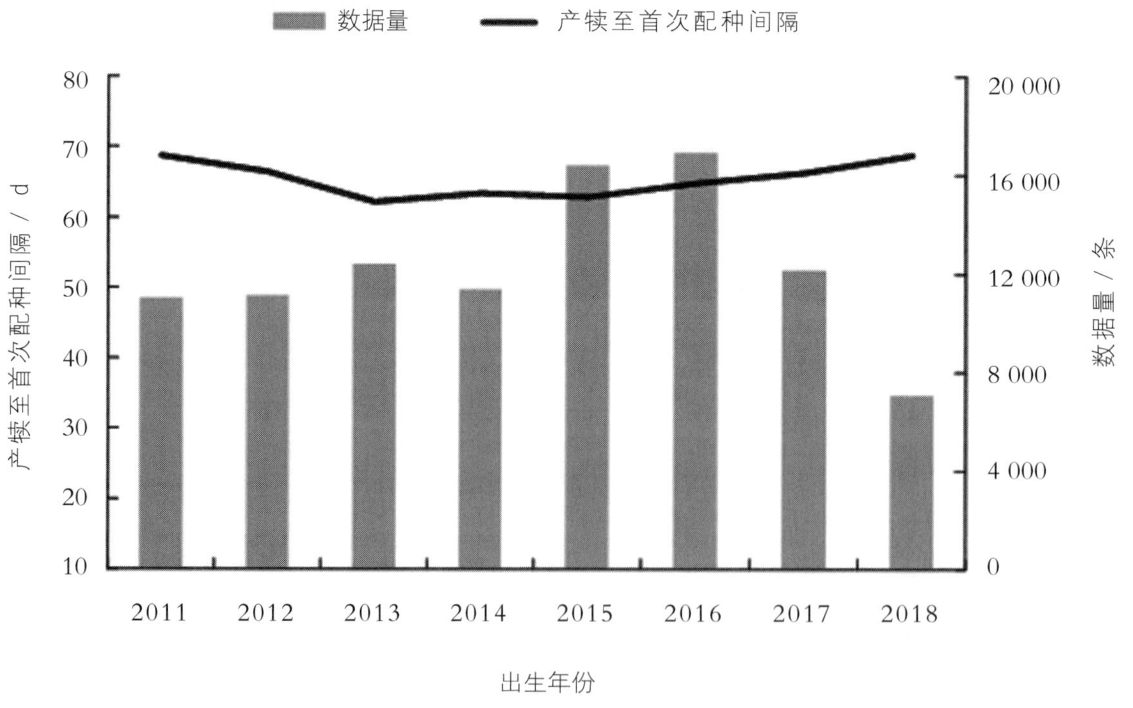

图 4-1-5　宁夏 2011—2018 年出生的奶牛产犊至首次配种间隔变化

4.2 产犊性状

根据宁夏 12 个核心育种场 59 912 头荷斯坦牛的产犊记录，计算宁夏奶牛各产犊性状的表型值。核心育种场青年牛产犊难易性（CE_H）、经产牛产犊难易性（CE_C）、青年牛死产率（SB_H）和经产牛死产率（SB_C）等性状随出生年份的变化趋势见图 4-2-1 至图 4-2-4。

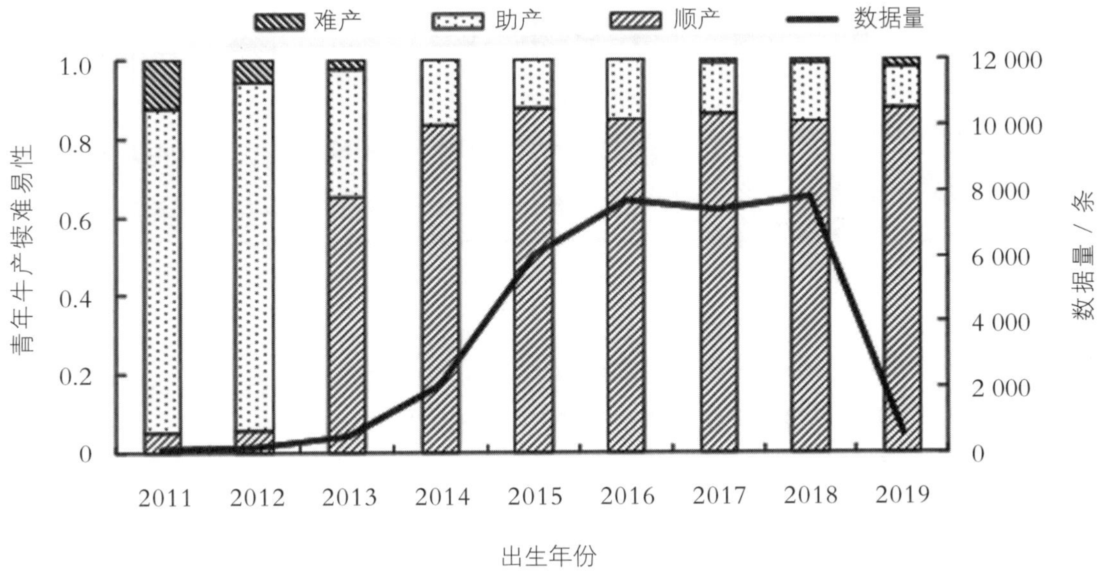

图 4-2-1 宁夏 2011—2019 年出生的青年牛产犊难易性变化

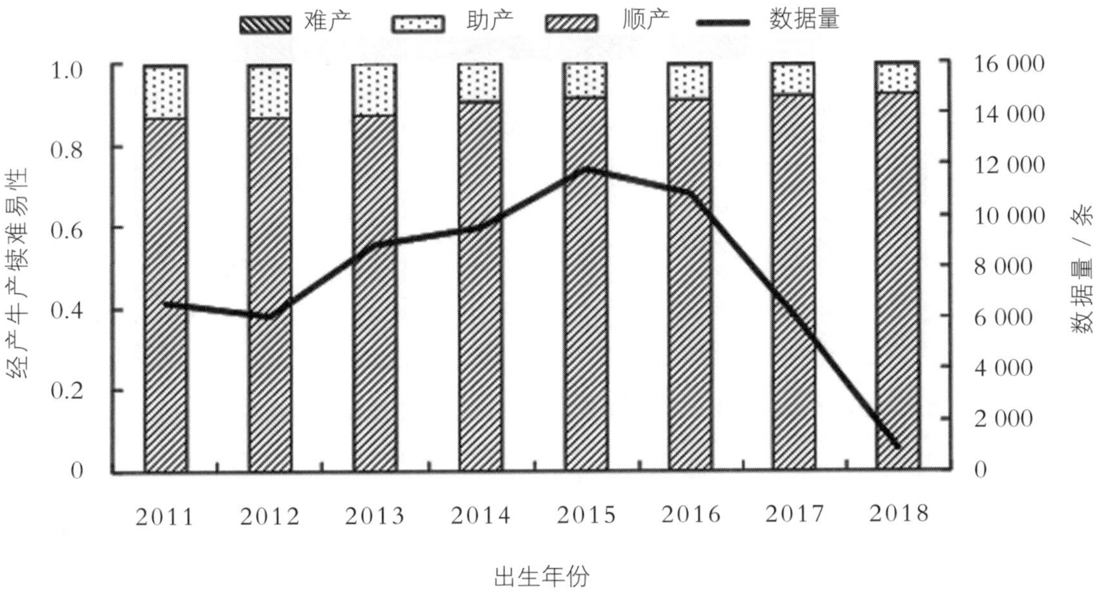

图 4-2-2 宁夏 2011—2018 年出生的经产牛产犊难易性变化

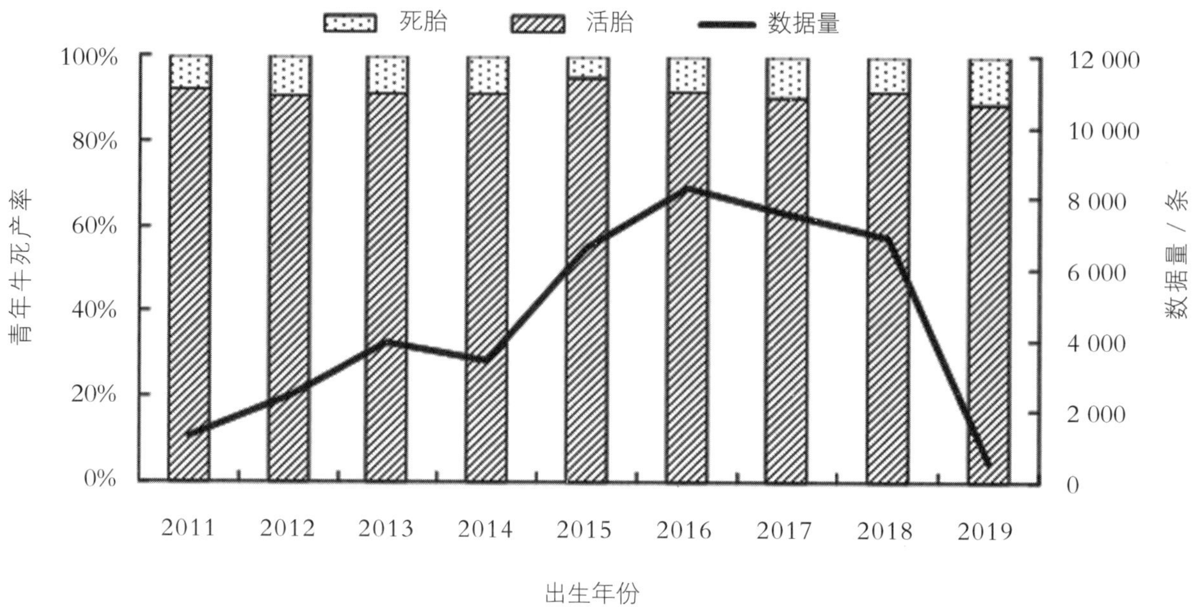

图 4-2-3 宁夏 2011—2019 年出生的青年牛死产率变化

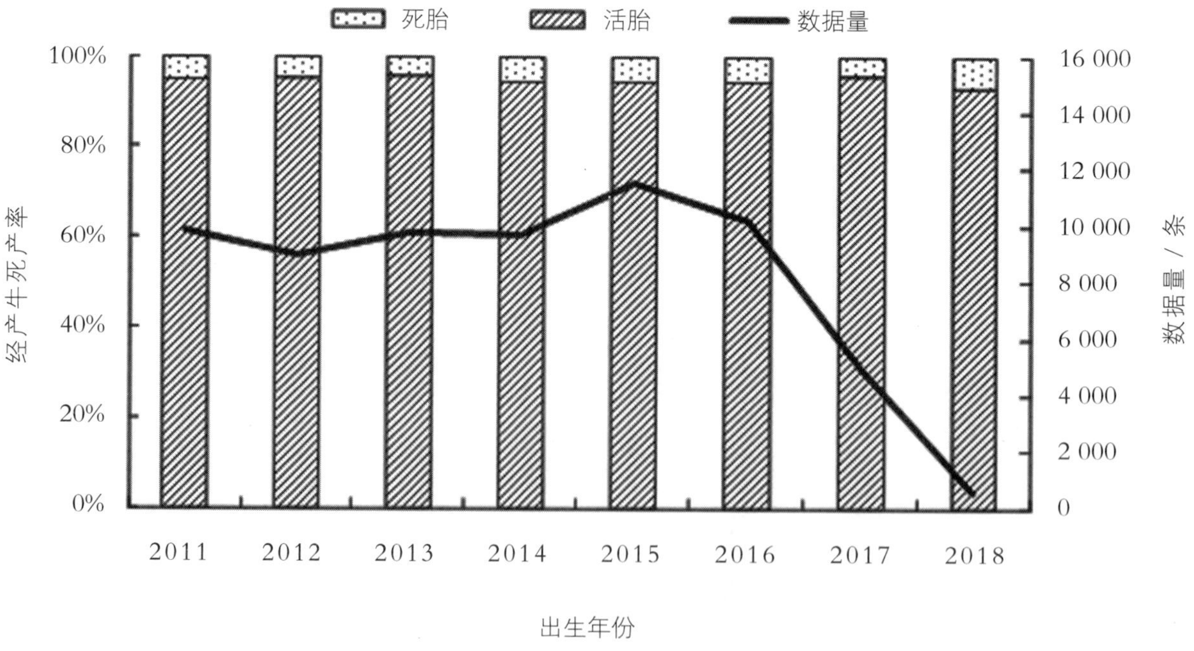

图 4-2-4 宁夏 2011—2018 年出生的经产牛死产率变化

4.3 长寿性状

根据宁夏 12 个核心育种场 24 335 头荷斯坦牛的出生、产犊和淘汰记录，计算宁夏奶牛生产寿命性状的表型值。核心育种场奶牛生产寿命性状随淘汰年份的变化趋势见图 4-3-1。

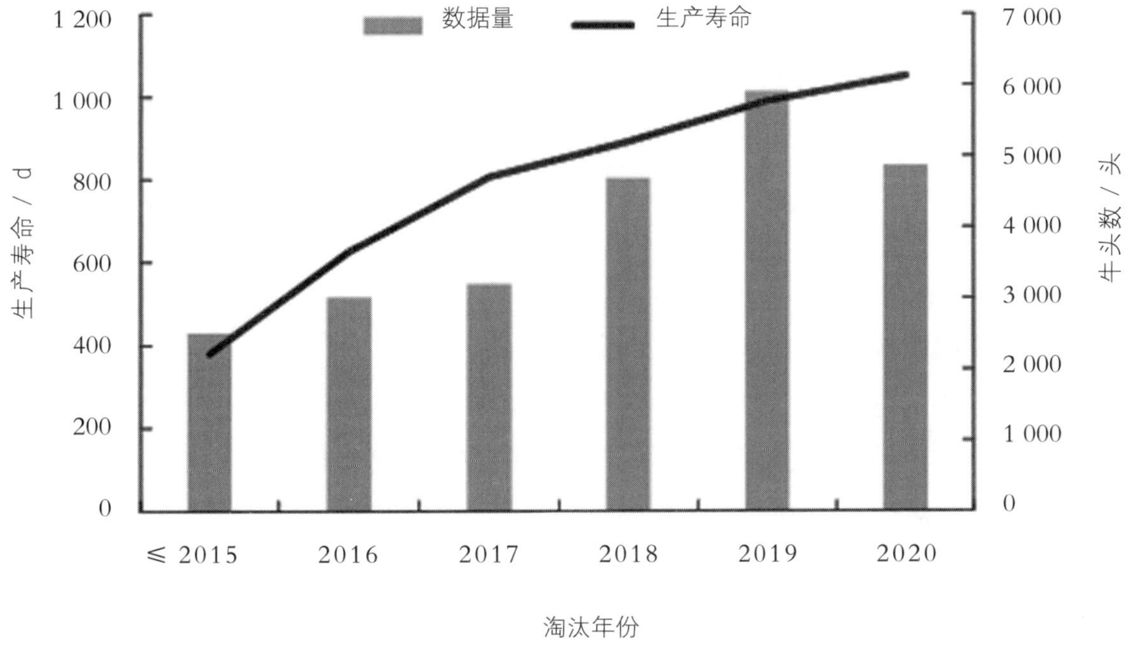

图 4-3-1　宁夏 2013—2020 年淘汰奶牛的生产寿命变化

5 宁夏奶牛遗传评估说明

遗传评估指评估奶牛某个或多个性状的遗传价值，是实现奶牛遗传改良最重要的育种措施。结合宁夏奶牛表型数据的实际情况，本章从数据来源、评估方法及模型、各性状的加性遗传标准差以及中国奶牛性能指数（China Performance Index, CPI）的计算方法等方面，对宁夏奶牛遗传评估技术体系进行介绍，为宁夏发布奶牛遗传评估结果、客观评价奶牛遗传品质提供技术保障。

5.1 数据来源

5.1.1 产奶性状表型

产奶性状原始表型数据来自 2011—2021 年宁夏 74 个牧场 169 241 头中国荷斯坦牛的 2 729 570 条 DHI 记录。评估性状包括产奶量（MY, kg）、乳脂率（MFP, %）、乳蛋白率（MPP, %）和体细胞评分（SCS）。其中，SCS 通过 DHI 记录中的体细胞数（SCC, 个 /mL）转换得到，转换公式为：

$$SCS = \log_2 \frac{SCC}{100\ 000} + 3$$

5.1.2 体型性状表型

体型性状原始表型数据来自 2012—2021 年宁夏 36 个牧场 37 812 头中国荷斯坦牛的单次体型鉴定记录。根据《中国荷斯坦牛体型鉴定技术规程》，按照 9 分制的评分方法对 20 个体型性状进行线性评定，得到各性状的线性分后，根据线性分和功能分转换标准将线性分转换为功能分，参照各性状功能分在部位综合评分（简称为部位分）中的权重以及各部位分在体型总分中的权重，计算各部位分和体型总分。

5.1.3 繁殖性状表型

繁殖性状原始表型数据来自 2007—2020 年宁夏 12 个核心育种场的 87 139 条出生记录、469 076 条配种记录、202 674 条妊检记录和 155 439 条产犊记录。评估性状包括首次配种日龄、首次产犊日龄、青年牛首末次配种间隔、经产牛首末次配种间隔和产犊至首次配种间隔。

5.1.4 产犊性状表型

产犊性状原始表型数据来自 2007—2020 年宁夏 12 个核心育种场的 87 139 条出生记录和 155 439 条产犊记录。评估性状包括青年牛产犊难易性、经产牛产犊难易性、青年牛死产率和经产牛死产率。

5.1.5 长寿性状表型

长寿性状原始表型数据来自 2007—2020 年宁夏 12 个牧场的 93 074 条出生记录、175 567 条产犊记录和 55 595 条淘汰记录。评估性状为生产寿命，即奶牛头胎产犊至淘汰的存活天数。

5.1.6 系谱数据

宁夏奶牛遗传评估所用的系谱数据来自中国奶业协会、加拿大奶业网以及宁夏参测牧场提供的牛只基本信息。经整理，用于遗传评估的系谱数据共包括 238 149 头牛，其中，177 636 头牛具有出生日期信息，147 358 头牛具有父亲信息，159 226 头牛具有母亲信息；系谱质量总体上呈逐年变好的趋势。各出生年份奶牛的系谱情况见表 5-1-1。

表 5-1-1　2010—2021 年出生奶牛的系谱情况

出生年份	头数 / 头	同时具有父亲和母亲信息个体所占比例	仅具有父亲信息个体所占比例	仅具有母亲信息个体所占比例
2010	6 423	81.14%	4.43%	4.82%
2011	13 352	62.54%	16.47%	7.16%
2012	11 215	58.59%	20.34%	8.89%
2013	13 155	50.22%	17.93%	20.44%
2014	13 554	60.53%	8.62%	16.59%
2015	16 866	61.35%	7.83%	11.11%
2016	19 150	55.15%	3.60%	19.31%
2017	16 666	61.54%	1.25%	28.60%
2018	16 983	60.67%	3.52%	10.25%
2019	10 663	68.71%	1.18%	30.08%
2020	7 005	99.06%	0%	0.94%

5.2 常规遗传评估

对于产奶性状，采用单性状随机回归测定日模型计算不同胎次（1 胎、2 胎、3 胎及以上）的方差组分估计值和估计个体育种值，子模型为 4 阶 Legendre 多项式拟合回归曲线；对于体型性状、繁殖性状、产犊性状和长寿性状，均采用单性状动物模型计算方差组分估计值和估计个体的育种值。

5.3 各性状的加性遗传标准差

宁夏奶牛遗传评估中，各性状的加性遗传标准差见表 5-3-1。

表 5-3-1 宁夏奶牛遗传评估性状加性遗传标准差

性 状		加性遗传标准差
产奶性状	产奶量	483.83
	乳蛋白量	16.31
	乳脂量	14.22
	体细胞评分	0.20
体型性状	体型总分	0.59
	尻部评分	1.06
	泌乳系统	0.87
	体躯容量	0.91
	肢蹄评分	0.72
	乳用特征	0.60
繁殖性状	首次配种日龄	21.50
	青年牛首末次配种间隔	10.19
	产犊至首次配种间隔	4.01
	首次产犊日龄	12.57
	经产牛首末次配种间隔	10.43
产犊性状	经产牛产犊难易性	0.05
	经产牛死产率	0.04
	青年牛产犊难易性	0.06
	青年牛死产率	0.06
长寿性状	生产寿命	143.37

5.4 中国奶牛性能指数

利用最佳线性无偏差预测（Best Linear Unbiased Prediction，简称 BLUP）方法估计奶牛各性状的育种值，分别进行标准化后加权合并，计算得到 2020 年版的 $CPI1_{2020}$ 指数。计算公式如下：

$$CPI1_{2020}=20\times\left(25\times\frac{Fat}{24.6}+35\times\frac{Prot}{20.7}-10\times\frac{SCS-3}{0.16}+8\times\frac{Type}{5}+14\times\frac{MS}{5}+8\times\frac{F\&L}{5}\right)+1\,800$$

其中，*Fat*、*Prot*、*SCS*、*Type*、*MS*、*F&L* 分别表示乳脂量、乳蛋白量、体细胞评分、体型总分、泌乳系统评分和肢蹄评分的估计育种值（estimated breeding value，EBV），分母是相应性状的估计遗传标准差。

个体的乳脂率和乳蛋白率育种值是根据个体的乳脂量、乳蛋白量和产奶量育种值以及牛群二胎的乳脂率、乳蛋白率和产奶量表型均值计算得到的，计算公式如下：

$$Fatpct=\frac{Fat\times100-Milk\times Fat\%}{Milk+Mkg}$$

$$Propct=\frac{Prot\times100-Milk\times Prot\%}{Milk+Mkg}$$

其中，*Fat*、*Prot* 和 *Milk* 分别表示乳脂量、乳蛋白量和产奶量的估计育种值，*Mkg* 表示二胎奶牛产奶量表型群体均值，*Fat%* 表示二胎奶牛乳脂率表型群体均值，*Prot%* 表示二胎奶牛乳蛋白率表型群体均值。

个体产奶性状的综合估计育种值为各胎次估计育种值的平均值。例如，某个体具有 1 胎、2 胎、3 胎及以上的产奶量记录，分别计算出各胎次的产奶量估计育种值 $Milk_1$、$Milk_2$ 和 $Milk_3$，该个体产奶量综合估计育种值的计算公式如下：

$$Milk=\frac{Milk_1+Milk_2+Milk_3}{3}$$

6 宁夏荷斯坦牛遗传评估结果展示

6.1 各核心育种场母牛产奶性状和体型性状估计育种值排名

2010 年 1 月 1 日至 2019 年 12 月 31 日出生且有表型记录的母牛中，产奶性状（产奶量、乳脂率、乳蛋白率和体细胞评分）和体型总分估计育种值排名前 500 名母牛的牛号、出生年份、估计育种值、估计育种值准确性和排名见附表 1 至附表 5，产奶性状排名仅涉及同时具有 3 个胎次测定记录的个体，体型性状排名仅涉及具有头胎体型鉴定记录的个体。

各核心育种场体型总分、部位分和各线性体型性状估计育种值排名前 10 名母牛的牛号、出生年份、估计育种值、估计育种值准确性及排名见表 6-1-1 至表 6-1-25。其中，牛号采用《中国荷斯坦牛》规定的 12 位母牛编号方法进行编号，包含所在地区编号、牛场编号、出生年份以及场内顺序号等信息。

表 6-1-1 各核心育种场体型总分 EBV 排名前 10 名母牛

场号	场内排名	牛号	出生年份	体型总分 EBV / 分	EBV 准确性
640003	1	640003121257	2012	0.714	0.53
	2	640003121286	2012	0.686	0.50
	3	640003111126	2011	0.583	0.44
	4	640003111119	2011	0.577	0.43
	5	640003110017	2011	0.566	0.49
	6	640003111120	2011	0.562	0.43
	7	640003121282	2012	0.534	0.52
	8	640003111144	2011	0.528	0.43
	9	640003111160	2011	0.518	0.43
	10	640003111115	2011	0.508	0.43
640004	1	640004125988	2012	0.503	0.53
	2	640004105695	2010	0.477	0.52
	3	640004181997	2018	0.468	0.49

续表

场号	场内排名	牛号	出生年份	体型总分 EBV / 分	EBV 准确性
640004	4	640004115896	2011	0.385	0.47
	5	640004095525	2009	0.372	0.51
	6	640004182085	2018	0.368	0.49
	7	640004187436	2018	0.364	0.53
	8	640004095511	2009	0.358	0.50
	9	640004125990	2012	0.357	0.53
	10	640004115853	2011	0.356	0.50
640005	1	640005113749	2011	0.709	0.40
	2	640005103634	2010	0.665	0.46
	3	640005113771	2011	0.662	0.47
	4	640005134183	2013	0.653	0.50
	5	640005134250	2013	0.588	0.43
	6	640005134199	2013	0.558	0.50
	7	640005185392	2018	0.556	0.46
	8	640005134141	2013	0.550	0.50
	9	640005117956	2011	0.524	0.44
	10	640005134197	2013	0.520	0.49
640009	1	640009120139	2012	0.435	0.35
	2	640009120096	2012	0.425	0.45
	3	640009181317	2018	0.395	0.45
	4	640009113961	2011	0.388	0.32
	5	640009181342	2018	0.372	0.45
	6	640009116429	2011	0.336	0.34
	7	640009181448	2018	0.327	0.52
	8	640009181479	2018	0.326	0.51
	9	640009181411	2018	0.309	0.42
	10	640009110073	2011	0.298	0.36

续表

场号	场内排名	牛号	出生年份	体型总分 EBV / 分	EBV 准确性
640035	1	640035117938	2011	0.638	0.49
	2	640035128205	2012	0.621	0.53
	3	640035128244	2012	0.599	0.52
	4	640035117836	2011	0.566	0.31
	5	640035117845	2011	0.560	0.37
	6	640035109613	2010	0.549	0.44
	7	640035128210	2012	0.528	0.51
	8	640035117852	2011	0.506	0.40
	9	640035128200	2012	0.498	0.50
	10	640035128215	2012	0.494	0.32
640166	1	640166110077	2011	0.923	0.51
	2	640166110065	2011	0.674	0.48
	3	640166120633	2012	0.648	0.53
	4	640166099311	2009	0.588	0.47
	5	640166099338	2009	0.561	0.49
	5	640166110070	2011	0.561	0.49
	7	640166110165	2011	0.528	0.33
	8	640166141140	2014	0.526	0.48
	9	640166120480	2012	0.518	0.53
	10	640166110160	2011	0.492	0.37
640173	1	640173116377	2011	0.567	0.33
	2	640173126008	2012	0.562	0.52
	3	640173113409	2011	0.554	0.35
	4	640173114915	2011	0.524	0.31
	5	640173121049	2012	0.520	0.32
	5	640173116479	2011	0.520	0.35
	7	640173116524	2011	0.517	0.34
	8	640173162208	2016	0.485	0.37

续表

场号	场内排名	牛号	出生年份	体型总分 EBV / 分	EBV 准确性
640173	9	640173090634	2009	0.478	0.48
	10	640173174268	2017	0.474	0.38
640190	1	640190121599	2012	0.715	0.43
	2	640190134966	2013	0.688	0.31
	3	640190130081	2013	0.656	0.40
	4	640190120977	2012	0.653	0.43
	5	640190121194	2012	0.652	0.42
	6	640190130093	2013	0.622	0.47
	7	640190110119	2011	0.621	0.41
	8	640190113280	2011	0.620	0.36
	9	640190142261	2014	0.616	0.43
	10	640190110080	2011	0.608	0.41
640193	1	640193192714	2019	0.608	0.43
	2	640193193286	2019	0.486	0.48
	3	640193193314	2019	0.481	0.46
	4	640193192740	2019	0.478	0.49
	5	640193192756	2019	0.472	0.43
	6	640193193746	2019	0.465	0.46
	7	640193193726	2019	0.449	0.44
	8	640193192764	2019	0.433	0.46
	9	640193193558	2019	0.427	0.48
	9	640193193156	2019	0.427	0.48
640251	1	640251185778	2018	0.541	0.46
	2	640251185816	2018	0.530	0.46
	3	640251185799	2018	0.477	0.46
	4	640251185830	2018	0.473	0.46
	5	640251185785	2018	0.465	0.45
	5	640251185724	2018	0.465	0.50

续表

场号	场内排名	牛号	出生年份	体型总分 EBV / 分	EBV 准确性
640251	7	640251185809	2018	0.448	0.45
	8	640251185730	2018	0.440	0.50
	9	640251185764	2018	0.438	0.53
	10	640251185876	2018	0.435	0.46
640253	1	640253182017	2018	0.531	0.49
	2	640253182050	2018	0.510	0.50
	3	640253181970	2018	0.500	0.49
	4	640253193676	2019	0.479	0.36
	5	640253182001	2018	0.476	0.49
	6	640253181983	2018	0.463	0.49
	7	640253182007	2018	0.460	0.49
	8	640253181982	2018	0.458	0.51
	9	640253182087	2018	0.455	0.51
	10	640253182036	2018	0.447	0.50

表 6-1-2　各核心育种场体躯容量评分 EBV 排名前 10 名母牛

场号	场内排名	牛号	出生年份	体躯容量评分 EBV / 分	EBV 准确性
640003	1	640003182848	2018	1.042	0.45
	2	640003186277	2018	1.012	0.51
	3	640003186247	2018	0.986	0.53
	4	640003182837	2018	0.907	0.44
	5	640003182773	2018	0.886	0.50
	6	640003111035	2011	0.864	0.39
	7	640003197644	2019	0.842	0.48
	8	640003186196	2018	0.828	0.52
	9	640003182876	2018	0.820	0.48
	10	640003182870	2018	0.817	0.49

续表

场号	场内排名	牛号	出生年份	体躯容量评分 EBV / 分	EBV 准确性
640004	1	640004125986	2012	1.101	0.56
	2	640004187467	2018	1.090	0.51
	3	640004187440	2018	1.025	0.53
	4	640004125980	2012	1.019	0.56
	5	640004182391	2018	1.008	0.51
	6	640004125981	2012	0.997	0.54
	7	640004187444	2018	0.926	0.54
	8	640004115973	2011	0.918	0.56
	9	640004182177	2018	0.884	0.51
	10	640004181997	2018	0.883	0.50
640005	1	640005123970	2012	1.206	0.55
	2	640005123933	2012	1.110	0.54
	3	640005134081	2013	1.092	0.45
	4	640005123925	2012	1.083	0.53
	5	640005123955	2012	1.054	0.54
	6	640005123976	2012	1.042	0.54
	7	640005144370	2014	1.011	0.37
	8	640005154490	2015	1.008	0.50
	9	640005123958	2012	0.937	0.54
	10	640005123978	2012	0.915	0.35
640009	1	640009181380	2018	1.054	0.49
	2	640009181378	2018	0.945	0.52
	3	640009181360	2018	0.905	0.49
	4	640009181387	2018	0.897	0.48
	5	640009181357	2018	0.885	0.48
	6	640009181389	2018	0.845	0.48
	7	640009181321	2018	0.831	0.47
	8	640009181384	2018	0.824	0.48

续表

场号	场内排名	牛号	出生年份	体躯容量评分 EBV / 分	EBV 准确性
640009	9	640009181392	2018	0.818	0.49
	10	640009181435	2018	0.804	0.53
640035	1	640035181027	2018	0.871	0.48
	2	640035181092	2018	0.866	0.49
	3	640035180983	2018	0.864	0.51
	4	640035180906	2018	0.795	0.47
	5	640035181078	2018	0.789	0.48
	6	640035170812	2017	0.788	0.48
	7	640035181085	2018	0.786	0.47
	8	640035180932	2018	0.782	0.50
	9	640035128244	2012	0.777	0.53
	10	640035181048	2018	0.775	0.47
640166	1	640166130893	2013	1.073	0.40
	2	640166120654	2012	1.072	0.54
	3	640166110134	2011	1.065	0.43
	4	640166120639	2012	1.010	0.54
	5	640166120650	2012	0.997	0.55
	6	640166110150	2011	0.969	0.40
	7	640166120676	2012	0.967	0.52
	8	640166141191	2014	0.955	0.41
	9	640166141100	2014	0.951	0.42
	10	640166110211	2011	0.947	0.38
640173	1	640173174384	2017	1.229	0.47
	2	640173174387	2017	1.131	0.47
	3	640173174371	2017	1.044	0.47
	4	640173184786	2018	1.011	0.47
	5	640173174393	2017	0.994	0.47
	6	640173184855	2018	0.993	0.49

续表

场号	场内排名	牛号	出生年份	体躯容量评分 EBV / 分	EBV 准确性
640173	7	640173184896	2018	0.983	0.49
	8	640173174416	2017	0.972	0.47
	9	640173184920	2018	0.962	0.46
	10	640173126082	2012	0.942	0.52
640190	1	640190142233	2014	1.173	0.42
	2	640190142235	2014	1.104	0.43
	3	640190142183	2014	1.082	0.43
	4	640190142289	2014	1.008	0.43
	5	640190142282	2014	0.985	0.43
	6	640190141987	2014	0.984	0.43
	7	640190142268	2014	0.952	0.43
	8	640190142292	2014	0.936	0.41
	9	640190142225	2014	0.925	0.43
	10	640190131405	2013	0.905	0.33
640193	1	640193183400	2018	0.779	0.49
	2	640193190658	2019	0.745	0.50
	3	640193192972	2019	0.744	0.47
	4	640193192994	2019	0.693	0.48
	5	640193191852	2019	0.689	0.34
	6	640193193324	2019	0.681	0.48
	7	640193192774	2019	0.674	0.48
	8	640193192690	2019	0.655	0.47
	9	640193193352	2019	0.640	0.47
	10	640193192694	2019	0.636	0.44
640251	1	640251185755	2018	1.065	0.53
	2	640251185697	2018	1.064	0.53
	3	640251185686	2018	1.008	0.47
	4	640251185688	2018	0.934	0.47

续表

场号	场内排名	牛号	出生年份	体躯容量评分 EBV / 分	EBV 准确性
640251	5	640251185776	2018	0.919	0.47
	6	640251185687	2018	0.908	0.47
	7	640251185694	2018	0.901	0.47
	8	640251185802	2018	0.897	0.47
	9	640251185790	2018	0.887	0.50
	10	640251185730	2018	0.885	0.51
640253	1	640253182087	2018	1.043	0.52
	2	640253182204	2018	1.025	0.51
	3	640253182055	2018	0.988	0.53
	4	640253181968	2018	0.987	0.50
	5	640253182228	2018	0.981	0.51
	6	640253182049	2018	0.974	0.50
	6	640253181983	2018	0.974	0.50
	8	640253182229	2018	0.970	0.51
	9	640253182372	2018	0.964	0.51
	10	640253182027	2018	0.953	0.52

表 6-1-3　各核心育种场尻部评分 EBV 排名前 10 名母牛

场号	场内排名	牛号	出生年份	尻部评分 EBV / 分	EBV 准确性
640003	1	640003111123	2011	1.135	0.39
	2	640003121254	2012	1.095	0.39
	3	640003090712	2009	1.080	0.34
	4	640003111142	2011	0.949	0.40
	5	640003111115	2011	0.940	0.42
	6	640003111160	2011	0.927	0.42
	7	640003120337	2012	0.859	0.49

续表

场号	场内排名	牛号	出生年份	尻部评分 EBV / 分	EBV 准确性
640003	8	640003111133	2011	0.833	0.42
	9	640003110859	2011	0.821	0.47
	10	640003111134	2011	0.803	0.40
640004	1	640004115893	2011	1.323	0.49
	2	640004095558	2009	1.290	0.48
	3	640004105676	2010	1.213	0.49
	4	640004095593	2009	1.206	0.46
	5	640004095576	2009	1.123	0.48
	6	640004109789	2010	1.109	0.50
	7	640004115891	2011	1.059	0.49
	8	640004095466	2009	1.040	0.47
	9	640004115897	2011	1.014	0.49
	10	640004099339	2009	1.003	0.48
640005	1	640005113771	2011	1.376	0.46
	2	640005123907	2012	1.310	0.44
	3	640005093359	2009	1.222	0.39
	4	640005093362	2009	1.215	0.37
	5	640005123888	2012	1.143	0.45
	6	640005123906	2012	1.030	0.43
	7	640005134201	2014	1.012	0.41
	8	640005113818	2011	0.970	0.47
	9	640005144423	2014	0.913	0.41
	10	640005144436	2014	0.906	0.45
640009	1	640009120001	2012	0.755	0.36
	2	640009110045	2011	0.730	0.47
	3	640009110086	2011	0.663	0.34
	4	640009120132	2012	0.662	0.40
	5	640009120139	2012	0.649	0.34

续表

场号	场内排名	牛号	出生年份	尻部评分 EBV / 分	EBV 准确性
640009	6	640009090052	2009	0.637	0.49
	7	640009110059	2011	0.627	0.48
	8	640009120137	2012	0.622	0.40
	9	640009110080	2011	0.611	0.32
	10	640009191752	2019	0.590	0.46
640035	1	640035097573	2009	1.393	0.48
	2	640035097538	2009	0.915	0.47
	3	640035107582	2009	0.894	0.48
	4	640035097563	2009	0.884	0.47
	5	640035097516	2009	0.876	0.47
	6	640035117836	2011	0.856	0.30
	7	640035097525	2009	0.855	0.50
	8	640035107722	2010	0.848	0.47
	9	640035107678	2010	0.845	0.50
	10	640035107614	2010	0.833	0.47
640166	1	640166099382	2009	1.205	0.48
	2	640166109751	2010	1.072	0.49
	3	640166120377	2012	1.018	0.43
	4	640166130891	2013	0.972	0.41
	5	640166120384	2012	0.937	0.42
	6	640166130961	2013	0.923	0.44
	7	640166109755	2010	0.917	0.47
	8	640166099388	2009	0.895	0.49
	9	640166109731	2010	0.861	0.50
	10	640166110022	2011	0.855	0.46
640173	1	640173126070	2012	1.467	0.47
	2	640173126041	2012	1.242	0.45
	3	640173123017	2012	1.115	0.40

续表

场号	场内排名	牛号	出生年份	尻部评分 EBV / 分	EBV 准确性
640173	4	640173121130	2012	1.078	0.35
	5	640173121125	2012	1.067	0.35
	6	640173110171	2011	1.048	0.42
	7	640173080527	2008	1.033	0.40
	7	640173126043	2012	1.033	0.42
	9	640173121132	2012	0.902	0.35
	10	640173126048	2012	0.892	0.41
640190	1	640190130093	2013	1.833	0.46
	2	640190140013	2013	1.692	0.48
	3	640190130078	2013	1.578	0.50
	4	640190140335	2014	1.508	0.46
	5	640190130052	2013	1.490	0.46
	6	640190141899	2014	1.479	0.43
	6	640190140074	2013	1.479	0.49
	8	640190130054	2013	1.460	0.46
	9	64019013A067	2013	1.458	0.48
	10	640190130118	2013	1.439	0.46
640193	1	640193182838	2018	0.806	0.54
	2	640193193264	2019	0.655	0.43
	3	640193182844	2018	0.627	0.53
	4	640193192892	2019	0.583	0.43
	5	640193192742	2019	0.538	0.41
	6	640193193118	2019	0.528	0.41
	7	640193192972	2019	0.521	0.45
	8	640193192102	2019	0.514	0.31
	9	640193182318	2018	0.506	0.53
	10	640193182828	2018	0.503	0.53
640251	1	640251186789	2018	0.691	0.46

续表

场号	场内排名	牛号	出生年份	尻部评分 EBV / 分	EBV 准确性
640251	2	640251186731	2018	0.648	0.38
	3	640251186715	2018	0.626	0.46
	3	640251186708	2018	0.626	0.46
	3	640251186719	2018	0.626	0.46
	6	640251186784	2018	0.612	0.46
	6	640251186716	2018	0.612	0.47
	8	640251186797	2018	0.598	0.38
	9	640251186786	2018	0.594	0.39
	10	640251186743	2018	0.589	0.41
640253	1	640253193098	2019	0.744	0.39
	2	640253193663	2019	0.728	0.46
	3	640253193911	2019	0.707	0.46
	4	640253193721	2019	0.680	0.46
	5	640253182087	2018	0.668	0.51
	6	640253182842	2018	0.662	0.46
	7	640253193810	2019	0.659	0.46
	8	640253181982	2018	0.632	0.51
	8	640253193063	2019	0.632	0.37
	10	640253182833	2018	0.630	0.46

表 6-1-4 各核心育种场肢蹄评分 EBV 排名前 10 名母牛

场号	场内排名	牛号	出生年份	肢蹄评分 EBV / 分	EBV 准确性
640003	1	640003186086	2018	0.738	0.47
	2	640003182826	2018	0.674	0.36
	3	640003182812	2018	0.672	0.36
	4	640003186066	2018	0.630	0.46
	5	640003182809	2018	0.628	0.36

续表

场号	场内排名	牛号	出生年份	肢蹄评分 EBV / 分	EBV 准确性
640003	6	640003182841	2018	0.606	0.34
	7	640003182842	2018	0.605	0.36
	8	640003182844	2018	0.573	0.34
	9	640003182787	2018	0.572	0.34
	10	640003111174	2011	0.565	0.26
640004	1	640004109789	2010	0.770	0.41
	2	640004109699	2010	0.731	0.42
	3	640004109769	2010	0.669	0.42
	4	640004109729	2010	0.662	0.41
	5	640004126004	2012	0.625	0.41
	6	640004109739	2010	0.566	0.41
	7	640004125986	2012	0.546	0.47
	8	640004125977	2012	0.498	0.46
	9	640004181985	2018	0.494	0.36
	10	640004181987	2018	0.493	0.36
640005	1	640005123977	2012	0.716	0.47
	2	640005113819	2011	0.568	0.38
	3	640005123959	2012	0.563	0.46
	4	640005123933	2012	0.519	0.46
	5	640005195690	2019	0.517	0.35
	6	640005185326	2018	0.498	0.29
	7	640005144368	2014	0.483	0.31
	8	640005195687	2019	0.476	0.33
	9	640005134216	2013	0.459	0.36
	10	640005195672	2019	0.447	0.35
640009	1	640009120127	2012	0.512	0.37
	2	640009100088	2010	0.508	0.42

续表

场号	场内排名	牛号	出生年份	肢蹄评分 EBV / 分	EBV 准确性
640009	3	640009120031	2012	0.490	0.33
	4	640009120112	2012	0.484	0.37
	5	640009120032	2012	0.478	0.33
	6	640009181416	2018	0.465	0.34
	7	640009120096	2012	0.459	0.35
	8	640009181456	2018	0.450	0.44
	9	640009110048	2011	0.443	0.36
	10	640009120103	2012	0.429	0.38
640035	1	640035107690	2010	0.786	0.41
	2	640035109754	2010	0.718	0.40
	3	640035109613	2010	0.645	0.33
	4	640035107723	2010	0.608	0.43
	5	640035128140	2012	0.602	0.39
	6	640035107717	2010	0.586	0.40
	7	640035128155	2012	0.558	0.41
	8	640035107722	2010	0.545	0.39
	9	640035128054	2012	0.539	0.40
	10	640035128154	2012	0.525	0.41
640166	1	640166109758	2010	0.730	0.42
	2	640166109764	2010	0.724	0.43
	3	640166120638	2012	0.714	0.49
	4	640166120440	2012	0.671	0.40
	5	640166109768	2010	0.663	0.41
	6	640166120676	2012	0.661	0.44
	6	640166109755	2010	0.661	0.39
	8	640166109731	2010	0.657	0.41
	9	640166109724	2010	0.654	0.40

续表

场号	场内排名	牛号	出生年份	肢蹄评分 EBV / 分	EBV 准确性
640166	10	640166120460	2012	0.647	0.47
640173	1	640173185011	2018	0.867	0.51
	2	640173174579	2017	0.781	0.41
	3	640173174519	2017	0.731	0.40
	4	640173184975	2018	0.692	0.50
	5	640173174525	2017	0.688	0.40
	6	640173174535	2017	0.680	0.37
	7	640173174522	2017	0.668	0.37
	8	640173184859	2018	0.666	0.46
	9	640173174517	2017	0.650	0.36
	10	640173185010	2018	0.646	0.46
640190	1	640190182177	2018	0.957	0.43
	2	640190182059	2018	0.952	0.44
	3	640190181853	2018	0.944	0.44
	4	640190181869	2018	0.941	0.43
	5	640190182035	2018	0.933	0.43
	6	640190182039	2018	0.923	0.44
	7	640190181957	2018	0.908	0.44
	8	640190181983	2018	0.878	0.44
	9	640190128280	2012	0.874	0.35
	10	640190181811	2018	0.871	0.44
640193	1	640193182828	2018	0.848	0.47
	2	640193182318	2018	0.844	0.47
	3	640193182892	2018	0.772	0.46
	4	640193182780	2018	0.745	0.46
	5	640193182806	2018	0.695	0.47
	6	640193182906	2018	0.694	0.46

续表

场号	场内排名	牛号	出生年份	肢蹄评分 EBV / 分	EBV 准确性
640193	7	640193182282	2018	0.677	0.43
	8	640193182870	2018	0.673	0.46
	9	640193183084	2018	0.665	0.46
	10	640193182872	2018	0.662	0.46
640251	1	640251186118	2018	0.824	0.47
	2	640251186194	2018	0.799	0.46
	3	640251186123	2018	0.770	0.47
	4	640251186385	2018	0.758	0.47
	5	640251186041	2018	0.742	0.47
	6	640251186141	2018	0.716	0.46
	7	640251186181	2018	0.712	0.46
	7	640251186122	2018	0.712	0.46
	9	640251186121	2018	0.710	0.46
	9	640251186080	2018	0.710	0.46
640253	1	640253182099	2018	0.786	0.38
	2	640253182113	2018	0.718	0.38
	3	640253182016	2018	0.676	0.35
	4	640253181852	2018	0.623	0.36
	5	640253181982	2018	0.618	0.43
	6	640253182114	2018	0.615	0.36
	7	640253182090	2018	0.610	0.43
	8	640253182132	2018	0.607	0.37
	9	640253181891	2018	0.600	0.38
	10	640253181829	2018	0.595	0.36

表 6-1-5 各核心育种场泌乳系统评分 EBV 排名前 10 名母牛

场号	场内排名	牛号	出生年份	泌乳系统评分 EBV / 分	EBV 准确性
640003	1	640003121257	2012	0.995	0.50
	2	640003110017	2011	0.927	0.45
	3	640003121209	2012	0.918	0.50
	4	640003121286	2012	0.917	0.47
	5	640003120482	2012	0.873	0.51
	6	640003120497	2012	0.815	0.50
	7	640003121282	2012	0.754	0.49
	8	640003120502	2012	0.753	0.47
	9	640003121289	2012	0.747	0.51
	10	640003111126	2011	0.735	0.41
640004	1	640004105695	2010	0.819	0.50
	2	640004125988	2012	0.805	0.50
	3	640004115903	2011	0.776	0.44
	4	640004115969	2011	0.655	0.39
	5	640004187465	2018	0.649	0.34
	6	640004115819	2011	0.630	0.30
	7	640004125990	2012	0.617	0.50
	8	640004115783	2011	0.608	0.50
	9	640004115853	2011	0.485	0.47
	10	640004109809	2010	0.441	0.49
640005	1	640005134183	2013	0.984	0.46
	2	640005134199	2013	0.910	0.46
	3	640005134141	2013	0.901	0.46
	4	640005134197	2013	0.870	0.46
	5	640005113749	2011	0.827	0.36
	6	640005103634	2010	0.801	0.42
	7	640005123966	2012	0.799	0.49

续表

场号	场内排名	牛号	出生年份	泌乳系统评分 EBV / 分	EBV 准确性
640005	8	640005123982	2012	0.783	0.45
	9	640005123922	2012	0.780	0.50
	10	640005113771	2011	0.764	0.44
640009	1	640009120018	2012	0.747	0.38
	2	640009120015	2012	0.560	0.35
	3	640009120139	2012	0.489	0.31
	4	640009090105	2009	0.473	0.48
	5	640009113961	2011	0.467	0.29
	6	640009120009	2012	0.455	0.34
	7	640009100033	2010	0.419	0.47
	8	640009110014	2011	0.417	0.47
	9	640009120066	2012	0.412	0.36
	10	640009100147	2010	0.409	0.48
640035	1	640035128210	2012	1.030	0.48
	2	640035128244	2012	0.955	0.49
	3	640035128224	2012	0.951	0.48
	4	640035128184	2012	0.919	0.50
	5	640035128249	2012	0.910	0.48
	6	640035117938	2011	0.898	0.45
	7	640035128205	2012	0.863	0.50
	8	640035128212	2012	0.845	0.48
	9	640035117836	2011	0.755	0.27
	10	640035117920	2011	0.746	0.42
640166	1	640166110077	2011	1.268	0.47
	2	640166120530	2012	0.959	0.50
	3	640166110065	2011	0.955	0.45
	4	640166120475	2012	0.911	0.52

续表

场号	场内排名	牛号	出生年份	泌乳系统评分 EBV / 分	EBV 准确性
640166	5	640166120480	2012	0.862	0.50
	6	640166130796	2013	0.842	0.48
	7	640166120629	2012	0.837	0.50
	8	640166141035	2014	0.821	0.48
	9	640166120597	2012	0.818	0.49
	10	640166099338	2009	0.801	0.45
640173	1	640173126008	2012	0.881	0.49
	2	640173090763	2009	0.793	0.45
	3	640173116377	2011	0.740	0.29
	4	640173090718	2009	0.717	0.47
	5	640173090711	2009	0.669	0.47
	6	640173100037	2010	0.640	0.44
	7	640173090634	2009	0.637	0.45
	8	640173120192	2012	0.625	0.28
	9	640173090713	2009	0.619	0.47
	10	640173112539	2011	0.604	0.31
640190	1	640190111625	2011	0.971	0.48
	2	640190111218	2011	0.943	0.40
	3	640190142123	2014	0.841	0.48
	4	640190127537	2012	0.822	0.40
	5	640190112152	2011	0.812	0.37
	5	640190112056	2011	0.812	0.40
	7	640190110064	2011	0.806	0.38
	8	640190142039	2014	0.805	0.40
	9	640190113280	2011	0.804	0.33
	10	640190111843	2011	0.800	0.41
640193	1	640193184000	2018	0.660	0.45

续表

场号	场内排名	牛号	出生年份	泌乳系统评分 EBV / 分	EBV 准确性
640193	2	640193191476	2019	0.517	0.31
	3	640193181818	2018	0.510	0.48
	4	640193192714	2019	0.486	0.39
	4	640193184060	2018	0.486	0.43
	6	640193192280	2019	0.478	0.28
	7	640193192452	2019	0.467	0.28
	8	640193192038	2019	0.464	0.29
	9	640193182088	2018	0.445	0.52
	10	640193183408	2018	0.434	0.43
640251	1	640251186808	2018	0.404	0.32
	2	640251186824	2018	0.374	0.32
	3	640251186789	2018	0.373	0.43
	4	640251186790	2018	0.358	0.32
	5	640251186826	2018	0.338	0.32
	6	640251006153	2018	0.333	0.37
	7	640251186802	2018	0.326	0.32
	8	640251185816	2018	0.308	0.42
	9	640251185724	2018	0.305	0.48
	10	640251186784	2018	0.302	0.43
640253	1	640253193676	2019	0.556	0.32
	2	640253193723	2019	0.540	0.35
	3	640253193738	2019	0.449	0.35
	4	640253193690	2019	0.435	0.32
	5	640253193605	2019	0.406	0.27
	6	640253182828	2018	0.357	0.44
	6	640253193358	2019	0.357	0.31
	8	640253182825	2018	0.356	0.43

续表

场号	场内排名	牛号	出生年份	泌乳系统评分 EBV / 分	EBV 准确性
640253	9	640253182017	2018	0.355	0.47
	10	640253182858	2018	0.351	0.41

表 6-1-6 各核心育种场乳用特征评分 EBV 排名前 10 名母牛

场号	场内排名	牛号	出生年份	乳用特征评分 EBV / 分	EBV 准确性
640003	1	640003100913	2010	0.645	0.41
	2	640003110087	2011	0.532	0.36
	3	640003090716	2009	0.494	0.21
	4	640003090712	2009	0.467	0.23
	5	640003120482	2012	0.461	0.43
	6	640003120307	2012	0.446	0.35
	7	640003110776	2011	0.443	0.39
	8	640003182809	2018	0.440	0.34
	9	640003110814	2011	0.436	0.39
	10	640003182823	2018	0.432	0.34
640004	1	640004119899	2011	0.537	0.40
	2	640004115853	2011	0.511	0.39
	3	640004115940	2011	0.427	0.23
	4	640004115896	2011	0.406	0.34
	5	640004105775	2010	0.395	0.40
	6	640004115915	2011	0.367	0.40
	7	640004105772	2010	0.347	0.42
	8	640004187440	2018	0.345	0.42
	9	640004187402	2018	0.331	0.43
	9	640004095525	2009	0.331	0.39
640005	1	640005099219	2009	0.599	0.30
	2	640005144387	2014	0.548	0.28

续表

场号	场内排名	牛号	出生年份	乳用特征评分 EBV / 分	EBV 准确性
640005	3	640005146580	2014	0.475	0.37
	4	640005154468	2015	0.449	0.30
	5	640005117889	2011	0.439	0.40
	6	640005144446	2014	0.426	0.40
	7	640005117953	2011	0.420	0.37
	8	640005144384	2014	0.416	0.24
	9	640005144370	2014	0.412	0.23
	10	640005154490	2015	0.408	0.37
640009	1	640009120139	2012	0.388	0.23
	2	640009110034	2011	0.343	0.28
	3	640009110017	2011	0.312	0.22
	4	640009113961	2011	0.298	0.21
	5	640009110126	2011	0.285	0.27
	6	640009181479	2018	0.275	0.42
	6	640009181319	2018	0.275	0.36
	8	640009120005	2012	0.262	0.24
	9	640009110016	2011	0.261	0.21
	10	640009181359	2018	0.254	0.37
640035	1	640035107692	2010	0.489	0.44
	2	640035117890	2011	0.470	0.41
	3	640035117849	2011	0.453	0.40
	4	640035107697	2010	0.443	0.43
	5	640035107698	2010	0.426	0.39
	6	640035109745	2010	0.415	0.39
	7	640035117884	2011	0.412	0.42
	8	640035118011	2011	0.410	0.24
	8	640035109613	2010	0.410	0.31

续表

场号	场内排名	牛号	出生年份	乳用特征评分 EBV / 分	EBV 准确性
640035	10	640035128125	2012	0.408	0.38
640166	1	640166099311	2009	0.728	0.34
	2	640166120616	2012	0.715	0.37
	3	640166109625	2010	0.695	0.31
	4	640166099338	2009	0.683	0.35
	5	640166109865	2010	0.616	0.28
	6	640166109610	2010	0.597	0.29
	7	640166109632	2010	0.574	0.32
	8	640166109840	2010	0.572	0.42
	9	640166099324	2009	0.562	0.30
	10	640166109667	2010	0.549	0.41
640173	1	640173116239	2011	0.482	0.21
	2	640173184880	2018	0.472	0.36
	3	640173100037	2010	0.467	0.35
	4	640173174384	2017	0.427	0.35
	5	640173116479	2011	0.425	0.23
	6	640173174522	2017	0.415	0.35
	7	640173116693	2011	0.383	0.20
	8	640173114915	2011	0.382	0.18
	9	640173174315	2017	0.360	0.28
	10	640173113249	2011	0.350	0.21
640190	1	640190130039	2013	0.504	0.36
	2	640190120715	2012	0.459	0.28
	3	64019013A010	2013	0.454	0.35
	4	640190130051	2013	0.423	0.37
	5	640190112637	2011	0.421	0.22
	6	640190111810	2011	0.419	0.22

续表

场号	场内排名	牛号	出生年份	乳用特征评分 EBV / 分	EBV 准确性
640190	7	640190140013	2013	0.418	0.36
	8	640190112759	2011	0.389	0.24
	9	640190112123	2011	0.384	0.20
	10	640190130173	2013	0.381	0.36
640193	1	640193183992	2018	0.321	0.38
	2	640193184351	2018	0.308	0.38
	2	640193184777	2018	0.308	0.39
	4	640193184799	2018	0.306	0.38
	4	640193184669	2018	0.306	0.37
	6	640193183984	2018	0.303	0.37
	7	640193183426	2018	0.300	0.38
	7	640193184135	2018	0.300	0.37
	9	640193184410	2018	0.298	0.39
	10	640193183318	2018	0.294	0.37
640251	1	640251185768	2018	0.388	0.37
	2	640251185787	2018	0.387	0.37
	3	640251185784	2018	0.377	0.35
	4	640251185790	2018	0.376	0.37
	5	640251185666	2018	0.368	0.36
	6	640251185680	2018	0.363	0.35
	7	640251185645	2018	0.350	0.37
	8	640251185764	2018	0.344	0.43
	9	640251185743	2018	0.341	0.43
	10	640251185789	2018	0.335	0.35
640253	1	640253182110	2018	0.348	0.36
	2	640253182113	2018	0.343	0.36
	3	640253182107	2018	0.318	0.35

续表

场号	场内排名	牛号	出生年份	乳用特征评分 EBV / 分	EBV 准确性
640253	4	640253182099	2018	0.314	0.36
	5	640253182132	2018	0.307	0.34
	6	640253182105	2018	0.299	0.34
	7	640253182114	2018	0.296	0.34
	8	640253181822	2018	0.289	0.34
	8	640253181811	2018	0.289	0.34
	10	640253181852	2018	0.288	0.34

表 6-1-7 各核心育种场体高评分 EBV 排名前 10 名母牛

场号	场内排名	牛号	出生年份	体高评分 EBV / 分	EBV 准确性
640003	1	640003197480	2019	5.463	0.55
	2	640003197553	2019	4.693	0.55
	3	640003197572	2019	4.629	0.55
	4	640003197600	2019	2.961	0.59
	5	640003197773	2019	2.760	0.59
	6	640003121216	2012	2.599	0.63
	7	640003110157	2011	2.598	0.55
	8	640003186036	2018	2.454	0.58
	9	640003197421	2019	2.430	0.57
	9	640003197535	2019	2.430	0.57
640004	1	640004198397	2019	7.279	0.55
	2	640004198367	2019	7.230	0.54
	3	640004198338	2019	7.166	0.54
	3	640004198335	2019	7.166	0.54
	5	640004198305	2019	7.157	0.54
	6	640004198348	2019	6.283	0.54

续表

场号	场内排名	牛号	出生年份	体高评分 EBV / 分	EBV 准确性
640004	6	640004198383	2019	6.283	0.54
	6	640004198376	2019	6.283	0.54
	6	640004198389	2019	6.283	0.54
	6	640004198385	2019	6.283	0.54
640005	1	640005113795	2011	2.758	0.58
	2	640005113767	2011	2.539	0.55
	3	640005113755	2011	2.496	0.59
	4	640005123966	2012	2.483	0.65
	5	640005113765	2011	2.453	0.64
	6	640005144438	2014	2.395	0.60
	7	640005175253	2017	2.382	0.53
	8	640005146632	2014	2.315	0.64
	9	640005113794	2011	2.306	0.58
	10	640005144443	2014	2.298	0.59
640009	1	640009191739	2019	8.035	0.51
	2	640009191733	2019	7.294	0.54
	3	640009191754	2019	7.292	0.54
	4	640009191740	2019	7.172	0.54
	5	640009191761	2019	7.069	0.61
	6	640009191752	2019	6.999	0.61
	7	640009191650	2019	6.807	0.49
	8	640009191764	2019	6.701	0.59
	9	640009191736	2019	6.555	0.52
	10	640009191738	2019	6.097	0.54
640035	1	640035128207	2012	2.564	0.65
	2	640035138494	2013	2.388	0.54
	3	640035180983	2018	2.342	0.63

续表

场号	场内排名	牛号	出生年份	体高评分 EBV / 分	EBV 准确性
640035	4	640035117938	2011	2.327	0.63
	5	640035180936	2018	2.323	0.62
	6	640035180932	2018	2.241	0.62
	7	640035097441	2009	2.196	0.60
	8	640035181081	2018	2.152	0.60
	9	640035181069	2018	2.115	0.61
	10	640035180982	2018	2.063	0.61
640166	1	640166110150	2011	3.426	0.57
	2	640166110153	2011	3.089	0.56
	3	640166099345	2009	2.794	0.62
	4	640166120480	2012	2.585	0.65
	5	640166110064	2011	2.563	0.61
	6	640166109755	2010	2.527	0.60
	7	640166110155	2011	2.437	0.56
	8	640166109681	2010	2.395	0.64
	9	640166110088	2011	2.339	0.64
	10	640166141138	2014	2.311	0.62
640173	1	640173110151	2011	2.660	0.56
	2	640173195671	2019	2.586	0.63
	3	640173174539	2017	2.574	0.64
	4	640173174399	2017	2.477	0.62
	5	640173195716	2019	2.402	0.59
	6	640173090561	2009	2.363	0.56
	7	640173174500	2017	2.335	0.56
	8	640173184855	2018	2.257	0.61
	9	640173195721	2019	2.245	0.58
	10	640173121088	2012	2.243	0.62

续表

场号	场内排名	牛号	出生年份	体高评分 EBV / 分	EBV 准确性
640190	1	640190140074	2013	2.816	0.64
	2	640190130170	2013	2.671	0.60
	3	640190130072	2013	2.605	0.60
	4	640190130097	2013	2.603	0.60
	5	640190130047	2013	2.602	0.60
	6	640190131546	2013	2.578	0.55
	7	640190124066	2012	2.556	0.55
	8	64019013A050	2013	2.551	0.60
	8	64019013A062	2013	2.551	0.60
	8	640190142168	2014	2.551	0.53
640193	1	640193190658	2019	1.568	0.62
	2	640193183360	2018	1.559	0.61
	2	640193183400	2018	1.559	0.61
	4	640193184589	2018	1.477	0.64
	5	640193192714	2019	1.452	0.58
	6	640193184329	2018	1.441	0.66
	7	640193192694	2019	1.432	0.58
	8	640193181782	2018	1.396	0.54
	9	640193192756	2019	1.377	0.58
	10	640193184257	2018	1.363	0.64
640251	1	640251185867	2018	2.507	0.60
	1	640251185826	2018	2.507	0.60
	3	640251185827	2018	2.387	0.60
	4	640251185817	2018	2.363	0.58
	5	640251185845	2018	2.330	0.59
	6	640251185825	2018	2.281	0.58
	7	640251185819	2018	2.259	0.58

续表

场号	场内排名	牛号	出生年份	体高评分 EBV / 分	EBV 准确性
640251	8	640251186241	2018	2.246	0.58
	9	640251185846	2018	2.242	0.58
	10	640251186082	2018	2.201	0.58
640253	1	640253193693	2019	3.340	0.61
	2	640253193817	2019	3.152	0.61
	3	640253193948	2019	3.128	0.61
	4	640253193971	2019	3.114	0.62
	5	640253193719	2019	3.106	0.61
	6	640253193756	2019	3.062	0.61
	7	640253193793	2019	2.935	0.61
	8	640253193680	2019	2.877	0.61
	9	640253193833	2019	2.810	0.61
	9	640253193795	2019	2.810	0.61

表 6-1-8 各核心育种场体深评分 EBV 排名前 10 名母牛

场号	场内排名	牛号	出生年份	体深评分 EBV / 分	EBV 准确性
640003	1	640003186247	2018	1.205	0.46
	2	640003186166	2018	0.914	0.45
	3	640003186277	2018	0.856	0.45
	4	640003006263	2018	0.847	0.45
	5	640003182897	2018	0.845	0.38
	6	640003100916	2010	0.808	0.39
	7	640003186196	2018	0.779	0.46
	8	640003182908	2018	0.774	0.38
	9	640003100901	2010	0.770	0.39
	10	640003182952	2018	0.769	0.38
640004	1	640004187467	2018	1.297	0.45

续表

场号	场内排名	牛号	出生年份	体深评分 EBV / 分	EBV 准确性
640004	2	640004187440	2018	1.169	0.46
	3	640004182078	2018	1.164	0.44
	4	640004181997	2018	1.162	0.44
	4	640004181993	2018	1.162	0.44
	6	640004182080	2018	1.161	0.44
	7	640004182075	2018	1.156	0.44
	8	640004187402	2018	1.143	0.48
	9	640004181998	2018	1.131	0.44
	10	640004187449	2018	1.108	0.47
640005	1	640005175236	2017	1.078	0.44
	2	640005103661	2010	0.939	0.43
	3	640005103650	2010	0.883	0.42
	4	640005103659	2010	0.832	0.38
	5	640005093488	2009	0.788	0.47
	6	640005195706	2019	0.774	0.35
	7	640005103646	2010	0.752	0.40
	8	640005093471	2009	0.730	0.33
	9	640005134235	2013	0.717	0.35
	10	640005123966	2012	0.696	0.46
640009	1	640009181378	2018	0.935	0.46
	2	640009181456	2018	0.898	0.46
	3	640009181435	2018	0.896	0.46
	4	640009181433	2018	0.878	0.47
	5	640009181354	2018	0.855	0.42
	6	640009181316	2018	0.840	0.42
	7	640009181483	2018	0.833	0.46
	8	640009181479	2018	0.781	0.46

续表

场号	场内排名	牛号	出生年份	体深评分 EBV / 分	EBV 准确性
640009	9	640009181449	2018	0.752	0.48
	9	640009181445	2018	0.752	0.48
640035	1	640035191443	2019	0.970	0.41
	2	640035191425	2019	0.913	0.41
	3	640035128214	2012	0.859	0.46
	4	640035191388	2019	0.848	0.40
	5	640035191438	2019	0.829	0.43
	6	640035191390	2019	0.801	0.43
	7	640035191395	2019	0.793	0.43
	8	640035128193	2012	0.774	0.47
	8	640035191364	2019	0.774	0.40
	10	640035128206	2012	0.743	0.46
640166	1	640166109708	2010	0.886	0.40
	2	640166120511	2012	0.844	0.47
	3	640166130985	2013	0.839	0.39
	4	640166109705	2010	0.823	0.42
	5	640166120472	2012	0.803	0.47
	6	640166182854	2018	0.753	0.46
	7	640166120488	2012	0.725	0.46
	8	640166182853	2018	0.724	0.46
	9	640166120480	2012	0.713	0.46
	10	640166120514	2012	0.694	0.47
640173	1	640173182478	2018	0.783	0.41
	2	640173174521	2017	0.750	0.40
	3	640173195494	2019	0.745	0.41
	4	640173184920	2018	0.743	0.37
	5	640173184878	2018	0.729	0.41

续表

场号	场内排名	牛号	出生年份	体深评分 EBV / 分	EBV 准确性
640173	6	640173184855	2018	0.715	0.41
	7	640173174547	2017	0.710	0.41
	8	640173174525	2017	0.709	0.43
	9	640173174511	2017	0.700	0.39
	10	640173195713	2019	0.698	0.39
640190	1	640190190929	2019	0.879	0.41
	2	640190190937	2019	0.856	0.41
	3	640190191011	2019	0.825	0.40
	4	640190184043	2018	0.821	0.39
	5	640190191063	2019	0.819	0.40
	6	640190191253	2019	0.816	0.40
	7	640190191089	2019	0.809	0.40
	8	640190191009	2019	0.788	0.39
	9	640190190227	2019	0.786	0.39
	10	640190190595	2019	0.785	0.39
640193	1	640193183400	2018	1.028	0.41
	1	640193183360	2018	1.028	0.41
	3	640193183578	2018	0.899	0.40
	4	640193190658	2019	0.890	0.41
	5	640193183450	2018	0.870	0.40
	6	640193183682	2018	0.788	0.41
	7	640193190278	2019	0.786	0.41
	8	640193190720	2019	0.783	0.39
	9	640193190942	2019	0.754	0.40
	10	640193183398	2018	0.713	0.39
640251	1	640251185761	2018	1.290	0.47
	2	640251185764	2018	1.226	0.47

续表

场号	场内排名	牛号	出生年份	体深评分 EBV / 分	EBV 准确性
640251	3	640251185731	2018	1.219	0.44
	4	640251185743	2018	1.218	0.47
	5	640251185773	2018	1.155	0.44
	6	640251185755	2018	1.148	0.46
	7	640251185729	2018	1.146	0.44
	7	640251185697	2018	1.146	0.46
	9	640251185737	2018	1.124	0.44
	10	640251185759	2018	1.118	0.44
640253	1	640253182039	2018	1.262	0.46
	2	640253182060	2018	1.259	0.44
	3	640253182090	2018	1.241	0.45
	4	640253182087	2018	1.238	0.45
	4	640253182027	2018	1.238	0.45
	6	640253182005	2018	1.232	0.44
	7	640253182058	2018	1.231	0.45
	7	640253182019	2018	1.231	0.45
	7	640253181961	2018	1.231	0.45
	7	640253181982	2018	1.231	0.45

表 6-1-9　各核心育种场腰强度评分 EBV 排名前 10 名母牛

场号	场内排名	牛号	出生年份	腰强度评分 EBV / 分	EBV 准确性
640003	1	640003120307	2012	1.650	0.44
	2	640003111152	2011	1.564	0.38
	3	640003121286	2012	1.552	0.47
	4	640003111133	2011	1.542	0.39
	5	640003120532	2012	1.398	0.46

续表

场号	场内排名	牛号	出生年份	腰强度评分 EBV / 分	EBV 准确性
640003	6	640003182822	2018	1.388	0.42
	7	640003120337	2012	1.382	0.47
	8	640003121206	2012	1.366	0.50
	9	640003111147	2011	1.334	0.37
	10	640003090800	2009	1.322	0.40
640004	1	640004187449	2018	1.867	0.50
	2	640004125993	2012	1.629	0.50
	3	640004125986	2012	1.586	0.53
	4	640004125996	2012	1.477	0.49
	5	640004187467	2018	1.475	0.48
	6	640004187440	2018	1.336	0.50
	7	640004120992	2011	1.320	0.51
	8	640004187436	2018	1.304	0.50
	9	640004181998	2018	1.248	0.47
	10	640004126019	2012	1.245	0.47
640005	1	640005134186	2013	1.786	0.35
	2	640005123927	2012	1.687	0.53
	3	640005123970	2012	1.661	0.52
	4	640005117983	2011	1.566	0.42
	5	640005123925	2012	1.536	0.50
	6	640005175236	2017	1.530	0.48
	7	640005134256	2013	1.501	0.40
	8	640005117953	2011	1.494	0.46
	9	640005123976	2012	1.489	0.51
	10	640005134250	2013	1.456	0.40
640009	1	640009110045	2011	1.253	0.44
	2	640009120030	2012	1.085	0.39

续表

场号	场内排名	牛号	出生年份	腰强度评分 EBV / 分	EBV 准确性
640009	3	640009181342	2018	0.975	0.41
	4	640009120118	2012	0.886	0.41
	5	640009110059	2011	0.871	0.46
	6	640009120084	2012	0.870	0.43
	7	640009110072	2011	0.829	0.31
	8	640009110018	2011	0.818	0.33
	9	640009181317	2018	0.787	0.41
	10	640009110117	2011	0.783	0.41
640035	1	640035117965	2011	1.802	0.44
	2	640035099417	2009	1.674	0.40
	3	640035117964	2011	1.611	0.44
	4	640035118001	2011	1.585	0.44
	5	640035099402	2009	1.579	0.39
	6	640035118004	2011	1.575	0.43
	7	640035128214	2012	1.542	0.50
	8	640035128216	2012	1.528	0.53
	9	640035128203	2012	1.509	0.49
	10	640035117950	2011	1.504	0.46
640166	1	640166120477	2012	2.058	0.50
	2	640166120464	2012	1.900	0.47
	3	640166109609	2010	1.625	0.40
	4	640166120650	2012	1.578	0.52
	5	640166120510	2012	1.558	0.48
	6	640166141100	2014	1.545	0.38
	7	640166109581	2010	1.532	0.40
	8	640166120484	2012	1.508	0.50
	9	640166109589	2010	1.496	0.39

续表

场号	场内排名	牛号	出生年份	腰强度评分 EBV / 分	EBV 准确性
640166	10	640166120669	2012	1.483	0.50
640173	1	640173126103	2012	1.911	0.47
	2	640173121119	2012	1.727	0.37
	3	640173184920	2018	1.624	0.41
	4	640173125983	2012	1.529	0.49
	5	640173126065	2012	1.513	0.44
	6	640173126079	2012	1.506	0.49
	6	640173126080	2012	1.506	0.49
	8	640173184818	2018	1.340	0.40
	9	640173110094	2011	1.332	0.45
	10	640173126075	2012	1.319	0.52
640190	1	640190121590	2012	1.675	0.41
	2	640190121593	2012	1.624	0.39
	3	640190111051	2011	1.533	0.41
	4	640190110389	2011	1.484	0.41
	4	640190110766	2011	1.484	0.41
	6	64019013A148	2013	1.465	0.45
	7	640190123762	2012	1.386	0.38
	8	640190123212	2012	1.381	0.38
	9	640190121773	2012	1.335	0.40
	10	640190121577	2012	1.333	0.39
640193	1	640193193342	2019	0.976	0.43
	2	640193193352	2019	0.947	0.43
	3	640193193324	2019	0.881	0.44
	4	640193192972	2019	0.880	0.43
	5	640193193356	2019	0.820	0.43
	6	640193183578	2018	0.797	0.44

续表

场号	场内排名	牛号	出生年份	腰强度评分 EBV / 分	EBV 准确性
640193	7	640193192702	2019	0.795	0.45
	8	640193191934	2019	0.784	0.31
	9	640193183682	2018	0.778	0.45
	10	640193192740	2019	0.767	0.45
640251	1	640251185792	2018	1.585	0.42
	2	640251185755	2018	1.386	0.49
	3	640251185697	2018	1.381	0.49
	4	640251185778	2018	1.349	0.42
	5	640251185761	2018	1.325	0.50
	6	640251185799	2018	1.320	0.42
	6	640251185782	2018	1.320	0.42
	8	640251185753	2018	1.302	0.47
	9	640251185737	2018	1.282	0.47
	10	640251185730	2018	1.265	0.47
640253	1	640253181982	2018	1.750	0.49
	2	640253182033	2018	1.579	0.47
	3	640253182001	2018	1.552	0.47
	4	640253182046	2018	1.523	0.47
	5	640253182055	2018	1.514	0.49
	6	640253182058	2018	1.493	0.49
	7	640253182027	2018	1.484	0.49
	7	640253182087	2018	1.484	0.49
	9	640253181971	2018	1.481	0.49
	10	640253182057	2018	1.480	0.49

表 6-1-10 各核心育种场尻角度评分 EBV 排名前 10 名母牛

场号	场内排名	牛号	出生年份	尻角度评分 EBV / 分	EBV 准确性
640003	1	640003111124	2011	1.261	0.33
	2	640003193187	2019	1.204	0.38
	3	640003111134	2011	1.190	0.29
	4	640003111160	2011	1.180	0.31
	5	640003111133	2011	1.169	0.31
	6	640003111123	2011	1.134	0.28
	7	640003111142	2011	1.089	0.29
	8	640003111115	2011	1.077	0.31
	9	640003111132	2011	1.069	0.29
	10	640003111140	2011	1.028	0.31
640004	1	640004105676	2010	1.266	0.39
	2	640004109789	2010	1.212	0.40
	3	640004095558	2009	1.203	0.38
	4	640004095576	2009	1.198	0.38
	5	640004115893	2011	1.129	0.39
	6	640004095609	2009	1.062	0.36
	7	640004105654	2010	1.007	0.38
	8	640004095593	2009	0.989	0.37
	9	640004115888	2011	0.981	0.36
	10	640004115891	2011	0.939	0.39
640005	1	640005123907	2012	1.142	0.33
	2	640005123906	2012	1.095	0.32
	3	640005144424	2014	1.060	0.33
	4	640005144436	2014	1.053	0.34
	5	640005195683	2011	1.039	0.36
	6	640005195713	2012	1.036	0.36
	7	640005144416	2014	1.023	0.36

续表

场号	场内排名	牛号	出生年份	尻角度评分 EBV / 分	EBV 准确性
640005	8	640005134102	2013	0.975	0.40
	9	640005123927	2012	0.943	0.46
	10	640005134073	2013	0.934	0.41
640009	1	640009090052	2009	0.808	0.39
	2	640009191752	2019	0.758	0.36
	3	640009120028	2012	0.753	0.27
	4	640009100131	2010	0.751	0.39
	5	640009110080	2011	0.718	0.23
	6	640009110114	2011	0.704	0.25
	7	640009120131	2012	0.680	0.31
	8	640009120137	2012	0.676	0.30
	9	640009110059	2011	0.662	0.38
	10	640009110048	2011	0.656	0.35
640035	1	640035097573	2009	1.193	0.38
	2	640035107678	2010	1.142	0.40
	3	640035097560	2009	1.045	0.38
	4	640035107614	2010	1.015	0.37
	5	640035107717	2010	0.990	0.39
	6	640035097405	2009	0.971	0.37
	7	640035109745	2010	0.936	0.40
	8	640035107722	2010	0.926	0.38
	9	640035107776	2010	0.907	0.27
	10	640035097525	2009	0.900	0.39
640166	1	640166119966	2011	1.200	0.37
	2	640166109731	2010	1.194	0.40
	3	640166109725	2010	1.134	0.40
	3	640166120606	2012	1.134	0.43

续表

场号	场内排名	牛号	出生年份	尻角度评分 EBV / 分	EBV 准确性
640166	5	640166109757	2010	1.094	0.42
	6	640166120384	2012	1.050	0.31
	7	640166109714	2010	1.002	0.38
	8	640166109694	2010	0.944	0.38
	9	640166109701	2010	0.940	0.39
	10	640166109727	2010	0.926	0.41
640173	1	640173126070	2012	1.492	0.36
	2	640173110093	2011	1.183	0.36
	3	640173174385	2017	1.175	0.33
	4	640173100051	2010	1.083	0.35
	5	640173100006	2010	1.079	0.37
	6	640173110094	2011	1.048	0.37
	7	640173100056	2010	1.037	0.37
	8	640173090699	2009	1.022	0.38
	9	640173090688	2009	1.019	0.38
	10	640173126041	2012	0.981	0.34
640190	1	640190140074	2013	1.809	0.38
	2	64019013A067	2013	1.759	0.38
	3	640190140013	2013	1.724	0.37
	3	640190130054	2013	1.724	0.36
	5	640190130060	2013	1.719	0.36
	6	640190130055	2013	1.710	0.36
	7	64019013A004	2013	1.689	0.36
	8	640190130097	2013	1.679	0.36
	8	640190130047	2013	1.679	0.36
	10	640190130202	2013	1.677	0.36
640193	1	640193182838	2018	1.000	0.48

续表

场号	场内排名	牛号	出生年份	尻角度评分 EBV / 分	EBV 准确性
640193	2	640193193264	2019	0.760	0.33
	3	640193192892	2019	0.705	0.32
	4	640193193142	2019	0.682	0.39
	5	640193182806	2018	0.616	0.47
	6	640193182318	2018	0.598	0.46
	7	640193193212	2019	0.596	0.31
	8	640193182088	2018	0.594	0.47
	8	640193182828	2018	0.594	0.46
	10	640193182844	2018	0.592	0.47
640251	1	640251186789	2018	0.886	0.35
	2	640251186671	2018	0.863	0.36
	3	640251186754	2018	0.860	0.36
	3	640251186732	2018	0.860	0.36
	3	640251186709	2018	0.860	0.36
	3	640251186708	2018	0.860	0.36
	3	640251186759	2018	0.860	0.36
	3	640251186715	2018	0.860	0.36
	3	640251186719	2018	0.860	0.36
	10	640251186724	2018	0.849	0.36
640253	1	640253193098	2019	0.966	0.28
	2	640253182842	2018	0.905	0.36
	3	640253182844	2018	0.869	0.36
	3	640253182823	2018	0.869	0.36
	3	640253182853	2018	0.869	0.36
	3	640253182904	2018	0.869	0.36
	3	640253182826	2018	0.869	0.36
	8	640253182825	2018	0.868	0.36

续表

场号	场内排名	牛号	出生年份	尻角度评分 EBV / 分	EBV 准确性
640253	8	640253182815	2018	0.868	0.36
	8	640253182833	2018	0.868	0.36

表 6-1-11　各核心育种场尻宽评分 EBV 排名前 10 名母牛

场号	场内排名	牛号	出生年份	尻宽评分 EBV / 分	EBV 准确性
640003	1	640003110817	2011	1.750	0.52
	2	640003090712	2009	1.649	0.40
	3	640003110926	2011	1.526	0.50
	4	640003111174	2011	1.462	0.41
	5	640003110217	2011	1.452	0.39
	6	640003111037	2011	1.384	0.39
	7	640003100925	2010	1.336	0.53
	8	640003110865	2011	1.334	0.51
	9	640003110810	2011	1.307	0.52
	10	640003121046	2012	1.289	0.36
640004	1	640004099379	2009	2.031	0.51
	2	640004095447	2009	1.993	0.53
	3	640004095466	2009	1.909	0.52
	4	640004115840	2011	1.827	0.40
	5	640004109789	2010	1.798	0.54
	6	640004115878	2011	1.538	0.55
	7	640004095558	2009	1.469	0.53
	8	640004099339	2009	1.421	0.52
	9	640004115890	2011	1.384	0.44
	10	640004095472	2009	1.335	0.53
640005	1	640005113771	2011	2.293	0.52
	2	640005113818	2011	2.268	0.53

续表

场号	场内排名	牛号	出生年份	尻宽评分 EBV / 分	EBV 准确性
640005	3	640005144423	2014	1.847	0.46
	4	640005103669	2010	1.665	0.54
	5	640005093359	2009	1.662	0.45
	6	640005097459	2009	1.599	0.45
	7	640005144410	2014	1.590	0.41
	8	640005103541	2010	1.561	0.53
	9	640005144317	2014	1.536	0.40
	10	640005134201	2014	1.522	0.46
640009	1	640009120016	2012	1.534	0.48
	2	640009110016	2011	1.265	0.38
	3	640009100033	2010	1.116	0.53
	4	640009110007	2011	1.070	0.53
	5	640009110102	2011	1.054	0.54
	6	640009100124	2010	1.035	0.52
	7	640009181434	2018	0.981	0.50
	8	640009090151	2009	0.979	0.54
	9	640009100161	2010	0.970	0.55
	10	640009100056	2010	0.965	0.54
640035	1	640035097516	2009	1.853	0.51
	2	640035097456	2009	1.763	0.47
	3	640035097551	2009	1.705	0.42
	4	640035097430	2009	1.601	0.48
	5	640035097553	2009	1.587	0.45
	6	640035117835	2011	1.540	0.46
	7	640035107723	2010	1.518	0.56
	8	640035117934	2011	1.516	0.51
	9	640035117920	2011	1.514	0.50

续表

场号	场内排名	牛号	出生年份	尻宽评分 EBV / 分	EBV 准确性
640035	10	640035097573	2009	1.509	0.53
640166	1	640166099382	2009	2.670	0.52
	2	640166099388	2009	2.511	0.53
	3	640166109751	2010	2.034	0.54
	4	640166110072	2011	1.830	0.53
	5	640166109755	2010	1.745	0.51
	6	640166110030	2011	1.671	0.52
	7	640166151465	2015	1.631	0.54
	8	640166110035	2011	1.576	0.52
	9	640166141236	2014	1.570	0.45
	10	640166110075	2011	1.533	0.51
640173	1	640173110171	2011	2.147	0.48
	2	640173123017	2012	2.133	0.45
	3	640173080527	2008	1.958	0.46
	4	640173121099	2012	1.798	0.47
	5	640173123010	2012	1.726	0.47
	6	640173115947	2011	1.682	0.36
	7	640173090642	2009	1.669	0.51
	8	640173100169	2011	1.636	0.46
	9	640173090703	2009	1.559	0.49
	10	640173116807	2011	1.528	0.35
640190	1	640190131062	2013	2.428	0.35
	2	640190110202	2011	2.252	0.38
	3	640190110017	2011	2.149	0.35
	4	640190130093	2013	2.121	0.50
	5	640190110419	2011	2.080	0.47
	6	640190111157	2011	1.991	0.47

续表

场号	场内排名	牛号	出生年份	尻宽评分 EBV / 分	EBV 准确性
640190	7	640190135891	2013	1.949	0.35
	8	640190080364	2008	1.904	0.39
	9	640190110099	2011	1.810	0.46
	10	640190120156	2012	1.753	0.50
640193	1	640193191886	2019	1.306	0.35
	2	640193192148	2019	1.282	0.36
	3	640193182844	2018	0.565	0.56
	4	640193191074	2019	0.505	0.45
	5	640193190962	2019	0.497	0.45
	6	640193192354	2019	0.447	0.38
	7	640193192084	2019	0.435	0.41
	8	640193192150	2019	0.413	0.37
	9	640193192102	2019	0.408	0.37
	10	640193191628	2019	0.401	0.37
640251	1	640251174981	2017	0.520	0.42
	2	640251185814	2018	0.435	0.48
	3	640251175062	2017	0.417	0.49
	4	640251186069	2018	0.402	0.48
	5	640251185729	2018	0.338	0.52
	6	640251175196	2017	0.330	0.48
	7	640251185592	2018	0.315	0.49
	8	640251186541	2018	0.275	0.53
	9	640251186638	2018	0.273	0.55
	10	640251186536	2018	0.268	0.53
640253	1	640253193851	2019	1.104	0.51
	2	640253193378	2019	0.559	0.38
	3	640253193490	2019	0.534	0.38

续表

场号	场内排名	牛号	出生年份	尻宽评分 EBV / 分	EBV 准确性
640253	4	640253193333	2019	0.519	0.38
	5	640253193341	2019	0.514	0.38
	6	640253193637	2019	0.494	0.37
	7	640253181788	2018	0.488	0.52
	8	640253193802	2019	0.482	0.40
	9	640253193603	2019	0.469	0.37
	9	640253193646	2019	0.469	0.37

表 6-1-12 各核心育种场蹄角度评分 EBV 排名前 10 名母牛

场号	场内排名	牛号	出生年份	蹄角度评分 EBV / 分	EBV 准确性
640003	1	640003110867	2011	2.359	0.41
	2	640003182952	2018	2.036	0.38
	3	640003110859	2011	1.952	0.41
	4	640003182901	2018	1.909	0.36
	5	640003182940	2018	1.839	0.36
	6	640003182961	2018	1.833	0.37
	7	640003182895	2018	1.764	0.37
	8	640003182900	2018	1.739	0.38
	9	640003182932	2018	1.688	0.37
	10	640003182891	2018	1.547	0.35
640004	1	640004109729	2010	2.523	0.43
	2	640004109769	2010	2.474	0.44
	3	640004109699	2010	2.167	0.44
	4	640004109789	2010	2.152	0.43
	5	640004109739	2010	1.955	0.43
	6	640004187404	2018	1.568	0.43
	7	640004197830	2019	1.554	0.38

续表

场号	场内排名	牛号	出生年份	蹄角度评分 EBV / 分	EBV 准确性
640004	8	640004181987	2018	1.253	0.38
	9	640004181985	2018	1.234	0.38
	10	640004105710	2010	1.178	0.37
640005	1	640005109750	2010	2.140	0.42
	2	640005185500	2018	1.777	0.39
	3	640005185489	2018	1.771	0.34
	4	640005185342	2018	1.766	0.34
	5	640005185359	2018	1.699	0.35
	6	640005185353	2018	1.697	0.34
	7	640005185497	2018	1.681	0.37
	8	640005195690	2019	1.669	0.37
	9	640005107689	2010	1.561	0.43
	10	640005195680	2019	1.532	0.37
640009	1	640009181487	2018	1.979	0.39
	2	640009181534	2018	1.946	0.38
	3	640009181470	2018	1.929	0.39
	4	640009181529	2018	1.889	0.38
	5	640009181518	2018	1.830	0.37
	6	640009181522	2018	1.805	0.38
	7	640009181468	2018	1.791	0.39
	8	640009181494	2018	1.774	0.38
	9	640009181510	2018	1.768	0.37
	10	640009181326	2018	1.762	0.37
640035	1	640035109754	2010	2.649	0.42
	2	640035107717	2010	2.421	0.42
	3	640035107690	2010	2.327	0.43
	4	640035107723	2010	2.090	0.45

续表

场号	场内排名	牛号	出生年份	蹄角度评分 EBV / 分	EBV 准确性
640035	5	640035107722	2010	1.968	0.41
	6	640035107678	2010	1.885	0.43
	7	640035109613	2010	1.488	0.36
	8	640035107685	2010	1.356	0.43
	9	640035191374	2019	1.321	0.38
	10	640035138491	2013	1.298	0.33
640166	1	640166109725	2010	2.659	0.43
	2	640166109772	2010	2.639	0.44
	3	640166109701	2010	2.522	0.42
	4	640166109764	2010	2.506	0.45
	5	640166109732	2010	2.432	0.42
	6	640166109717	2010	2.413	0.42
	7	640166109744	2010	2.357	0.43
	8	640166109714	2010	2.316	0.41
	9	640166109782	2010	2.294	0.42
	10	640166109758	2010	2.293	0.44
640173	1	640173090699	2009	2.542	0.41
	2	640173090688	2009	2.330	0.41
	3	640173174535	2017	2.009	0.39
	4	640173174517	2017	1.991	0.38
	5	640173174527	2017	1.982	0.39
	6	640173174585	2017	1.957	0.38
	7	640173174525	2017	1.904	0.42
	8	640173174521	2017	1.866	0.40
	9	640173174519	2017	1.762	0.42
	10	640173110151	2011	1.760	0.32
640190	1	640190180546	2018	1.972	0.42

续表

场号	场内排名	牛号	出生年份	蹄角度评分 EBV / 分	EBV 准确性
640190	2	640190140074	2013	1.971	0.42
	3	640190111147	2011	1.872	0.38
	3	640190110865	2011	1.872	0.38
	3	640190110361	2011	1.872	0.38
	6	640190110911	2011	1.863	0.38
	7	640190110831	2011	1.855	0.38
	8	640190110946	2011	1.850	0.38
	8	640190110386	2011	1.850	0.38
	10	640190110970	2011	1.838	0.38
640193	1	640193193314	2019	1.433	0.39
	2	640193192714	2019	1.355	0.35
	3	640193193726	2019	1.308	0.36
	4	640193193144	2019	1.268	0.39
	4	640193192752	2019	1.268	0.39
	6	640193192686	2019	1.249	0.39
	7	640193193130	2019	1.247	0.39
	8	640193193108	2019	1.246	0.40
	9	640193192994	2019	1.220	0.39
	10	640193193420	2019	1.182	0.38
640251	1	640251186511	2018	1.229	0.43
	2	640251186541	2018	1.228	0.43
	3	640251186468	2018	1.206	0.44
	4	640251186439	2018	1.163	0.43
	5	640251186521	2018	1.162	0.43
	5	640251186562	2018	1.162	0.43
	7	640251186504	2018	1.156	0.43
	8	640251186536	2018	1.124	0.43

续表

场号	场内排名	牛号	出生年份	蹄角度评分 EBV / 分	EBV 准确性
640251	9	640251186539	2018	1.103	0.43
	10	640251186638	2018	1.027	0.45
640253	1	640253181891	2018	1.836	0.40
	2	640253182099	2018	1.829	0.40
	3	640253182110	2018	1.815	0.40
	4	640253182113	2018	1.800	0.40
	5	640253182109	2018	1.769	0.39
	6	640253181829	2018	1.652	0.38
	6	640253182132	2018	1.652	0.39
	8	640253181852	2018	1.644	0.38
	9	640253181822	2018	1.639	0.38
	9	640253182116	2018	1.639	0.39

表 6–1–13 各核心育种场蹄踵深度评分 EBV 排名前 10 名母牛

场号	场内排名	牛号	出生年份	蹄踵深度评分 EBV / 分	EBV 准确性
640003	1	640003111141	2011	0.390	0.20
	2	640003111124	2011	0.359	0.21
	3	640003111136	2011	0.354	0.21
	4	640003186086	2018	0.341	0.37
	5	640003111119	2011	0.328	0.19
	6	640003111147	2011	0.321	0.18
	7	640003111115	2011	0.320	0.20
	8	640003111126	2011	0.312	0.22
	9	640003111134	2011	0.311	0.18
	10	640003111123	2011	0.309	0.17

续表

场号	场内排名	牛号	出生年份	蹄踵深度评分 EBV / 分	EBV 准确性
640004	1	640004095540	2009	0.288	0.24
	2	640004126004	2012	0.246	0.27
	3	640004120992	2011	0.244	0.33
	4	640004109729	2010	0.239	0.28
	5	640004109769	2010	0.236	0.28
	6	640004125977	2012	0.234	0.34
	7	640004109739	2010	0.227	0.27
	8	640004095511	2009	0.225	0.28
	9	640004115890	2011	0.212	0.18
	10	640004115966	2011	0.199	0.34
640005	1	640005123922	2012	0.324	0.31
	2	640005146580	2014	0.313	0.27
	3	640005131481	2013	0.279	0.15
	4	640005123977	2012	0.264	0.34
	5	640005117809	2011	0.242	0.17
	6	640005134197	2013	0.232	0.24
	7	640005123948	2012	0.226	0.34
	7	640005107689	2010	0.226	0.27
	9	640005123930	2012	0.220	0.33
	9	640005113818	2011	0.220	0.22
640009	1	640009100082	2010	0.501	0.27
	2	640009090082	2009	0.440	0.24
	3	640009100131	2010	0.414	0.27
	4	640009100088	2010	0.406	0.28
	5	640009090063	2009	0.405	0.27
	6	640009090072	2009	0.402	0.28
	7	640009090041	2009	0.401	0.28

续表

场号	场内排名	牛号	出生年份	蹄踵深度评分 EBV / 分	EBV 准确性
640009	8	640009090017	2009	0.400	0.28
	9	640009090066	2009	0.389	0.27
	10	640009110030	2011	0.378	0.30
640035	1	640035117818	2011	0.333	0.20
	2	640035107723	2010	0.329	0.29
	3	640035109754	2010	0.309	0.27
	4	640035107753	2010	0.295	0.25
	5	640035117835	2011	0.280	0.11
	6	640035107763	2010	0.275	0.25
	7	640035117817	2011	0.265	0.17
	8	640035128206	2012	0.262	0.30
	9	640035128054	2012	0.261	0.27
	10	640035128216	2012	0.256	0.32
640166	1	640166120662	2012	0.445	0.35
	2	640166120653	2012	0.430	0.34
	3	640166089201	2008	0.396	0.25
	4	640166120638	2012	0.378	0.35
	5	640166120692	2012	0.362	0.25
	6	640166109794	2010	0.353	0.28
	7	640166109764	2010	0.342	0.29
	8	640166109682	2010	0.336	0.28
	9	640166120676	2012	0.332	0.33
	10	640166110077	2011	0.324	0.24
640173	1	640173184975	2018	0.368	0.39
	2	640173121122	2012	0.364	0.20
	3	640173185011	2018	0.359	0.39
	4	640173185006	2018	0.338	0.36

续表

场号	场内排名	牛号	出生年份	蹄踵深度评分 EBV / 分	EBV 准确性
640173	5	640173126087	2012	0.335	0.34
	6	640173182459	2018	0.315	0.37
	7	640173182436	2018	0.313	0.37
	8	640173090642	2009	0.304	0.27
	9	640173090685	2009	0.292	0.27
	10	640173185010	2018	0.291	0.36
640190	1	640190130415	2013	0.468	0.28
	2	640190182025	2018	0.459	0.18
	3	640190181811	2018	0.453	0.18
	4	640190182177	2018	0.430	0.17
	5	640190181983	2018	0.429	0.18
	6	640190181893	2018	0.428	0.17
	6	640190182039	2018	0.428	0.19
	8	640190181957	2018	0.419	0.17
	9	640190182365	2018	0.418	0.37
	10	640190182955	2018	0.411	0.38
640193	1	640193182812	2018	0.369	0.37
	2	640193182838	2018	0.361	0.38
	3	640193182922	2018	0.357	0.38
	4	640193182892	2018	0.351	0.36
	5	640193182828	2018	0.337	0.37
	6	640193182318	2018	0.336	0.37
	7	640193182844	2018	0.320	0.37
	8	640193182668	2018	0.319	0.37
	9	640193182272	2018	0.318	0.37
	9	640193183102	2018	0.318	0.37
640251	1	640251186087	2018	0.353	0.36

续表

场号	场内排名	牛号	出生年份	蹄踵深度评分 EBV / 分	EBV 准确性
640251	2	640251186041	2018	0.335	0.37
	3	640251186376	2018	0.333	0.37
	4	640251186060	2018	0.331	0.37
	5	640251186385	2018	0.312	0.37
	6	640251186390	2018	0.310	0.37
	7	640251186118	2018	0.308	0.36
	8	640251186134	2018	0.306	0.36
	9	640251186102	2018	0.302	0.36
	10	640251186444	2018	0.300	0.35
640253	1	640253182099	2018	0.217	0.23
	2	640253182110	2018	0.208	0.23
	3	640253182130	2018	0.176	0.22
	4	640253181811	2018	0.175	0.22
	5	640253181891	2018	0.166	0.23
	6	640253182016	2018	0.163	0.22
	7	640253182113	2018	0.156	0.23
	8	640253193246	2019	0.155	0.25
	9	640253181952	2018	0.149	0.28
	9	640253181958	2018	0.149	0.28

表 6-1-14　各核心育种场骨质地评分 EBV 排名前 10 名母牛

场号	场内排名	牛号	出生年份	骨质地评分 EBV / 分	EBV 准确性
640003	1	640003120482	2012	0.690	0.41
	2	640003121286	2012	0.667	0.38
	3	640003121251	2012	0.656	0.37
	4	640003121206	2012	0.652	0.41

续表

场号	场内排名	牛号	出生年份	骨质地评分 EBV / 分	EBV 准确性
640003	5	640003110822	2011	0.631	0.37
	6	640003120512	2012	0.623	0.38
	7	640003110802	2011	0.592	0.37
	8	640003120517	2012	0.582	0.37
	9	640003120442	2012	0.578	0.41
	10	640003121227	2012	0.573	0.41
640004	1	640004187402	2018	0.630	0.42
	2	640004187458	2018	0.618	0.43
	2	640004115853	2011	0.618	0.38
	4	640004125986	2012	0.581	0.44
	5	640004187440	2018	0.571	0.40
	6	640004115966	2011	0.531	0.43
	7	640004120992	2011	0.508	0.42
	8	640004115781	2010	0.501	0.37
	9	640004181998	2018	0.494	0.38
	10	640004187449	2018	0.490	0.41
640005	1	640005123937	2012	0.816	0.45
	2	640005144328	2014	0.795	0.32
	3	640005123939	2012	0.731	0.42
	4	640005123977	2012	0.730	0.43
	5	640005154468	2015	0.693	0.28
	6	640005134081	2013	0.689	0.28
	7	640005134242	2013	0.676	0.30
	8	640005123972	2012	0.669	0.40
	9	640005123970	2012	0.650	0.43
	10	640005144399	2014	0.636	0.33

续表

场号	场内排名	牛号	出生年份	骨质地评分 EBV / 分	EBV 准确性
640009	1	640009110095	2011	0.536	0.34
	2	640009113961	2011	0.523	0.19
	3	640009110076	2011	0.465	0.33
	4	640009110072	2011	0.458	0.21
	5	640009120019	2012	0.434	0.34
	6	640009110109	2011	0.427	0.36
	7	640009181442	2018	0.426	0.41
	8	640009112934	2011	0.410	0.26
	9	640009110100	2011	0.402	0.33
	10	640009181362	2018	0.382	0.32
640035	1	640035128204	2012	0.703	0.41
	2	640035128203	2012	0.678	0.39
	3	640035107783	2010	0.661	0.39
	4	640035109745	2010	0.582	0.37
	5	640035117968	2011	0.567	0.28
	6	640035117890	2011	0.548	0.39
	7	640035107706	2010	0.533	0.39
	8	640035128210	2012	0.511	0.38
	9	640035107672	2010	0.507	0.38
	10	640035107632	2010	0.498	0.39
640166	1	640166109772	2010	0.760	0.37
	2	640166120488	2012	0.744	0.39
	3	640166110175	2011	0.728	0.40
	4	640166109625	2010	0.700	0.29
	5	640166120450	2012	0.690	0.44
	6	640166120633	2012	0.680	0.40
	7	640166141100	2014	0.674	0.27

续表

场号	场内排名	牛号	出生年份	骨质地评分 EBV / 分	EBV 准确性
640166	8	640166120583	2012	0.664	0.24
	9	640166099461	2009	0.659	0.40
	10	640166109724	2010	0.635	0.35
640173	1	640173126103	2012	0.680	0.37
	2	640173126076	2012	0.666	0.41
	2	640173126095	2012	0.666	0.41
	2	640173126086	2012	0.666	0.41
	5	640173126079	2012	0.665	0.41
	6	640173126008	2012	0.604	0.40
	7	640173174588	2017	0.569	0.33
	8	640173174519	2017	0.561	0.35
	9	640173126113	2012	0.556	0.37
	10	640173131075	2013	0.551	0.24
640190	1	640190182087	2018	0.650	0.24
	2	640190182151	2018	0.641	0.40
	3	640190182185	2018	0.627	0.24
	4	640190182009	2018	0.623	0.23
	5	640190142211	2014	0.607	0.31
	6	640190120924	2012	0.606	0.25
	7	640190182069	2018	0.599	0.24
	7	640190182173	2018	0.599	0.24
	9	640190182095	2018	0.594	0.24
	10	640190182141	2018	0.593	0.23
640193	1	640193182746	2018	0.560	0.40
	2	640193182684	2018	0.509	0.39
	3	640193182222	2018	0.488	0.39
	4	640193182316	2018	0.469	0.40

续表

场号	场内排名	牛号	出生年份	骨质地评分 EBV / 分	EBV 准确性
640193	5	640193181818	2018	0.467	0.39
	6	640193182708	2018	0.447	0.39
	7	640193181816	2018	0.446	0.39
	8	640193182770	2018	0.430	0.39
	8	640193182820	2018	0.430	0.38
	10	640193182846	2018	0.427	0.39
640251	1	640251185761	2018	0.698	0.41
	2	640251185711	2018	0.684	0.41
	3	640251185743	2018	0.682	0.41
	4	640251185764	2018	0.681	0.41
	5	640251185697	2018	0.612	0.39
	5	640251185755	2018	0.612	0.39
	7	640251185759	2018	0.584	0.38
	8	640251185731	2018	0.559	0.38
	9	640251185820	2018	0.543	0.32
	10	640251185742	2018	0.542	0.38
640253	1	640253182066	2018	0.598	0.39
	2	640253181955	2018	0.573	0.38
	3	640253182017	2018	0.542	0.38
	4	640253182032	2018	0.538	0.38
	5	640253182100	2018	0.536	0.38
	5	640253182060	2018	0.536	0.38
	7	640253182046	2018	0.535	0.38
	7	640253181914	2018	0.535	0.38
	9	640253182005	2018	0.533	0.37
	9	640253182091	2018	0.533	0.38

表 6–1–15 各核心育种场后肢侧视评分 EBV 排名前 10 名母牛

场号	场内排名	牛号	出生年份	后肢侧视评分 EBV / 分	EBV 准确性
640003	1	640003186086	2018	2.524	0.50
	2	640003186277	2018	2.397	0.47
	3	640003186196	2018	2.376	0.48
	4	640003186166	2018	2.298	0.47
	5	640003006263	2018	2.268	0.47
	6	640003186257	2018	2.254	0.48
	7	640003006257	2018	2.233	0.47
	8	640003186066	2018	2.157	0.49
	9	640003182863	2018	2.128	0.40
	10	640003182848	2018	2.019	0.39
640004	1	640004182082	2018	2.071	0.47
	2	640004182391	2018	2.056	0.47
	3	640004182263	2018	2.055	0.47
	3	640004182177	2018	2.055	0.47
	3	640004182386	2018	2.055	0.47
	6	640004182173	2018	2.051	0.47
	6	640004182175	2018	2.051	0.47
	6	640004182164	2018	2.051	0.47
	6	640004182168	2018	2.051	0.47
	10	640004182392	2018	2.039	0.47
640005	1	640005185322	2018	2.232	0.38
	2	640005185326	2018	2.081	0.35
	3	640005185337	2018	1.964	0.33
	4	640005185327	2018	1.831	0.34
	5	640005185297	2018	1.787	0.36
	6	640005185323	2018	1.773	0.35

续表

场号	场内排名	牛号	出生年份	后肢侧视评分 EBV / 分	EBV 准确性
640005	7	640005185340	2018	1.770	0.34
	8	640005185364	2018	1.766	0.34
	9	640005185338	2018	1.754	0.34
	10	640005185349	2018	1.743	0.37
640009	1	640009181456	2018	2.434	0.47
	2	640009181342	2018	2.381	0.39
	3	640009181317	2018	2.374	0.39
	4	640009181448	2018	2.354	0.48
	5	640009181438	2018	2.280	0.47
	6	640009181452	2018	2.242	0.30
	7	640009181449	2018	2.145	0.50
	8	640009181500	2018	2.106	0.49
	9	640009181445	2018	2.061	0.50
	10	640009181401	2018	2.058	0.36
640035	1	640035128115	2012	2.299	0.44
	2	640035128175	2012	2.180	0.43
	3	640035181014	2018	1.888	0.41
	4	640035128131	2012	1.849	0.39
	5	640035097521	2009	1.832	0.44
	6	640035128132	2012	1.828	0.39
	7	640035107588	2010	1.806	0.45
	8	640035128168	2012	1.798	0.39
	9	640035107605	2010	1.791	0.43
	10	640035181026	2018	1.763	0.45
640166	1	640166182724	2018	2.065	0.44
	2	640166182931	2018	1.996	0.37
	3	640166182924	2018	1.987	0.37

续表

场号	场内排名	牛号	出生年份	后肢侧视评分 EBV / 分	EBV 准确性
640166	4	640166182908	2018	1.950	0.38
	5	640166182918	2018	1.925	0.38
	6	640166182936	2018	1.882	0.39
	7	640166182930	2018	1.867	0.36
	8	640166120572	2012	1.832	0.45
	9	640166110118	2011	1.810	0.38
	10	640166182921	2018	1.761	0.37
640173	1	640173185011	2018	2.221	0.54
	2	640173184920	2018	2.075	0.39
	3	640173184900	2018	1.969	0.39
	4	640173184859	2018	1.943	0.49
	5	640173182459	2018	1.932	0.50
	6	640173182452	2018	1.931	0.49
	7	640173184888	2018	1.926	0.39
	8	640173185010	2018	1.922	0.49
	9	640173184997	2018	1.906	0.49
	9	640173184973	2018	1.906	0.49
640190	1	640190111997	2011	3.522	0.46
	2	640190181853	2018	3.403	0.49
	3	640190127763	2012	3.332	0.45
	4	640190113082	2011	3.249	0.49
	5	640190111255	2011	3.240	0.49
	6	640190127767	2012	3.211	0.44
	6	640190127799	2012	3.211	0.44
	8	640190128039	2012	3.208	0.44
	8	640190127810	2012	3.208	0.44
	10	640190127798	2012	3.204	0.44

续表

场号	场内排名	牛号	出生年份	后肢侧视评分 EBV / 分	EBV 准确性
640193	1	640193182828	2018	2.380	0.50
	2	640193182318	2018	2.374	0.50
	3	640193182836	2018	2.342	0.50
	4	640193182912	2018	2.234	0.50
	5	640193182806	2018	2.196	0.51
	6	640193182892	2018	2.132	0.50
	7	640193182860	2018	2.130	0.50
	8	640193182780	2018	2.126	0.50
	9	640193182870	2018	2.124	0.50
	10	640193182734	2018	2.119	0.49
640251	1	640251186244	2018	2.490	0.50
	2	640251186271	2018	2.472	0.48
	3	640251185778	2018	2.468	0.41
	4	640251185795	2018	2.422	0.40
	5	640251186123	2018	2.410	0.50
	5	640251186118	2018	2.410	0.50
	7	640251185782	2018	2.401	0.40
	7	640251185799	2018	2.401	0.40
	9	640251186385	2018	2.400	0.50
	10	640251185792	2018	2.397	0.41
640253	1	640253182324	2018	2.448	0.48
	2	640253182016	2018	2.376	0.41
	3	640253182012	2018	2.372	0.41
	4	640253182124	2018	2.343	0.49
	5	640253182204	2018	2.322	0.47
	6	640253182194	2018	2.311	0.47
	6	640253182127	2018	2.311	0.47

续表

场号	场内排名	牛号	出生年份	后肢侧视评分 EBV / 分	EBV 准确性
640253	8	640253182362	2018	2.310	0.47
	9	640253182160	2018	2.304	0.48
	10	640253182125	2018	2.286	0.47

表 6-1-16 各核心育种场后肢后视评分 EBV 排名前 10 名母牛

场号	场内排名	牛号	出生年份	后肢后视评分 EBV / 分	EBV 准确性
640003	1	640003121249	2012	1.556	0.44
	2	640003121196	2012	1.475	0.41
	3	640003121248	2012	1.157	0.44
	4	640003121258	2012	1.085	0.43
	5	640003121286	2012	1.081	0.42
	6	640003120517	2012	1.073	0.41
	7	640003121227	2012	1.022	0.45
	8	640003121208	2012	1.000	0.44
	9	640003121254	2012	0.963	0.30
	10	640003121260	2012	0.952	0.41
640004	1	640004125988	2012	0.957	0.45
	2	640004125990	2012	0.893	0.44
	3	640004125996	2012	0.887	0.44
	4	640004126002	2012	0.872	0.41
	5	640004177322	2017	0.851	0.43
	6	640004187460	2018	0.832	0.46
	7	640004187436	2018	0.824	0.45
	8	640004187440	2018	0.773	0.44
	9	640004182085	2018	0.710	0.42
	9	640004182075	2018	0.710	0.42

续表

场号	场内排名	牛号	出生年份	后肢后视评分 EBV / 分	EBV 准确性
640005	1	640005123911	2012	1.458	0.41
	2	640005117966	2011	1.138	0.35
	3	640005123922	2012	1.092	0.45
	4	640005123973	2012	0.977	0.42
	5	640005123968	2012	0.954	0.43
	5	640005123913	2012	0.954	0.41
	7	640005123966	2012	0.915	0.44
	8	640005123985	2012	0.888	0.35
	9	640005117979	2011	0.859	0.37
	10	640005124000	2012	0.843	0.40
640009	1	640009090040	2009	1.209	0.41
	2	640009090066	2009	1.125	0.41
	3	640009100088	2010	1.098	0.42
	4	640009090057	2009	1.086	0.40
	5	640009090064	2009	1.062	0.41
	6	640009100089	2010	1.025	0.42
	7	640009090048	2009	1.017	0.40
	8	640009090071	2009	1.016	0.41
	8	640009100085	2010	1.016	0.40
	10	640009100110	2010	1.002	0.41
640035	1	640035128214	2012	1.181	0.44
	2	640035128205	2012	1.089	0.45
	3	640035128221	2012	1.075	0.43
	4	640035128193	2012	1.064	0.45
	5	640035128211	2012	1.045	0.42
	6	640035128207	2012	1.034	0.43
	7	640035128203	2012	0.970	0.43

续表

场号	场内排名	牛号	出生年份	后肢后视评分 EBV / 分	EBV 准确性
640035	8	640035128223	2012	0.931	0.44
	9	640035128204	2012	0.930	0.45
	10	640035128216	2012	0.905	0.47
640166	1	640166120514	2012	1.265	0.45
	2	640166120654	2012	1.158	0.46
	3	640166120633	2012	1.138	0.45
	4	640166120511	2012	1.127	0.45
	5	640166120464	2012	1.123	0.42
	6	640166120573	2012	1.070	0.37
	7	640166120510	2012	1.001	0.43
	8	640166120488	2012	0.972	0.44
	9	640166120583	2012	0.942	0.28
	10	640166120475	2012	0.902	0.46
640173	1	640173126113	2012	1.117	0.41
	2	640173126111	2012	1.104	0.41
	3	640173126008	2012	1.077	0.44
	4	640173174276	2017	0.957	0.43
	5	640173126139	2012	0.937	0.41
	6	640173126119	2012	0.925	0.41
	7	640173090602	2009	0.917	0.32
	8	640173121081	2012	0.908	0.22
	9	640173174264	2017	0.884	0.26
	10	640173125999	2012	0.834	0.41
640190	1	640190110865	2011	1.248	0.37
	2	640190120977	2012	1.213	0.33
	3	640190120441	2012	1.179	0.36
	4	640190121599	2012	1.169	0.33

续表

场号	场内排名	牛号	出生年份	后肢后视评分 EBV / 分	EBV 准确性
640190	5	640190121773	2012	1.114	0.33
	6	640190120279	2012	1.101	0.36
	7	640190121597	2012	1.098	0.34
	8	640190120252	2012	1.064	0.35
	8	640190123211	2012	1.064	0.33
	10	640190120820	2012	1.061	0.35
640193	1	640193193196	2019	0.750	0.38
	2	640193192770	2019	0.720	0.39
	3	640193193184	2019	0.676	0.35
	4	640193193252	2019	0.621	0.39
	5	640193192730	2019	0.612	0.38
	6	640193182282	2018	0.584	0.44
	7	640193182222	2018	0.578	0.42
	8	640193193332	2019	0.575	0.39
	9	640193193102	2019	0.568	0.35
	10	640193191638	2019	0.558	0.45
640251	1	640251185755	2018	0.810	0.44
	2	640251185697	2018	0.799	0.44
	3	640251185742	2018	0.748	0.42
	4	640251185753	2018	0.743	0.42
	5	640251185773	2018	0.727	0.42
	6	640251185724	2018	0.721	0.43
	7	640251185730	2018	0.700	0.42
	8	640251185847	2018	0.601	0.40
	9	640251185759	2018	0.584	0.43
	9	640251186330	2018	0.584	0.39

续表

场号	场内排名	牛号	出生年份	后肢后视评分 EBV / 分	EBV 准确性
640253	1	640253182057	2018	0.812	0.44
	2	640253181971	2018	0.811	0.44
	3	640253182090	2018	0.810	0.44
	4	640253182066	2018	0.806	0.43
	5	640253181961	2018	0.805	0.44
	5	640253181982	2018	0.805	0.44
	5	640253182019	2018	0.805	0.44
	8	640253182087	2018	0.799	0.44
	9	640253182032	2018	0.788	0.42
	10	640253182050	2018	0.784	0.42

表 6-1-17　各核心育种场乳房深度评分 EBV 排名前 10 名母牛

场号	场内排名	牛号	出生年份	乳房深度评分 EBV / 分	EBV 准确性
640003	1	640003120550	2012	3.659	0.51
	2	640003111126	2011	2.649	0.43
	3	640003111120	2011	2.540	0.41
	4	640003111144	2011	2.454	0.41
	5	640003110875	2011	2.078	0.47
	6	640003121257	2012	1.931	0.52
	7	640003110839	2011	1.924	0.47
	8	640003121260	2012	1.917	0.48
	9	640003111103	2011	1.906	0.40
	10	640003110052	2011	1.876	0.39
640004	1	640004105695	2010	2.206	0.51
	2	640004115903	2011	1.907	0.46
	3	640004125990	2012	1.667	0.51
	4	640004187465	2018	1.616	0.36

续表

场号	场内排名	牛号	出生年份	乳房深度评分 EBV / 分	EBV 准确性
640004	5	640004115969	2011	1.536	0.41
	6	640004115819	2011	1.471	0.32
	7	640004125988	2012	1.387	0.52
	8	640004187526	2018	1.347	0.47
	9	640004105651	2010	1.307	0.44
	10	640004105749	2010	1.271	0.51
640005	1	640005123982	2012	3.889	0.47
	2	640005123983	2012	3.700	0.49
	3	640005123980	2012	3.647	0.50
	4	640005124012	2012	3.561	0.50
	5	640005123986	2012	3.459	0.50
	6	640005124040	2012	3.410	0.50
	7	640005123989	2012	3.199	0.48
	8	640005134080	2013	3.126	0.46
	9	640005134087	2013	3.027	0.50
	10	640005124013	2012	2.935	0.48
640009	1	640009110003	2011	2.262	0.46
	2	640009090105	2009	2.051	0.49
	3	640009090099	2009	1.850	0.49
	4	640009100147	2010	1.840	0.50
	5	640009110014	2011	1.814	0.48
	6	640009090063	2009	1.751	0.47
	7	640009090021	2009	1.644	0.48
	8	640009120134	2012	1.631	0.38
	9	640009100005	2010	1.628	0.49
	10	640009113961	2011	1.615	0.31
640035	1	640035128249	2012	4.323	0.49

续表

场号	场内排名	牛号	出生年份	乳房深度评分 EBV / 分	EBV 准确性
640035	2	640035128224	2012	3.974	0.50
	3	640035128244	2012	3.930	0.51
	4	640035128247	2012	3.884	0.47
	5	640035128222	2012	3.748	0.49
	6	640035128238	2012	3.522	0.48
	7	640035128228	2012	3.466	0.48
	8	640035128236	2012	3.413	0.49
	9	640035128252	2012	2.787	0.49
	10	640035128184	2012	2.672	0.52
640166	1	640166130765	2013	3.942	0.51
	2	640166130771	2013	3.696	0.49
	3	640166141035	2014	3.630	0.50
	4	640166130757	2013	3.593	0.51
	5	640166120574	2012	3.577	0.50
	6	640166130772	2013	3.463	0.50
	7	640166130795	2013	3.418	0.48
	8	640166120580	2012	3.380	0.48
	9	640166130767	2013	3.255	0.49
	10	640166130788	2013	3.150	0.52
640173	1	640173126140	2012	2.303	0.46
	2	640173090610	2009	2.096	0.44
	3	640173090763	2009	2.049	0.47
	4	640173115559	2011	1.875	0.32
	5	640173090684	2009	1.780	0.47
	6	640173174531	2017	1.779	0.48
	7	640173114915	2011	1.774	0.29
	8	640173090691	2009	1.761	0.47

续表

场号	场内排名	牛号	出生年份	乳房深度评分 EBV / 分	EBV 准确性
640173	9	640173113409	2011	1.757	0.33
	10	640173116479	2011	1.749	0.33
640190	1	640190142123	2014	3.999	0.50
	2	640190141728	2014	3.739	0.47
	3	640190141672	2014	3.614	0.46
	4	640190142134	2014	3.501	0.48
	5	640190141587	2014	3.275	0.46
	6	640190141283	2014	3.057	0.48
	7	640190141885	2014	2.938	0.46
	8	640190141263	2014	2.827	0.50
	9	640190141467	2014	2.819	0.46
	10	640190112152	2011	2.783	0.39
640193	1	640193184000	2018	1.898	0.47
	2	640193183326	2018	1.449	0.53
	3	640193182678	2018	1.388	0.34
	4	640193191476	2019	1.287	0.33
	5	640193191822	2019	1.213	0.30
	6	640193191686	2019	1.209	0.33
	7	640193181818	2018	1.145	0.50
	8	640193191440	2019	1.134	0.32
	9	640193183316	2018	1.106	0.52
	10	640193191970	2019	1.104	0.30
640251	1	640251186575	2018	1.299	0.46
	2	640251186660	2018	1.061	0.42
	3	640251186088	2018	1.042	0.33
	4	640251186634	2018	0.917	0.42
	5	640251186703	2018	0.850	0.43

续表

场号	场内排名	牛号	出生年份	乳房深度评分 EBV / 分	EBV 准确性
640251	6	640251186717	2018	0.829	0.46
	7	640251186790	2018	0.827	0.34
	8	640251186245	2018	0.820	0.31
	9	640251186828	2018	0.819	0.34
	9	640251186826	2018	0.819	0.34
640253	1	640253193333	2019	1.068	0.32
	2	640253193378	2019	1.039	0.32
	3	640253193756	2019	1.026	0.45
	4	640253193810	2019	1.017	0.45
	5	640253193738	2019	1.011	0.37
	5	640253193723	2019	1.011	0.37
	7	640253193948	2019	1.003	0.45
	8	640253193465	2019	1.000	0.32
	9	640253193411	2019	0.989	0.32
	10	640253193681	2019	0.983	0.45

表 6-1-18 各核心育种场中央悬韧带评分 EBV 排名前 10 名母牛

场号	场内排名	牛号	出生年份	中央悬韧带评分 EBV / 分	EBV 准确性
640003	1	640003090830	2009	1.779	0.46
	2	640003121209	2012	1.641	0.45
	3	640003110017	2011	1.513	0.39
	4	640003121257	2012	1.491	0.46
	5	640003120482	2012	1.477	0.46
	6	640003121206	2012	1.445	0.46
	7	640003121286	2012	1.397	0.42
	8	640003121289	2012	1.377	0.46

续表

场号	场内排名	牛号	出生年份	中央悬韧带评分 EBV / 分	EBV 准确性
640003	9	640003121294	2012	1.376	0.45
	10	640003120502	2012	1.313	0.43
640004	1	640004109639	2010	1.494	0.44
	2	640004115783	2011	1.303	0.45
	3	640004125988	2012	1.282	0.46
	4	640004095525	2009	0.906	0.42
	5	640004099449	2009	0.886	0.45
	6	640004095511	2009	0.860	0.42
	7	640004105748	2010	0.830	0.43
	8	640004115903	2011	0.743	0.38
	9	640004105633	2010	0.735	0.36
	10	640004126002	2012	0.723	0.42
640005	1	640005103634	2010	1.638	0.36
	2	640005103639	2010	1.532	0.35
	3	640005123922	2012	1.436	0.45
	4	640005093477	2009	1.434	0.47
	5	640005123973	2012	1.316	0.42
	6	640005113818	2011	1.209	0.38
	7	640005123913	2012	1.201	0.42
	8	640005103513	2010	1.199	0.45
	9	640005113771	2011	1.186	0.37
	10	640005123964	2012	1.166	0.35
640009	1	640009120009	2012	0.924	0.28
	2	640009120018	2012	0.857	0.33
	3	640009120139	2012	0.737	0.25
	4	640009110118	2011	0.633	0.32
	5	640009110007	2011	0.624	0.42

续表

场号	场内排名	牛号	出生年份	中央悬韧带评分 EBV / 分	EBV 准确性
640009	6	640009110119	2011	0.614	0.33
	7	640009110131	2011	0.603	0.30
	8	640009100030	2010	0.596	0.42
	9	640009120028	2012	0.588	0.29
	10	640009116429	2011	0.582	0.24
640035	1	640035128205	2012	1.878	0.45
	2	640035107621	2010	1.754	0.46
	3	640035128212	2012	1.594	0.43
	4	640035117938	2011	1.343	0.39
	5	640035191392	2019	1.341	0.40
	6	640035128210	2012	1.300	0.43
	7	640035117920	2011	1.274	0.36
	8	640035109518	2010	1.236	0.43
	9	640035118020	2011	1.234	0.33
	10	640035128208	2012	1.211	0.44
640166	1	640166110077	2011	2.014	0.41
	2	640166109618	2010	1.853	0.48
	3	640166109554	2010	1.722	0.44
	4	640166109642	2010	1.587	0.46
	5	640166110065	2011	1.585	0.39
	6	640166099437	2009	1.522	0.45
	7	640166099338	2009	1.508	0.39
	8	640166099311	2009	1.465	0.37
	9	640166120616	2012	1.461	0.41
	10	640166120530	2012	1.408	0.45
640173	1	640173090711	2009	1.815	0.42
	2	640173090713	2009	1.672	0.42

续表

场号	场内排名	牛号	出生年份	中央悬韧带评分 EBV / 分	EBV 准确性
640173	3	640173090642	2009	1.649	0.40
	4	640173090718	2009	1.647	0.42
	5	640173090691	2009	1.613	0.40
	6	640173100018	2010	1.428	0.38
	7	640173090685	2009	1.403	0.40
	8	640173100056	2010	1.400	0.39
	9	640173203011	2012	1.315	0.33
	10	640173090763	2009	1.223	0.40
640190	1	640190121584	2012	1.541	0.33
	2	640190121590	2012	1.503	0.34
	3	640190121597	2012	1.401	0.34
	4	640190121593	2012	1.358	0.33
	5	640190121760	2012	1.353	0.33
	6	640190121598	2012	1.352	0.33
	6	640190123201	2012	1.352	0.33
	8	640190112073	2011	1.326	0.36
	9	640190120977	2012	1.314	0.33
	10	640190112631	2011	1.296	0.36
640193	1	640193191158	2019	1.075	0.40
	2	640193192714	2019	0.894	0.33
	3	640193183430	2018	0.835	0.41
	4	640193193202	2019	0.789	0.33
	5	640193190380	2019	0.779	0.36
	6	640193192770	2019	0.765	0.39
	7	640193193200	2019	0.759	0.34
	7	640193191470	2019	0.759	0.46
	9	640193184060	2018	0.757	0.37

续表

场号	场内排名	牛号	出生年份	中央悬韧带评分 EBV / 分	EBV 准确性
640193	10	640193184222	2018	0.756	0.37
640251	1	640251175223	2017	0.695	0.35
	2	640251186174	2018	0.657	0.35
	3	640251186709	2018	0.653	0.38
	4	640251186824	2018	0.604	0.26
	4	640251186826	2018	0.604	0.26
	6	640251186500	2018	0.592	0.42
	7	640251186490	2018	0.580	0.42
	8	640251186789	2018	0.570	0.37
	9	640251186468	2018	0.567	0.43
	10	640251186808	2018	0.542	0.27
640253	1	640253182863	2018	0.945	0.35
	2	640253182858	2018	0.904	0.35
	2	640253182811	2018	0.904	0.35
	4	640253193723	2019	0.781	0.29
	4	640253193738	2019	0.781	0.29
	4	640253193750	2019	0.781	0.29
	7	640253193668	2019	0.765	0.29
	8	640253182841	2018	0.718	0.35
	9	640253193514	2019	0.709	0.40
	10	640253193442	2019	0.708	0.26

表 6-1-19　各核心育种场前乳房附着评分 EBV 排名前 10 名母牛

场号	场内排名	牛号	出生年份	前乳房附着评分 EBV / 分	EBV 准确性
640003	1	640003121263	2012	1.403	0.43
	2	640003120312	2012	1.318	0.42
	3	640003120302	2012	1.059	0.41

续表

场号	场内排名	牛号	出生年份	前乳房附着评分 EBV / 分	EBV 准确性
640003	4	640003007709	2019	0.945	0.40
	5	640003110287	2011	0.901	0.41
	6	640003120307	2012	0.896	0.40
	7	640003110869	2011	0.854	0.42
	8	640003110875	2011	0.839	0.42
	9	640003121267	2012	0.834	0.27
	10	640003121259	2012	0.833	0.45
640004	1	640004119909	2011	1.323	0.42
	2	640004125986	2012	1.005	0.49
	3	640004115973	2011	0.834	0.49
	4	640004115966	2011	0.802	0.48
	5	640004109699	2010	0.744	0.45
	6	640004125980	2012	0.656	0.50
	7	640004105662	2010	0.643	0.41
	8	640004095545	2009	0.619	0.42
	9	640004095557	2009	0.614	0.39
	10	640004095588	2009	0.606	0.41
640005	1	640005113829	2011	1.541	0.42
	2	640005113825	2011	1.299	0.40
	3	640005103605	2010	1.241	0.36
	4	640005117983	2011	1.205	0.39
	5	640005123974	2012	1.172	0.49
	6	640005123953	2012	1.158	0.49
	7	640005123949	2012	1.154	0.49
	8	640005123970	2012	1.104	0.49
	9	640005123977	2012	1.078	0.49
	10	640005103593	2010	1.045	0.37

续表

场号	场内排名	牛号	出生年份	前乳房附着评分 EBV / 分	EBV 准确性
640009	1	640009120015	2012	0.905	0.31
	2	640009120096	2012	0.820	0.37
	3	640009117228	2011	0.657	0.28
	4	640009120018	2012	0.637	0.34
	5	640009181487	2018	0.631	0.39
	6	640009123835	2012	0.626	0.24
	7	640009110107	2011	0.616	0.25
	8	640009120009	2012	0.614	0.30
	9	640009181473	2018	0.598	0.39
	10	640009110113	2011	0.580	0.35
640035	1	640035191398	2019	1.377	0.37
	2	640035191377	2019	1.367	0.38
	3	640035128080	2012	1.219	0.40
	4	640035191417	2019	1.183	0.36
	5	640035118030	2011	1.174	0.45
	6	640035118001	2011	1.136	0.40
	7	640035117965	2011	1.084	0.40
	8	640035191374	2019	1.066	0.39
	8	640035117950	2011	1.066	0.41
	10	640035191416	2019	1.005	0.37
640166	1	640166193286	2019	1.692	0.38
	2	640166193244	2019	1.620	0.39
	3	640166193293	2019	1.471	0.38
	4	640166120652	2012	1.429	0.49
	5	640166193261	2019	1.403	0.37
	6	640166193295	2019	1.392	0.36
	7	640166193273	2019	1.303	0.37

续表

场号	场内排名	牛号	出生年份	前乳房附着评分 EBV / 分	EBV 准确性
640166	8	640166120632	2012	1.282	0.48
	9	640166119977	2011	1.267	0.37
	10	640166193256	2019	1.258	0.39
640173	1	640173100776	2010	1.700	0.39
	2	640173090752	2009	1.516	0.38
	3	640173090770	2009	1.343	0.38
	4	640173100782	2010	1.298	0.38
	5	640173100035	2010	1.250	0.38
	6	640173100037	2010	1.203	0.40
	7	640173115934	2011	1.193	0.24
	8	640173100010	2010	1.189	0.40
	9	640173126086	2012	1.166	0.46
	10	640173100001	2010	1.152	0.38
640190	1	640190112056	2011	1.348	0.36
	2	640190112115	2011	1.331	0.37
	3	640190112466	2011	1.305	0.41
	4	640190130322	2013	1.267	0.32
	5	640190113444	2011	1.257	0.26
	6	640190127798	2012	1.237	0.42
	7	640190127767	2012	1.227	0.42
	8	640190111431	2011	1.213	0.41
	9	640190123433	2012	1.197	0.27
	10	640190113237	2011	1.173	0.24
640193	1	640193190678	2019	1.270	0.39
	2	640193193516	2019	1.256	0.39
	3	640193190802	2019	1.236	0.38
	4	640193193536	2019	1.076	0.39

续表

场号	场内排名	牛号	出生年份	前乳房附着评分 EBV / 分	EBV 准确性
640193	5	640193190450	2019	0.950	0.38
	6	640193192694	2019	0.948	0.36
	7	640193193646	2019	0.901	0.39
	8	640193183934	2018	0.883	0.38
	8	640193184276	2018	0.883	0.38
	10	640193183572	2018	0.881	0.38
640251	1	640251185827	2018	0.884	0.38
	2	640251185826	2018	0.876	0.38
	2	640251185794	2018	0.876	0.38
	4	640251186048	2018	0.871	0.38
	5	640251186183	2018	0.802	0.33
	6	640251006153	2018	0.797	0.33
	6	640251006151	2018	0.797	0.33
	8	640251185861	2018	0.787	0.39
	9	640251185721	2018	0.763	0.39
	10	640251185809	2018	0.736	0.38
640253	1	640253193862	2019	1.059	0.40
	2	640253193852	2019	1.005	0.40
	3	640253193815	2019	0.976	0.41
	4	640253193847	2019	0.962	0.41
	5	640253193823	2019	0.957	0.41
	6	640253193872	2019	0.950	0.40
	7	640253193909	2019	0.949	0.40
	8	640253193792	2019	0.894	0.40
	9	640253193550	2019	0.846	0.42
	10	640253193587	2019	0.802	0.40

表 6-1-20 各核心育种场前乳头位置评分 EBV 排名前 10 名母牛

场号	场内排名	牛号	出生年份	前乳头位置评分 EBV / 分	EBV 准确性
640003	1	640003110815	2011	0.606	0.33
	2	640003110828	2011	0.547	0.33
	3	640003110836	2011	0.523	0.32
	4	640003110776	2011	0.522	0.32
	5	640003110804	2011	0.520	0.32
	5	640003110834	2011	0.520	0.32
	5	640003110807	2011	0.520	0.32
	5	640003110808	2011	0.520	0.32
	9	640003110817	2011	0.512	0.32
	10	640003110822	2011	0.487	0.32
640004	1	640004105749	2010	0.610	0.34
	2	640004105695	2010	0.605	0.34
	3	640004105748	2010	0.589	0.33
	4	640004115781	2010	0.536	0.32
	5	640004115853	2011	0.516	0.32
	6	640004105775	2010	0.512	0.32
	7	640004115915	2011	0.499	0.33
	8	640004105752	2010	0.496	0.33
	9	640004119899	2011	0.460	0.33
	10	640004120992	2011	0.456	0.37
640005	1	640005123977	2012	0.523	0.37
	2	640005117889	2011	0.476	0.32
	3	640005123948	2012	0.439	0.38
	4	640005123970	2012	0.410	0.38
	5	640005124050	2012	0.378	0.31
	6	640005123974	2012	0.370	0.37
	7	640005123949	2012	0.338	0.38

续表

场号	场内排名	牛号	出生年份	前乳头位置评分 EBV / 分	EBV 准确性
640005	8	640005123930	2012	0.329	0.36
	9	640005134124	2013	0.328	0.33
	10	640005123951	2012	0.327	0.36
640009	1	640009110117	2011	0.256	0.24
	2	640009120045	2012	0.237	0.24
	3	640009120037	2012	0.229	0.24
	4	640009110070	2011	0.226	0.29
	5	640009120133	2012	0.223	0.22
	6	640009120132	2012	0.219	0.22
	7	640009120092	2012	0.216	0.28
	8	640009120137	2012	0.212	0.22
	8	640009181449	2018	0.212	0.37
	10	640009120031	2012	0.204	0.24
640035	1	640035117857	2011	0.599	0.33
	2	640035117856	2011	0.595	0.34
	2	640035117860	2011	0.595	0.34
	4	640035107787	2010	0.588	0.32
	5	640035107694	2010	0.576	0.32
	6	640035107784	2010	0.575	0.32
	7	640035107708	2010	0.570	0.34
	8	640035117849	2011	0.569	0.32
	9	640035117882	2011	0.565	0.33
	10	640035117885	2011	0.557	0.32
640166	1	640166109661	2010	0.635	0.35
	2	640166120670	2012	0.632	0.39
	3	640166109850	2010	0.598	0.35
	3	640166120450	2012	0.598	0.38

续表

场号	场内排名	牛号	出生年份	前乳头位置评分 EBV / 分	EBV 准确性
640166	5	640166109658	2010	0.597	0.34
	6	640166109862	2010	0.574	0.32
	7	640166120634	2012	0.565	0.39
	8	640166109817	2010	0.554	0.33
	9	640166120646	2012	0.546	0.38
	10	640166109842	2010	0.533	0.33
640173	1	640173115968	2011	0.354	0.36
	2	640173126078	2012	0.353	0.36
	2	640173126080	2012	0.353	0.36
	2	640173126079	2012	0.353	0.36
	5	640173185011	2018	0.336	0.43
	6	640173100035	2010	0.313	0.26
	7	640173184975	2018	0.305	0.42
	8	640173126087	2012	0.304	0.37
	9	640173126077	2012	0.290	0.36
	10	640173110094	2011	0.282	0.28
640190	1	640190112115	2011	0.350	0.24
	2	640190181983	2018	0.339	0.27
	3	640190181853	2018	0.332	0.28
	4	640190182039	2018	0.317	0.28
	4	640190182177	2018	0.317	0.27
	6	640190182059	2018	0.311	0.27
	7	640190181869	2018	0.308	0.27
	8	640190181903	2018	0.299	0.28
	9	640190181823	2018	0.295	0.28
	10	640190112556	2011	0.294	0.24

续表

场号	场内排名	牛号	出生年份	前乳头位置评分 EBV / 分	EBV 准确性
640193	1	640193182140	2018	0.257	0.34
	2	640193182876	2018	0.253	0.39
	3	640193182088	2018	0.252	0.40
	4	640193182212	2018	0.250	0.40
	5	640193183102	2018	0.249	0.40
	6	640193182000	2018	0.247	0.39
	7	640193182916	2018	0.246	0.40
	8	640193183051	2018	0.242	0.39
	9	640193184237	2018	0.236	0.37
	10	640193184439	2018	0.233	0.37
640251	1	640251186385	2018	0.265	0.40
	2	640251186060	2018	0.259	0.40
	3	640251186041	2018	0.258	0.40
	4	640251186444	2018	0.248	0.38
	5	640251186094	2018	0.239	0.39
	6	640251186068	2018	0.238	0.39
	6	640251186419	2018	0.238	0.39
	6	640251186382	2018	0.238	0.39
	6	640251186070	2018	0.238	0.39
	6	640251186462	2018	0.238	0.39
640253	1	640253181788	2018	0.152	0.32
	2	640253181952	2018	0.148	0.32
	2	640253181958	2018	0.148	0.32
	4	640253181792	2018	0.145	0.32
	5	640253181923	2018	0.144	0.24
	6	640253182305	2018	0.136	0.36
	7	640253182180	2018	0.133	0.35

续表

场号	场内排名	牛号	出生年份	前乳头位置评分 EBV / 分	EBV 准确性
640253	7	640253182179	2018	0.133	0.35
	9	640253182178	2018	0.132	0.35
	10	640253182016	2018	0.131	0.25

表 6-1-21　各核心育种场前乳头长度评分 EBV 排名前 10 名母牛

场号	场内排名	牛号	出生年份	前乳头长度评分 EBV / 分	EBV 准确性
640003	1	640003121258	2012	0.672	0.32
	2	640003090767	2009	0.668	0.21
	3	640003121263	2012	0.635	0.31
	4	640003121275	2012	0.586	0.30
	5	640003090773	2009	0.580	0.25
	6	640003111156	2011	0.574	0.28
	7	640003111121	2011	0.552	0.28
	8	640003121303	2012	0.548	0.30
	9	640003111118	2011	0.543	0.28
	10	640003121244	2012	0.540	0.29
640004	1	640004109739	2010	0.482	0.31
	2	640004095495	2009	0.446	0.22
	3	640004115915	2011	0.431	0.33
	4	640004136396	2013	0.425	0.20
	5	640004095500	2009	0.389	0.24
	6	640004119909	2011	0.384	0.29
	7	640004115865	2011	0.380	0.19
	8	640004109789	2010	0.363	0.31
	9	640004187460	2018	0.345	0.35
	10	640004187565	2018	0.336	0.15

续表

场号	场内排名	牛号	出生年份	前乳头长度评分 EBV / 分	EBV 准确性
640005	1	640005124008	2012	0.927	0.31
	2	640005103563	2010	0.754	0.24
	3	640005124022	2012	0.749	0.28
	4	640005134073	2013	0.711	0.32
	5	640005124029	2012	0.709	0.31
	6	640005103605	2010	0.685	0.23
	7	640005103564	2010	0.683	0.24
	8	640005124020	2012	0.672	0.28
	9	640005103604	2010	0.648	0.24
	10	640005103593	2010	0.641	0.24
640009	1	640009100047	2010	1.009	0.32
	2	640009100143	2010	0.998	0.32
	3	640009100062	2010	0.965	0.33
	4	640009090105	2009	0.942	0.32
	5	640009100071	2010	0.941	0.32
	6	640009100033	2010	0.935	0.32
	7	640009090132	2009	0.928	0.32
	7	640009090129	2009	0.928	0.32
	9	640009090120	2009	0.927	0.33
	10	640009110007	2011	0.926	0.32
640035	1	640035107786	2010	0.658	0.29
	2	640035117816	2011	0.643	0.29
	3	640035128240	2012	0.561	0.31
	4	640035128184	2012	0.560	0.34
	5	640035118034	2011	0.559	0.29
	6	640035107753	2010	0.534	0.29
	7	640035118028	2011	0.533	0.29

续表

场号	场内排名	牛号	出生年份	前乳头长度评分 EBV / 分	EBV 准确性
640035	8	640035128125	2012	0.508	0.31
	9	640035128252	2012	0.475	0.31
	10	640035128191	2012	0.461	0.33
640166	1	640166120604	2012	0.832	0.32
	2	640166120606	2012	0.709	0.33
	3	640166130796	2013	0.620	0.31
	4	640166120597	2012	0.605	0.32
	4	640166120593	2012	0.605	0.30
	6	640166120617	2012	0.581	0.34
	7	640166120598	2012	0.525	0.33
	8	640166109624	2010	0.524	0.24
	9	640166120621	2012	0.517	0.33
	10	640166120619	2012	0.506	0.34
640173	1	640173172411	2017	0.504	0.24
	2	640173126130	2012	0.471	0.26
	3	640173126155	2012	0.467	0.26
	4	640173100009	2010	0.434	0.27
	5	640173100037	2010	0.424	0.27
	6	640173110093	2011	0.419	0.27
	7	640173100035	2010	0.415	0.26
	8	640173100001	2010	0.396	0.26
	9	640173100017	2010	0.392	0.26
	10	640173090648	2009	0.383	0.30
640190	1	640190112424	2011	0.738	0.23
	2	640190111615	2011	0.709	0.27
	3	640190112854	2011	0.680	0.27
	4	640190111260	2011	0.674	0.27

续表

场号	场内排名	牛号	出生年份	前乳头长度评分 EBV / 分	EBV 准确性
640190	5	640190113056	2011	0.673	0.27
	6	640190112195	2011	0.632	0.25
	6	640190111401	2011	0.632	0.26
	8	640190111557	2011	0.629	0.25
	9	640190141897	2014	0.627	0.25
	10	640190111377	2011	0.620	0.24
640193	1	640193183566	2018	0.588	0.38
	2	640193183556	2018	0.504	0.38
	3	640193184679	2018	0.487	0.38
	4	640193182914	2018	0.471	0.39
	5	640193183356	2018	0.469	0.39
	6	640193183070	2018	0.451	0.38
	7	640193184589	2018	0.443	0.37
	7	640193183632	2018	0.443	0.37
	9	640193184789	2018	0.440	0.38
	10	640193183853	2018	0.438	0.37
640251	1	640251186305	2018	0.423	0.32
	2	640251185847	2018	0.408	0.29
	3	640251186290	2018	0.396	0.27
	4	640251186634	2018	0.383	0.24
	5	640251185884	2018	0.381	0.27
	6	640251186546	2018	0.365	0.21
	7	640251186378	2018	0.364	0.29
	7	640251186398	2018	0.364	0.32
	9	640251186606	2018	0.362	0.20
	10	640251186339	2018	0.352	0.29

续表

场号	场内排名	牛号	出生年份	前乳头长度评分 EBV / 分	EBV 准确性
640253	1	640253193294	2019	0.426	0.27
	2	640253193303	2019	0.398	0.24
	2	640253193324	2019	0.398	0.24
	2	640253193208	2019	0.398	0.24
	5	640253193230	2019	0.394	0.24
	6	640253193248	2019	0.381	0.28
	7	640253193311	2019	0.347	0.28
	7	640253193300	2019	0.347	0.28
	7	640253193193	2019	0.347	0.28
	7	640253193264	2019	0.347	0.28

表 6-1-22 各核心育种场后乳房附着高度评分 EBV 排名前 10 名母牛

场号	场内排名	牛号	出生年份	后乳房附着高度评分 EBV / 分	EBV 准确性
640003	1	640003120482	2012	0.690	0.41
	2	640003121286	2012	0.667	0.38
	3	640003121251	2012	0.656	0.37
	4	640003121206	2012	0.652	0.41
	5	640003110822	2011	0.631	0.37
	6	640003120512	2012	0.623	0.38
	7	640003110802	2011	0.592	0.37
	8	640003120517	2012	0.582	0.37
	9	640003120442	2012	0.578	0.41
	10	640003121227	2012	0.573	0.41

续表

场号	场内排名	牛号	出生年份	后乳房附着高度评分 EBV / 分	EBV 准确性
640004	1	640004187402	2018	0.630	0.42
	2	640004187458	2018	0.618	0.43
	2	640004115853	2011	0.618	0.38
	4	640004125986	2012	0.581	0.44
	5	640004187440	2018	0.571	0.40
	6	640004115966	2011	0.531	0.43
	7	640004120992	2011	0.508	0.42
	8	640004115781	2010	0.501	0.37
	9	640004181998	2018	0.494	0.38
	10	640004187449	2018	0.490	0.41
640005	1	640005123937	2012	0.816	0.45
	2	640005144328	2014	0.795	0.32
	3	640005123939	2012	0.731	0.42
	4	640005123977	2012	0.730	0.43
	5	640005154468	2015	0.693	0.28
	6	640005134081	2013	0.689	0.28
	7	640005134242	2013	0.676	0.30
	8	640005123972	2012	0.669	0.40
	9	640005123970	2012	0.650	0.43
	10	640005144399	2014	0.636	0.33
640009	1	640009110095	2011	0.536	0.34
	2	640009113961	2011	0.523	0.19
	3	640009110076	2011	0.465	0.33
	4	640009110072	2011	0.458	0.21
	5	640009120019	2012	0.434	0.34
	6	640009110109	2011	0.427	0.36
	7	640009181442	2018	0.426	0.41

续表

场号	场内排名	牛号	出生年份	后乳房附着高度评分 EBV / 分	EBV 准确性
640009	8	640009112934	2011	0.410	0.26
	9	640009110100	2011	0.402	0.33
	10	640009181362	2018	0.382	0.32
640035	1	640035128204	2012	0.703	0.41
	2	640035128203	2012	0.678	0.39
	3	640035107783	2010	0.661	0.39
	4	640035109745	2010	0.582	0.37
	5	640035117968	2011	0.567	0.28
	6	640035117890	2011	0.548	0.39
	7	640035107706	2010	0.533	0.39
	8	640035128210	2012	0.511	0.38
	9	640035107672	2010	0.507	0.38
	10	640035107632	2010	0.498	0.39
640166	1	640166109772	2010	0.760	0.37
	2	640166120488	2012	0.744	0.39
	3	640166110175	2011	0.728	0.40
	4	640166109625	2010	0.700	0.29
	5	640166120450	2012	0.690	0.44
	6	640166120633	2012	0.680	0.40
	7	640166141100	2014	0.674	0.27
	8	640166120583	2012	0.664	0.24
	9	640166099461	2009	0.659	0.40
	10	640166109724	2010	0.635	0.35
640173	1	640173126103	2012	0.680	0.37
	2	640173126076	2012	0.666	0.41
	2	640173126095	2012	0.666	0.41
	2	640173126086	2012	0.666	0.41

续表

场号	场内排名	牛号	出生年份	后乳房附着高度评分 EBV / 分	EBV 准确性
640173	5	640173126079	2012	0.665	0.41
	6	640173126008	2012	0.604	0.40
	7	640173174588	2017	0.569	0.33
	8	640173174519	2017	0.561	0.35
	9	640173126113	2012	0.556	0.37
	10	640173131075	2013	0.551	0.24
640190	1	640190182087	2018	0.650	0.24
	2	640190182151	2018	0.641	0.40
	3	640190182185	2018	0.627	0.24
	4	640190182009	2018	0.623	0.23
	5	640190142211	2014	0.607	0.31
	6	640190120924	2012	0.606	0.25
	7	640190182069	2018	0.599	0.24
	7	640190182173	2018	0.599	0.24
	9	640190182095	2018	0.594	0.24
	10	640190182141	2018	0.593	0.23
640193	1	640193182746	2018	0.560	0.40
	2	640193182684	2018	0.509	0.39
	3	640193182222	2018	0.488	0.39
	4	640193182316	2018	0.469	0.40
	5	640193181818	2018	0.467	0.39
	6	640193182708	2018	0.447	0.39
	7	640193181816	2018	0.446	0.39
	8	640193182770	2018	0.430	0.39
	8	640193182820	2018	0.430	0.38
	10	640193182846	2018	0.427	0.39
640251	1	640251185761	2018	0.698	0.41

续表

场号	场内排名	牛号	出生年份	后乳房附着高度评分 EBV / 分	EBV 准确性
640251	2	640251185711	2018	0.684	0.41
	3	640251185743	2018	0.682	0.41
	4	640251185764	2018	0.681	0.41
	5	640251185697	2018	0.612	0.39
	5	640251185755	2018	0.612	0.39
	7	640251185759	2018	0.584	0.38
	8	640251185731	2018	0.559	0.38
	9	640251185820	2018	0.543	0.32
	10	640251185742	2018	0.542	0.38
640253	1	640253182066	2018	0.598	0.39
	2	640253181955	2018	0.573	0.38
	3	640253182017	2018	0.542	0.38
	4	640253182032	2018	0.538	0.38
	5	640253182100	2018	0.536	0.38
	5	640253182060	2018	0.536	0.38
	7	640253182046	2018	0.535	0.38
	7	640253181914	2018	0.535	0.38
	9	640253182005	2018	0.533	0.37
	9	640253182091	2018	0.533	0.38

表 6-1-23　各核心育种场后乳房附着宽度评分 EBV 排名前 10 名母牛

场号	场内排名	牛号	出生年份	后乳房附着宽度评分 EBV / 分	EBV 准确性
640003	1	640003120482	2012	1.405	0.50
	2	640003110017	2011	1.272	0.44
	3	640003121251	2012	1.194	0.46
	4	640003121286	2012	1.149	0.47

续表

场号	场内排名	牛号	出生年份	后乳房附着宽度评分 EBV / 分	EBV 准确性
640003	5	640003121209	2012	1.086	0.50
	6	640003121033	2012	1.081	0.26
	7	640003120502	2012	1.040	0.47
	8	640003121208	2012	1.015	0.48
	9	640003121294	2012	1.005	0.49
	10	640003182787	2018	0.997	0.39
640004	1	640004125993	2012	1.271	0.49
	2	640004095607	2009	1.239	0.45
	3	640004187529	2018	1.192	0.42
	4	640004095545	2009	1.188	0.45
	5	640004105676	2010	1.136	0.46
	6	640004187547	2018	1.080	0.40
	7	640004115878	2011	1.079	0.46
	8	640004187553	2018	1.052	0.40
	9	640004187559	2018	1.044	0.35
	10	640004187537	2018	1.035	0.39
640005	1	640005113818	2011	1.367	0.43
	2	640005103541	2010	1.218	0.45
	3	640005099419	2009	1.142	0.46
	4	640005113751	2011	1.077	0.38
	5	640005123922	2012	1.052	0.49
	6	640005113742	2011	0.968	0.38
	7	640005113787	2011	0.967	0.36
	8	640005175126	2017	0.956	0.43
	9	640005113811	2011	0.945	0.37
	10	640005107610	2010	0.936	0.44
640009	1	640009120066	2012	2.033	0.35

续表

场号	场内排名	牛号	出生年份	后乳房附着宽度评分 EBV / 分	EBV 准确性
640009	2	640009120082	2012	1.980	0.39
	3	640009120057	2012	1.713	0.40
	4	640009120058	2012	1.625	0.41
	5	640009120078	2012	1.568	0.40
	6	640009120080	2012	1.504	0.36
	7	640009120049	2012	1.500	0.35
	8	640009120076	2012	1.487	0.35
	9	640009120074	2012	1.454	0.41
	10	640009120050	2012	1.442	0.41
640035	1	640035097516	2009	1.495	0.43
	2	640035117938	2011	1.151	0.44
	3	640035117890	2011	1.127	0.48
	4	640035128210	2012	1.115	0.47
	5	640035097523	2009	1.112	0.47
	6	640035128205	2012	1.109	0.49
	7	640035107588	2010	1.051	0.46
	8	640035107661	2010	1.021	0.47
	9	640035128211	2012	0.992	0.47
	10	640035117862	2011	0.968	0.48
640166	1	640166109808	2010	1.399	0.48
	2	640166099338	2009	1.228	0.44
	3	640166110077	2011	1.213	0.46
	4	640166110035	2011	1.202	0.43
	5	640166109611	2010	1.198	0.41
	6	640166120530	2012	1.170	0.50
	7	640166120480	2012	1.139	0.49
	8	640166141140	2014	1.119	0.43

续表

场号	场内排名	牛号	出生年份	后乳房附着宽度评分 EBV / 分	EBV 准确性
640166	9	640166110075	2011	1.118	0.42
	10	640166130953	2013	1.117	0.42
640173	1	640173090703	2009	1.204	0.41
	2	640173126008	2012	1.182	0.49
	3	640173113244	2011	1.143	0.26
	4	640173174262	2017	1.112	0.39
	5	640173115886	2011	1.079	0.44
	6	640173164232	2016	1.045	0.36
	7	640173090718	2009	0.963	0.46
	8	640173123054	2012	0.954	0.41
	9	640173116377	2011	0.950	0.28
	10	640173164235	2016	0.947	0.28
640190	1	640190112969	2011	1.787	0.47
	2	640190111602	2011	1.716	0.47
	3	640190112798	2011	1.636	0.50
	4	640190112512	2011	1.620	0.50
	5	640190112740	2011	1.616	0.50
	6	640190111255	2011	1.555	0.50
	7	640190111929	2011	1.407	0.40
	8	640190113126	2011	1.382	0.53
	9	640190138738	2013	1.368	0.40
	10	640190112027	2011	1.366	0.41
640193	1	640193193472	2019	1.093	0.44
	2	640193192700	2019	0.850	0.44
	3	640193193286	2019	0.846	0.44
	4	640193192702	2019	0.845	0.44
	5	640193192740	2019	0.818	0.44

续表

场号	场内排名	牛号	出生年份	后乳房附着宽度评分 EBV / 分	EBV 准确性
640193	6	640193192902	2019	0.810	0.43
	7	640193192786	2019	0.804	0.43
	8	640193193250	2019	0.787	0.42
	9	640193193152	2019	0.767	0.42
	10	640193193136	2019	0.725	0.43
640251	1	640251185768	2018	0.579	0.44
	2	640251185785	2018	0.567	0.41
	3	640251186202	2018	0.561	0.48
	4	640251186224	2018	0.553	0.44
	5	640251186824	2018	0.494	0.31
	6	640251185784	2018	0.477	0.43
	7	640251185695	2018	0.466	0.38
	8	640251006262	2018	0.461	0.48
	9	640251185830	2018	0.447	0.41
	10	640251185625	2018	0.445	0.38
640253	1	640253193180	2019	0.644	0.44
	2	640253182478	2018	0.559	0.29
	3	640253182714	2018	0.546	0.42
	4	640253182578	2018	0.527	0.39
	4	640253182556	2018	0.527	0.39
	6	640253182790	2018	0.493	0.43
	7	640253182562	2018	0.490	0.39
	8	640253182549	2018	0.485	0.40
	9	640253182200	2018	0.475	0.48
	10	640253181945	2018	0.466	0.46

表 6–1–24 各核心育种场后乳头位置评分 EBV 排名前 10 名母牛

场号	场内排名	牛号	出生年份	后乳头位置评分 EBV / 分	EBV 准确性
640003	1	640003110815	2011	0.606	0.33
	2	640003110828	2011	0.547	0.33
	3	640003110836	2011	0.523	0.32
	4	640003110776	2011	0.522	0.32
	5	640003110804	2011	0.520	0.32
	5	640003110834	2011	0.520	0.32
	5	640003110807	2011	0.520	0.32
	5	640003110808	2011	0.520	0.32
	9	640003110817	2011	0.512	0.32
	10	640003110822	2011	0.487	0.32
640004	1	640004105749	2010	0.610	0.34
	2	640004105695	2010	0.605	0.34
	3	640004105748	2010	0.589	0.33
	4	640004115781	2010	0.536	0.32
	5	640004115853	2011	0.516	0.32
	6	640004105775	2010	0.512	0.32
	7	640004115915	2011	0.499	0.33
	8	640004105752	2010	0.496	0.33
	9	640004119899	2011	0.460	0.33
	10	640004120992	2011	0.456	0.37
640005	1	640005123977	2012	0.523	0.37
	2	640005117889	2011	0.476	0.32
	3	640005123948	2012	0.439	0.38
	4	640005123970	2012	0.410	0.38
	5	640005124050	2012	0.378	0.31
	6	640005123974	2012	0.370	0.37
	7	640005123949	2012	0.338	0.38

续表

场号	场内排名	牛号	出生年份	后乳头位置评分 EBV / 分	EBV 准确性
640005	8	640005123930	2012	0.329	0.36
	9	640005134124	2013	0.328	0.33
	10	640005123951	2012	0.327	0.36
640009	1	640009110117	2011	0.256	0.24
	2	640009120045	2012	0.237	0.24
	3	640009120037	2012	0.229	0.24
	4	640009110070	2011	0.226	0.29
	5	640009120133	2012	0.223	0.22
	6	640009120132	2012	0.219	0.22
	7	640009120092	2012	0.216	0.28
	8	640009120137	2012	0.212	0.22
	8	640009181449	2018	0.212	0.37
	10	640009120031	2012	0.204	0.24
640035	1	640035117857	2011	0.599	0.33
	2	640035117856	2011	0.595	0.34
	2	640035117860	2011	0.595	0.34
	4	640035107787	2010	0.588	0.32
	5	640035107694	2010	0.576	0.32
	6	640035107784	2010	0.575	0.32
	7	640035107708	2010	0.570	0.34
	8	640035117849	2011	0.569	0.32
	9	640035117882	2011	0.565	0.33
	10	640035117885	2011	0.557	0.32
640166	1	640166109661	2010	0.635	0.35
	2	640166120670	2012	0.632	0.39
	3	640166109850	2010	0.598	0.35
	3	640166120450	2012	0.598	0.38

续表

场号	场内排名	牛号	出生年份	后乳头位置评分 EBV / 分	EBV 准确性
640166	5	640166109658	2010	0.597	0.34
	6	640166109862	2010	0.574	0.32
	7	640166120634	2012	0.565	0.39
	8	640166109817	2010	0.554	0.33
	9	640166120646	2012	0.546	0.38
	10	640166109842	2010	0.533	0.33
640173	1	640173115968	2011	0.354	0.36
	2	640173126078	2012	0.353	0.36
	2	640173126080	2012	0.353	0.36
	2	640173126079	2012	0.353	0.36
	5	640173185011	2018	0.336	0.43
	6	640173100035	2010	0.313	0.26
	7	640173184975	2018	0.305	0.42
	8	640173126087	2012	0.304	0.37
	9	640173126077	2012	0.290	0.36
	10	640173110094	2011	0.282	0.28
640190	1	640190112115	2011	0.350	0.24
	2	640190181983	2018	0.339	0.27
	3	640190181853	2018	0.332	0.28
	4	640190182039	2018	0.317	0.28
	4	640190182177	2018	0.317	0.27
	6	640190182059	2018	0.311	0.27
	7	640190181869	2018	0.308	0.27
	8	640190181903	2018	0.299	0.28
	9	640190181823	2018	0.295	0.28
	10	640190112556	2011	0.294	0.24
640193	1	640193182140	2018	0.257	0.34

续表

场号	场内排名	牛号	出生年份	后乳头位置评分 EBV / 分	EBV 准确性
640193	2	640193182876	2018	0.253	0.39
	3	640193182088	2018	0.252	0.40
	4	640193182212	2018	0.250	0.40
	5	640193183102	2018	0.249	0.40
	6	640193182000	2018	0.247	0.39
	7	640193182916	2018	0.246	0.40
	8	640193183051	2018	0.242	0.39
	9	640193184237	2018	0.236	0.37
	10	640193184439	2018	0.233	0.37
640251	1	640251186385	2018	0.265	0.40
	2	640251186060	2018	0.259	0.40
	3	640251186041	2018	0.258	0.40
	4	640251186444	2018	0.248	0.38
	5	640251186094	2018	0.239	0.39
	6	640251186068	2018	0.238 5	0.39
	7	640251186419	2018	0.238 4	0.39
	8	640251186382	2018	0.237 8	0.39
	9	640251186070	2018	0.237 7	0.39
	9	640251186462	2018	0.237 7	0.39
640253	1	640253181788	2018	0.152	0.32
	2	640253181952	2018	0.148	0.32
	2	640253181958	2018	0.148	0.32
	4	640253181792	2018	0.145	0.32
	5	640253181923	2018	0.144	0.24
	6	640253182305	2018	0.136	0.36
	7	640253182180	2018	0.133	0.35
	7	640253182179	2018	0.133	0.35

续表

场号	场内排名	牛号	出生年份	后乳头位置评分 EBV / 分	EBV 准确性
640253	7	640253182178	2018	0.132	0.35
	10	640253182016	2018	0.131	0.25

表 6-1-25　各核心育种场棱角性评分 EBV 排名前 10 名母牛

场号	场内排名	牛号	出生年份	棱角性评分 EBV / 分	EBV 准确性
640003	1	640003100913	2010	0.601	0.39
	2	640003110087	2011	0.579	0.34
	3	640003121287	2012	0.456	0.33
	4	640003120307	2012	0.447	0.33
	5	640003110017	2011	0.417	0.33
	6	640003182809	2018	0.415	0.32
	7	640003182848	2018	0.412	0.31
	8	640003110776	2011	0.411	0.37
	9	640003090716	2009	0.410	0.19
	10	640003110808	2011	0.404	0.37
640004	1	640004119899	2011	0.493	0.39
	2	640004115940	2011	0.433	0.22
	3	640004115853	2011	0.419	0.38
	4	640004095525	2009	0.385	0.37
	5	640004119909	2011	0.379	0.35
	6	640004115915	2011	0.372	0.39
	7	640004115896	2011	0.358	0.32
	8	640004095511	2009	0.347	0.37
	9	640004105775	2010	0.330	0.38
	10	640004115946	2011	0.325	0.24

续表

场号	场内排名	牛号	出生年份	棱角性评分 EBV / 分	EBV 准确性
640005	1	640005099219	2009	0.571	0.28
	2	640005144387	2014	0.490	0.26
	3	640005144384	2014	0.392	0.22
	4	640005146580	2014	0.389	0.35
	5	640005117953	2011	0.372	0.35
	6	640005154490	2015	0.344	0.35
	7	640005117889	2011	0.342	0.38
	8	640005144446	2014	0.340	0.38
	9	640005144370	2014	0.320	0.21
	10	640005123994	2012	0.313	0.34
640009	1	640009120139	2012	0.392	0.21
	2	640009110034	2011	0.370	0.26
	3	640009110017	2011	0.328	0.20
	4	640009181319	2018	0.304	0.35
	5	640009110126	2011	0.288	0.26
	6	640009181359	2018	0.270	0.35
	7	640009181479	2018	0.259	0.41
	8	640009110016	2011	0.252	0.20
	9	640009181363	2018	0.247	0.35
	10	640009120005	2012	0.241	0.22
640035	1	640035117849	2011	0.454	0.38
	2	640035118011	2011	0.444	0.23
	3	640035107692	2010	0.434	0.42
	4	640035107697	2010	0.430	0.41
	5	640035117937	2011	0.417	0.33
	6	640035138508	2013	0.410	0.18
	7	640035117890	2011	0.392	0.39

续表

场号	场内排名	牛号	出生年份	棱角性评分 EBV / 分	EBV 准确性
640035	8	640035128125	2012	0.389	0.36
	9	640035097569	2009	0.377	0.30
	10	640035109613	2010	0.370	0.29
640166	1	640166120616	2012	0.748	0.35
	2	640166099311	2009	0.726	0.32
	3	640166099338	2009	0.683	0.33
	4	640166110100	2011	0.600	0.37
	5	640166109625	2010	0.582	0.29
	6	640166110153	2011	0.554	0.26
	7	640166109611	2010	0.550	0.30
	8	640166109632	2010	0.537	0.30
	9	640166109865	2010	0.536	0.27
	10	640166110074	2011	0.531	0.34
640173	1	640173100037	2010	0.488	0.33
	2	640173184880	2018	0.462	0.34
	3	640173174384	2017	0.455	0.33
	4	640173116239	2011	0.434	0.19
	5	640173090719	2009	0.398	0.36
	6	640173184887	2018	0.390	0.36
	6	640173184892	2018	0.390	0.36
	8	640173113249	2011	0.383	0.19
	8	640173100051	2010	0.383	0.32
	10	640173182479	2018	0.367	0.36
640190	1	640190130039	2013	0.536	0.34
	2	64019013A010	2013	0.487	0.33
	3	640190130051	2013	0.463	0.35
	4	640190140074	2013	0.452	0.35

续表

场号	场内排名	牛号	出生年份	棱角性评分 EBV / 分	EBV 准确性
640190	5	640190113496	2011	0.438	0.20
	6	640190130173	2013	0.422	0.34
	7	640190140013	2013	0.410	0.34
	8	640190111051	2011	0.398	0.30
	9	640190130048	2013	0.387	0.33
	9	640190111810	2011	0.387	0.20
640193	1	640193183992	2018	0.355	0.37
	2	640193183430	2018	0.351	0.36
	3	640193184351	2018	0.343	0.36
	4	640193183164	2018	0.333	0.36
	5	640193184669	2018	0.331	0.36
	6	640193183984	2018	0.327	0.36
	6	640193184054	2018	0.327	0.36
	6	640193183568	2018	0.327	0.36
	9	640193184799	2018	0.326	0.36
	10	640193184135	2018	0.324	0.36
640251	1	640251185645	2018	0.419	0.35
	2	640251185787	2018	0.405	0.35
	3	640251185790	2018	0.391	0.35
	4	640251185768	2018	0.390	0.35
	5	640251185784	2018	0.384	0.33
	6	640251185666	2018	0.380	0.34
	7	640251185686	2018	0.372	0.33
	7	640251185680	2018	0.372	0.33
	9	640251185789	2018	0.329	0.33
	10	640251185791	2018	0.304	0.34

续表

场号	场内排名	牛号	出生年份	棱角性评分 EBV / 分	EBV 准确性
640253	1	640253182110	2018	0.261	0.33
	2	640253182113	2018	0.256	0.33
	3	640253182099	2018	0.245	0.33
	4	640253181891	2018	0.242	0.33
	5	640253182107	2018	0.241	0.32
	6	640253182132	2018	0.230	0.32
	7	640253182105	2018	0.219	0.32
	8	640253182114	2018	0.217	0.32
	9	640253182130	2018	0.212	0.32
	9	640253181822	2018	0.212	0.32

6.2 各核心育种场母牛管理性状估计育种值排名

2010 年 1 月 1 日至 2019 年 12 月 31 日出生且有表型记录的母牛中，繁殖性状、产犊性状和长寿性状估计育种值排名前 500 名母牛的牛号、出生年份、估计育种值、估计育种值准确性和排名见附表 6 至附表 15，各核心育种场繁殖性状、产犊性状和长寿性状估计育种值排名前 10 名母牛的牛号、出生年份、估计育种值、估计育种值准确性和排名见表 6-2-1 至表 6-2-10。

表 6-2-1 各核心育种场首次配种日龄 EBV 排名前 10 名母牛

场号	场内排名	牛号	出生年份	首次配种日龄 EBV / d	EBV 准确性
640003	1	640003131338	2013	−92.7	0.61
	2	640003131349	2013	−82.5	0.62
	3	640003131354	2013	−79.7	0.63
	4	640003131345	2013	−70.9	0.71
	5	640003131348	2013	−69.5	0.66
	6	640003131339	2013	−67.6	0.61

续表

场号	场内排名	牛号	出生年份	首次配种日龄 EBV / d	EBV 准确性
640003	7	640003131346	2013	−66.8	0.61
	8	640003182994	2018	−63.1	0.61
	9	640003162445	2016	−60.6	0.66
	10	640003172451	2016	−59.5	0.65
640004	1	640004136443	2013	−53.2	0.68
	2	640004166969	2015	−51.8	0.62
	3	640004146505	2014	−50.5	0.63
	4	640004136230	2013	−49.7	0.67
	5	640004136447	2013	−49.6	0.65
	6	640004187570	2018	−49.2	0.60
	7	640004150682	2015	−47.6	0.67
	8	640004146498	2014	−46.5	0.65
	9	640004136438	2013	−44.4	0.65
	10	640004136448	2013	−44.3	0.66
640005	1	640005166969	2015	−34.9	0.65
	2	640005154676	2015	−34.6	0.67
	3	640005124032	2012	−33.3	0.48
	4	640005154636	2015	−30.9	0.67
	5	640005124050	2012	−30.5	0.45
	6	640005154675	2015	−29.3	0.70
	7	640005164739	2016	−29.2	0.68
	8	640005154666	2015	−28.4	0.68
	9	640005154663	2015	−28.3	0.67
	10	640005154670	2015	−28.0	0.68
640009	1	640009140431	2014	−44.9	0.49
	2	640009160956	2016	−27.6	0.65

续表

场号	场内排名	牛号	出生年份	首次配种日龄 EBV / d	EBV 准确性
640009	3	640009181469	2018	−26.3	0.67
	4	640009140448	2014	−25.4	0.57
	5	640009140387	2014	−25.2	0.61
	6	640009181584	2018	−22.7	0.67
	7	640009160974	2016	−21.8	0.66
	8	640009181590	2018	−21.7	0.66
	9	640009160965	2016	−21.4	0.61
	10	640009181591	2018	−20.9	0.66
640035	1	640035138462	2013	−41.8	0.61
	2	640035128285	2012	−25.1	0.60
	3	640035181028	2018	−24.9	0.67
	4	640035170778	2017	−24.7	0.67
	5	640035181070	2018	−23.9	0.68
	6	640035170794	2017	−23.4	0.66
	7	640035181047	2018	−23.3	0.69
	8	640035170782	2017	−23.2	0.68
	9	640035170777	2017	−22.6	0.66
	10	640035170781	2017	−22.5	0.69
640166	1	640166151689	2015	−41.9	0.68
	2	640166130979	2013	−41.0	0.60
	3	640166151743	2015	−37.1	0.66
	4	640166172520	2017	−35.9	0.70
	5	640166151690	2015	−34.8	0.66
	6	640166151740	2015	−34.1	0.68
	7	640166151699	2015	−33.9	0.68
	8	640166151680	2015	−32.9	0.66
	9	640166172527	2017	−32.8	0.66

续表

场号	场内排名	牛号	出生年份	首次配种日龄 EBV / d	EBV 准确性
640166	10	640166172508	2017	−32.6	0.68
640173	1	640173174665	2017	−24.6	0.63
	2	640173174666	2017	−24.5	0.61
	3	640173172425	2017	−23.5	0.63
	4	640173174683	2017	−23.1	0.58
	5	640173174668	2017	−22.0	0.61
	5	640173174671	2017	−22.0	0.66
	7	640173174684	2017	−21.3	0.67
	8	640173174619	2017	−19.9	0.63
	9	640173174681	2017	−19.6	0.65
	9	640173174649	2017	−19.6	0.62
640190	1	640190125420	2013	−102.4	0.61
	2	640190140063	2013	−79.7	0.58
	3	640190121752	2012	−75.9	0.60
	4	640190140159	2013	−73.8	0.57
	5	640190121594	2012	−69.5	0.64
	6	640190140040	2013	−69.4	0.58
	7	640190121779	2012	−69.3	0.64
	8	640190121599	2012	−67.7	0.66
	9	640190130210	2013	−64.6	0.58
	10	640190123204	2012	−64.5	0.64
640193	1	640193140114	2013	−72.1	0.57
	2	640193140053	2013	−67.3	0.65
	3	640193131346	2013	−48.3	0.57
	4	640193121587	2012	−43.4	0.62
	5	640193130865	2013	−40.6	0.68
	6	640193130890	2013	−38.3	0.58

续表

场号	场内排名	牛号	出生年份	首次配种日龄 EBV / d	EBV 准确性
640193	7	640193130391	2013	−37.9	0.67
	8	640193130797	2013	−36.6	0.68
	9	640193130916	2013	−36.3	0.65
	10	640193142224	2014	−35.7	0.65
640251	1	640251150601	2015	−38.3	0.65
	2	640251150611	2015	−37.8	0.68
	3	640251150521	2015	−36.2	0.66
	4	640251150562	2015	−34.2	0.66
	5	640251150695	2015	−32.4	0.65
	6	640251150649	2015	−32.2	0.65
	7	640251150559	2015	−31.7	0.66
	8	640251150672	2015	−31.6	0.65
	9	640251150583	2015	−31.5	0.65
	9	640251003678	2016	−31.5	0.69
640253	1	640253148072	2014	−69.9	0.54
	2	640253146944	2014	−64.7	0.54
	3	640253171271	2017	−33.4	0.65
	4	640253147048	2014	−29.7	0.54
	4	640253171264	2017	−29.7	0.66
	6	640253171255	2017	−29.3	0.64
	7	640253171276	2017	−28.5	0.64
	8	640253169713	2016	−27.9	0.66
	9	640253171268	2017	−27.8	0.66
	10	640253171277	2017	−27.4	0.64
640351	1	640351000790	2016	−96.4	0.65
	2	640351000799	2016	−93.7	0.66
	3	640351000801	2016	−93.4	0.66

续表

场号	场内排名	牛号	出生年份	首次配种日龄 EBV / d	EBV 准确性
640351	4	640351000802	2016	−90.2	0.66
	5	640351000804	2016	−89.8	0.66
	6	640351000775	2016	−89.3	0.63
	7	640351000870	2016	−87.3	0.65
	8	640351000941	2016	−86.1	0.63
	9	640351000806	2016	−82.5	0.65
	10	640351000886	2016	−80.6	0.63

表 6-2-2 各核心育种场首次产犊日龄 EBV 排名前 10 名母牛

场号	场内排名	牛号	出生年份	首次产犊日龄 EBV / d	EBV 准确性
640003	1	640003162222	2016	−13.4	0.37
	2	640003151987	2015	−12.6	0.38
	3	640003162233	2016	−12.5	0.39
	4	640003162168	2016	−12.4	0.34
	5	640003151989	2015	−12.3	0.36
	6	640003152064	2015	−12.0	0.43
	6	640003151994	2015	−12.0	0.40
	8	640003162173	2016	−11.2	0.37
	9	640003151981	2015	−10.8	0.37
	9	640003162187	2016	−10.8	0.35
640004	1	640004161129	2016	−13.9	0.37
	2	640004160855	2016	−11.5	0.34
	3	640004187378	2018	−11.0	0.30
	3	640004187385	2018	−11.0	0.36
	3	640004160881	2016	−11.0	0.37
	6	640004161100	2016	−10.7	0.35

续表

场号	场内排名	牛号	出生年份	首次产犊日龄 EBV / d	EBV 准确性
640004	7	640004160865	2016	−10.6	0.33
	8	640004161304	2016	−9.7	0.44
	9	640004187389	2018	−9.5	0.35
	10	640004136409	2013	−9.1	0.39
640005	1	640005175180	2017	−13.0	0.41
	2	640005154636	2015	−12.2	0.36
	3	640005154665	2015	−11.7	0.42
	4	640005154528	2015	−11.5	0.45
	5	640005164815	2016	−11.3	0.33
	6	640005175212	2017	−10.7	0.41
	7	640005175176	2017	−10.5	0.38
	7	640005175170	2017	−10.5	0.38
	9	640005175215	2017	−10.3	0.38
	10	640005175175	2017	−10.2	0.41
640009	1	640009160832	2016	−10.9	0.31
	2	640009160997	2016	−10.2	0.32
	3	640009171269	2017	−9.5	0.35
	4	640009150672	2015	−9.1	0.34
	4	640009150587	2015	−9.1	0.32
	6	640009171266	2017	−9.0	0.35
	7	640009150710	2015	−8.8	0.38
	8	640009160928	2016	−8.6	0.34
	8	640009160756	2016	−8.6	0.40
	10	640009171126	2017	−8.5	0.33
640035	1	640035148658	2014	−13.8	0.44
	2	640035148650	2014	−10.7	0.45
	3	640035128102	2012	−10.5	0.36

续表

场号	场内排名	牛号	出生年份	首次产犊日龄 EBV / d	EBV 准确性
640035	4	640035117951	2011	−8.9	0.31
	4	640035117947	2011	−8.9	0.31
	6	640035117961	2011	−8.7	0.30
	7	640035118000	2011	−8.4	0.37
	8	640035128091	2012	−8.1	0.37
	9	640035128095	2012	−8.0	0.33
	9	640035128262	2012	−8.0	0.33
640166	1	640166161870	2016	−12.7	0.40
	2	640166141083	2014	−12.5	0.49
	3	640166141059	2014	−11.6	0.36
	4	640166141114	2014	−11.1	0.43
	5	640166110284	2011	−10.8	0.38
	6	640166120360	2012	−10.6	0.36
	7	640166161959	2016	−10.4	0.39
	8	640166120331	2012	−10.3	0.39
	8	640166120310	2012	−10.3	0.36
	10	640166120544	2012	−10.2	0.36
640173	1	640173185019	2018	−10.9	0.53
	2	640173184893	2018	−9.7	0.33
	3	640173185009	2018	−9.4	0.48
	4	640173184877	2018	−9.3	0.34
	5	640173185008	2018	−9.2	0.52
	6	640173184876	2018	−8.5	0.35
	7	640173185044	2018	−8.4	0.50
	8	640173185034	2018	−8.3	0.50
	8	640173184996	2018	−8.3	0.50
	10	640173184885	2018	−8.2	0.37

续表

场号	场内排名	牛号	出生年份	首次产犊日龄 EBV / d	EBV 准确性
640190	1	640190162301	2016	−11.0	0.48
	2	640190160815	2016	−10.4	0.30
	2	640190160776	2016	−10.4	0.35
	4	640190183811	2018	−9.6	0.40
	5	640190160808	2016	−9.5	0.37
	6	640190141996	2014	−9.3	0.41
	7	640190155197	2015	−9.1	0.41
	7	640190155450	2015	−9.1	0.41
	7	640190160621	2016	−9.1	0.37
	7	640190181869	2018	−9.1	0.47
640193	1	640193170890	2017	−9.8	0.45
	1	640193170310	2017	−9.8	0.45
	3	640193170926	2017	−9.5	0.45
	3	640193175100	2017	−9.5	0.44
	3	640193174036	2017	−9.5	0.49
	3	640193250087	2015	−9.5	0.35
	7	640193173832	2017	−9.4	0.38
	7	640193170842	2017	−9.4	0.45
	7	640193171042	2017	−9.4	0.45
	10	640193170668	2017	−9.3	0.40
640251	1	640251006775	2018	−13.2	0.43
	2	640251150611	2015	−12.2	0.35
	3	640251150601	2015	−12.1	0.34
	4	640251150583	2015	−11.9	0.34
	5	640251003795	2016	−11.4	0.36
	6	640251003136	2015	−11.3	0.45
	6	640251150695	2015	−11.3	0.33

续表

场号	场内排名	牛号	出生年份	首次产犊日龄 EBV / d	EBV 准确性
640251	6	640251150618	2015	−11.3	0.33
	9	640251150649	2015	−11.2	0.33
	9	640251003754	2016	−11.2	0.36
640253	1	640253169859	2016	−11.4	0.34
	2	640253169886	2016	−11.1	0.34
	3	640253170585	2017	−10.9	0.34
	3	640253169713	2016	−10.9	0.34
	5	640253159289	2015	−10.5	0.45
	6	640253169806	2016	−10.3	0.34
	7	640253158646	2015	−9.9	0.42
	8	640253169797	2016	−9.5	0.36
	9	640253169898	2016	−9.1	0.34
	9	640253158619	2015	−9.1	0.41
640351	1	640351011172	2017	−11.8	0.43
	1	640351011124	2017	−11.8	0.43
	3	640351011147	2017	−10.3	0.43
	4	640351011154	2017	−9.7	0.42
	5	640351011134	2017	−9.5	0.42
	6	640351033087	2018	−9.1	0.33
	6	640351011141	2017	−9.1	0.43
	8	640351011125	2017	−8.9	0.41
	8	640351011126	2017	−8.9	0.41
	8	640351011129	2017	−8.9	0.41

表 6-2-3 各核心育种场青年牛首末次配种间隔 EBV 排名前 10 名母牛

场号	场内排名	牛号	出生年份	青年牛首末次配种间隔 EBV / d	EBV 准确性
640003	1	640003162312	2016	−2.6	0.39
	2	640003162290	2016	−2.0	0.38
	3	640003162286	2016	−1.9	0.38
	4	640003162296	2016	−1.7	0.38
	5	640003167086	2016	−1.6	0.36
	5	640003167073	2016	−1.6	0.36
	5	640003167116	2016	−1.6	0.36
	5	640003167120	2016	−1.6	0.36
	9	640003167050	2016	−1.5	0.36
	9	640003167047	2016	−1.5	0.36
640004	1	640004187454	2018	−3.2	0.50
	2	640004161234	2016	−2.2	0.38
	3	640004161338	2016	−2.1	0.38
	4	640004161360	2016	−1.7	0.38
	5	640004161730	2016	−1.6	0.37
	6	640004161328	2016	−0.8	0.35
	6	640004161599	2016	−0.8	0.35
	8	640004161625	2016	−0.5	0.36
	8	640004161678	2016	−0.5	0.36
	10	640004161306	2016	−0.3	0.38
640005	1	640005154530	2015	−1.5	0.38
	2	640005154666	2015	−0.2	0.37
	3	640005166970	2015	0.8	0.31
	4	640005154678	2015	1.2	0.37
	5	640005154543	2015	1.3	0.33
	6	640005185288	2018	1.8	0.31
	7	640005154704	2015	2.0	0.37

续表

场号	场内排名	牛号	出生年份	青年牛首末次配种间隔 EBV / d	EBV 准确性
640005	8	640005175259	2017	2.3	0.34
	9	640005154570	2015	2.4	0.31
	10	640005175183	2017	2.5	0.45
640009	1	640009160928	2016	−0.8	0.35
	2	640009171232	2017	1.9	0.38
	3	640009171278	2017	2.3	0.37
	4	640009171235	2017	2.5	0.33
	5	640009171238	2017	2.6	0.33
	6	640009160894	2016	2.8	0.31
	7	640009140355	2014	3.0	0.31
	8	640009171126	2017	3.2	0.33
	9	640009171299	2017	3.3	0.34
	10	640009171284	2017	3.7	0.31
640035	1	640035150053	2015	−1.6	0.38
	2	640035150046	2015	−0.7	0.40
	2	640035148663	2014	−0.7	0.39
	4	640035150059	2015	−0.6	0.39
	5	640035158993	2015	−0.4	0.30
	6	640035150069	2015	−0.3	0.31
	7	640035180926	2018	0	0.30
	8	640035180953	2018	0.1	0.31
	8	640035150035	2015	0.1	0.30
	8	640035150019	2015	0.1	0.30
640166	1	640166161932	2016	−0.8	0.36
	1	640166161931	2016	−0.8	0.40
	3	640166162132	2016	−0.5	0.31
	4	640166151746	2015	−0.4	0.31

续表

场号	场内排名	牛号	出生年份	青年牛首末次配种间隔 EBV / d	EBV 准确性
640166	4	640166151751	2015	−0.4	0.31
	6	640166162122	2016	−0.3	0.44
	7	640166141076	2014	0.2	0.40
	7	640166151761	2015	0.2	0.32
	7	640166182764	2018	0.2	0.32
	10	640166151773	2015	0.3	0.32
640173	1	640173184973	2018	−4.2	0.46
	2	640173185007	2018	−4.0	0.46
	2	640173185015	2018	−4.0	0.47
	2	640173185014	2018	−4.0	0.46
	2	640173185036	2018	−4.0	0.46
	6	640173185033	2018	−3.8	0.46
	7	640173185053	2018	−3.6	0.47
	8	640173185016	2018	−3.3	0.47
	9	640173185040	2018	−3.2	0.46
	9	640173185024	2018	−3.2	0.46
640190	1	640190181869	2018	−5.5	0.46
	1	640190182177	2018	−5.5	0.46
	3	640190181853	2018	−5.4	0.46
	4	640190182013	2018	−5.3	0.47
	5	640190182059	2018	−5.2	0.46
	5	640190181917	2018	−5.2	0.47
	7	640190181983	2018	−5.1	0.46
	8	640190182201	2018	−5.0	0.46
	9	640190182025	2018	−4.8	0.46
	10	640190182035	2018	−4.7	0.46
640193	1	640193182046	2018	−4.5	0.49

续表

场号	场内排名	牛号	出生年份	青年牛首末次配种间隔 EBV / d	EBV 准确性
640193	2	640193182922	2018	−4.4	0.49
	2	640193182064	2018	−4.4	0.49
	2	640193182066	2018	−4.4	0.49
	5	640193182788	2018	−4.3	0.50
	5	640193182908	2018	−4.3	0.50
	5	640193182336	2018	−4.3	0.50
	5	640193181390	2018	−4.3	0.49
	5	640193181726	2018	−4.3	0.49
	10	640193182682	2018	−4.2	0.50
640251	1	640251160095	2016	−1.9	0.38
	2	640251160075	2016	−1.8	0.38
	2	640251160119	2016	−1.8	0.38
	4	640251160218	2016	−1.7	0.38
	5	640251159255	2015	−1.6	0.38
	6	640251159290	2015	−1.5	0.38
	7	640251159227	2015	−1.4	0.38
	7	640251159259	2015	−1.4	0.38
	9	640251150684	2015	0	0.35
	9	640251006149	2018	0	0.49
640253	1	640253169928	2016	−2.4	0.40
	1	640253169987	2016	−2.4	0.41
	1	640253169931	2016	−2.4	0.40
	4	640253169951	2016	−2.3	0.41
	5	640253169938	2016	−2.2	0.40
	5	640253169945	2016	−2.2	0.40
	5	640253169961	2016	−2.2	0.40
	5	640253169966	2016	−2.2	0.40

续表

场号	场内排名	牛号	出生年份	青年牛首末次配种间隔 EBV / d	EBV 准确性
640253	5	640253169933	2016	−2.2	0.40
	5	640253169957	2016	−2.2	0.40
640351	1	640351000752	2016	0.2	0.38
	2	640351000827	2016	1.9	0.43
	3	640351000832	2016	2.6	0.40
	4	640351011145	2017	4.4	0.35
	5	640351011140	2017	5.6	0.45
	6	640351000975	2016	6.5	0.31
	7	640351022567	2016	7.6	0.48
	7	640351022579	2016	7.6	0.48
	7	640351022586	2016	7.6	0.48
	7	640351022583	2016	7.6	0.48

表 6-2-4　各核心育种场经产牛首末次配种间隔 EBV 排名前 10 名母牛

场号	场内排名	牛号	出生年份	经产牛首末次配种间隔 EBV / d	EBV 准确性
640003	1	640003162312	2016	−1.0	0.30
	2	640003162331	2016	−0.9	0.30
	3	640003121226	2012	−0.8	0.36
	4	640003121275	2012	−0.7	0.31
	5	640003162355	2016	−0.6	0.32
	6	640003111133	2011	−0.5	0.33
	6	640003162347	2016	−0.5	0.32
	6	640003121230	2012	−0.5	0.33
	9	640003111073	2011	0.2	0.37
	10	640003162352	2016	0.3	0.35
640004	1	640004187454	2018	−1.2	0.42

续表

场号	场内排名	牛号	出生年份	经产牛首末次配种间隔 EBV / d	EBV 准确性
640004	2	640004161625	2016	−0.8	0.30
	3	640004136232	2013	−0.3	0.31
	4	640004150218	2015	0	0.31
	5	640004136223	2013	0.3	0.30
	6	640004150276	2015	0.6	0.33
	6	640004126031	2012	0.6	0.34
	8	640004126011	2012	0.7	0.34
	8	640004126046	2012	0.7	0.35
	10	640004136245	2013	0.9	0.30
640005	1	640005146641	2013	−1.4	0.33
	2	640005175197	2017	−0.6	0.33
	3	640005175194	2017	−0.5	0.37
	4	640005154666	2015	−0.3	0.31
	5	640005123899	2012	0.1	0.33
	6	640005123894	2012	0.7	0.33
	6	640005124041	2012	0.7	0.31
	8	640005154702	2015	1.0	0.37
	9	640005185275	2018	1.1	0.30
	9	640005123929	2012	1.1	0.45
640009	1	640009160807	2016	−2.5	0.35
	2	640009171093	2017	−1.3	0.36
	3	640009171116	2017	−1.2	0.30
	4	640009171125	2017	−0.7	0.37
	5	640009161028	2016	−0.6	0.30
	6	640009171091	2017	−0.5	0.35
	7	640009110128	2011	−0.4	0.33
	8	640009161021	2016	−0.2	0.30

续表

场号	场内排名	牛号	出生年份	经产牛首末次配种间隔 EBV / d	EBV 准确性
640009	9	640009110125	2011	0	0.33
	10	640009110012	2011	0.3	0.43
640035	1	640035148782	2014	−2.0	0.41
	2	640035148598	2014	−1.4	0.37
	2	640035148780	2014	−1.4	0.37
	4	640035170586	2017	−0.4	0.32
	4	640035170604	2017	−0.4	0.32
	4	640035128236	2012	−0.4	0.31
	7	640035150038	2015	−0.2	0.49
	8	640035170668	2017	−0.1	0.35
	9	640035128238	2012	0.3	0.32
	10	640035170547	2017	0.8	0.35
640166	1	640166151681	2015	−1.7	0.39
	2	640166141237	2014	−1.6	0.39
	3	640166141269	2014	−1.4	0.38
	3	640166130838	2013	−1.4	0.33
	3	640166141236	2014	−1.4	0.37
	3	640166141247	2014	−1.4	0.37
	3	640166141248	2014	−1.4	0.37
	3	640166141250	2014	−1.4	0.37
	3	640166141254	2014	−1.4	0.37
	3	640166141255	2014	−1.4	0.37
640173	1	640173174676	2017	−3.4	0.35
	2	640173143372	2014	−2.4	0.31
	3	640173163844	2016	−2.3	0.40
	4	640173153625	2015	−2.0	0.30
	5	640173016049	2011	−1.4	0.33

续表

场号	场内排名	牛号	出生年份	经产牛首末次配种间隔 EBV / d	EBV 准确性
640173	6	640173174541	2017	−1.1	0.36
	7	640173163901	2016	−1.0	0.38
	7	640173163789	2016	−1.0	0.38
	7	640173163814	2016	−1.0	0.38
	7	640173163918	2016	−1.0	0.38
640190	1	640190160327	2016	−3.8	0.30
	2	640190142032	2014	−2.7	0.41
	2	640190154148	2015	−2.7	0.39
	2	640190160525	2016	−2.7	0.30
	5	640190140797	2015	−2.5	0.37
	6	640190154082	2015	−2.4	0.40
	7	640190140794	2015	−2.3	0.37
	7	640190160971	2016	−2.3	0.40
	9	640190154426	2015	−2.2	0.37
	10	640190154079	2015	−2.0	0.37
640193	1	640193153981	2015	−3.0	0.38
	2	640193173108	2017	−2.8	0.30
	3	640193180604	2018	−2.7	0.30
	3	640193153631	2015	−2.7	0.39
	5	640193260957	2016	−2.6	0.30
	5	640193180608	2018	−2.6	0.33
	7	640193173500	2017	−2.5	0.31
	8	640193172626	2017	−2.4	0.40
	8	640193153831	2015	−2.4	0.37
	8	640193173746	2017	−2.4	0.31
640251	1	640251003657	2016	−1.9	0.30
	2	640251003682	2016	−1.8	0.30

续表

场号	场内排名	牛号	出生年份	经产牛首末次配种间隔 EBV / d	EBV 准确性
640251	3	640251013500	2011	−1.4	0.35
	3	640251003692	2016	−1.4	0.31
	3	640251015666	2011	−1.4	0.38
	6	640251015226	2012	−1.3	0.31
	7	640251160533	2016	−1.1	0.30
	8	640251003385	2015	−1.0	0.34
	9	640251014169	2011	−0.8	0.33
	9	640251016343	2011	−0.8	0.34
640253	1	640253169651	2016	−2.2	0.33
	1	640253169716	2016	−2.2	0.31
	3	640253169607	2016	−2.1	0.31
	4	640253169835	2016	−2.0	0.31
	4	640253169673	2016	−2.0	0.31
	4	640253169710	2016	−2.0	0.31
	7	640253169833	2016	−1.9	0.30
	7	640253169675	2016	−1.9	0.30
	9	640253169561	2016	−1.8	0.31
	10	640253169701	2016	−1.7	0.30
640351	1	640351000573	2015	−9.9	0.35
	2	640351000244	2014	−3.3	0.44
	2	640351000254	2014	−3.3	0.44
	2	640351000279	2014	−3.3	0.44
	2	640351006326	2013	−3.3	0.44
	2	640351006342	2011	−3.3	0.44
	7	640351000700	2016	−3.2	0.34
	7	640351000718	2016	−3.2	0.34
	9	640351000277	2014	−2.7	0.45
	9	640351000280	2014	−2.7	0.45

表 6-2-5 各核心育种场产犊至首次配种间隔 EBV 排名前 10 名母牛

场号	场内排名	牛号	出生年份	产犊至首次配种间隔 EBV / d	EBV 准确性
640003	1	640003141593	2014	−2.7	0.41
	2	640003162289	2016	−2.5	0.30
	3	640003141678	2014	−2.4	0.33
	4	640003141752	2014	−2.2	0.37
	5	640003121269	2012	−2.0	0.44
	5	640003121267	2012	−2.0	0.34
	7	640003141730	2014	−1.9	0.33
	7	640003121238	2012	−1.9	0.32
	9	640003151987	2015	−1.8	0.41
	9	640003162208	2016	−1.8	0.31
640004	1	640004187454	2018	−5.6	0.51
	2	640004161451	2016	−4.8	0.40
	3	640004161361	2016	−4.5	0.31
	4	640004161274	2016	−3.4	0.44
	4	640004160726	2016	−3.4	0.41
	6	640004161678	2016	−3.2	0.40
	6	640004160982	2016	−3.2	0.32
	8	640004161528	2016	−3.1	0.39
	8	640004161599	2016	−3.1	0.40
	8	640004161338	2016	−3.1	0.41
640005	1	640005185273	2018	−3.6	0.38
	2	640005154666	2015	−3.5	0.45
	3	640005154679	2015	−3.2	0.30
	4	640005164896	2016	−3.0	0.38
	4	640005154537	2015	−3.0	0.37
	6	640005154525	2015	−2.8	0.38
	7	640005164787	2016	−2.7	0.38

续表

场号	场内排名	牛号	出生年份	产犊至首次配种间隔 EBV / d	EBV 准确性
640005	7	640005154536	2015	−2.7	0.40
	9	640005175253	2017	−2.5	0.41
	10	640005154665	2015	−2.4	0.45
640009	1	640009160803	2016	−3.6	0.39
	2	640009171221	2017	−3.3	0.37
	2	640009160765	2016	−3.3	0.39
	4	640009150703	2015	−3.2	0.38
	4	640009150700	2015	−3.2	0.38
	6	640009150707	2015	−3.0	0.35
	7	640009110014	2011	−2.8	0.44
	7	640009171230	2017	−2.8	0.40
	9	640009160832	2016	−2.7	0.35
	10	640009171227	2017	−2.5	0.38
640035	1	640035150148	2015	−3.9	0.30
	2	640035150087	2015	−3.7	0.38
	2	640035148606	2014	−3.7	0.38
	4	640035150059	2015	−3.6	0.46
	5	640035150092	2015	−3.4	0.45
	6	640035158970	2015	−3.0	0.30
	7	640035148676	2014	−2.8	0.40
	7	640035148670	2014	−2.8	0.37
	7	640035150109	2015	−2.8	0.40
	10	640035148626	2014	−2.7	0.38
640166	1	640166162127	2016	−5.3	0.35
	2	640166162126	2016	−4.6	0.31
	3	640166162132	2016	−4.3	0.39
	3	640166151630	2015	−4.3	0.40

续表

场号	场内排名	牛号	出生年份	产犊至首次配种间隔 EBV / d	EBV 准确性
640166	5	640166141108	2014	−4.2	0.46
	6	640166161868	2016	−4.0	0.43
	7	640166141080	2014	−3.8	0.42
	8	640166161915	2016	−3.7	0.32
	8	640166161871	2016	−3.7	0.44
	10	640166141340	2014	−3.6	0.44
640173	1	640173184904	2018	−4.6	0.33
	1	640173185034	2018	−4.6	0.52
	3	640173162075	2016	−3.4	0.37
	4	640173185030	2018	−3.2	0.49
	4	640173174274	2017	−3.2	0.37
	6	640173185044	2018	−3.1	0.52
	6	640173162010	2016	−3.1	0.36
	8	640173184890	2018	−3.0	0.32
	8	640173185029	2018	−3.0	0.49
	8	640173182436	2018	−3.0	0.48
640190	1	640190181949	2018	−5.1	0.43
	2	640190182013	2018	−5.0	0.49
	3	640190182131	2018	−4.9	0.42
	4	640190182059	2018	−4.6	0.48
	5	640190181957	2018	−4.5	0.48
	5	640190181869	2018	−4.5	0.48
	7	640190182101	2018	−4.4	0.49
	7	640190157671	2015	−4.4	0.41
	7	640190181823	2018	−4.4	0.48
	7	640190182035	2018	−4.4	0.48
640193	1	640193181530	2018	−5.1	0.44

续表

场号	场内排名	牛号	出生年份	产犊至首次配种间隔 EBV / d	EBV 准确性
640193	2	640193182006	2018	−5.0	0.43
	3	640193181742	2018	−4.9	0.44
	3	640193181646	2018	−4.9	0.42
	5	640193181900	2018	−4.8	0.43
	6	640193182482	2018	−4.7	0.42
	6	640193182320	2018	−4.7	0.43
	8	640193182634	2018	−4.5	0.51
	9	640193182618	2018	−4.4	0.51
	10	640193182682	2018	−4.3	0.51
640251	1	640251003657	2016	−6.1	0.44
	2	640251003758	2016	−4.7	0.43
	3	640251159290	2015	−4.5	0.41
	3	640251003709	2016	−4.5	0.38
	5	640251010208	2012	−4.2	0.36
	6	640251003682	2016	−4.0	0.44
	7	640251160119	2016	−3.8	0.41
	7	640251013664	2011	−3.8	0.35
	7	640251003723	2016	−3.8	0.42
	7	640251016564	2011	−3.8	0.39
640253	1	640253169731	2016	−6.3	0.38
	2	640253169744	2016	−5.9	0.38
	2	640253169755	2016	−5.9	0.38
	2	640253169774	2016	−5.9	0.38
	5	640253169537	2016	−5.4	0.39
	6	640253169647	2016	−5.2	0.43
	6	640253169835	2016	−5.2	0.46
	6	640253169787	2016	−5.2	0.46

续表

场号	场内排名	牛号	出生年份	产犊至首次配种间隔 EBV / d	EBV 准确性
640253	9	640253000815	2011	−5.1	0.33
	10	640253169651	2016	−4.9	0.46
640351	1	640351000712	2016	−2.4	0.48
	2	640351022549	2016	−2.1	0.49
	3	640351000715	2016	−1.8	0.45
	3	640351000740	2016	−1.8	0.42
	5	640351006907	2012	−1.7	0.48
	6	640351000277	2014	−1.5	0.48
	6	640351000280	2014	−1.5	0.48
	8	640351000687	2015	−1.4	0.47
	9	640351000244	2014	−1.3	0.46
	9	640351000254	2014	−1.3	0.46

表 6–2–6 各核心育种场青年牛产犊难易性 EBV 排名前 10 名母牛

场号	场内排名	牛号	出生年份	青年牛产犊难易性 EBV	EBV 准确性
640003	1	640003162249	2016	−0.011	0.21
	2	640003162449	2016	−0.009	0.20
	3	640003162200	2016	−0.008	0.22
	4	640003121274	2012	−0.006	0.32
	4	640003141813	2014	−0.006	0.23
	4	640003151884	2015	−0.006	0.23
	4	640003162346	2016	−0.006	0.29
	8	640003131442	2013	−0.005	0.25
	8	640003111114	2011	−0.005	0.36
	8	640003141809	2014	−0.005	0.22
640004	1	640004187391	2018	−0.020	0.28
	1	640004187393	2018	−0.020	0.28

续表

场号	场内排名	牛号	出生年份	青年牛产犊难易性 EBV	EBV 准确性
640004	3	640004187394	2018	−0.019	0.28
	3	640004187400	2018	−0.019	0.28
	3	640004187403	2018	−0.019	0.28
	3	640004187601	2018	−0.019	0.27
	7	640004187604	2018	−0.018	0.27
	7	640004187396	2018	−0.018	0.28
	7	640004187404	2018	−0.018	0.29
	7	640004187611	2018	−0.018	0.27
640005	1	640005134188	2013	−0.005	0.22
	2	640005144386	2014	−0.004	0.21
	3	640005154471	2015	−0.002	0.22
	3	640005144426	2014	−0.002	0.20
	5	640005185273	2018	−0.001	0.23
	5	640005185289	2018	−0.001	0.21
	5	640005175248	2017	−0.001	0.22
	5	640005175265	2017	−0.001	0.22
	5	640005185284	2018	−0.001	0.21
	5	640005185281	2018	−0.001	0.22
640009	1	640009171280	2017	−0.005	0.42
	1	640009171293	2017	−0.005	0.42
	1	640009171272	2017	−0.005	0.42
	1	640009181305	2018	−0.005	0.42
	5	640009171285	2017	−0.004	0.43
	5	640009171297	2017	−0.004	0.42
	5	640009171265	2017	−0.004	0.42
	5	640009181300	2018	−0.004	0.43
	5	640009181399	2018	−0.004	0.21

续表

场号	场内排名	牛号	出生年份	青年牛产犊难易性 EBV	EBV 准确性
640009	10	640009171281	2017	−0.003	0.42
640035	1	640035160315	2016	−0.010	0.21
	2	640035160378	2016	−0.008	0.20
	2	640035160289	2016	−0.008	0.20
	4	640035148582	2014	−0.005	0.21
	4	640035138477	2013	−0.005	0.21
	6	640035138332	2013	−0.004	0.33
	6	640035138445	2013	−0.004	0.23
	8	640035128273	2012	−0.003	0.20
	9	640035181026	2018	−0.002	0.21
	10	640035138496	2013	−0.001	0.23
640166	1	640166162235	2016	−0.013	0.21
	2	640166162197	2016	−0.012	0.20
	2	640166161976	2016	−0.012	0.23
	2	640166172319	2017	−0.012	0.20
	2	640166162213	2016	−0.012	0.20
	2	640166162205	2016	−0.012	0.20
	2	640166162215	2016	−0.012	0.20
	2	640166161967	2016	−0.012	0.22
	2	640166162198	2016	−0.012	0.20
	10	640166161970	2016	−0.011	0.23
640173	1	640173174276	2017	−0.019	0.27
	1	640173174347	2017	−0.019	0.28
	1	640173174259	2017	−0.019	0.27
	4	640173174265	2017	−0.018	0.27
	4	640173174278	2017	−0.018	0.27
	4	640173174342	2017	−0.018	0.27

续表

场号	场内排名	牛号	出生年份	青年牛产犊难易性 EBV	EBV 准确性
640173	4	640173174344	2017	−0.018	0.27
	4	640173174346	2017	−0.018	0.27
	4	640173174349	2017	−0.018	0.27
	4	640173174352	2017	−0.018	0.27
640190	1	640190180303	2018	−0.023	0.29
	1	640190180479	2018	−0.023	0.30
	3	640190180299	2018	−0.022	0.29
	3	640190180911	2018	−0.022	0.30
	5	640190181134	2018	−0.021	0.29
	5	640190180579	2018	−0.021	0.30
	7	640190180909	2018	−0.020	0.29
	7	640190180309	2018	−0.020	0.29
	7	640190180011	2018	−0.020	0.29
	7	640190177009	2017	−0.020	0.28
640193	1	640193171242	2017	−0.024	0.30
	1	640193181136	2018	−0.024	0.30
	3	640193180470	2018	−0.023	0.30
	3	640193173604	2017	−0.023	0.30
	3	640193180954	2018	−0.023	0.30
	6	640193180960	2018	−0.022	0.29
	6	640193171818	2017	−0.022	0.29
	6	640193172668	2017	−0.022	0.29
	6	640193171374	2017	−0.022	0.29
	10	640193172680	2017	−0.021	0.29
640251	1	640251006509	2018	−0.022	0.28
	2	640251006525	2018	−0.019	0.28
	3	640251006514	2018	−0.018	0.28

续表

场号	场内排名	牛号	出生年份	青年牛产犊难易性 EBV	EBV 准确性
640251	3	640251006454	2018	−0.018	0.27
	3	640251006516	2018	−0.018	0.27
	3	640251006518	2018	−0.018	0.27
	3	640251006529	2018	−0.018	0.27
	3	640251170582	2017	−0.018	0.27
	3	640251170596	2017	−0.018	0.27
	3	640251170619	2017	−0.018	0.27
640253	1	640253181785	2018	−0.019	0.28
	1	640253181958	2018	−0.019	0.28
	1	640253181927	2018	−0.019	0.28
	1	640253181933	2018	−0.019	0.28
	5	640253181792	2018	−0.018	0.28
	5	640253170579	2017	−0.018	0.27
	5	640253181942	2018	−0.018	0.27
	5	640253160539	2016	−0.018	0.27
	5	640253160554	2016	−0.018	0.27
	5	640253160563	2016	−0.018	0.27
640351	1	640351011061	2017	−0.010	0.36
	2	640351011052	2017	−0.008	0.36
	2	640351011100	2017	−0.008	0.36
	4	640351022565	2016	−0.007	0.33
	5	640351033344	2018	−0.004	0.24
	5	640351022515	2016	−0.004	0.33
	5	640351022516	2016	−0.004	0.33
	5	640351022520	2016	−0.004	0.33
	5	64035100B558	2016	−0.004	0.33
	5	640351022569	2016	−0.004	0.33

表 6-2-7　各核心育种场经产牛产犊难易性 EBV 排名前 10 名母牛

场号	场内排名	牛号	出生年份	经产牛产犊难易性 EBV	EBV 准确性
640003	1	640003121237	2012	−0.001 9	0.12
	2	640003110167	2011	−0.001 8	0.13
	2	640003167040	2016	−0.001 8	0.24
	2	640003110192	2011	−0.001 8	0.12
	5	640003121301	2012	−0.001 6	0.14
	6	640003121266	2012	−0.001 4	0.14
	7	640003111181	2011	−0.001 1	0.19
	7	640003141717	2014	−0.001 1	0.11
	9	640003111114	2011	−0.001 0	0.16
	9	640003162153	2016	−0.001 0	0.10
640004	1	640004126157	2012	−0.001 4	0.15
	2	640004136454	2013	−0.001 0	0.11
	3	640004126003	2012	−0.000 8	0.15
	3	640004136232	2013	−0.000 8	0.14
	3	640004136223	2013	−0.000 8	0.15
	6	640004136442	2013	−0.000 7	0.12
	7	640004146638	2014	−0.000 6	0.10
	7	640004125998	2012	−0.000 6	0.13
	7	640004115914	2011	−0.000 6	0.12
	10	640004167169	2016	−0.000 5	0.12
640005	1	640005113829	2011	−0.002 0	0.13
	1	640005144386	2014	−0.002 0	0.13
	3	640005113732	2011	−0.001 8	0.12
	4	640005123929	2012	−0.001 4	0.15
	5	640005124041	2012	−0.001 1	0.14
	5	640005123916	2012	−0.001 1	0.11

续表

场号	场内排名	牛号	出生年份	经产牛产犊难易性 EBV	EBV 准确性
640005	7	640005123907	2012	−0.001 0	0.14
	8	640005124007	2012	−0.000 7	0.15
	8	640005134102	2013	−0.000 7	0.15
	8	640005113773	2011	−0.000 7	0.14
640009	1	640009160820	2016	−0.001 1	0.10
	2	640009130119	2013	−0.000 9	0.16
	2	640009130110	2013	−0.000 9	0.13
	2	640009130068	2013	−0.000 9	0.10
	5	640009140438	2014	−0.000 8	0.16
	5	640009130157	2013	−0.000 8	0.12
	5	640009140181	2014	−0.000 8	0.13
	8	640009130151	2013	−0.000 7	0.14
	9	640009150547	2015	−0.000 6	0.16
	10	640009140282	2014	−0.000 5	0.12
640035	1	640035138458	2013	−0.002 2	0.14
	2	640035128273	2012	−0.002 1	0.13
	3	640035128207	2012	−0.001 9	0.13
	4	640035160459	2016	−0.001 8	0.10
	4	640035128283	2012	−0.001 8	0.12
	6	640035138462	2013	−0.001 5	0.12
	6	640035138387	2013	−0.001 5	0.11
	8	640035138309	2013	−0.001 4	0.11
	8	640035138332	2013	−0.001 4	0.15
	10	640035138339	2013	−0.001 3	0.15
640166	1	640166130765	2013	−0.002 0	0.13
	1	640166130766	2013	−0.002 0	0.13
	1	640166120480	2012	−0.002 0	0.13

续表

场号	场内排名	牛号	出生年份	经产牛产犊难易性 EBV	EBV 准确性
640166	1	640166110268	2011	−0.002 0	0.12
	5	640166120380	2012	−0.001 9	0.11
	6	640166120654	2012	−0.001 8	0.14
	6	640166120632	2012	−0.001 8	0.12
	6	640166120652	2012	−0.001 8	0.13
	6	640166120659	2012	−0.001 8	0.13
	6	640166119977	2011	−0.001 8	0.12
640173	1	640173142577	2014	−0.002 1	0.14
	2	640173142591	2014	−0.001 8	0.13
	2	640173153625	2015	−0.001 8	0.14
	4	640173164148	2016	−0.001 6	0.14
	4	640173153474	2015	−0.001 6	0.12
	6	640173164167	2016	−0.001 3	0.15
	7	640173110130	2011	−0.001 2	0.10
	8	640173143415	2014	−0.000 7	0.10
	8	640173163861	2016	−0.000 7	0.12
	8	640173142536	2014	−0.000 7	0.11
640190	1	640190120736	2012	−0.002 0	0.26
	2	640190120647	2012	−0.001 9	0.25
	2	640190120226	2012	−0.001 9	0.25
	2	640190120745	2012	−0.001 9	0.25
	2	640190120778	2012	−0.001 9	0.25
	2	640190121128	2012	−0.001 9	0.25
	2	640190121162	2012	−0.001 9	0.25
	8	640190120877	2012	−0.001 2	0.26
	8	640190141473	2014	−0.001 2	0.13
	8	640190141721	2014	−0.001 2	0.13

续表

场号	场内排名	牛号	出生年份	经产牛产犊难易性 EBV	EBV 准确性
640193	1	640193162360	2016	−0.001 0	0.13
	2	640193120264	2011	−0.000 5	0.13
	3	640193127481	2012	0	0.11
	4	640193121794	2011	0.000 1	0.10
	4	640193121802	2011	0.000 1	0.10
	4	640193121803	2011	0.000 1	0.10
	4	640193121959	2011	0.000 1	0.10
	4	640193122133	2011	0.000 1	0.10
	4	640193122643	2011	0.000 1	0.10
	4	640193122753	2011	0.000 1	0.10
640251	1	640251012699	2011	−0.001 1	0.14
	1	640251013000	2011	−0.001 1	0.13
	3	640251017367	2011	−0.001 0	0.13
	3	640251015345	2011	−0.001 0	0.12
	3	640251010472	2012	−0.001 0	0.12
	3	640251010480	2012	−0.001 0	0.12
	3	640251013873	2011	−0.001 0	0.12
	3	640251013955	2011	−0.001 0	0.12
	3	640251015016	2012	−0.001 0	0.12
	3	640251015051	2011	−0.001 0	0.12
640253	1	640253158965	2015	−0.000 4	0.13
	2	640253135483	2013	−0.000 2	0.14
	2	640253135779	2013	−0.000 2	0.14
	2	640253135813	2013	−0.000 2	0.14
	2	640253135892	2013	−0.000 2	0.14
	2	640253135932	2013	−0.000 2	0.14
	2	640253140313	2014	−0.000 2	0.14

续表

场号	场内排名	牛号	出生年份	经产牛产犊难易性 EBV	EBV 准确性
640253	2	640253140467	2014	−0.000 2	0.14
	9	640253159003	2015	0	0.13
	9	640253159131	2015	0	0.13
640351	1	64035100B299	2012	−0.001 6	0.14
	1	640351000556	2015	−0.001 6	0.12
	3	640351000525	2015	−0.001 4	0.12
	3	640351000537	2015	−0.001 4	0.12
	3	640351000557	2015	−0.001 4	0.12
	3	640351000558	2015	−0.001 4	0.12
	3	640351006340	2013	−0.001 4	0.12
	8	640351000223	2013	−0.000 7	0.12
	8	640351004103	2011	−0.000 7	0.12
	8	640351008906	2012	−0.000 7	0.12

表 6-2-8 各核心育种场青年牛死产率 EBV 排名前 10 名母牛

场号	场内排名	牛号	出生年份	青年牛死产率 EBV	EBV 准确性
640003	1	640003141628	2014	−0.002 1	0.33
	2	640003131450	2013	−0.000 4	0.20
	3	640003121266	2012	−0.000 3	0.29
	4	640003131501	2013	−0.000 2	0.26
	4	640003141573	2014	−0.000 2	0.26
	4	640003141767	2014	−0.000 2	0.24
	4	640003167040	2016	−0.000 2	0.36
	8	640003167038	2016	−0.000 1	0.36
	9	640003121211	2012	0	0.29
	9	640003111114	2011	0	0.30

续表

场号	场内排名	牛号	出生年份	青年牛死产率 EBV	EBV 准确性
640004	1	640004162054	2016	−0.001 1	0.21
	1	640004162068	2016	−0.001 1	0.21
	3	640004136411	2013	−0.001 0	0.20
	3	640004146520	2014	−0.001 0	0.26
	3	640004162108	2016	−0.001 0	0.21
	6	640004146579	2014	−0.000 8	0.21
	7	640004136413	2013	−0.000 5	0.21
	7	640004146521	2014	−0.000 5	0.21
	9	640004146591	2014	−0.000 4	0.21
	9	640004146561	2014	−0.000 4	0.23
640005	1	640005175256	2017	−0.001 3	0.21
	2	640005185289	2018	−0.001 2	0.21
	2	640005175248	2017	−0.001 2	0.21
	4	640005164922	2016	−0.001 1	0.20
	4	640005175257	2017	−0.001 1	0.20
	4	640005175255	2017	−0.001 1	0.20
	7	640005175232	2017	−0.001 0	0.21
	8	640005175258	2017	−0.000 9	0.21
	9	640005175263	2017	−0.000 8	0.21
	9	640005175261	2017	−0.000 8	0.21
640009	1	640009171228	2017	−0.001 0	0.23
	2	640009130058	2013	−0.000 9	0.27
	2	640009130119	2013	−0.000 9	0.28
	2	640009130110	2013	−0.000 9	0.27
	5	640009140185	2014	−0.000 8	0.25
	5	640009140181	2014	−0.000 8	0.27
	5	640009130114	2013	−0.000 8	0.24

续表

场号	场内排名	牛号	出生年份	青年牛死产率 EBV	EBV 准确性
640009	5	640009130171	2013	−0.000 8	0.27
	5	640009130071	2013	−0.000 8	0.27
	5	640009130088	2013	−0.000 8	0.23
640035	1	640035128121	2012	−0.001 3	0.21
	1	640035128108	2012	−0.001 3	0.21
	3	640035148658	2014	−0.000 6	0.25
	4	640035138322	2013	−0.000 3	0.29
	5	640035138448	2013	−0.000 2	0.20
	5	640035138327	2013	−0.000 2	0.21
	7	640035148592	2014	−0.000 1	0.20
	7	640035128147	2012	−0.000 1	0.29
	7	640035138339	2013	−0.000 1	0.29
	10	640035128188	2012	0	0.28
640166	1	640166130985	2013	−0.000 4	0.20
	2	640166130843	2013	−0.000 3	0.21
	3	640166130838	2013	−0.000 2	0.21
	3	640166130846	2013	−0.000 2	0.21
	3	640166151550	2015	−0.000 2	0.20
	6	640166151547	2015	−0.000 1	0.22
	6	640166141269	2014	−0.000 1	0.21
	6	640166141298	2014	−0.000 1	0.21
	9	640166151681	2015	0	0.21
	9	640166141236	2014	0	0.21
640173	1	640173185044	2018	−0.005 2	0.21
	1	640173184996	2018	−0.005 2	0.21
	1	640173185034	2018	−0.005 2	0.21
	4	640173185019	2018	−0.004 9	0.24
	4	640173185011	2018	−0.004 9	0.20

续表

场号	场内排名	牛号	出生年份	青年牛死产率 EBV	EBV 准确性
640173	6	640173185008	2018	−0.004 8	0.24
	7	640173185037	2018	−0.004 5	0.20
	8	640173163871	2016	−0.001 4	0.21
	9	640173164144	2016	−0.000 9	0.21
	10	640173153621	2015	−0.000 8	0.26
640190	1	640190183249	2018	−0.004 8	0.20
	2	640190182899	2018	−0.004 7	0.23
	3	640190170076	2017	−0.001 0	0.21
	3	640190185819	2018	−0.001 0	0.21
	3	640190185687	2018	−0.001 0	0.21
	3	640190185781	2018	−0.001 0	0.21
	3	640190185973	2018	−0.001 0	0.21
	8	640190120271	2012	−0.000 2	0.33
	9	640190156749	2015	−0.000 1	0.26
	9	640190120647	2012	−0.000 1	0.34
640193	1	640193262164	2016	−0.001 9	0.22
	2	640193262111	2016	−0.001 8	0.22
	2	640193262088	2016	−0.001 8	0.21
	2	640193262189	2016	−0.001 8	0.22
	2	640193262110	2016	−0.001 8	0.22
	6	640193262227	2016	−0.001 2	0.22
	6	640193170104	2017	−0.001 2	0.22
	6	640193261396	2016	−0.001 2	0.20
	6	640193262078	2016	−0.001 2	0.22
	6	640193261375	2016	−0.001 2	0.21
640251	1	640251005010	2017	−0.003 7	0.21
	2	640251005055	2017	−0.001 6	0.21

续表

场号	场内排名	牛号	出生年份	青年牛死产率 EBV	EBV 准确性
640251	3	640251003788	2016	−0.001 2	0.21
	3	640251004060	2016	−0.001 2	0.20
	5	640251004016	2016	−0.001 1	0.21
	5	640251004058	2016	−0.001 1	0.21
	5	640251003819	2016	−0.001 1	0.21
	5	640251003820	2016	−0.001 1	0.21
	5	640251004039	2016	−0.001 1	0.21
	5	640251004030	2016	−0.001 1	0.21
640253	1	640253171462	2017	−0.001 1	0.21
	2	640253160118	2016	−0.001 0	0.21
	2	640253160160	2016	−0.001 0	0.21
	2	640253160145	2016	−0.001 0	0.21
	5	640253171285	2017	−0.000 7	0.21
	5	640253171435	2017	−0.000 7	0.21
	5	640253171490	2017	−0.000 7	0.21
	5	640253171483	2017	−0.000 7	0.20
	5	640253171488	2017	−0.000 7	0.20
	5	640253171491	2017	−0.000 7	0.20
640351	1	643051011061	2017	−0.002 7	0.30
	2	643051011052	2017	−0.002 1	0.31
	2	643051011100	2017	−0.002 1	0.31
	4	643051011124	2017	−0.001 2	0.23
	4	643051011172	2017	−0.001 2	0.23
	6	643051011128	2017	−0.000 9	0.24
	7	643051011151	2017	−0.000 8	0.26
	7	643051011134	2017	−0.000 8	0.23
	7	643051033381	2018	−0.000 8	0.21
	10	643051011140	2017	−0.000 7	0.25

表 6-2-9 各核心育种场经产牛死产率 EBV 排名前 10 名母牛

场号	场内排名	牛号	出生年份	经产牛死产率 EBV	EBV 准确性
640003	1	640003110774	2011	−0.000 2	0.22
	1	640003110821	2011	−0.000 2	0.22
	1	640003110832	2011	−0.000 2	0.22
	1	640003111181	2011	−0.000 2	0.19
	1	640003111114	2011	−0.000 2	0.19
	1	640003152051	2015	−0.000 2	0.19
	1	640003111101	2011	−0.000 2	0.20
	8	640003151925	2015	−0.000 1	0.19
	8	640003172527	2017	−0.000 1	0.23
	8	640003172540	2017	−0.000 1	0.26
640004	1	640004115833	2011	−0.000 2	0.22
	1	640004187381	2018	−0.000 2	0.21
	3	640004126053	2012	−0.000 1	0.27
	3	640004181987	2018	−0.000 1	0.25
	3	640004126035	2012	−0.000 1	0.27
	3	640004126051	2012	−0.000 1	0.29
	3	640004126044	2012	−0.000 1	0.31
	3	640004126003	2012	−0.000 1	0.22
	3	640004120943	2011	−0.000 1	0.27
	3	640004177339	2017	−0.000 1	0.34
640005	1	640005123907	2012	−0.000 2	0.33
	1	640005154471	2015	−0.000 2	0.21
	3	640005175218	2017	−0.000 1	0.27
	3	640005123906	2012	−0.000 1	0.29
	3	640005123904	2012	−0.000 1	0.30
	3	640005175204	2017	−0.000 1	0.26
	3	640005175220	2017	−0.000 1	0.26

续表

场号	场内排名	牛号	出生年份	经产牛死产率 EBV	EBV 准确性
640005	3	640005123892	2012	−0.000 1	0.27
	3	640005175227	2017	−0.000 1	0.27
	3	640005123946	2012	−0.000 1	0.22
640009	1	640009130124	2013	−0.000 2	0.30
	1	640009171149	2017	−0.000 2	0.27
	1	640009160928	2016	−0.000 2	0.23
	1	640009130121	2013	−0.000 2	0.31
	1	640009160960	2016	−0.000 2	0.23
	1	640009160997	2016	−0.000 2	0.22
	1	640009160935	2016	−0.000 2	0.26
	1	640009160961	2016	−0.000 2	0.22
	1	640009120025	2012	−0.000 2	0.19
	1	640009120022	2012	−0.000 2	0.20
640035	1	640035170758	2017	−0.000 2	0.20
	1	640035170778	2017	−0.000 2	0.22
	1	640035170763	2017	−0.000 2	0.22
	1	640035170757	2017	−0.000 2	0.22
	1	640035170761	2017	−0.000 2	0.22
	1	640035170777	2017	−0.000 2	0.22
	1	640035170743	2017	−0.000 2	0.22
	1	640035170759	2017	−0.000 2	0.22
	1	640035170771	2017	−0.000 2	0.22
	1	640035170744	2017	−0.000 2	0.19
640166	1	640166161866	2016	−0.000 2	0.24
	2	640166120647	2012	−0.000 1	0.22
	2	640166120643	2012	−0.000 1	0.21
	2	640166120445	2012	−0.000 1	0.21

续表

场号	场内排名	牛号	出生年份	经产牛死产率 EBV	EBV 准确性
640166	2	640166120642	2012	−0.000 1	0.22
	2	640166120636	2012	−0.000 1	0.22
	2	640166141224	2014	−0.000 1	0.22
	2	640166120364	2012	−0.000 1	0.26
	2	640166120384	2012	−0.000 1	0.29
	2	640166120372	2012	−0.000 1	0.29
640173	1	640173174539	2017	−0.000 2	0.28
	1	640173010073	2012	−0.000 2	0.23
	1	640173163861	2016	−0.000 2	0.22
	1	640173163815	2016	−0.000 2	0.22
	1	640173163829	2016	−0.000 2	0.22
	1	640173163837	2016	−0.000 2	0.22
	1	640173163875	2016	−0.000 2	0.22
	1	640173174579	2017	−0.000 2	0.29
	1	640173152717	2015	−0.000 2	0.19
	10	640173174535	2017	−0.000 1	0.25
640190	1	640190174812	2017	−0.000 3	0.18
	1	640190174944	2017	−0.000 3	0.18
	3	640190162686	2016	−0.000 2	0.19
	4	640190162536	2016	−0.000 1	0.20
	4	640190160452	2016	−0.000 1	0.20
	4	640190160471	2016	−0.000 1	0.20
	4	640190162566	2016	−0.000 1	0.20
	4	640190261336	2016	−0.000 1	0.20
	4	640190180537	2018	−0.000 1	0.25
	4	640190120292	2011	−0.000 1	0.18
640193	1	640193260165	2016	−0.000 2	0.20

续表

场号	场内排名	牛号	出生年份	经产牛死产率 EBV	EBV 准确性
640193	1	640193261270	2016	−0.000 2	0.20
	1	640193260228	2016	−0.000 2	0.19
	1	640193262151	2016	−0.000 2	0.20
	1	640193163887	2016	−0.000 2	0.20
	1	640193260598	2016	−0.000 2	0.19
	1	640193260245	2016	−0.000 2	0.19
	1	640193260178	2016	−0.000 2	0.20
	1	640193260539	2016	−0.000 2	0.20
	10	640193260667	2016	−0.000 1	0.20
640251	1	640251005025	2017	−0.000 3	0.25
	1	640251005198	2017	−0.000 3	0.25
	3	640251005047	2017	−0.000 2	0.20
	3	640251005046	2017	−0.000 2	0.19
	3	640251004414	2016	−0.000 2	0.26
	3	640251005191	2017	−0.000 2	0.22
	3	640251005037	2017	−0.000 2	0.22
	3	640251005181	2017	−0.000 2	0.22
	3	640251005210	2017	−0.000 2	0.22
	3	640251005028	2017	−0.000 2	0.22
640253	1	640253181831	2018	−0.000 1	0.25
	1	640253181851	2018	−0.000 1	0.25
	1	640253181832	2018	−0.000 1	0.25
	1	640253181778	2018	−0.000 1	0.25
	1	640253181801	2018	−0.000 1	0.25
	1	640253181802	2018	−0.000 1	0.25
	1	640253181804	2018	−0.000 1	0.25
	1	640253181814	2018	−0.000 1	0.25

续表

场号	场内排名	牛号	出生年份	经产牛死产率 EBV	EBV 准确性
640253	1	640253181819	2018	−0.000 1	0.25
	1	640253181838	2018	−0.000 1	0.25
640351	1	640351000827	2016	−0.000 1	0.19
	1	640351000944	2016	−0.000 1	0.19
	1	640351000846	2016	−0.000 1	0.21
	1	640351000764	2016	−0.000 1	0.21
	5	640351000975	2016	0	0.22
	5	640351000956	2016	0	0.22
	5	640351033023	2017	0	0.21
	5	640351000712	2016	0	0.18
	5	640351000107	2013	0	0.38
	5	640351006355	2011	0	0.38

表 6-2-10　各核心育种场生产寿命 EBV 排名前 10 名母牛

场号	场内排名	牛号	出生年份	生产寿命 EBV / d	EBV 准确性
640003	1	640003121269	2012	313.2	0.48
	2	640003120302	2012	298.2	0.48
	3	640003121263	2012	294.7	0.47
	4	640003120337	2012	293.9	0.48
	5	640003111118	2011	288.8	0.49
	6	640003120347	2012	286.2	0.46
	7	640003120307	2012	283.7	0.42
	8	640003121320	2012	283.1	0.48
	9	640003111169	2011	282.5	0.52
	10	640003121275	2012	281.1	0.51

续表

场号	场内排名	牛号	出生年份	生产寿命 EBV / d	EBV 准确性
640004	1	640004136263	2013	261.7	0.48
	2	640004136243	2013	237.0	0.49
	3	640004136229	2013	234.2	0.49
	4	640004136195	2013	231.8	0.46
	5	640004136230	2013	224.5	0.52
	6	640004136201	2013	221.3	0.50
	7	640004136281	2013	219.8	0.49
	8	640004136318	2013	218.7	0.49
	9	640004136261	2013	192.1	0.50
	10	640004161129	2016	119.0	0.45
640005	1	640005134073	2013	324.1	0.48
	2	640005134208	2013	322.6	0.46
	3	640005123980	2012	299.3	0.53
	4	640005134083	2013	297.0	0.45
	5	640005124029	2012	289.2	0.46
	6	640005134162	2013	288.7	0.47
	7	640005134102	2013	287.6	0.50
	8	640005124041	2012	286.3	0.54
	9	640005124027	2012	284.9	0.48
	10	640005124049	2012	282.5	0.47
640009	1	640009150474	2015	164.3	0.45
	2	640009150633	2015	115.3	0.44
	3	640009140260	2014	107.5	0.48
	4	640009150590	2015	107.2	0.49
	5	640009140237	2014	103.5	0.48
	6	640009150551	2015	101.0	0.42
	7	640009120115	2012	85.0	0.42
	8	640009150602	2015	79.9	0.46

续表

场号	场内排名	牛号	出生年份	生产寿命 EBV / d	EBV 准确性
640009	9	640009140419	2014	79.6	0.42
	10	640009140215	2014	79.1	0.49
640035	1	640035128191	2012	333.7	0.49
	2	640035128268	2012	327.3	0.49
	3	640035117972	2011	322.3	0.48
	4	640035128081	2012	299.6	0.47
	5	640035128226	2012	292.6	0.49
	6	640035128236	2012	292.1	0.53
	7	640035128275	2012	289.2	0.46
	8	640035128235	2012	287.7	0.52
	9	640035117965	2011	282.4	0.44
	10	640035128286	2012	279.9	0.46
640166	1	640166120597	2012	316.7	0.47
	2	640166120603	2012	303.1	0.49
	3	640166130806	2013	300.1	0.48
	4	640166130764	2013	299.8	0.50
	5	640166120574	2012	299.7	0.51
	6	640166130771	2013	299.4	0.52
	7	640166120606	2012	298.6	0.46
	8	640166130769	2013	295.9	0.52
	9	640166130766	2013	295.6	0.55
	10	640166120602	2012	294.2	0.49
640173	1	640173153687	2015	142.4	0.48
	2	640173153718	2015	126.9	0.48
	3	640173164182	2016	63.0	0.47
	4	640173164191	2016	54.7	0.47
	5	640173164200	2016	52.4	0.46
	6	640173163994	2016	51.6	0.40

续表

场号	场内排名	牛号	出生年份	生产寿命 EBV / d	EBV 准确性
640173	7	640173153653	2015	48.0	0.45
	8	640173153618	2015	43.2	0.43
	9	640173153553	2015	41.6	0.44
	10	640173151214	2015	39.1	0.35
640190	1	640190130893	2013	301.4	0.51
	2	640190141254	2014	275.9	0.47
	3	640190141822	2014	274.7	0.49
	4	640190141331	2014	266.5	0.49
	5	640190141327	2014	260.2	0.51
	6	640190141623	2014	258.9	0.50
	7	640190141263	2014	257.2	0.50
	8	640190141422	2014	252.0	0.48
	9	640190141180	2014	245.2	0.48
	10	640190141617	2014	244.8	0.47
640193	1	640193141844	2014	309.3	0.51
	2	640193141367	2014	261.4	0.49
	3	640193142114	2014	259.5	0.47
	4	640193141739	2014	256.4	0.47
	5	640193141229	2014	256.3	0.47
	6	640193141674	2014	253.2	0.48
	7	640193141269	2014	252.9	0.47
	8	640193141391	2014	251.7	0.48
	9	640193141836	2014	250.8	0.47
	10	640193142124	2014	250.3	0.47
640251	1	640251016598	2011	80.2	0.47
	2	640251016659	2011	57.8	0.36
	3	640251013692	2012	54.7	0.38
	4	640251015613	2011	52.2	0.36

续表

场号	场内排名	牛号	出生年份	生产寿命 EBV / d	EBV 准确性
640251	5	640251015459	2011	51.8	0.38
	6	640251160072	2016	48.2	0.43
	7	640251014942	2011	45.6	0.38
	8	640251001205	2014	45.1	0.32
	9	640251014777	2011	44.8	0.36
	10	640251017368	2011	44.3	0.34
640253	1	640253171111	2017	79.9	0.43
	2	640253171104	2017	72.8	0.43
	3	640253171117	2017	60.7	0.44
	4	640253159119	2015	58.7	0.44
	5	640253160166	2016	54.8	0.43
	6	640253171153	2017	54.6	0.42
	7	640253171141	2017	54.5	0.42
	8	640253171092	2017	52.6	0.42
	9	640253171154	2017	52.3	0.42
	10	640253169939	2016	51.9	0.41

6.3 CPI1$_{2020}$ 指数变化趋势及排名

6.3.1 种公牛后裔女儿分布情况

参与产奶性状和（或）体型性状遗传评估的有表型记录的母牛共计 170 063 头，为 4 633 头种公牛的后裔。有表型记录的母牛中，19 655 头母牛有体型性状表型记录（1 678 头种公牛后裔），169 251 头母牛有产奶性状表型记录（4 609 头种公牛后裔）。种公牛在宁夏的有表型记录女儿数的分布情况如表 6-3-1 所示。大多数种公牛的有表型记录女儿数为 1~10 头，少数种公牛的有表型记录女儿数能达到 100 头以上。

表 6-3-1　种公牛有表型记录女儿的分布情况

女儿数量分组	种公牛后裔头数 / 头	
	有产奶性状表型记录	有体型性状表型记录
1~10 头	3 405	1 369
11~20 头	372	129
21~30 头	164	66
31~50 头	201	52
51~100 头	205	48
101~300 头	206	14
301~500 头	37	0
501~1 000 头	17	0
1 000 头以上	2	0

6.3.2　种公牛及母牛 $CPI1_{2020}$ 指数年度变化

2010 年 1 月 1 日至 2017 年 12 月 31 日出生，有产奶性状及体型性状表型记录的 10 494 头母牛及其父亲（2007 年 1 月 1 日至 2016 年 12 月 31 日出生，共 441 头）的 $CPI1_{2020}$ 指数年度变化趋势见图 6-3-1 和图 6-3-2。

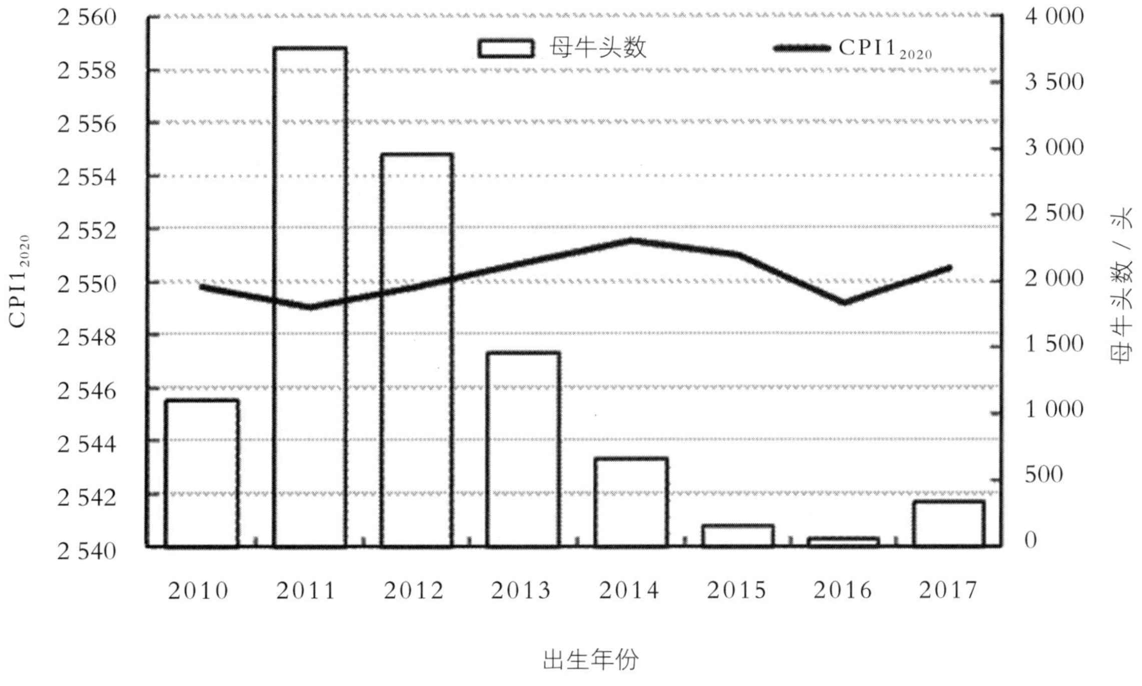

图 6-3-1　宁夏有表型记录母牛 $CPI1_{2020}$ 指数年度变化

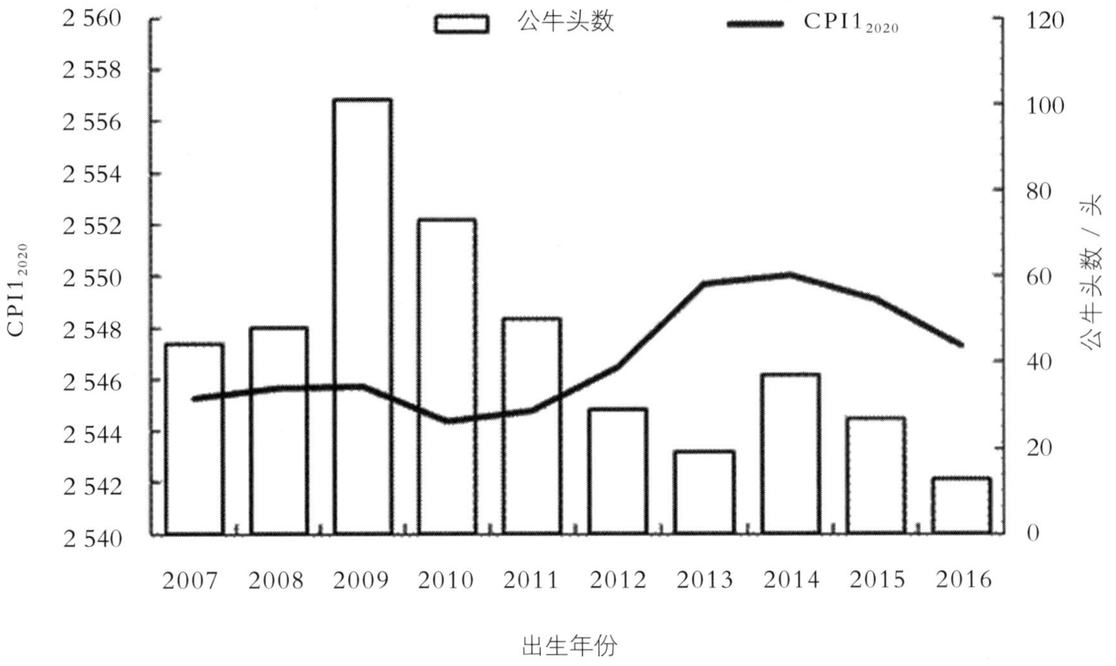

图 6-3-2 宁夏母牛群曾使用公牛 $CPI1_{2020}$ 指数年度变化

6.3.3 $CPI1_{2020}$ 指数排名前 500 名的母牛及各核心育种场排名前 10 名的母牛

同时具有3胎产奶性状和体型性状表型记录的6 236头母牛中，$CPI1_{2020}$ 指数排名前500名母牛的牛号、出生年份和指数值见附表16，各核心育种场 $CPI1_{2020}$ 指数排名前10名母牛的牛号、出生年份和指数值见表6-3-2。

表 6-3-2 各核心育种场 $CPI1_{2020}$ 指数排名前 10 名的母牛

场号	排名	牛号	出生年份	$CPI1_{2020}$
640003	1	640003121257	2012	2 571.3
	2	640003121282	2012	2 567.6
	3	640003121286	2012	2 567.3
	4	640003121209	2012	2 566.5
	4	640003120312	2012	2 566.5
	6	640003120497	2012	2 565.4
	7	640003120307	2012	2 565.0
	8	640003120302	2012	2 564.8
	8	640003110867	2011	2 564.8
	10	640003110017	2011	2 564.2

续表

场号	排名	牛号	出生年份	$CPI1_{2020}$
640004	1	640004187480	2018	2 613.8
	2	640004109789	2010	2 570.4
	3	640004125988	2012	2 568.0
	4	640004109699	2010	2 566.4
	5	640004109729	2010	2 563.9
	6	640004095545	2009	2 563.3
	7	640004119909	2011	2 562.6
	8	640004115969	2011	2 562.3
	9	640004115783	2011	2 561.7
	10	640004095557	2009	2 560.9
640005	1	640005113825	2011	2 575.3
	2	640005113749	2011	2 570.0
	3	640005185335	2018	2 567.8
	4	640005134183	2013	2 567.6
	5	640005134199	2013	2 566.2
	6	640005113750	2011	2 566.0
	7	640005123922	2012	2 565.3
	8	640005093469	2009	2 565.1
	9	640005134197	2013	2 564.6
	10	640005099219	2009	2 564.5
640009	1	640009090021	2009	2 568.0
	2	640009120096	2012	2 567.1
	3	640009110045	2011	2 566.9
	4	640009090066	2009	2 564.6
	5	640009090040	2009	2 564.1
	6	640009110058	2011	2 562.9
	7	640009120102	2012	2 562.5

续表

场号	排名	牛号	出生年份	$CPI1_{2020}$
640009	8	640009090071	2009	2 561.7
	8	640009120094	2012	2 561.7
	10	640009120118	2012	2 561.4
640035	1	640035107768	2010	2 642 .5
	2	640035191321	2019	2 579.6
	3	640035128212	2012	2 570.7
	4	640035107690	2010	2 570.2
	5	640035128210	2012	2 569.9
	6	640035191238	2019	2 568.6
	7	640035097405	2009	2 568.2
	7	640035128200	2012	2 568.2
	7	640035117845	2011	2 568.2
	10	640035128224	2012	2 567.3
640166	1	640166130941	2013	2 674.3
	2	640166141233	2014	2 665.6
	3	640166141287	2014	2 62 9.4
	4	640166120620	2012	2 583.6
	5	640166182751	2018	2 576.9
	6	640166099311	2009	2 572.2
	7	640166099338	2009	2 570.8
	8	640166109764	2010	2 570.6
	9	640166110077	2011	2 570.5
	10	640166151425	2015	2 570.3
640173	1	640173174502	2017	2 593.7
	2	640173090634	2009	2 571.3
	3	640173121119	2012	2 565.7

续表

场号	排名	牛号	出生年份	$CPI1_{2020}$
640173	4	640173126008	2012	2 564.8
	5	640173100037	2010	2 564.7
	5	640173174310	2017	2 564.7
	7	640173116377	2011	2 564.6
	8	640173090699	2009	2 564.1
	9	640173110158	2011	2 563.8
	10	640173174274	2017	2 563.2
640190	1	640190112963	2011	2 819.5
	2	640190111477	2011	2 815.4
	3	640190182005	2018	2 698.1
	4	640190130441	2013	2 627.4
	5	640190191371	2019	2 582 .6
	6	640190182825	2018	2 581.2
	7	640190192097	2019	2 579.4
	8	640190128046	2012	2 570.7
	9	640190141467	2014	2 569.3
	10	640190184073	2018	2 568.7

6.3.4　$CPI1_{2020}$ 指数排名前 300 名和前 1 000 名母牛在各场的分布

同时具有产奶性状和体型性状育种值的 6 236 头有表型记录母牛中，$CPI1_{2020}$ 指数排名前 300 名及前 1 000 名的母牛来源场见图 6-3-3 和图 6-3-4。优秀母牛中，640166 号牧场和 640190 号牧场占比最大。

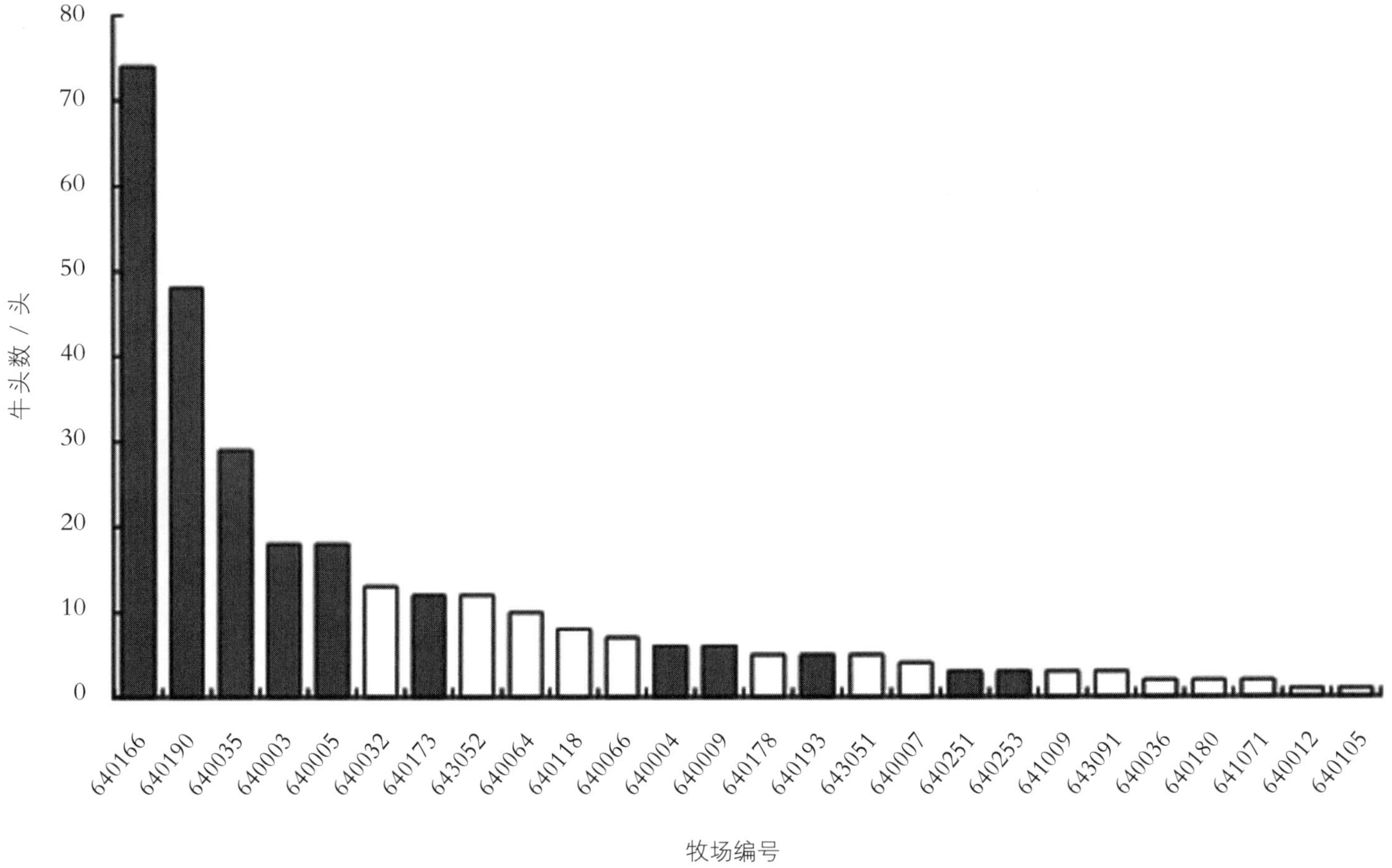

图 6-3-3　宁夏 $CPI1_{2020}$ 指数排名前 300 名母牛来源场分布

注：深色柱子代表核心育种场。

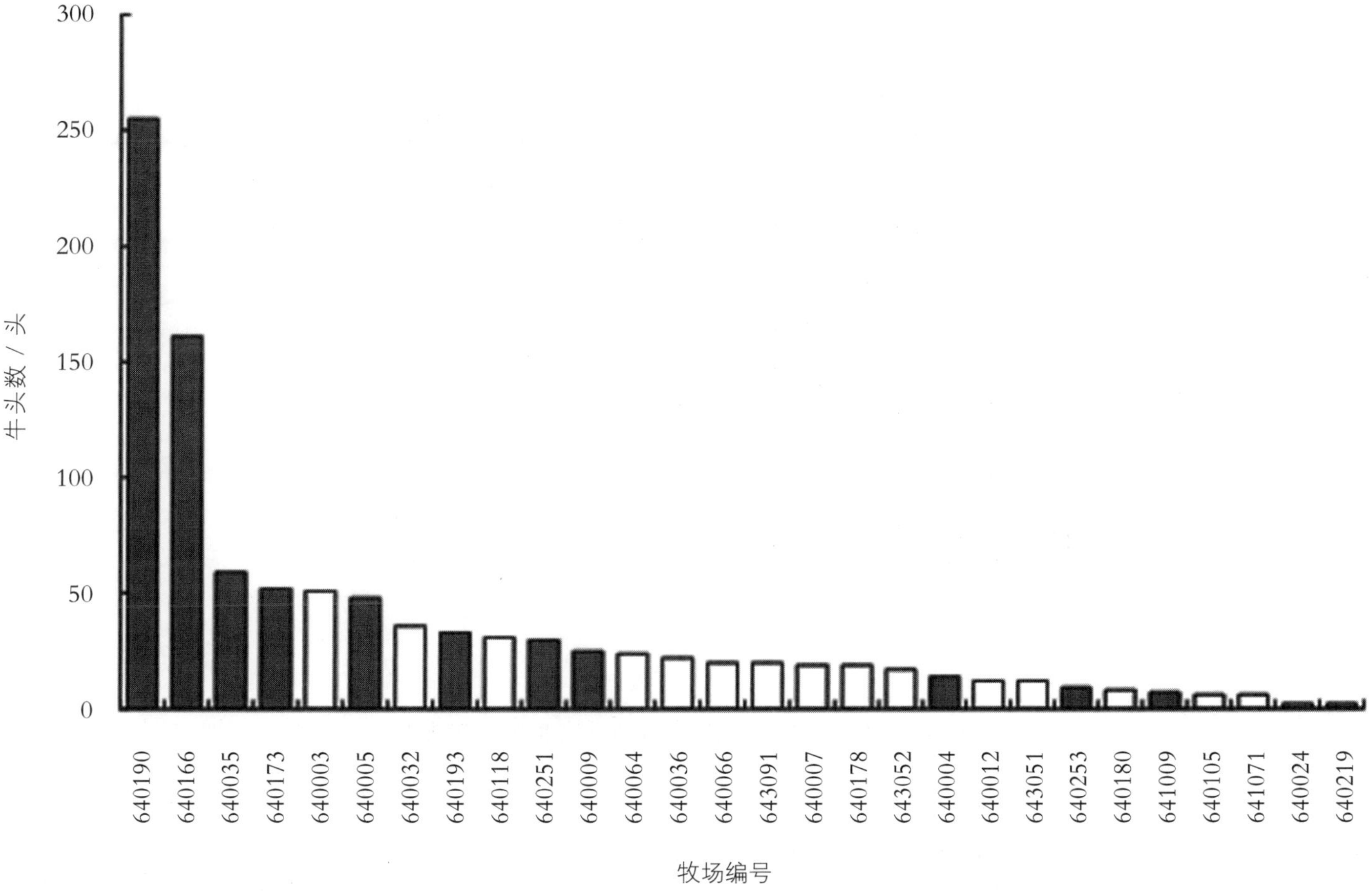

图 6-3-4 宁夏 $CPI1_{2020}$ 指数排名前 1 000 名母牛来源场分布

注：深色柱子代表核心育种场。

6.4 各性状遗传进展趋势

6.4.1 母牛产奶性状

宁夏荷斯坦牛产奶性状估计育种值年度变化趋势见图 6-4-1 至图 6-4-6。产奶性状估计育种值来源于有表型记录、出生于 2010 年 1 月 1 日至 2017 年 12 月 31 日的 25 488 头母牛。

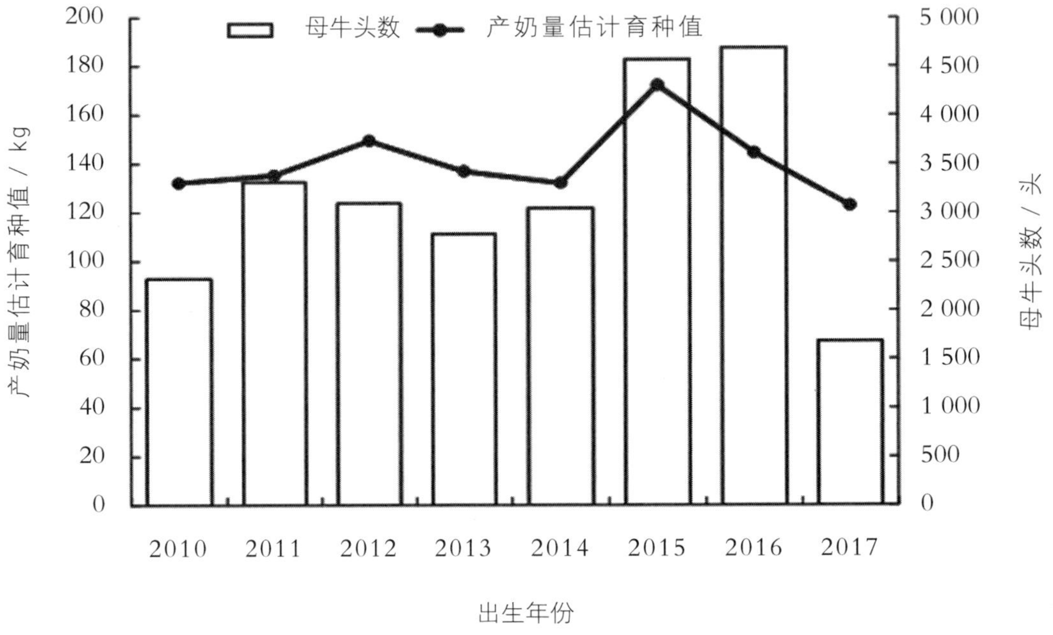

图 6-4-1 宁夏母牛产奶量估计育种值年度变化

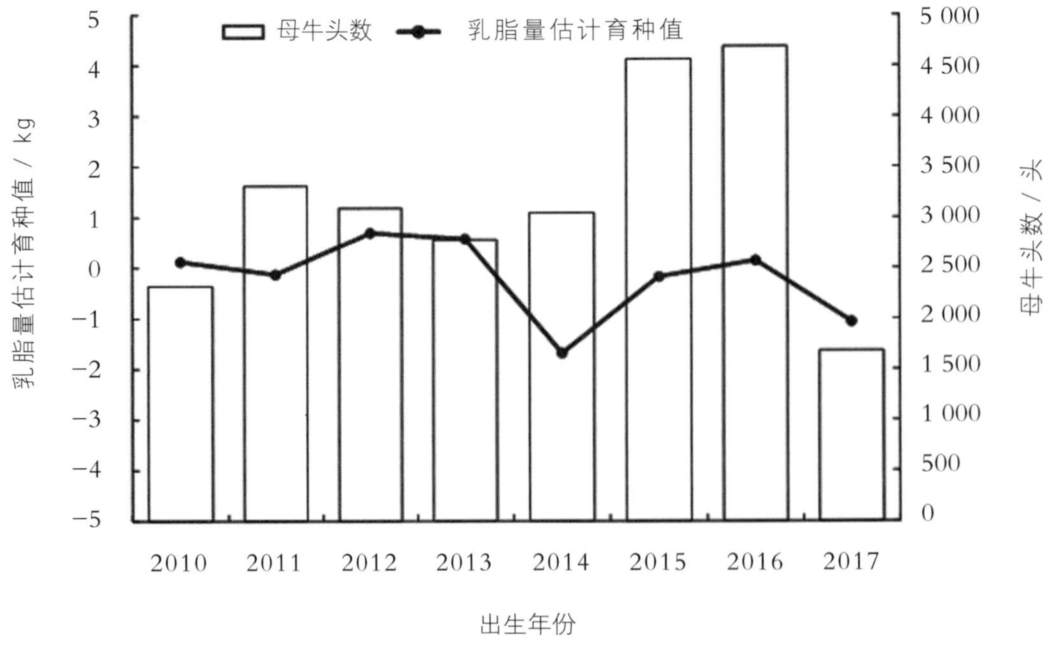

图 6-4-2 宁夏母牛乳脂量估计育种值年度变化

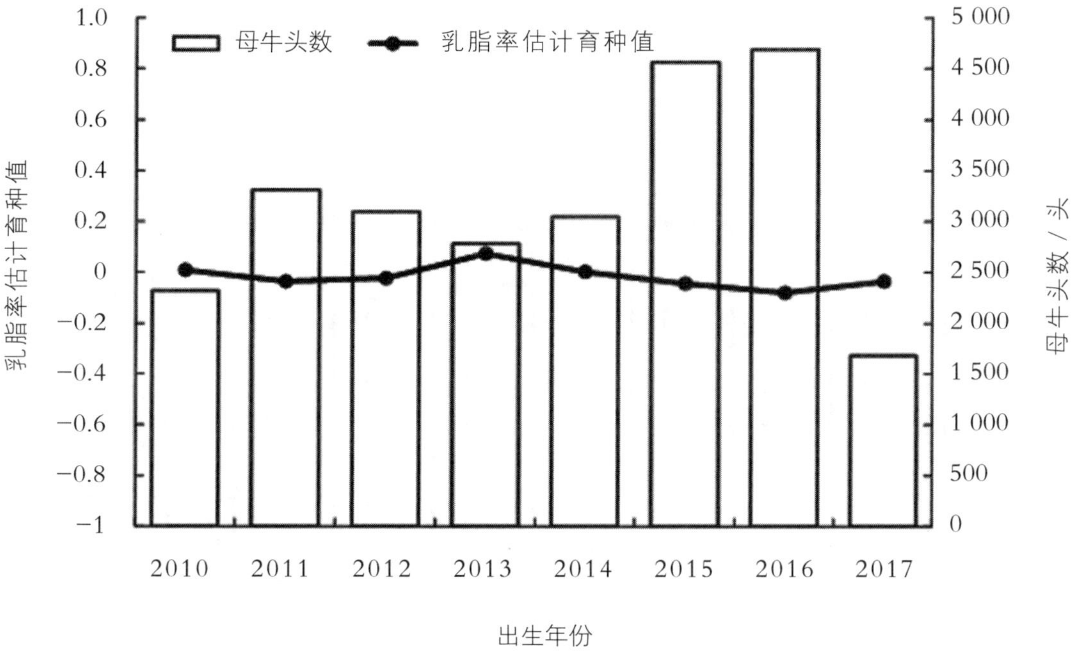

图 6-4-3 宁夏母牛乳脂率估计育种值年度变化

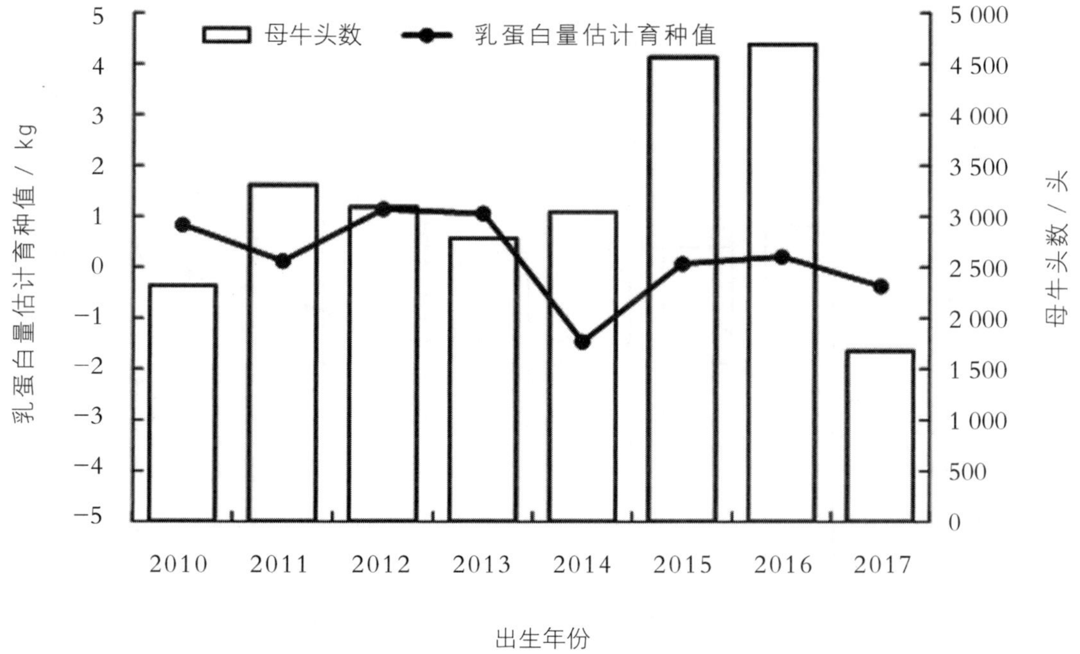

图 6-4-4 宁夏母牛乳蛋白量估计育种值年度变化

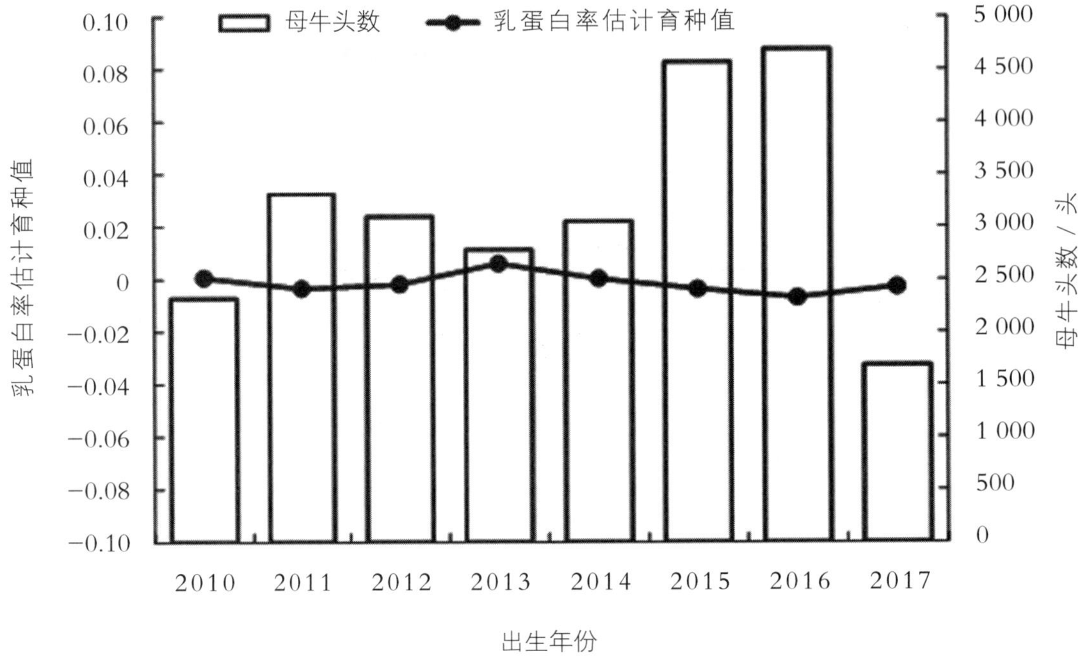

图 6-4-5　宁夏母牛乳蛋白率估计育种值年度变化

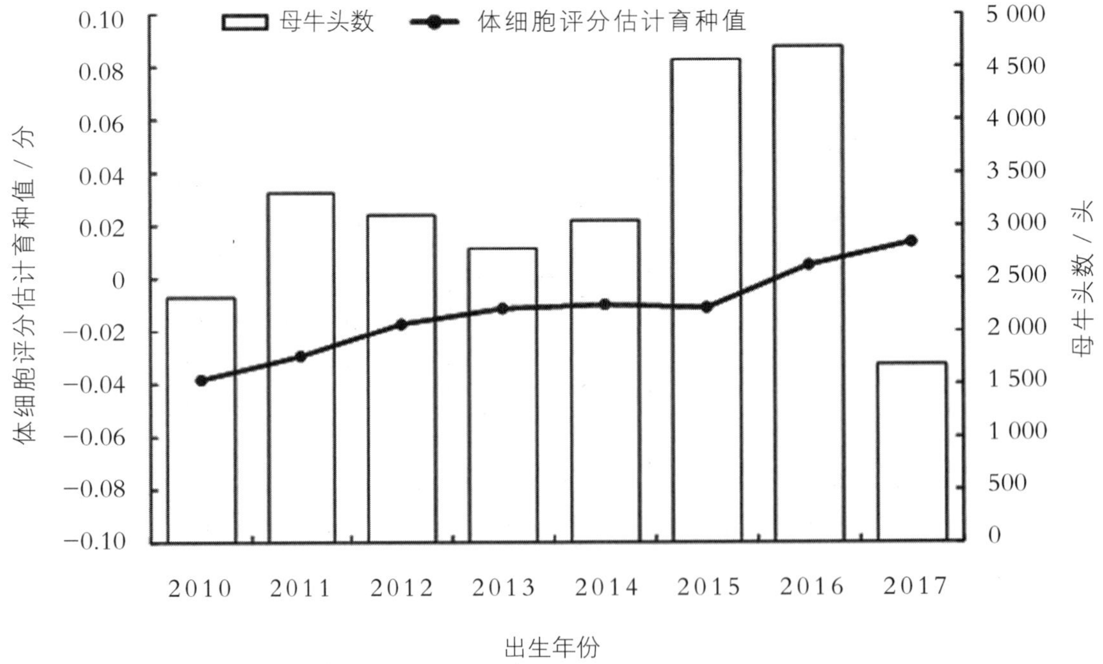

图 6-4-6　宁夏母牛体细胞评分估计育种值年度变化

6.4.2　产奶性状估计育种值排名前 10 名种公牛

女儿数大于 20 头且各性状估计育种值排名前 10 名的种公牛信息见表 6-4-1 至表 6-4-4。

表 6-4-1　产奶量 EBV 排名前 10 名的种公牛（女儿数大于 20 头）信息

排名	公牛注册号	产奶量 EBV / kg	出生年份
1	HOUSAM70358061	489.90	2011
2	HOUSAM53766368	457.28	2009
3	HOUSAM139919013	404.18	2009
4	HOUSAM139563146	402.70	2008
5	HOUSAM68718398	388.06	2009
6	HOCANM7611374	332.24	2006
7	HOUSAM68977120	319.21	2009
8	HOUSAM70358050	306.34	2011
9	HOUSAM66631918	292.89	2009
10	HOUSAM136525132	284.61	2004

表 6-4-2　乳脂量 EBV 排名前 10 名的种公牛（女儿数大于 20 头）信息

排名	公牛注册号	乳脂量 EBV / kg	出生年份
1	HOUSAM65283050	14.42	2008
2	HOUSAM70358061	12.51	2011
3	HOUSAM62769059	12.15	2006
4	HOUSAM53766368	12.01	2009
5	HOUSAM63031811	10.98	2008
6	HOCANM7611374	10.40	2006
7	HOUSAM136525132	10.22	2004
8	HOUSAM58591942	10.02	2012
9	HOCANM101432000	9.67	2003
10	HOUSAM68718398	9.51	2009

表 6-4-3 乳蛋白量 EBV 排名前 10 名的种公牛（女儿数大于 20 头）信息

排名	公牛注册号	乳蛋白量 EBV / kg	出生年份
1	HOCHNM31104493	15.24	2004
2	HOUSAM139563146	13.50	2008
3	HOCANM7611374	11.95	2006
4	HOUSAM65283050	11.93	2008
5	HOUSAM139919013	11.89	2009
6	HOUSAM53766368	10.95	2009
7	HOUSAM63031811	10.03	2008
8	HOUSAM61196049	9.98	2003
9	HOUSAM70358061	9.84	2011
10	HOUSAM68718398	9.37	2009

表 6-4-4 体细胞评分 EBV 排名前 10 名的种公牛（女儿数大于 20 头）信息

排名	公牛注册号	体细胞评分 EBV / 分	出生年份
1	HOCHNM11101927	−0.53	2001
2	HOUSAM62769059	−0.52	2006
3	HOUSAM70541411	−0.37	2011
4	HONZLM106168	−0.25	2005
5	HOUSAM65345732	−0.22	2008
6	HOCHNM64102305	−0.20	2002
7	HOCHNM11114601	−0.15	2014
8	HOUSAM62037518	−0.12	2005
9	HOCHNM11102912	−0.11	2002
9	HOCHNM11199095	−0.11	1999

6.4.3　母牛体型性状

宁夏荷斯坦牛母牛的体型总分和各部位综合评分估计育种值年度变化趋势见图 6-4-7 至图 6-4-12。

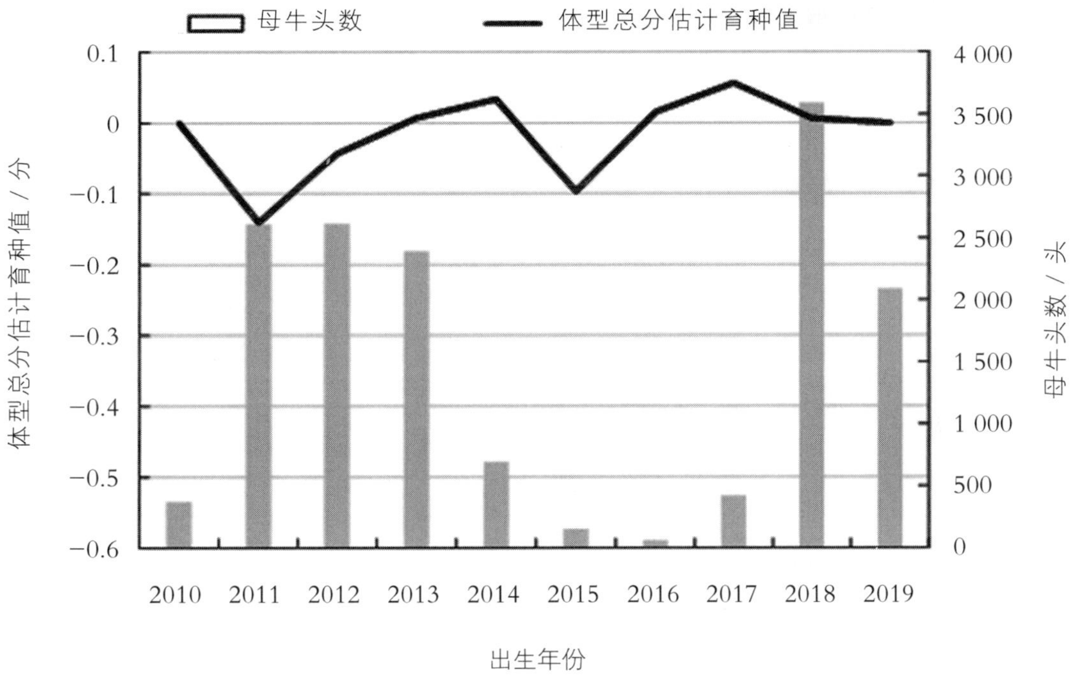

图 6-4-7　宁夏母牛体型总分估计育种值年度变化

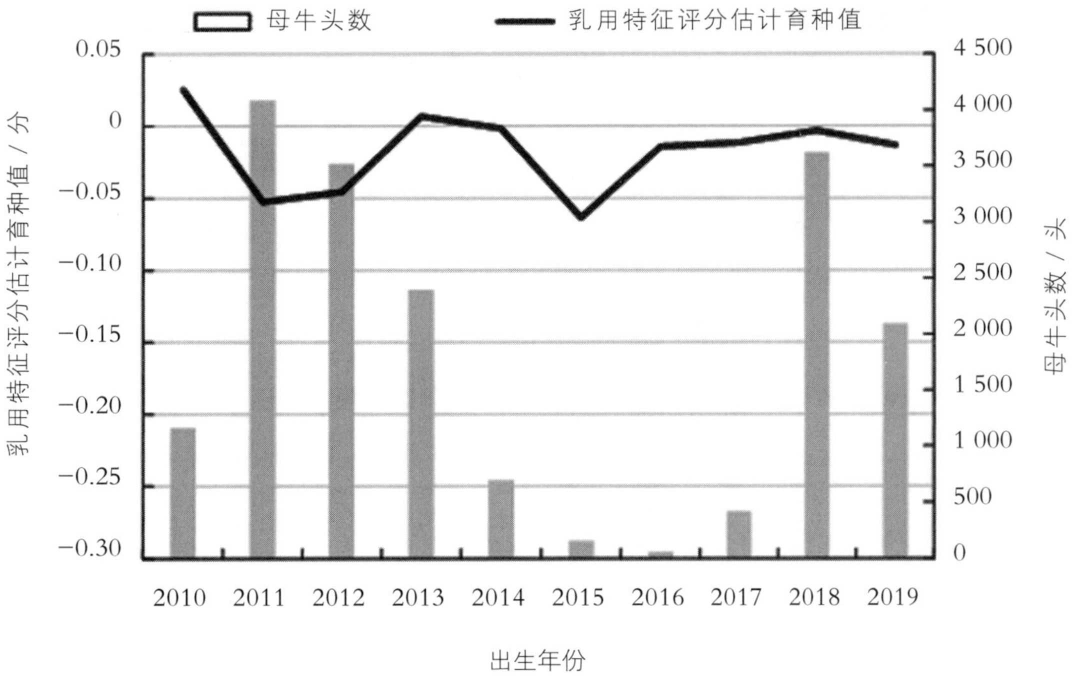

图 6-4-8　宁夏母牛乳用特征评分估计育种值年度变化

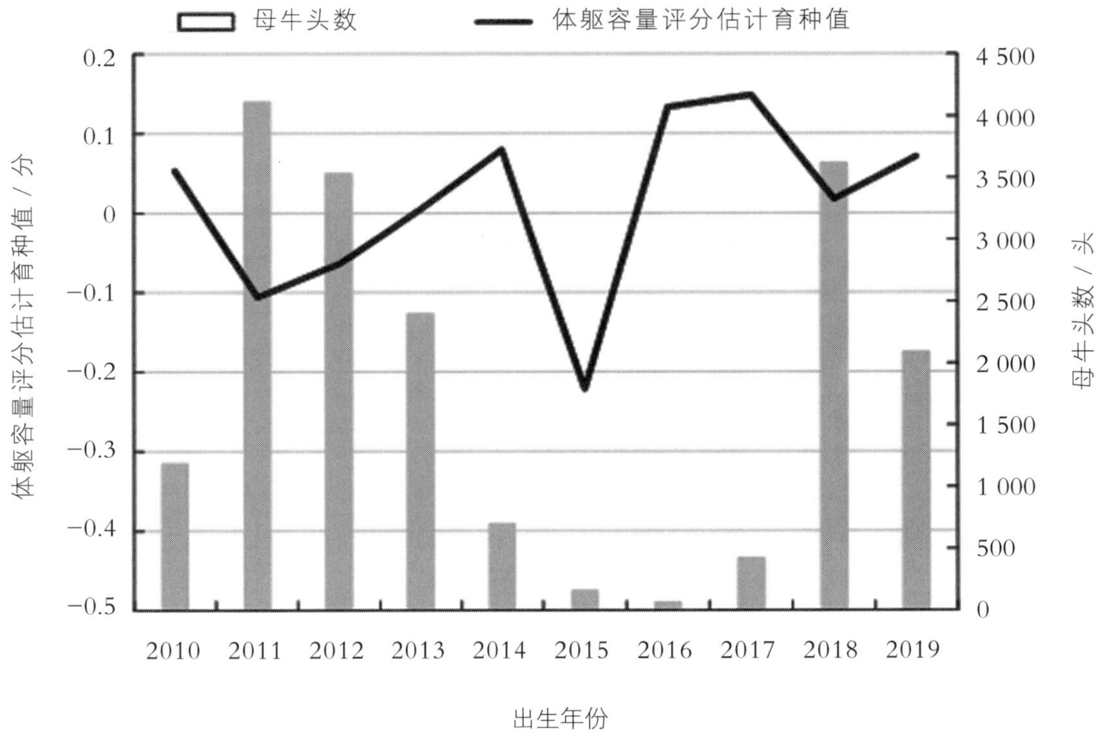

图 6-4-9 宁夏母牛体躯容量评分估计育种值年度变化

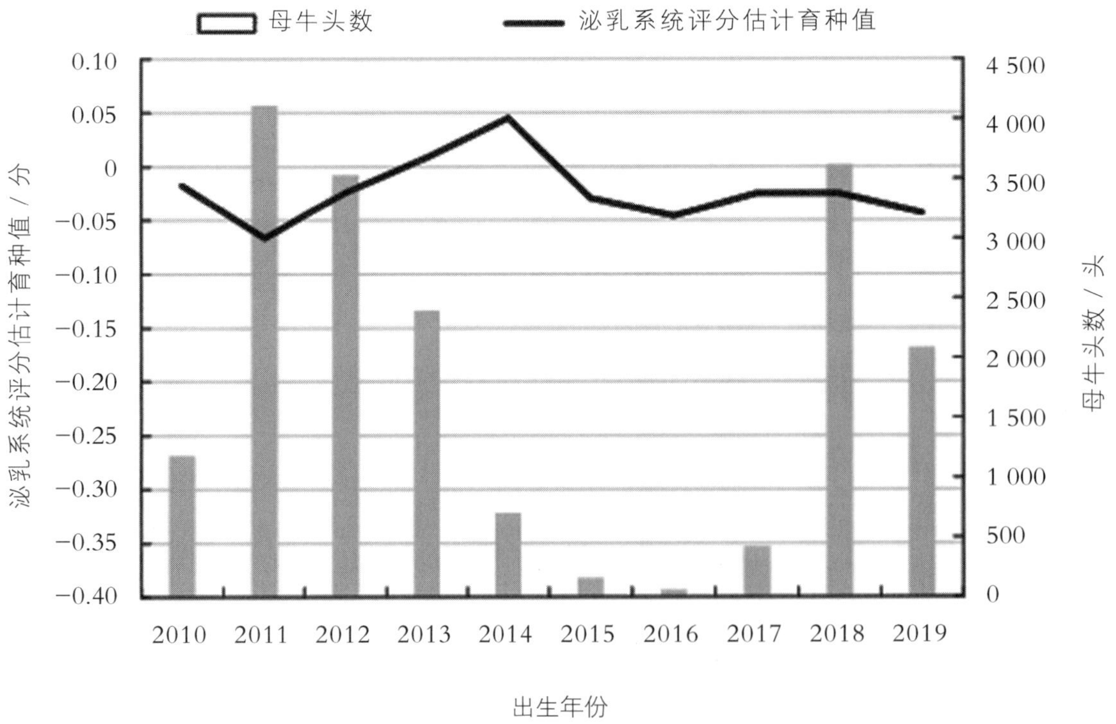

图 6-4-10 宁夏母牛泌乳系统评分估计育种值年度变化

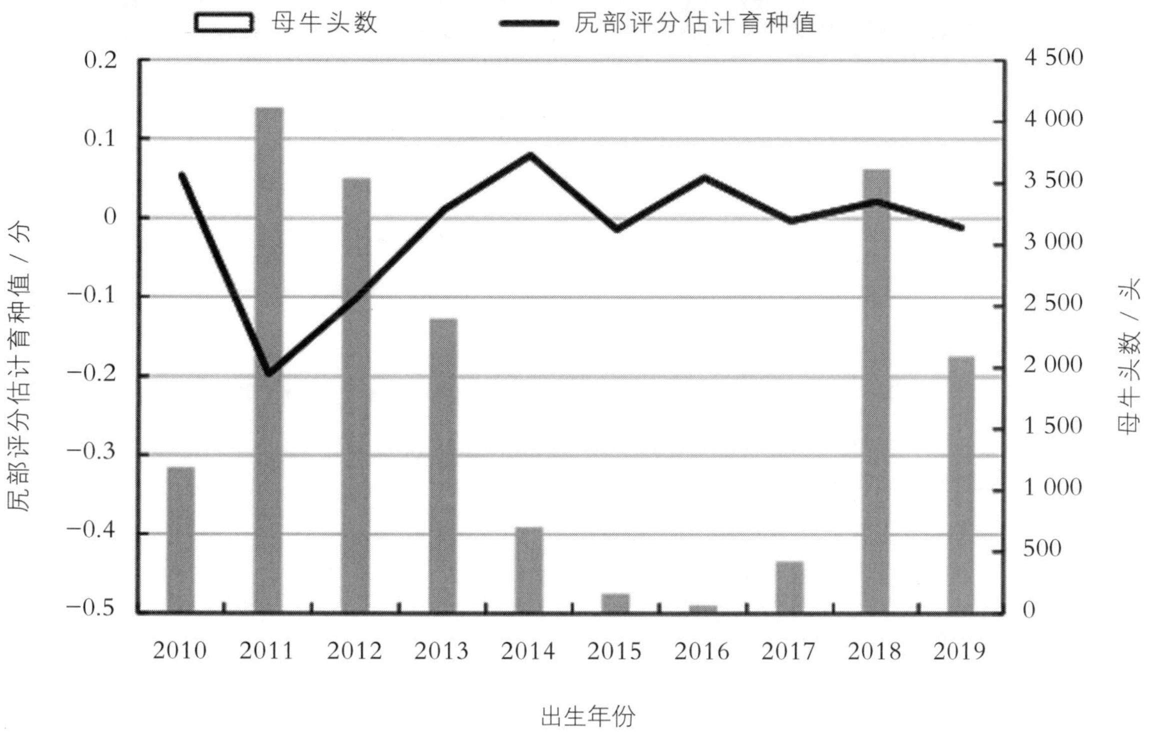

图 6-4-11 宁夏母牛尻部评分估计育种值年度变化

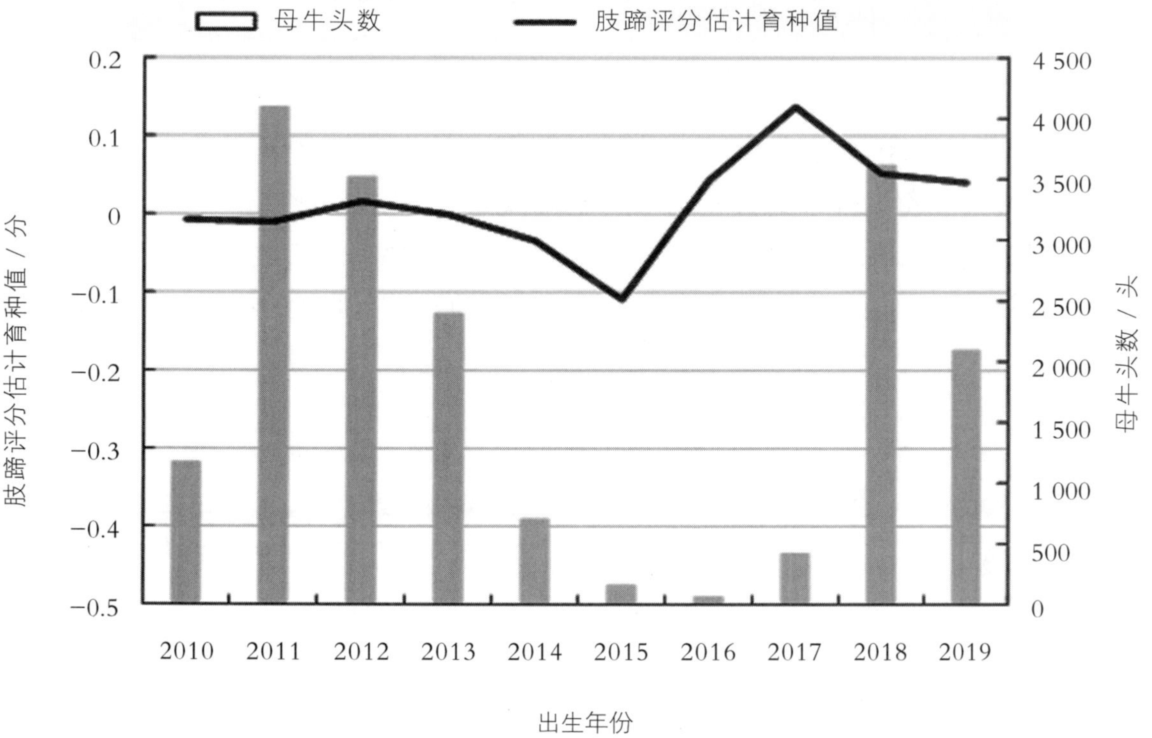

图 6-4-12 宁夏母牛肢蹄评分估计育种值年度变化

6.4.4 体型总分估计育种值排名前 10 名种公牛

女儿数大于 20 头且体型总分估计育种值排名前 10 名的种公牛信息见表 6-4-5。

表 6-4-5 体型总分 EBV 排名前 10 名的种公牛（女儿数大于 20 头）信息

排名	公牛注册号	体型总分 EBV / 分	出生年份
1	HOCANM7419933	0.70	2004
2	HOCANM5457798	0.67	1991
3	HOCANM101432000	0.63	2003
4	HO840M3131107137	0.61	2015
5	HOCHNM11114602	0.57	2014
6	HOUSAM136525132	0.56	2004
6	HOAUSM930377	0.56	1998
8	HO840M3011816330	0.54	2013
9	HOUSAM69981350	0.52	2011
10	HOCANM10705608	0.48	2000

6.4.5 母牛繁殖性状

宁夏荷斯坦牛母牛繁殖性状估计育种值年度变化趋势见图 6-4-13 至图 6-4-17。青年牛繁殖性状估计育种值来源于有表型记录、出生于 2011 年 1 月 1 日至 2019 年 12 月 31 日的 50 820 头母牛，经产牛繁殖性状估计育种值来源于有表型记录、出生于 2011 年 1 月 1 日至 2018 年 12 月 31 日的 41 955 头母牛。

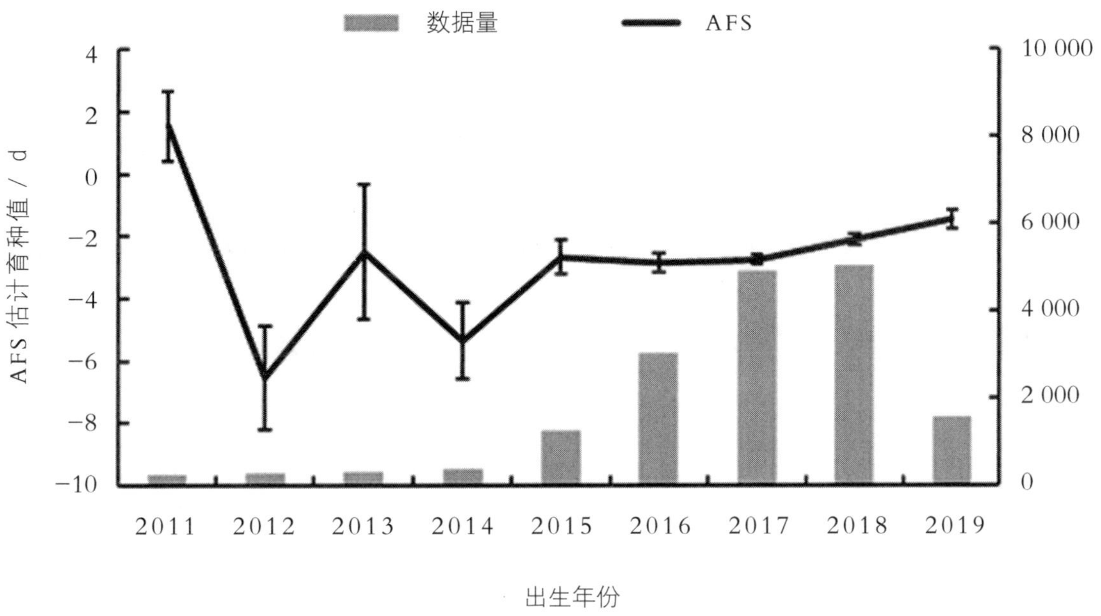

图 6-4-13　宁夏核心育种场 2011—2019 年出生母牛首次配种日龄（AFS）估计育种值变化

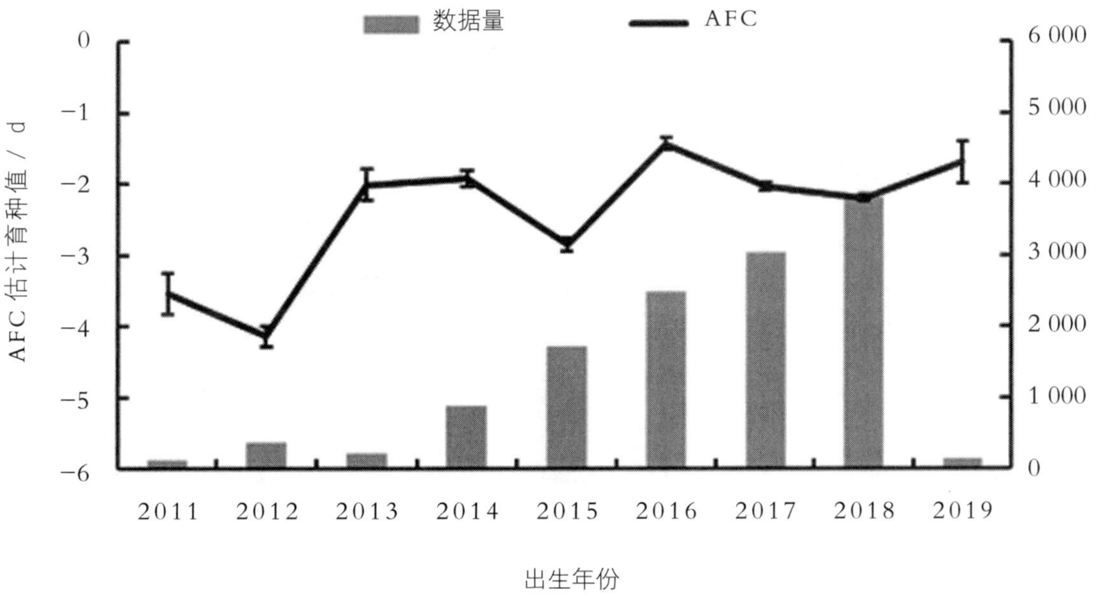

图 6-4-14　宁夏核心育种场 2011—2019 年出生母牛首次产犊日龄（AFC）估计育种值变化

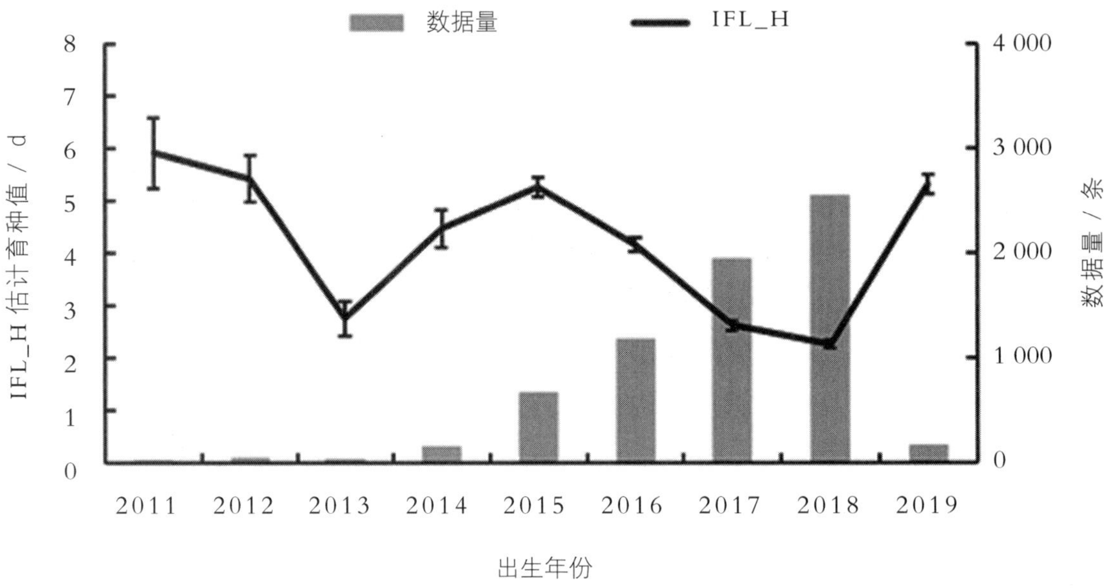

图 6-4-15　宁夏核心育种场 2011—2019 年出生青年牛首末次配种间隔（IFL_H）估计育种值变化

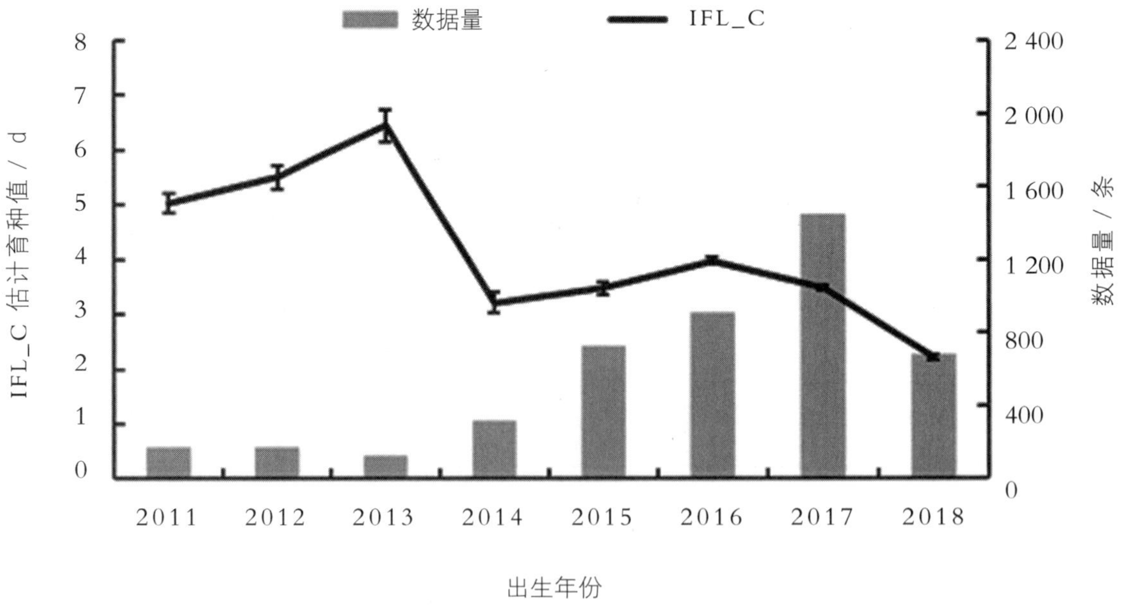

图 6-4-16　宁夏核心育种场 2011—2018 年出生经产牛首末次配种间隔（IFL_C）估计育种值变化

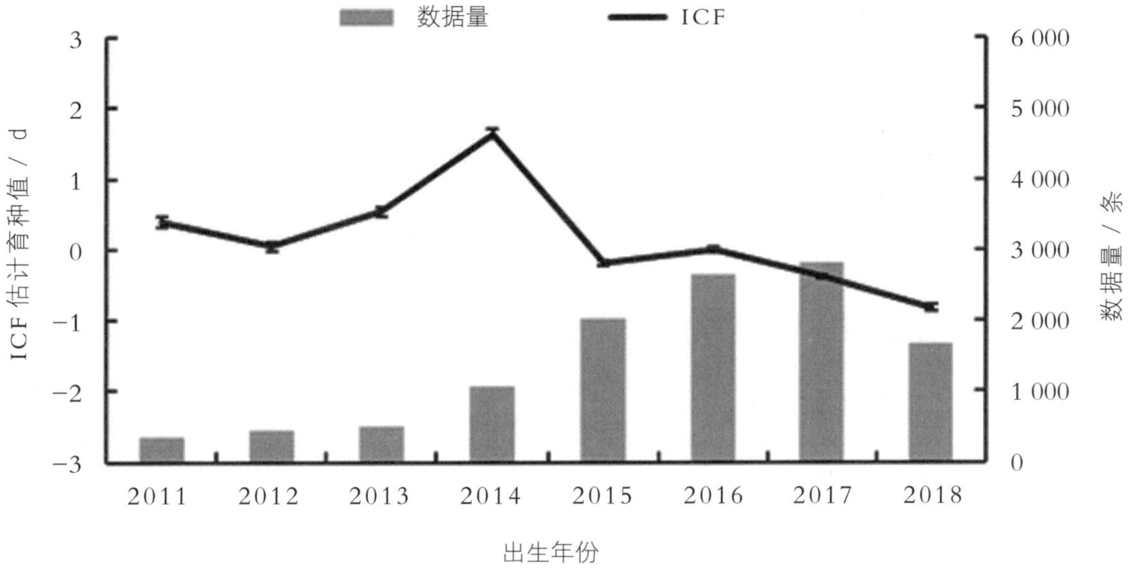

图 6-4-17 宁夏核心育种场 2011—2018 年出生母牛产犊至首次配种间隔（ICF）估计育种值变化

6.4.6 繁殖性状估计育种值排名前 10 名种公牛

女儿数大于 20 头且各繁殖性状估计育种值排名前 10 名的种公牛信息见表 6-4-6 至表 6-4-10。

表 6-4-6 首次配种日龄 EBV 排名前 10 名的种公牛（女儿数大于 20 头）信息

排名	公牛注册号	首次配种日龄 EBV / d	出生年份
1	HOCHNM41107822	−78.2	2007
2	HOUSAM63927795	−50.6	2008
3	HOUSAM65283050	−38.4	2008
4	HO840M3133106371	−37.7	2015
5	HOCHNM31106508	−37.0	2006
6	HOUSAM63210210	−36.9	2007
7	HOUSAM64401227	−35.1	2007
8	HOUSAM64341514	−32.2	2009
9	HOUSAM66451345	−30.6	2009
10	HOUSAM55618778	−26.0	2013

表 6-4-7　首次产犊日龄 EBV 排名前 10 名的种公牛（女儿数大于 20 头）信息

排名	公牛注册号	首次产犊日龄 EBV / d	出生年份
1	HOUSAM63927795	−20.4	2008
2	HOUSAM63262902	−18.3	2007
3	HOUSAM64633877	−17.1	2008
4	HOUSAM66451345	−16.4	2009
5	HOUSAM132135971	−14.9	2001
6	HOCHNM11114610	−13.8	2014
7	HOUSAM135880366	−13.1	2004
7	HOCHNM11115621	−13.1	2015
9	HOUSAM70358061	−13.0	2011
10	HOAUSM859718	−12.7	1996

表 6-4-8　青年牛首末次配种间隔 EBV 排名前 10 名的种公牛（女儿数大于 20 头）信息

排名	公牛注册号	青年牛首末次配种间隔 EBV / d	出生年份
1	HOUSAM73814036	−3.7	2015
2	HOCHNM15504217	−1.1	2004
3	HOUSAM69908689	1.4	2011
4	HOUSAM1975815	1.9	1985
5	HOCHNM15504883	3.3	2004
6	HOUSAM69990328	3.9	2011
7	HOCHNM31106508	4.3	2006
8	HOCHNM41107822	5.4	2007
9	HOUSAM139563146	5.5	2008
10	HOUSAM68944403	5.9	2010

表 6-4-9 经产牛首末次配种间隔 EBV 排名前 10 名的种公牛（女儿数大于 20 头）信息

排名	公牛注册号	经产牛首末次配种间隔 EBV / d	出生年份
1	HO840M3013001478	−3.4	2014
2	HOUSAM65345732	−2.6	2008
3	HOUSAM69092847	−2.4	2010
4	HOUSAM64633877	−1.3	2008
5	HOCANM10847042	−1.1	2010
5	HOUSAM135778023	−1.1	2004
5	HOCHNM11114601	−1.1	2014
8	HOUSAM140848504	−0.8	2010
9	HOCHNM11108800	−0.7	2008
10	HOUSAM68654440	−0.1	2010

表 6-4-10 产犊至首次配种间隔 EBV 排名前 10 名的种公牛（女儿数大于 20 头）信息

排名	公牛注册号	产犊至首次配种间隔 EBV / d	出生年份
1	HOUSAM73814036	−6.6	2015
2	HOUSAM64633877	−4.9	2008
3	HOUSAM1975815	−4.4	1985
4	HOCHNM31109289	−3.4	2009
5	HOCHNM11104940	−3.2	2004
6	HOUSAM51557959	−2.6	2001
7	HOUSAM73124156	−2.5	2014
8	HOCHNM11104110	−2.2	2004
9	HOUSAM69092847	−2.1	2010
9	HOUSAM69908689	−2.1	2011

6.4.7 母牛产犊性状

宁夏荷斯坦牛母牛产犊性状估计育种值年度变化趋势见图 6-4-18 至图 6-4-21。青年牛产犊性状估计育种值来源于有表型记录、出生于 2011 年 1 月 1 日至 2019 年 12 月 31 日的 50 820 头母牛，经产牛产犊性状估计育种值来源于有表型记录、出生于 2011 年 1 月 1 日至 2018 年 12 月 31 日的 41 955 头母牛。

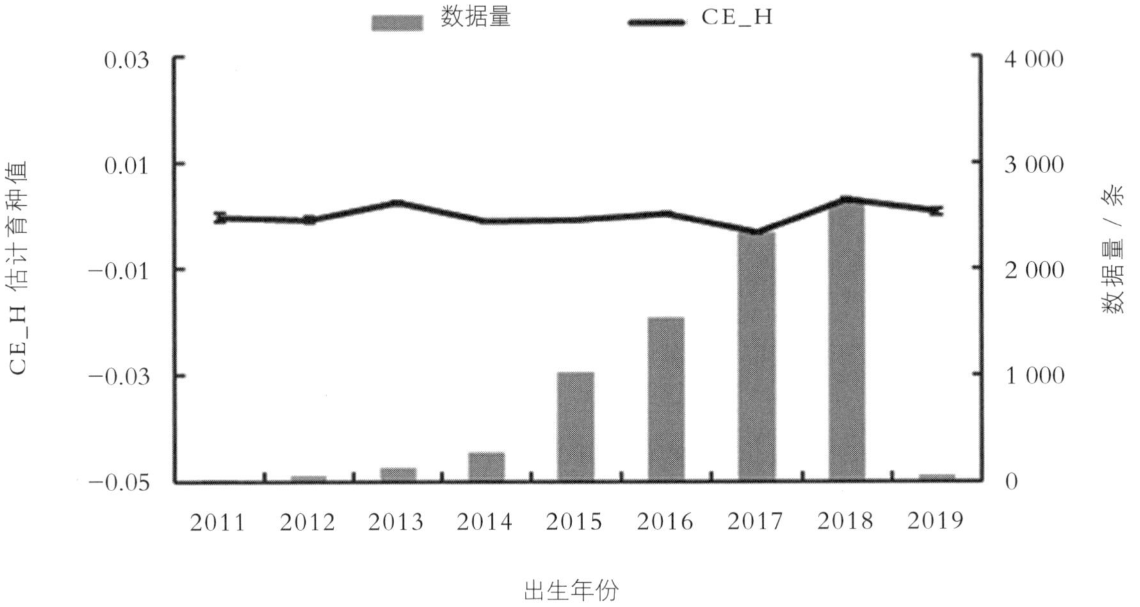

图 6-4-18 宁夏核心育种场 2011—2019 年出生青年牛产犊难易性（CE_H）估计育种值变化

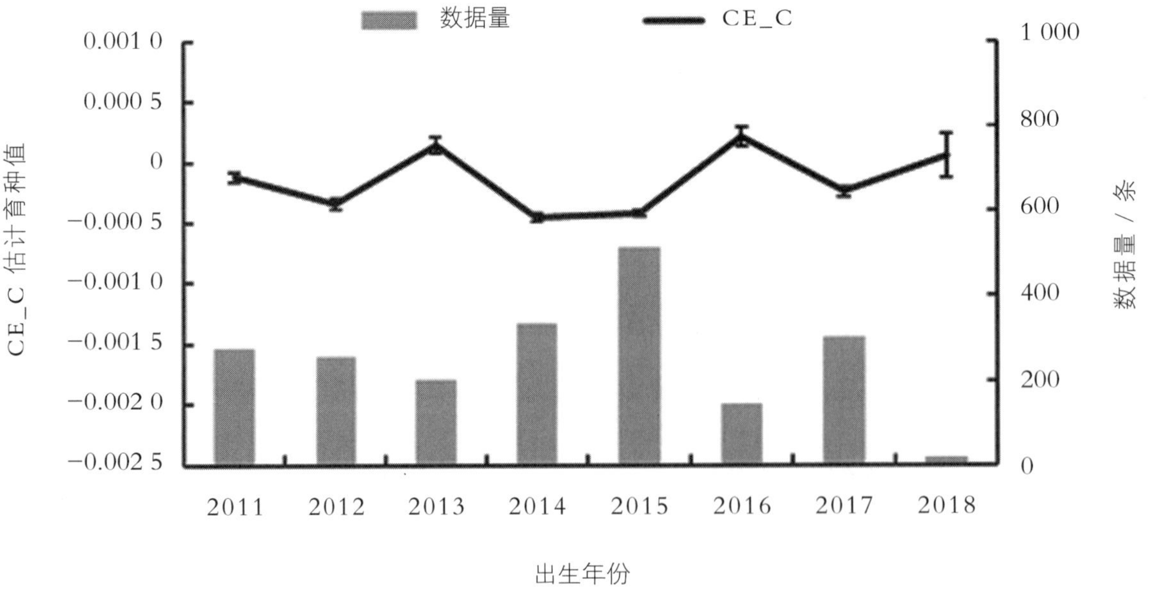

图 6-4-19 宁夏核心育种场 2011—2018 年出生经产牛产犊难易性（CE_C）估计育种值变化

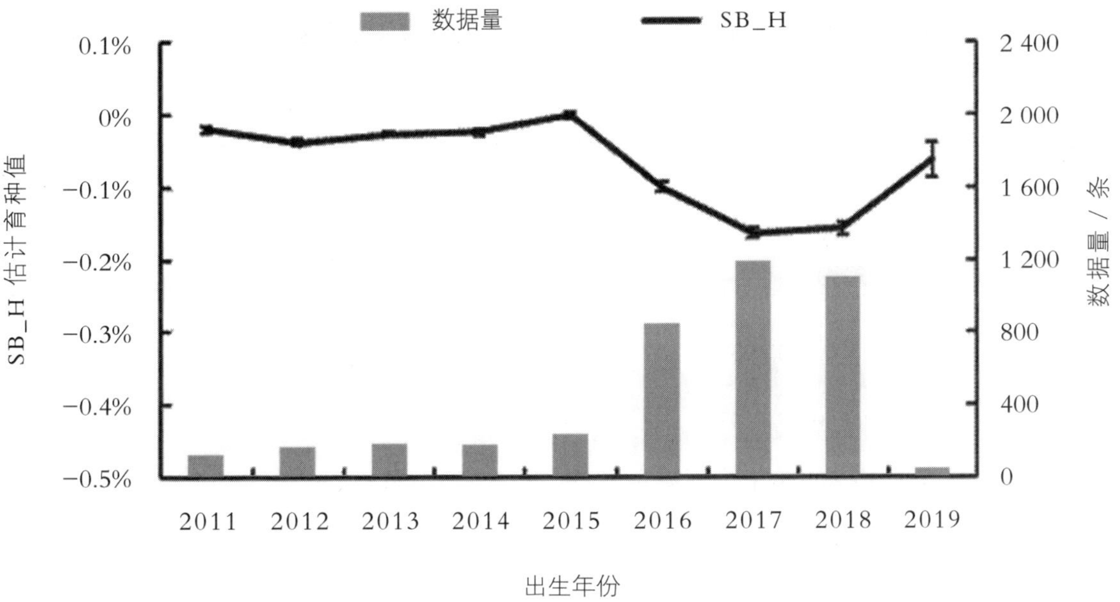

图 6-4-20　宁夏核心育种场 2011—2019 年出生青年牛死产率（SB_H）估计育种值变化

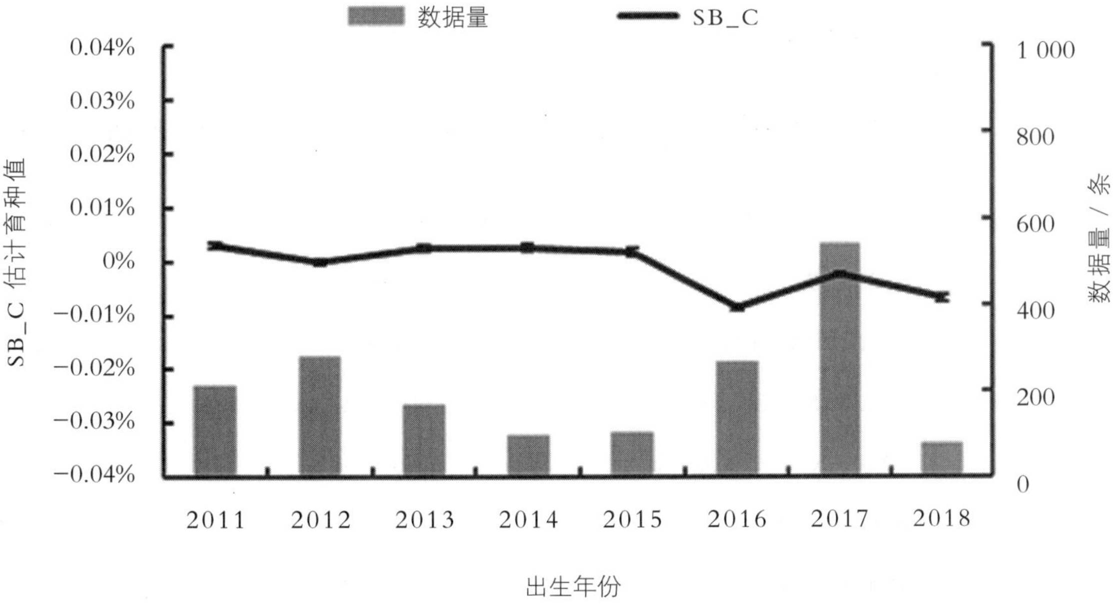

图 6-4-21　宁夏核心育种场 2011—2018 年出生经产牛死产率（SB_C）估计育种值变化

6.4.8 产犊性状估计育种值排名前 10 名种公牛

女儿数大于 20 头且各产犊性状估计育种值排名前 10 名的种公牛信息见表 6-4-11 至表 6-4-14。

表 6-4-11 青年牛产犊难易性 EBV 排名前 10 名的种公牛（女儿数大于 20 头）信息

排名	公牛注册号	青年牛产犊难易性 EBV	出生年份
1	HOUSAM68944403	−0.037	2010
2	HOUSAM69908689	−0.021	2011
3	HO840M3013001478	−0.019	2014
4	HOUSAM70354884	−0.014	2011
5	HOUSAM65801567	−0.011	2009
6	HOUSAM69092847	−0.009	2010
7	HOCANM10847042	−0.008	2010
8	HOCHNM11109722	−0.006	2009
9	HOUSAM70396874	−0.005	2012
9	HOUSAM139563146	−0.005	2008

表 6-4-12 经产牛产犊难易性 EBV 排名前 10 名的种公牛（女儿数大于 20 头）信息

排名	公牛注册号	经产牛产犊难易性 EBV	出生年份
1	HOCHNM31108526	−0.001 0	2008
2	HOCHNM11104123	−0.000 7	2004
3	HOUSAM64341514	0.000 2	2009
4	HOUSAM135778023	0.000 4	2004
5	HOCHNM31109289	0.000 5	2009
6	HOUSAM62037518	0.000 8	2005
7	HOCHNM11104701	0.001 0	2004
8	HOCHNM13110225	0.001 1	2010
9	HOCHNM11101907	0.002 0	2001
10	HOCHNM11104114	0.002 5	2004

表 6-4-13 青年牛死产率 EBV 排名前 10 名的种公牛（女儿数大于 20 头）信息

排名	公牛注册号	青年牛死产率 EBV	出生年份
1	HOUSAM68944403	−0.008 1	2010
2	HOUSAM58591942	−0.007 4	2012
3	HOUSAM71618865	−0.006 5	2012
4	HO840M3006988872	−0.003 1	2010
5	HOCHNM31108526	−0.002 5	2008
6	HOUSAM65801567	−0.001 9	2009
7	HOCHNM11114601	−0.001 6	2014
8	HOCHNM31109289	−0.001 2	2009
8	HOCHNM11109693	−0.001 2	2009
10	HOUSAM64341514	−0.001 1	2009

表 6-4-14 经产牛死产率 EBV 排名前 10 名的种公牛（女儿数大于 20 头）信息

排名	公牛注册号	经产牛死产率 EBV	出生年份
1	HOCHNM31108526	−0.000 4	2008
2	HOUSAM71618865	−0.000 3	2012
2	HOCHNM11114601	−0.000 3	2014
4	HOUSAM68977120	−0.000 2	2009
4	HOCHNM11101927	−0.000 2	2001
4	HOUSAM66618935	−0.000 2	2009
4	HOCHNM11108800	−0.000 2	2008
4	HOUSAM53766368	−0.000 2	2009
4	HOUSAM71088718	−0.000 2	2012
4	HOCHNM11114610	−0.000 2	2014

6.4.9 母牛长寿性状

宁夏荷斯坦牛母牛生产寿命估计育种值年度变化趋势见图 6-4-22。生产寿命估计育种值来源于有表型记录、出生于 2010 年 1 月 1 日至 2018 年 12 月 31 日的 17 714 头母牛。

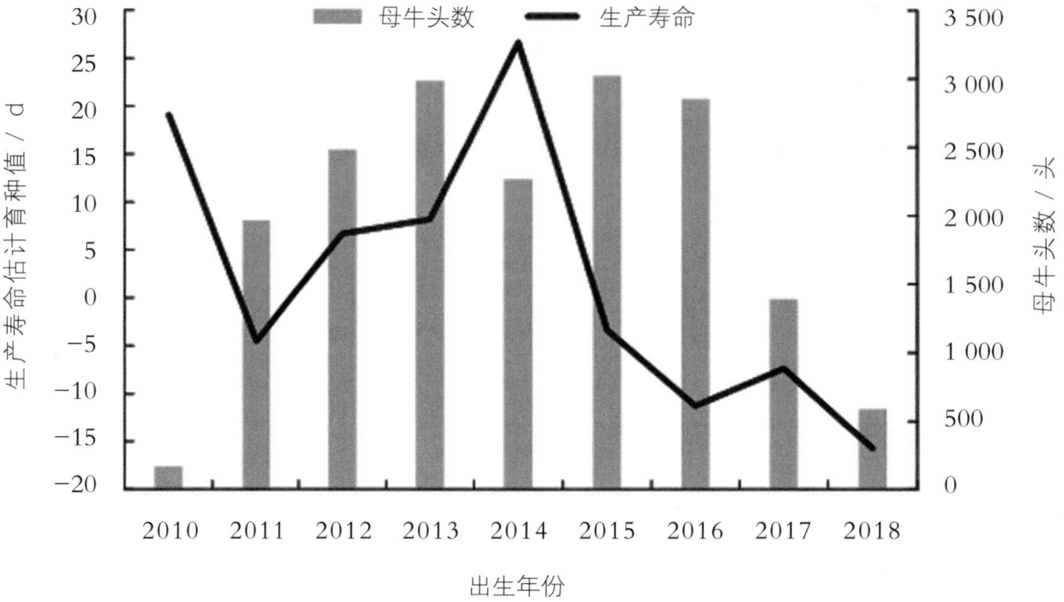

图 6-4-22 宁夏核心育种场 2010—2018 年出生母牛生产寿命估计育种值变化

6.4.10 长寿性状估计育种值排名前 10 名种公牛

女儿数大于 20 头且生产寿命估计育种值排名前 10 名的种公牛信息见表 6-4-15。

表 6-4-15 生产寿命 EBV 排名前 10 名的种公牛（女儿数大于 20 头）信息

排名	公牛注册号	生产寿命 EBV / d	出生年份
1	HOCHNM11195020	256.6	1995
2	HOCHNM11104859	210.3	2004
3	HOCHNM11196044	182.0	1996
4	HOCHNM11196035	178.9	1996
5	HOCHNM11100519	176.3	2000
6	HOCHNM11199095	175.2	1999
7	HOCHNM11197351	161.0	1997
8	HOCHNM11101929	159.1	2001
9	HOCHNM11193546	151.9	1993
10	HOCHNM11102390	138.5	2002

6.5 核心育种场管理性状遗传变异度变化趋势

各核心育种场 2010 年 1 月 1 日至 2019 年 12 月 31 日出生的母牛中，繁殖性状、产犊性状和长寿性状估计育种值排名前 25% 及排名后 25% 的母牛遗传水平随出生年份变化趋势见图 6-5-1 至图 6-5-10。遗传水平较高的青年牛与遗传水平较低的青年牛相比，首次配种日龄相差 23~97 d，首次产犊日龄相差 7~11 d，青年牛首末次配种间隔相差 5~11 d，经产牛首末次配种间隔相差 3~7 d，产犊至首次配种间隔相差 3~5 d，生产寿命相差 78 ~ 203 d。

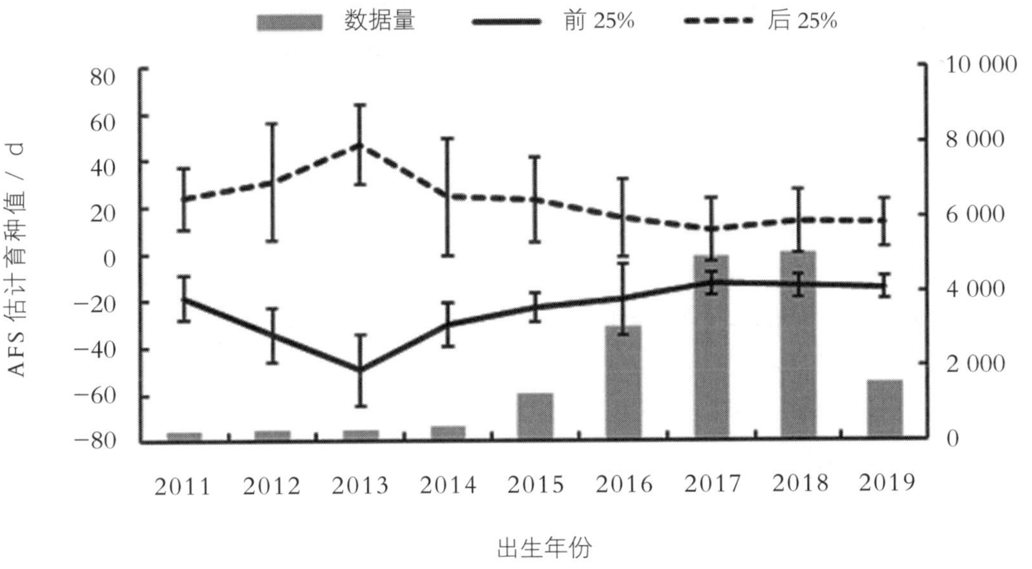

图 6-5-1　宁夏核心育种场 2010—2019 年出生的母牛首次配种日龄（AFS）估计育种值变化

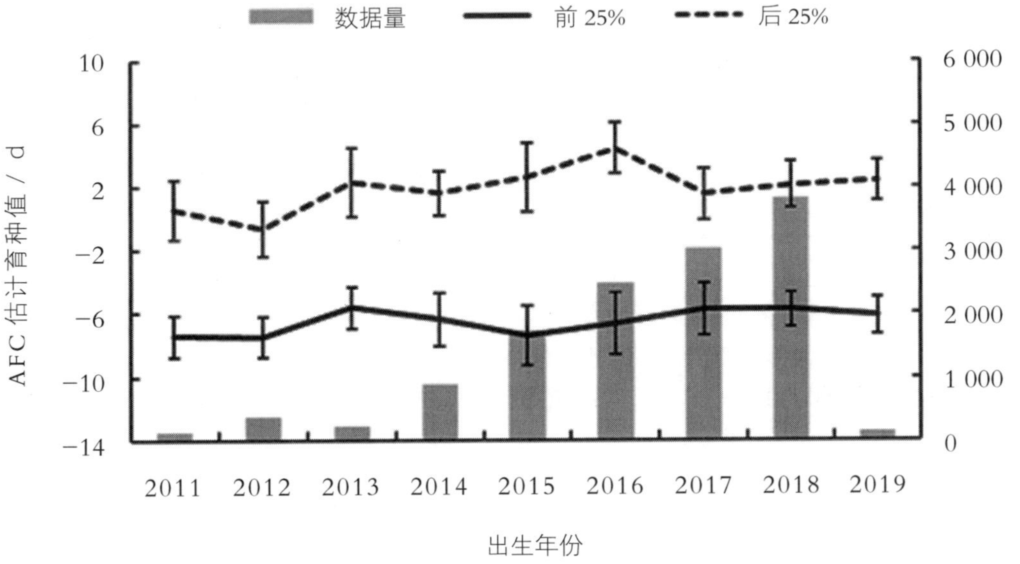

图 5-5-2　宁夏核心育种场 2010—2019 年出生的母牛首次产犊日龄（AFC）估计育种值变化

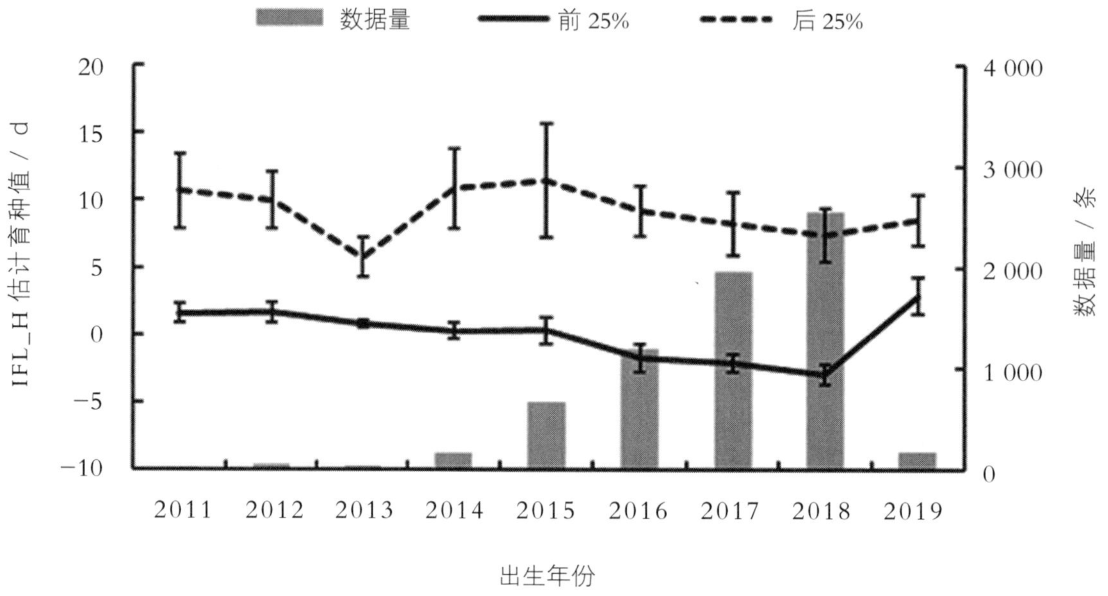

图 5-5-3　宁夏核心育种场 2010—2019 年出生的青年牛首末次配种间隔（IFL_H）估计育种值变化

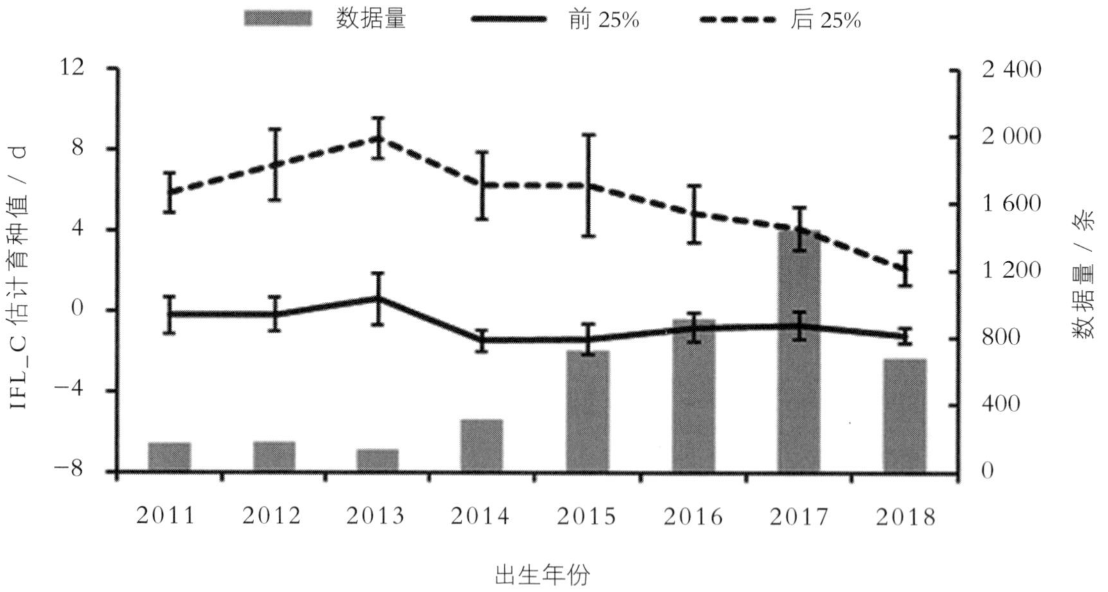

图 6-5-4　宁夏核心育种场 2010—2018 年出生的经产牛首末次配种间隔（IFL_C）估计育种值变化

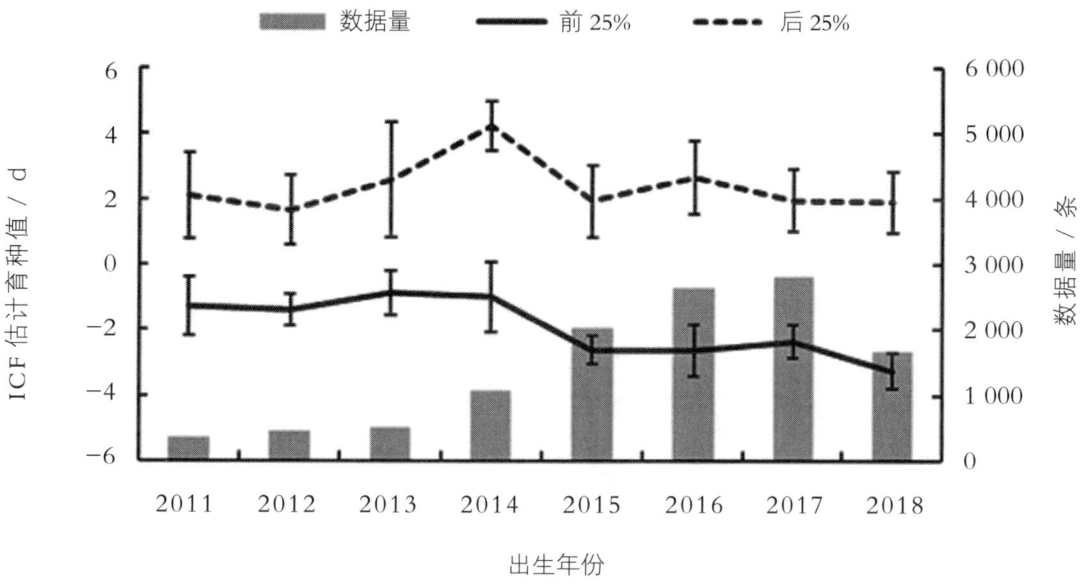

图 6-5-5　宁夏核心育种场 2010—2018 年出生的母牛产犊至首次配种间隔（ICF）估计育种值变化

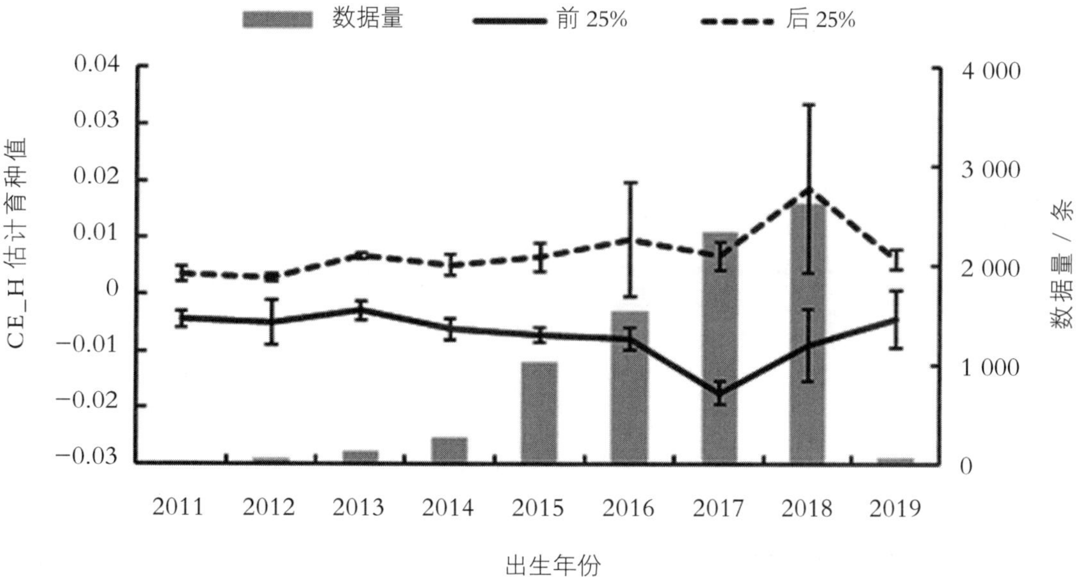

图 6-5-6　宁夏核心育种场 2010—2019 年出生青年牛产犊难易性（CE_H）估计育种值变化

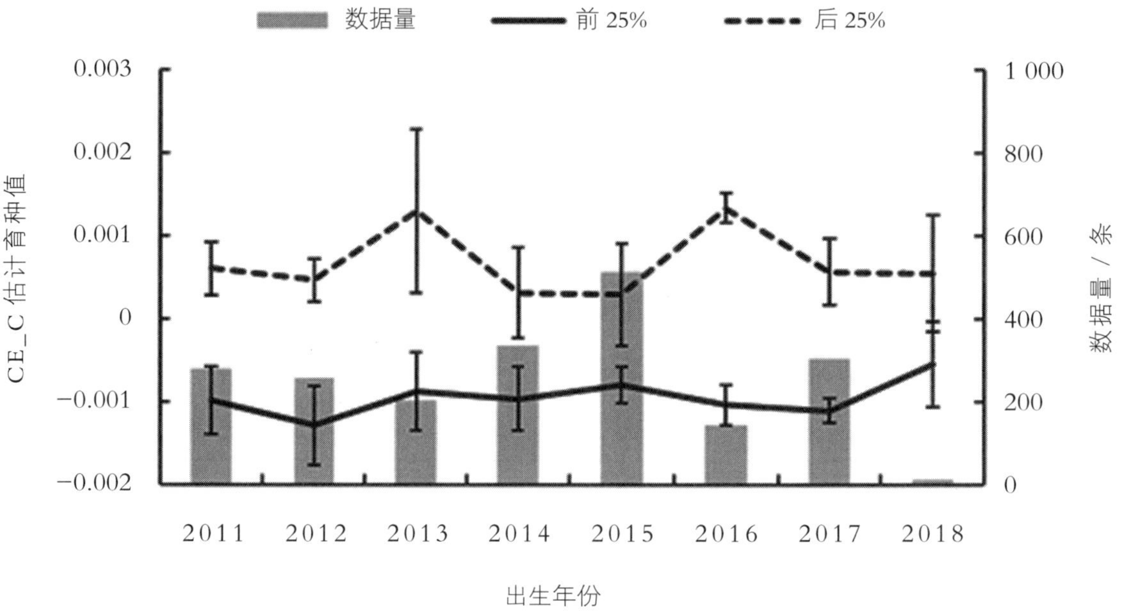

图 6-5-7 宁夏核心育种场 2010—2018 年出生经产牛产犊难易性（CE_C）估计育种值变化

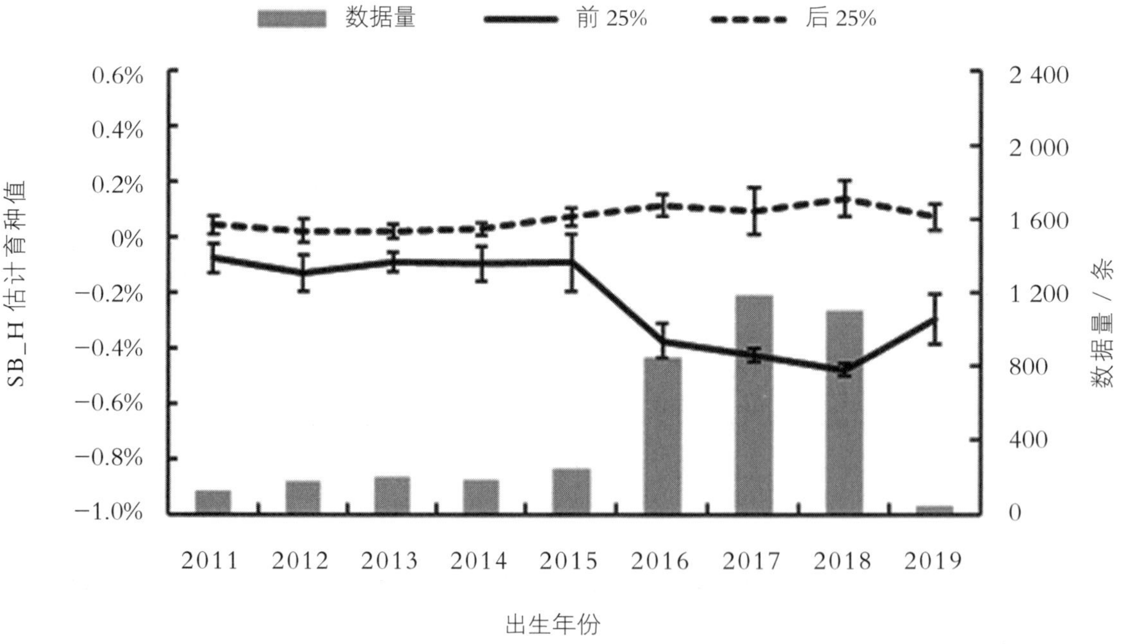

图 6-5-8 宁夏核心育种场 2010—2019 年出生青年牛死产率（SB_H）估计育种值变化

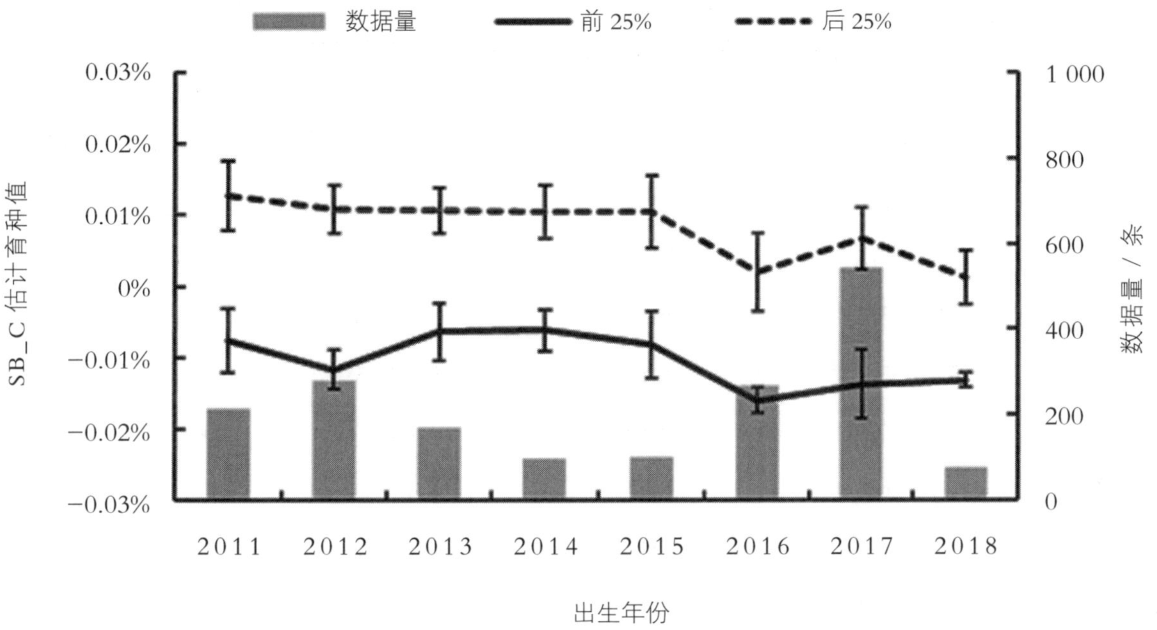

图 6-5-9　宁夏核心育种场 2010—2018 年出生经产牛死产率（SB_C）估计育种值变化

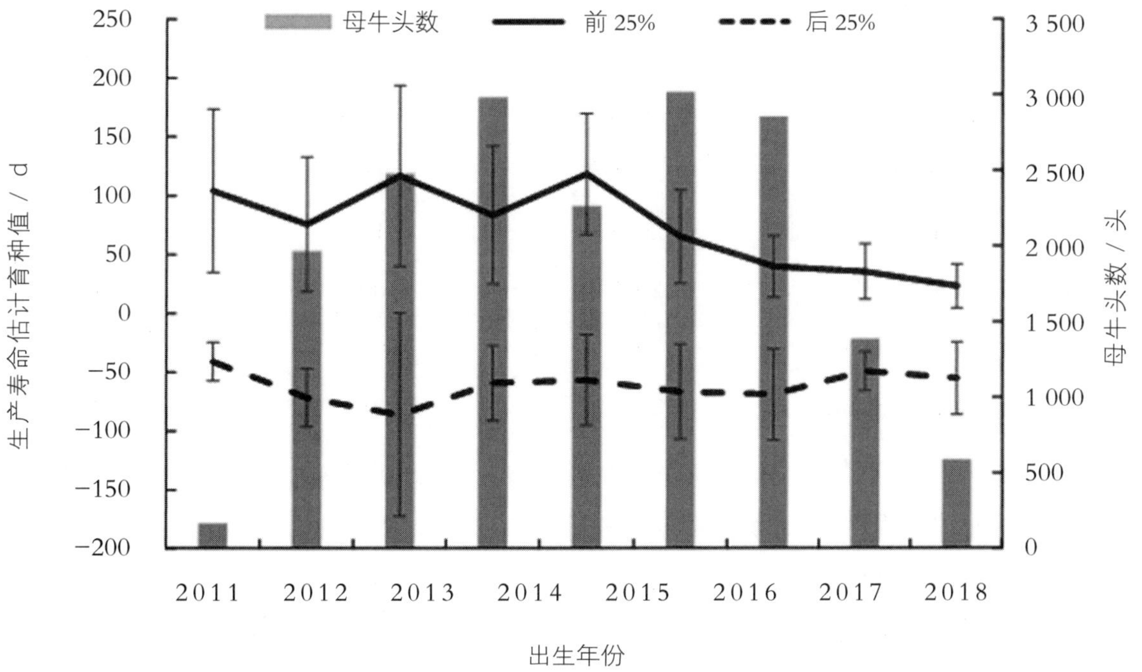

图 6-5-10　宁夏核心育种场 2010—2018 年出生母牛生产寿命估计育种值变化

附　表

附表 1　产奶量估计育种值（EBV）全宁夏排名前 500 名母牛

排名	牛号	出生年份	产奶量 EBV / kg	EBV 准确性
1	640193155973	2015	779.3	0.56
2	640190160813	2016	722.2	0.58
3	640202155620	2015	702.3	0.58
4	640202155621	2015	697.5	0.61
5	643052140312	2014	695.6	0.52
6	643052120405	2012	675.6	0.58
7	640193155954	2015	653.1	0.59
8	640193155093	2015	645.8	0.58
9	640193156044	2015	640.7	0.55
10	643052140408	2014	636.2	0.54
11	640005134196	2013	628.7	0.62
12	640190130615	2013	622.6	0.54
13	640066156091	2015	620.8	0.61
14	640003162234	2016	618.3	0.58
15	640193150004	2015	613.7	0.57
16	640193155567	2015	609.9	0.51
17	640193141008	2014	608.4	0.58
18	640202155662	2015	605.8	0.54
19	640193156400	2015	604.5	0.57
20	640193155999	2015	598.3	0.56
21	640190142282	2014	596.4	0.52
22	640193156028	2015	593.6	0.55
23	640202155641	2015	590.3	0.57
24	640190156061	2015	586.8	0.55
25	640193155555	2015	586.6	0.55

续表

排名	牛号	出生年份	产奶量 EBV / kg	EBV 准确性
26	640193150034	2015	584.5	0.59
27	640190155646	2015	578.8	0.59
28	640190156072	2015	576.3	0.58
29	640193155659	2015	572.9	0.53
30	640193155976	2015	571.8	0.57
31	640036100983	2010	567.9	0.57
32	640202155640	2015	567.2	0.60
33	640193161718	2016	564.8	0.50
34	640202155513	2015	561.6	0.61
35	643052120608	2012	559.7	0.59
36	640190160340	2016	559.2	0.61
37	640193155837	2015	553.2	0.55
38	640202155649	2015	551.3	0.56
39	640190157417	2015	550.7	0.54
40	640202155531	2015	548.0	0.59
41	640202155368	2015	546.7	0.52
42	640190155449	2015	544.9	0.59
43	640009110066	2011	542.3	0.64
44	640190156040	2015	541.9	0.56
45	640202155484	2015	541.7	0.53
46	640193156097	2015	541.4	0.59
47	640190121592	2012	539.6	0.53
48	640190130263	2013	539.3	0.53
49	643051140374	2014	538.8	0.59
50	640118090332	2009	538.6	0.60

续表

排名	牛号	出生年份	产奶量 EBV / kg	EBV 准确性
51	643052120402	2012	537.9	0.56
52	643052120118	2012	535.1	0.56
53	640190156178	2015	533.8	0.56
54	640190155337	2015	533.4	0.55
55	640193155875	2015	529.9	0.57
56	640193157269	2015	529.5	0.55
57	640009150532	2015	525.6	0.61
58	640202144952	2014	524.7	0.54
59	640118090522	2009	524.5	0.60
60	640190157644	2015	522.8	0.60
61	640193150074	2015	522.2	0.58
62	640190140331	2014	522.0	0.55
63	643052120318	2012	520.1	0.52
64	640118140727	2014	519.8	0.63
65	640202155646	2015	519.7	0.55
66	640190130536	2013	517.1	0.57
67	640190162159	2016	516.8	0.57
68	643052121010	2012	516.3	0.54
69	640193157421	2015	515.5	0.56
70	640190155681	2015	514.4	0.56
70	640202155478	2015	514.4	0.53
72	640190155446	2015	513.7	0.57
73	640193260372	2016	512.9	0.52
74	640190261023	2016	512.7	0.56
75	640251153284	2015	511.9	0.58

续表

排名	牛号	出生年份	产奶量 EBV / kg	EBV 准确性
76	640193156284	2015	511.1	0.60
77	640003121310	2012	510.5	0.61
78	640190155434	2015	508.8	0.59
79	640202155676	2015	506.9	0.59
80	640190160792	2016	506.6	0.59
81	643052137705	2013	506.5	0.55
82	640190135392	2013	505.5	0.52
83	640173163772	2016	505.3	0.58
84	640190142289	2014	505.1	0.50
85	640202155568	2015	504.9	0.58
86	640193156004	2015	504.2	0.59
87	640190141004	2014	503.1	0.54
88	643051098192	2009	501.4	0.55
89	640066111114	2011	500.6	0.58
90	640202155635	2015	500.3	0.55
91	640202155544	2015	500.0	0.54
91	640193156026	2015	500.0	0.56
93	640066111116	2011	499.8	0.57
94	640118110124	2011	497.4	0.59
94	640005124024	2012	497.4	0.62
96	640202155569	2015	497.0	0.53
97	640193154874	2015	496.8	0.52
98	640118150810	2015	496.1	0.55
99	643052121201	2012	496.0	0.57
100	640193156309	2015	495.8	0.57

续表

排名	牛号	出生年份	产奶量 EBV / kg	EBV 准确性
101	640193155803	2015	495.6	0.53
101	640193155958	2015	495.6	0.60
103	640202155571	2015	495.0	0.50
104	640193150072	2015	494.6	0.58
105	640202155366	2015	494.3	0.54
106	640202155547	2015	493.7	0.59
107	640190123772	2012	492.3	0.53
108	640035097427	2009	491.3	0.55
108	643052120513	2012	491.3	0.57
110	643052110907	2011	491.0	0.59
111	640190162476	2016	490.2	0.59
112	640031120459	2012	488.7	0.63
112	640193156848	2015	488.7	0.58
114	643052110709	2011	488.6	0.59
115	640193156341	2015	488.4	0.58
116	640193141877	2014	487.7	0.56
117	640193260735	2016	487.4	0.52
118	640173153502	2015	487.3	0.59
119	640012090198	2009	485.0	0.63
120	640190130785	2013	484.7	0.58
121	640173143402	2014	484.0	0.54
122	640193160877	2016	482.9	0.60
123	640010120542	2012	481.8	0.64
124	643051140382	2014	480.9	0.52
125	640193161722	2016	480.8	0.54

续表

排名	牛号	出生年份	产奶量 EBV / kg	EBV 准确性
126	640190156138	2015	479.6	0.51
127	640024121948	2012	479.5	0.53
128	643052140216	2014	479.1	0.56
129	640190128471	2012	479.0	0.52
130	643052120309	2012	478.3	0.61
131	640193161045	2016	477.6	0.55
132	640202155664	2015	477.5	0.54
133	640193154964	2015	477.3	0.51
134	640190155531	2015	477.0	0.52
135	640193150109	2015	476.8	0.54
136	640173152977	2015	474.0	0.59
137	640190160715	2016	473.4	0.58
138	640193156362	2015	473.3	0.56
139	640202155612	2015	473.2	0.58
140	640190130393	2013	472.7	0.53
141	640193172990	2017	472.6	0.56
142	640193155952	2015	471.8	0.58
143	643051130119	2013	471.7	0.60
144	640202155691	2015	471.4	0.57
145	640202155551	2015	471.0	0.51
146	640193156753	2015	470.8	0.59
146	640173152938	2015	470.8	0.59
148	640009120168	2012	470.1	0.61
149	640193156307	2015	469.9	0.60
150	640035097559	2009	469.8	0.57

续表

排名	牛号	出生年份	产奶量 EBV / kg	EBV 准确性
151	640193155674	2015	469.7	0.61
152	640193162032	2016	469.6	0.53
153	643052121213	2012	469.5	0.50
154	640193156297	2015	469.4	0.58
155	640193161713	2016	469.1	0.50
156	640193160032	2016	469.0	0.57
157	640193156520	2015	468.5	0.58
158	640193155663	2015	468.4	0.57
159	643052121202	2012	468.1	0.56
159	640193173262	2017	468.1	0.55
161	643052120501	2012	467.9	0.59
162	643052120907	2012	467.2	0.53
163	643052120613	2012	467.1	0.57
164	640193155996	2015	467.0	0.60
164	640036080438	2008	467.0	0.53
166	640193155577	2015	466.9	0.53
167	640193160183	2016	466.4	0.60
168	640190162176	2016	466.3	0.57
169	640193155981	2015	466.1	0.55
170	640024121928	2012	466.0	0.60
171	643052121107	2012	465.9	0.53
172	640024121892	2012	465.7	0.57
173	640190156039	2015	465.6	0.52
173	640184106021	2010	465.6	0.61
173	640190130007	2013	465.6	0.54

续表

排名	牛号	出生年份	产奶量 EBV / kg	EBV 准确性
176	640253169864	2016	465.4	0.56
176	640193156773	2015	465.4	0.51
178	640190160441	2016	464.2	0.56
179	643052120702	2012	463.9	0.61
180	640190140035	2014	463.8	0.55
181	640193155801	2015	463.4	0.57
182	640024101224	2010	463.1	0.60
183	640193160050	2016	462.9	0.58
184	640190155318	2015	461.9	0.57
185	640066100885	2010	460.9	0.62
186	640006080948	2008	460.5	0.55
187	640202155597	2015	460.2	0.61
188	640005124022	2012	460.1	0.61
189	640036130408	2013	460.0	0.58
189	640193173504	2017	460.0	0.54
191	640007110036	2011	459.6	0.51
192	640190155809	2015	459.4	0.56
193	640024142622	2014	458.7	0.57
194	640190160505	2016	458.4	0.55
195	640173152961	2015	458.3	0.55
196	640193156000	2015	458.1	0.59
197	643052111112	2011	458.0	0.53
197	640193173110	2017	458.0	0.53
199	640193156420	2015	457.3	0.56
200	640190130640	2013	456.9	0.52

续表

排名	牛号	出生年份	产奶量 EBV / kg	EBV 准确性
201	640118150844	2015	456.5	0.62
202	640202155522	2015	456.2	0.56
203	640066090827	2009	455.1	0.63
204	640193156811	2015	455.0	0.59
205	640193155841	2015	454.7	0.60
206	640190123768	2012	454.5	0.53
207	640193156298	2015	454.4	0.50
208	640202155555	2015	454.3	0.56
209	640024121866	2012	454.2	0.59
210	643051108537	2010	454.0	0.60
211	640193160929	2016	453.0	0.55
212	640190130838	2013	452.4	0.52
213	640009130014	2013	452.2	0.62
214	640202155631	2015	451.3	0.56
215	640202155573	2015	451.1	0.56
216	640193156027	2015	451.0	0.51
217	640035118018	2011	450.7	0.66
218	640190157381	2015	450.6	0.60
218	640202155622	2015	450.6	0.54
220	643052121009	2012	450.5	0.56
221	640193156465	2015	450.1	0.53
222	640024121753	2012	449.8	0.52
223	643052111211	2011	448.9	0.52
224	640010120470	2012	448.0	0.65
225	643052121112	2012	447.7	0.55

续表

排名	牛号	出生年份	产奶量 EBV / kg	EBV 准确性
225	640193155817	2015	447.7	0.60
227	640118120095	2012	446.6	0.59
227	640190155439	2015	446.6	0.60
229	640166120644	2012	446.0	0.67
230	640190155556	2015	445.7	0.55
230	640193156560	2015	445.7	0.57
232	640193161737	2016	445.5	0.53
233	640035097550	2009	445.1	0.56
234	640193170432	2017	444.4	0.53
235	640190142466	2014	444.3	0.58
235	640003080650	2008	444.3	0.60
237	640166120671	2012	444.1	0.69
238	640010120469	2012	443.9	0.67
239	640190160409	2016	443.8	0.52
240	643052140209	2014	443.4	0.56
241	640202155645	2015	443.0	0.57
242	640251163866	2016	441.9	0.55
243	640009110118	2011	441.7	0.57
244	640253169874	2016	440.9	0.55
245	640024142654	2015	440.2	0.61
245	640009090066	2009	440.2	0.61
245	640193173792	2017	440.2	0.55
248	640202155529	2015	439.8	0.51
248	640066121379	2012	439.8	0.57
250	640009150468	2014	439.7	0.62

续表

排名	牛号	出生年份	产奶量 EBV / kg	EBV 准确性
251	640190110613	2011	439.1	0.55
252	640193260367	2016	438.6	0.56
252	640012130700	2013	438.6	0.67
254	640012110459	2011	438.4	0.63
255	640173153542	2015	437.1	0.59
256	640035117802	2011	436.9	0.62
257	640190130856	2013	436.8	0.56
258	640202155490	2015	436.7	0.57
259	640003100927	2010	436.6	0.61
259	643052120414	2012	436.6	0.57
261	640193155472	2015	436.3	0.53
262	640193156303	2015	436.1	0.57
263	640005123952	2012	435.9	0.66
264	640202155334	2015	435.8	0.54
265	640188120764	2012	435.5	0.62
266	640190156206	2015	435.3	0.56
266	640024152669	2015	435.3	0.58
268	640193142313	2014	434.2	0.57
268	640193156008	2015	434.2	0.61
270	640010120465	2012	433.9	0.66
271	640202155354	2015	433.4	0.57
272	640190155333	2015	432.7	0.53
273	640202155557	2015	432.6	0.54
274	640190156052	2015	432.0	0.55
274	640193161696	2016	432.0	0.52

续表

排名	牛号	出生年份	产奶量 EBV / kg	EBV 准确性
276	640096080429	2008	431.7	0.57
277	640190121764	2012	431.5	0.50
278	640005144360	2014	431.4	0.58
279	643052111010	2011	431.3	0.58
280	640202155340	2015	431.2	0.57
281	640024132255	2013	431.1	0.57
282	640193156054	2015	431.0	0.56
283	640193161763	2016	430.9	0.51
284	640193161685	2016	430.8	0.52
285	640193155188	2015	430.7	0.59
286	640193150162	2015	430.2	0.54
287	640003162447	2016	430.0	0.56
288	643052120912	2012	429.5	0.59
288	640193173030	2017	429.5	0.55
288	640193155691	2015	429.5	0.56
291	640173164046	2016	429.3	0.56
292	640202155651	2015	429.0	0.54
293	643052110913	2011	428.8	0.57
294	640202155509	2015	428.6	0.55
295	640024121897	2012	428.1	0.57
296	640036080543	2008	427.3	0.52
297	640005103629	2010	427.1	0.63
298	640202155604	2015	426.8	0.58
299	640003121286	2012	426.5	0.61
299	640036080445	2008	426.5	0.59

续表

排名	牛号	出生年份	产奶量 EBV / kg	EBV 准确性
301	640193156412	2015	426.0	0.59
302	640190140017	2014	425.7	0.57
303	640251163908	2016	425.3	0.56
304	640190261028	2016	425.1	0.50
305	640193157292	2015	424.6	0.55
306	643052120601	2012	423.6	0.59
307	640202155348	2015	423.0	0.54
308	640190130254	2013	422.9	0.53
308	640190160728	2016	422.9	0.54
310	643052128801	2013	422.0	0.56
311	640193155340	2015	421.7	0.56
311	640190155628	2015	421.7	0.57
313	640031110257	2011	421.5	0.65
314	640009110070	2011	421.3	0.61
315	643052121109	2012	420.9	0.61
316	640193155199	2015	420.4	0.52
317	640202155553	2015	420.2	0.57
318	640178080511	2008	418.9	0.53
319	640193154294	2015	418.5	0.54
319	640253169845	2016	418.5	0.58
321	640190162160	2016	418.0	0.56
322	640202155623	2015	417.3	0.56
323	640190111160	2011	417.2	0.54
324	640193154946	2015	417.1	0.58
325	640193160449	2016	417.0	0.56

续表

排名	牛号	出生年份	产奶量 EBV / kg	EBV 准确性
326	640009160949	2016	416.4	0.62
327	640024142458	2014	415.7	0.61
328	640118130203	2013	415.5	0.65
328	643051130127	2013	415.5	0.60
330	640009090095	2009	415.1	0.60
331	640009160907	2016	414.1	0.61
331	640003100949	2010	414.1	0.53
333	640066090789	2009	413.4	0.59
334	640202155619	2015	413.3	0.54
335	640096110713	2011	413.2	0.60
336	643052110811	2011	412.3	0.55
337	640190120948	2012	412.1	0.52
338	640024132280	2013	411.4	0.62
338	643052111109	2011	411.4	0.54
340	640193154409	2015	410.8	0.54
341	643052110808	2011	410.6	0.59
342	640009080084	2008	410.5	0.59
343	640015090040	2009	410.4	0.54
344	640190130467	2013	410.2	0.57
344	640118150799	2015	410.2	0.58
344	640190141963	2014	410.2	0.54
344	640036100937	2010	410.2	0.62
348	640193154904	2015	410.0	0.57
349	640009110081	2011	409.9	0.53
349	640222120456	2012	409.9	0.61

续表

排名	牛号	出生年份	产奶量 EBV / kg	EBV 准确性
351	643052130511	2013	409.4	0.53
352	640251163922	2016	409.3	0.58
353	640251153268	2015	409.2	0.60
354	640190125046	2012	409.0	0.52
354	640190156452	2015	409.0	0.50
356	640193161452	2016	408.8	0.54
357	640003162427	2016	408.7	0.53
357	640193160147	2016	408.7	0.60
359	640190155306	2015	408.3	0.58
360	640036101101	2010	408.2	0.51
360	640190162024	2016	408.2	0.62
362	640190156069	2015	407.8	0.51
363	640193155124	2015	407.6	0.57
363	640202155338	2015	407.6	0.54
365	643052120416	2012	407.5	0.58
366	640190120826	2012	407.2	0.51
367	640005103598	2010	406.8	0.64
368	640253158850	2015	406.7	0.53
369	640024142460	2014	406.5	0.61
369	640193155985	2015	406.5	0.61
369	640202155519	2015	406.5	0.50
372	640193156108	2015	406.3	0.63
373	640004125988	2012	405.9	0.65
374	640193162649	2016	405.8	0.50
375	640190160448	2016	405.7	0.52

续表

排名	牛号	出生年份	产奶量 EBV / kg	EBV 准确性
375	640004095480	2009	405.7	0.62
377	640193150117	2015	405.5	0.53
378	640193150212	2015	404.9	0.60
379	640166120674	2012	403.9	0.55
380	640193155047	2015	403.6	0.55
381	640005123925	2012	403.5	0.65
381	640024101278	2010	403.5	0.64
383	640193155843	2015	403.0	0.57
384	643052110526	2011	402.9	0.56
385	643052120706	2012	402.8	0.61
386	640193160339	2016	402.6	0.58
387	640009110050	2011	402.4	0.62
388	640202155587	2015	402.2	0.55
388	640190160964	2016	402.2	0.58
390	640193155939	2015	401.6	0.60
391	640193160899	2016	401.3	0.53
391	640193161038	2016	401.3	0.54
391	640005093316	2009	401.3	0.61
394	640251153282	2015	400.3	0.57
395	640035128272	2012	400.2	0.61
396	640024142440	2014	400.0	0.55
397	640010110410	2011	399.9	0.62
398	643051108499	2010	399.8	0.56
399	640036101034	2010	399.7	0.62
399	640184116075	2011	399.7	0.63

续表

排名	牛号	出生年份	产奶量 EBV / kg	EBV 准确性
401	640193154862	2015	399.6	0.57
402	640009110049	2011	398.9	0.65
402	640193154977	2015	398.9	0.56
404	640193141847	2014	398.8	0.53
405	640193160422	2016	398.6	0.58
406	640193155521	2015	398.3	0.59
406	640193160047	2016	398.3	0.54
408	640190123771	2012	398.1	0.55
409	643052130512	2013	398.0	0.53
410	640222121927	2012	397.4	0.57
411	640003121323	2012	397.2	0.65
412	640253169851	2016	396.6	0.51
413	640251153306	2015	396.4	0.52
414	640193155286	2015	396.2	0.52
415	643052140317	2014	396.0	0.55
416	640004110930	2011	395.6	0.54
417	640035107702	2010	395.5	0.63
418	640012110365	2011	395.4	0.61
418	640251153263	2015	395.4	0.51
420	640097140118	2014	395.3	0.66
421	640190130019	2013	394.9	0.52
422	643051128634	2012	394.8	0.59
423	640193155889	2015	394.6	0.59
424	640024111492	2011	394.3	0.59
425	640193154328	2015	394.2	0.54

续表

排名	牛号	出生年份	产奶量 EBV / kg	EBV 准确性
425	640193156372	2015	394.2	0.57
427	640005117970	2011	394.0	0.64
428	640024121762	2012	393.9	0.59
429	640005144328	2014	393.7	0.65
429	640190141026	2014	393.7	0.54
431	640253159147	2015	393.6	0.59
432	640005093431	2009	393.4	0.61
432	640036100945	2010	393.4	0.57
432	640193154831	2015	393.4	0.57
435	640202155525	2015	393.3	0.59
436	640064100037	2010	393.2	0.62
437	640009150515	2015	392.9	0.58
438	640193161229	2016	392.7	0.59
439	640178200187	2015	392.5	0.62
440	640005124017	2012	392.4	0.57
440	643052121113	2012	392.4	0.55
440	640193155822	2015	392.4	0.59
440	640190160743	2016	392.4	0.55
444	640190140100	2013	392.2	0.58
445	640009090048	2009	392.1	0.61
445	640118150795	2015	392.1	0.55
447	643052120202	2012	391.3	0.63
448	640193155514	2015	391.2	0.56
449	640036080429	2008	391.0	0.57
450	640193156099	2015	390.9	0.55

续表

排名	牛号	出生年份	产奶量 EBV / kg	EBV 准确性
451	640193155392	2015	390.8	0.60
452	640024142377	2014	390.7	0.62
453	640193156241	2015	390.4	0.57
453	640193155823	2015	390.4	0.51
455	640193155569	2015	390.1	0.56
456	640024080907	2008	389.6	0.61
457	640190110055	2011	389.5	0.53
458	640190110800	2011	389.3	0.55
459	640190130754	2013	389.1	0.57
460	640031120282	2012	388.9	0.63
461	640251163870	2016	388.8	0.58
462	640012110406	2011	388.7	0.65
462	640066090831	2009	388.7	0.62
462	640193155002	2015	388.7	0.55
465	640190142471	2014	388.5	0.59
466	643052120803	2012	388.3	0.52
467	640118110025	2011	388.0	0.66
467	640193155983	2015	388.0	0.60
467	643051130096	2013	388.0	0.67
467	640193160038	2016	388.0	0.56
471	640118120162	2012	387.7	0.59
472	640190130229	2013	387.0	0.56
472	640190156118	2015	387.0	0.55
474	640096080424	2008	386.8	0.60
475	640118120145	2012	386.7	0.63

续表

排名	牛号	出生年份	产奶量 EBV / kg	EBV 准确性
476	640024101369	2010	386.6	0.66
477	640193156110	2015	386.5	0.52
478	643052111204	2011	386.3	0.56
479	640005123933	2012	386.2	0.67
479	640010110412	2011	386.2	0.67
481	640190157358	2015	386.0	0.54
482	640193161761	2016	385.6	0.55
483	640009120109	2012	385.5	0.57
483	640064130506	2013	385.5	0.52
483	640009140319	2014	385.5	0.61
486	640202155603	2015	385.2	0.53
487	640193153696	2015	385.1	0.50
488	640009140361	2014	384.9	0.60
488	640011112217	2011	384.9	0.57
488	640066111140	2011	384.9	0.64
491	640118110103	2011	384.8	0.66
492	640003100948	2010	384.7	0.59
493	640193155863	2015	384.6	0.55
494	640015110040	2011	384.4	0.60
495	640035107763	2010	384.1	0.64
496	640202155346	2015	383.8	0.55
496	643052130321	2013	383.8	0.51
496	640202155661	2015	383.8	0.59
499	640193160978	2016	383.6	0.59
500	640012110432	2011	383.5	0.60

附表 2 乳脂率估计育种值（EBV）全宁夏排名前 500 名母牛

排名	牛号	出生年份	乳脂率 EBV / %	EBV 准确性
1	640173153527	2015	0.099	0.28
2	640190131090	2013	0.098	0.29
2	640064090157	2009	0.098	0.51
2	640253160524	2016	0.098	0.34
5	640251170636	2017	0.095	0.46
6	640004136276	2013	0.094	0.51
6	640178126325	2011	0.094	0.21
6	640253158326	2015	0.094	0.28
9	640036111184	2011	0.092	0.31
10	640032110088	2011	0.091	0.47
11	640166109707	2010	0.090	0.49
12	640251153080	2015	0.088	0.51
12	640036070116	2007	0.088	0.21
14	640190162648	2016	0.086	0.28
15	640193160729	2016	0.085	0.48
16	640178111774	2012	0.083	0.30
17	640190141251	2014	0.082	0.46
17	640202144966	2014	0.082	0.36
19	640035148614	2014	0.081	0.52
19	640190123447	2012	0.081	0.31
19	640166109755	2010	0.081	0.47
19	641009090586	2009	0.081	0.51
23	640136080227	2008	0.079	0.41
23	640251164183	2016	0.079	0.47
25	640066080051	2008	0.077	0.47

续表

排名	牛号	出生年份	乳脂率 EBV / %	EBV 准确性
26	640166089174	2008	0.076	0.50
26	640190123424	2012	0.076	0.28
28	640184111478	2011	0.074	0.49
28	640009070106	2007	0.074	0.49
28	640178090657	2009	0.074	0.45
31	640190162208	2016	0.073	0.28
31	640190156861	2015	0.073	0.25
33	640193160362	2016	0.072	0.48
33	640166161860	2016	0.072	0.51
35	640184101403	2010	0.069	0.46
35	640190163299	2016	0.069	0.24
37	640032142405	2014	0.068	0.36
37	640009070075	2007	0.068	0.47
39	640193172752	2017	0.067	0.42
39	640187122060	2012	0.067	0.43
41	640036120186	2012	0.066	0.45
42	640035097475	2009	0.065	0.47
42	640190175201	2017	0.065	0.26
44	640031090474	2009	0.064	0.52
44	640166141064	2014	0.064	0.40
46	640190131096	2013	0.063	0.33
46	640178150168	2015	0.063	0.45
48	640178141839	2014	0.062	0.18
48	640097110629	2011	0.062	0.47
50	640193160684	2016	0.061	0.42

续表

排名	牛号	出生年份	乳脂率 EBV / %	EBV 准确性
50	640007080794	2008	0.061	0.42
52	640012110164	2011	0.060	0.27
52	640193170542	2017	0.060	0.49
52	640006070795	2007	0.060	0.40
52	643051097056	2009	0.060	0.51
56	640005154472	2015	0.059	0.41
56	640024111411	2011	0.059	0.23
56	640066140269	2014	0.059	0.39
56	641009100079	2010	0.059	0.33
56	640193160710	2016	0.059	0.45
61	640178099701	2009	0.058	0.45
61	640003121204	2012	0.058	0.52
61	640190163339	2016	0.058	0.29
64	640038100968	2010	0.057	0.43
65	640190123781	2012	0.056	0.31
65	640097080122	2008	0.056	0.40
67	640010140815	2014	0.055	0.52
67	640064060111	2006	0.055	0.28
67	640100090117	2009	0.055	0.37
67	640064091617	2009	0.055	0.21
67	640097130877	2013	0.055	0.35
67	640188100586	2010	0.055	0.42
67	640193141033	2014	0.055	0.45
74	640193171268	2017	0.054	0.49
74	640190113022	2011	0.054	0.38

续表

排名	牛号	出生年份	乳脂率 EBV / %	EBV 准确性
74	640173172372	2017	0.054	0.30
77	640195160148	2016	0.053	0.46
77	640190141655	2014	0.053	0.34
79	643051108482	2010	0.052	0.50
79	640003151841	2014	0.052	0.49
81	64305100B436	2016	0.050	0.31
81	640188131189	2013	0.050	0.42
83	640066070570	2007	0.049	0.47
83	640009080070	2008	0.049	0.44
83	640205155174	2015	0.049	0.25
86	640251174999	2017	0.048	0.30
86	640193156720	2015	0.048	0.40
86	640193154636	2015	0.048	0.36
86	640038070614	2007	0.048	0.47
86	640190135139	2013	0.048	0.24
91	640190120377	2012	0.047	0.23
91	640178093092	2009	0.047	0.29
91	640253160387	2016	0.047	0.34
91	640004136335	2013	0.047	0.53
95	640007100910	2010	0.046	0.47
95	643051160938	2016	0.046	0.36
95	640166162043	2016	0.046	0.39
95	640193160711	2016	0.046	0.49
95	640193160244	2016	0.046	0.44
100	640202145131	2014	0.045	0.33

续表

排名	牛号	出生年份	乳脂率 EBV / %	EBV 准确性
100	640005089109	2008	0.045	0.45
100	640004161402	2016	0.045	0.39
100	640118100248	2008	0.045	0.51
104	640253169665	2016	0.044	0.47
104	640193157273	2015	0.044	0.49
104	640190127240	2012	0.044	0.31
107	640007100793	2010	0.043	0.35
107	640105110729	2011	0.043	0.28
107	640190127205	2012	0.043	0.22
107	640005144449	2014	0.043	0.38
107	640190172153	2017	0.043	0.32
112	640005154640	2015	0.042	0.47
112	640097070060	2007	0.042	0.47
114	640178111015	2011	0.041	0.24
114	640193171216	2017	0.041	0.44
116	640190155594	2015	0.040	0.27
116	640166119990	2011	0.040	0.46
116	640024101320	2010	0.040	0.42
116	640251141344	2014	0.040	0.47
116	641071102337	2010	0.040	0.31
121	640190130297	2013	0.039	0.32
121	640193153590	2015	0.039	0.41
121	640193173772	2017	0.039	0.47
121	640173163884	2016	0.039	0.33
121	641009080419	2008	0.039	0.46

续表

排名	牛号	出生年份	乳脂率 EBV / %	EBV 准确性
121	640190113054	2011	0.039	0.33
121	640190127762	2012	0.039	0.32
121	640188110661	2011	0.039	0.51
129	640166130752	2013	0.038	0.57
129	640274153110	2015	0.038	0.30
129	640190155141	2015	0.038	0.48
129	640096130594	2013	0.038	0.43
129	640178120679	2012	0.038	0.29
134	640193155289	2015	0.037	0.49
134	640190162154	2016	0.037	0.29
134	640066115033	2011	0.037	0.32
134	640003111128	2011	0.037	0.43
134	640097090230	2009	0.037	0.39
134	640193161092	2016	0.037	0.42
140	640031090498	2009	0.036	0.53
140	640190138592	2013	0.036	0.30
140	640173133111	2013	0.036	0.33
140	640193160037	2016	0.036	0.47
140	640066166483	2016	0.036	0.29
140	640193156487	2015	0.036	0.42
140	643052128806	2013	0.036	0.31
140	640253158545	2015	0.036	0.25
140	640193155021	2015	0.036	0.49
140	640178141338	2014	0.036	0.44
150	640193170918	2017	0.035	0.43

续表

排名	牛号	出生年份	乳脂率 EBV / %	EBV 准确性
150	640182150043	2015	0.035	0.33
150	640190157343	2015	0.035	0.46
150	640201143989	2014	0.035	0.40
150	640003167093	2016	0.035	0.34
150	640193150253	2015	0.035	0.45
150	640188110697	2011	0.035	0.48
150	640190172879	2017	0.035	0.27
150	640193156274	2015	0.035	0.51
150	641009100110	2010	0.035	0.36
150	640190156037	2015	0.035	0.24
150	640009070012	2007	0.035	0.44
162	641071090063	2009	0.034	0.52
162	640066100937	2010	0.034	0.54
162	640195160131	2016	0.034	0.46
162	640253169918	2016	0.034	0.24
166	640251148622	2014	0.033	0.50
166	640005164918	2016	0.033	0.39
166	641071130278	2013	0.033	0.41
166	640066101003	2010	0.033	0.36
170	640005093358	2009	0.032	0.47
170	640188130123	2013	0.032	0.27
170	640193156485	2015	0.032	0.46
170	640193170804	2017	0.032	0.46
170	640190163394	2016	0.032	0.28
170	640003080674	2008	0.032	0.53

续表

排名	牛号	出生年份	乳脂率 EBV / %	EBV 准确性
170	640253171167	2017	0.032	0.40
170	640251164382	2016	0.032	0.28
170	640190175181	2017	0.032	0.24
170	640035170591	2017	0.032	0.43
170	640190120336	2012	0.032	0.34
170	640190127444	2012	0.032	0.22
182	640035148668	2014	0.031	0.47
182	643091108208	2010	0.031	0.34
182	640024090073	2009	0.031	0.50
182	640066156158	2015	0.031	0.31
182	640035158980	2015	0.031	0.30
182	640009140445	2014	0.031	0.36
182	640251160188	2016	0.031	0.46
189	640066111022	2011	0.030	0.43
189	640182130348	2013	0.030	0.46
189	640178141329	2014	0.030	0.31
189	640066121325	2012	0.030	0.48
189	640031090452	2009	0.030	0.41
189	640190129016	2013	0.030	0.38
189	640009090034	2009	0.030	0.54
189	640190160071	2016	0.030	0.30
189	640024121821	2012	0.030	0.35
189	640190153907	2015	0.030	0.39
199	640193163336	2016	0.029	0.39
199	640190112526	2011	0.029	0.29

续表

排名	牛号	出生年份	乳脂率 EBV / %	EBV 准确性
199	640190123724	2012	0.029	0.29
199	643052090129	2009	0.029	0.42
199	640178210007	2016	0.029	0.40
199	640066156259	2015	0.029	0.30
199	640190162090	2016	0.029	0.47
199	640036080038	2008	0.029	0.27
207	640202144403	2014	0.028	0.40
207	640003151906	2015	0.028	0.42
207	640190120105	2012	0.028	0.25
207	640190136993	2013	0.028	0.30
207	640190154542	2015	0.028	0.31
207	640253160381	2016	0.028	0.39
207	640180091101	2009	0.028	0.48
207	640097120712	2012	0.028	0.49
207	640096100610	2010	0.028	0.34
207	640066121443	2012	0.028	0.45
207	640010090044	2009	0.028	0.52
218	640118090347	2009	0.027	0.48
218	640012100068	2010	0.027	0.32
218	640173153727	2015	0.027	0.29
218	640005097479	2009	0.027	0.51
218	640190112620	2011	0.027	0.34
218	640253148164	2015	0.027	0.31
218	640190123504	2012	0.027	0.24
218	640118100240	2009	0.027	0.52

续表

排名	牛号	出生年份	乳脂率 EBV / %	EBV 准确性
218	640190160117	2016	0.027	0.31
218	640066121386	2012	0.027	0.35
228	641071125413	2012	0.026	0.39
228	640063070124	2007	0.026	0.48
228	640190131161	2013	0.026	0.27
228	640011091914	2009	0.026	0.51
228	641009080265	2008	0.026	0.46
228	640190162965	2016	0.026	0.32
228	640253158778	2015	0.026	0.35
228	640004115963	2012	0.026	0.33
228	640188110629	2011	0.026	0.38
228	640251174787	2017	0.026	0.41
228	640178200635	2015	0.026	0.45
228	640036111196	2011	0.026	0.41
228	640253147695	2014	0.026	0.30
228	640190141143	2014	0.026	0.46
242	640011155080	2015	0.025	0.46
242	640193150102	2015	0.025	0.40
242	640102080435	2008	0.025	0.50
242	640166099245	2009	0.025	0.51
242	643051140336	2014	0.025	0.47
242	640190154796	2015	0.025	0.34
242	640004167168	2016	0.025	0.40
242	640222121629	2012	0.025	0.42
242	640063070122	2007	0.025	0.46

续表

排名	牛号	出生年份	乳脂率 EBV / %	EBV 准确性
242	640173162025	2016	0.025	0.30
242	640032100704	2010	0.025	0.41
242	640190113104	2011	0.025	0.28
242	640166141166	2014	0.025	0.37
242	640035150107	2015	0.025	0.47
242	640190120950	2012	0.025	0.38
257	640190163304	2016	0.024	0.32
257	640009160967	2016	0.024	0.42
257	640178110002	2011	0.024	0.32
257	643051105033	2010	0.024	0.33
257	640190113356	2011	0.024	0.29
257	640166141001	2014	0.024	0.45
257	640178130707	2013	0.024	0.45
257	640182100021	2010	0.024	0.51
257	640178200534	2015	0.024	0.42
257	643074110014	2010	0.024	0.36
257	640178125429	2013	0.024	0.19
257	640190128980	2013	0.024	0.32
257	643052100056	2010	0.024	0.46
257	640188100873	2010	0.024	0.34
257	640193171306	2017	0.024	0.45
257	640006080848	2008	0.024	0.29
273	640118100010	2009	0.023	0.54
273	640003162144	2016	0.023	0.49
273	640190141907	2014	0.023	0.32

续表

排名	牛号	出生年份	乳脂率 EBV / %	EBV 准确性
273	640190135482	2013	0.023	0.27
273	640178200295	2015	0.023	0.31
273	640190162490	2016	0.023	0.30
273	640193161303	2016	0.023	0.39
273	640251170639	2017	0.023	0.49
273	641071080022	2008	0.023	0.49
273	640193160263	2016	0.023	0.42
273	640178126295	2012	0.023	0.27
273	640201154783	2015	0.023	0.35
273	640011131363	2013	0.023	0.48
273	640178116161	2011	0.023	0.35
287	640190162234	2016	0.022	0.46
287	640066130200	2013	0.022	0.31
287	640190162756	2016	0.022	0.32
287	640009171198	2017	0.022	0.39
287	640003152013	2015	0.022	0.36
287	640178141837	2014	0.022	0.41
287	640036120139	2012	0.022	0.47
287	640004085377	2008	0.022	0.53
287	640136100323	2010	0.022	0.38
287	640190156934	2015	0.022	0.30
287	640201154654	2015	0.022	0.41
287	640193170158	2017	0.022	0.48
287	640102100611	2010	0.022	0.34
300	640193150115	2015	0.021	0.31

续表

排名	牛号	出生年份	乳脂率 EBV / %	EBV 准确性
300	640031120045	2012	0.021	0.31
300	640166141346	2014	0.021	0.54
300	643051146507	2014	0.021	0.34
300	640024100048	2010	0.021	0.46
300	640173143173	2014	0.021	0.27
300	640101080192	2008	0.021	0.32
300	640178111728	2012	0.021	0.28
300	640190130438	2013	0.021	0.23
300	640195160095	2016	0.021	0.45
300	640032100780	2010	0.021	0.44
300	640035087308	2008	0.021	0.51
300	640195160410	2016	0.021	0.42
300	641009080099	2008	0.021	0.46
300	640166151763	2015	0.021	0.39
300	640173131035	2013	0.021	0.41
300	640063070158	2007	0.021	0.46
300	640190171712	2017	0.021	0.43
318	640004160741	2016	0.020	0.38
318	640166130946	2013	0.020	0.35
318	640097100415	2010	0.020	0.52
318	640193154990	2015	0.020	0.48
318	640184101378	2010	0.020	0.39
318	640193156924	2015	0.020	0.44
318	640190134608	2013	0.020	0.42
318	640193171824	2017	0.020	0.50

续表

排名	牛号	出生年份	乳脂率 EBV / %	EBV 准确性
318	640190170728	2017	0.020	0.40
318	640195160522	2016	0.020	0.49
328	640188141266	2014	0.019	0.38
328	640063070186	2007	0.019	0.46
328	640178100043	2010	0.019	0.35
328	640178130128	2013	0.019	0.30
328	640188100861	2010	0.019	0.27
328	640178130451	2013	0.019	0.47
328	640195151322	2015	0.019	0.35
328	640118150909	2015	0.019	0.45
328	640005113775	2011	0.019	0.34
328	640066156137	2015	0.019	0.33
328	640193171780	2017	0.019	0.46
328	640066140542	2014	0.019	0.27
328	640274163626	2016	0.019	0.34
328	640173163847	2016	0.019	0.33
328	643051130149	2013	0.019	0.47
328	640035117904	2011	0.019	0.50
328	640035128275	2012	0.019	0.53
328	641071125422	2012	0.019	0.40
328	640066080093	2008	0.019	0.49
328	640188110969	2011	0.019	0.31
328	640003131398	2013	0.019	0.51
328	640011091734	2009	0.019	0.53
328	640024110029	2010	0.019	0.30

续表

排名	牛号	出生年份	乳脂率 EBV / %	EBV 准确性
351	640188120758	2012	0.018	0.47
351	64305116B361	2016	0.018	0.31
351	640251153061	2015	0.018	0.49
351	640105080416	2008	0.018	0.37
351	640190131960	2013	0.018	0.25
351	640190131957	2013	0.018	0.30
351	640101080213	2008	0.018	0.48
351	640063070180	2007	0.018	0.46
351	640193170025	2017	0.018	0.47
351	640190132094	2013	0.018	0.28
351	640010090119	2009	0.018	0.41
351	640253169955	2016	0.018	0.42
351	640219110383	2011	0.018	0.30
351	640136090291	2009	0.018	0.50
351	640178080208	2008	0.018	0.22
351	640166151438	2015	0.018	0.40
367	640173151210	2015	0.017	0.33
367	640251153408	2015	0.017	0.42
367	640251175177	2017	0.017	0.38
367	640190156662	2015	0.017	0.27
367	640190131488	2013	0.017	0.33
367	640024131996	2013	0.017	0.44
367	640190157500	2015	0.017	0.31
367	640178100731	2010	0.017	0.30
367	640190142740	2014	0.017	0.34

续表

排名	牛号	出生年份	乳脂率 EBV / %	EBV 准确性
367	640193160493	2016	0.017	0.45
367	640190172695	2017	0.017	0.25
367	640190157247	2015	0.017	0.33
367	640066166568	2016	0.017	0.33
367	640193170444	2017	0.017	0.43
367	641009090484	2009	0.017	0.47
367	640173164127	2016	0.017	0.35
367	640251174480	2017	0.017	0.39
367	640064080082	2008	0.017	0.45
367	640195160596	2016	0.017	0.38
367	640253169734	2016	0.017	0.43
367	640193156528	2015	0.017	0.46
367	641071123904	2012	0.017	0.21
367	640178210055	2016	0.017	0.33
367	640166162185	2016	0.017	0.38
367	640190110097	2011	0.017	0.36
367	640066140552	2016	0.017	0.21
367	640190123651	2012	0.017	0.44
394	640190173323	2017	0.016	0.29
394	640178200753	2015	0.016	0.37
394	640173174425	2017	0.016	0.26
394	640038080730	2008	0.016	0.50
394	640038121406	2012	0.016	0.30
394	640190162157	2016	0.016	0.28
394	640173153634	2015	0.016	0.29

续表

排名	牛号	出生年份	乳脂率 EBV / %	EBV 准确性
394	640193160766	2016	0.016	0.49
394	640193160084	2016	0.016	0.45
394	640253169519	2016	0.016	0.41
394	643052090121	2009	0.016	0.46
394	640182140128	2014	0.016	0.45
394	640004161211	2016	0.016	0.38
394	64018012A276	2012	0.016	0.47
394	640118140451	2014	0.016	0.41
394	640193156525	2015	0.016	0.42
394	640011071341	2007	0.016	0.48
394	640005154493	2015	0.016	0.53
394	640193163223	2016	0.016	0.41
394	640178100042	2010	0.016	0.29
394	640178120427	2012	0.016	0.31
394	640178200560	2015	0.016	0.47
394	640024121975	2012	0.016	0.47
394	640178111290	2011	0.016	0.37
394	640003090810	2009	0.016	0.49
394	640190123861	2012	0.016	0.25
394	640190080078	2008	0.016	0.50
421	640190163077	2016	0.015	0.30
421	643051116345	2011	0.015	0.42
421	640193160925	2016	0.015	0.40
421	640097090203	2009	0.015	0.48
421	640178110873	2011	0.015	0.33

续表

排名	牛号	出生年份	乳脂率 EBV / %	EBV 准确性
421	640178093054	2009	0.015	0.31
421	640190142038	2014	0.015	0.47
421	640024111653	2011	0.015	0.35
421	640178111733	2012	0.015	0.32
421	640190155383	2015	0.015	0.26
421	640166172400	2017	0.015	0.49
421	643051098073	2009	0.015	0.34
421	640253169675	2016	0.015	0.47
421	640097150396	2015	0.015	0.41
421	640190128014	2012	0.015	0.34
421	640182130019	2013	0.015	0.43
421	640166151431	2015	0.015	0.51
421	641009100052	2010	0.015	0.49
421	641071120051	2012	0.015	0.33
421	640097090287	2009	0.015	0.51
421	640166130840	2013	0.015	0.43
421	640005113879	2011	0.015	0.41
421	640190130891	2013	0.015	0.29
421	640193156608	2015	0.015	0.44
421	640182140334	2014	0.015	0.42
421	641071110227	2011	0.015	0.48
421	640011131567	2013	0.015	0.50
421	640035097503	2009	0.015	0.49
421	640166141071	2014	0.015	0.55
421	640182130603	2013	0.015	0.39

续表

排名	牛号	出生年份	乳脂率 EBV / %	EBV 准确性
421	640193155925	2015	0.015	0.42
421	640166151768	2015	0.015	0.48
421	640190130475	2013	0.015	0.48
421	640012140826	2014	0.015	0.44
421	640188110663	2011	0.015	0.40
456	640004167153	2016	0.014	0.26
456	640251150611	2015	0.014	0.44
456	640190157194	2015	0.014	0.26
456	643051108472	2010	0.014	0.50
456	640118110078	2011	0.014	0.38
456	640190135297	2013	0.014	0.25
456	640201154591	2015	0.014	0.41
456	640253148161	2015	0.014	0.27
456	640166172449	2017	0.014	0.36
456	640190170437	2017	0.014	0.37
456	640032110105	2011	0.014	0.40
456	640063100450	2010	0.014	0.43
456	640105090442	2009	0.014	0.40
456	640005175026	2017	0.014	0.42
456	640012090127	2009	0.014	0.22
456	640097090282	2009	0.014	0.47
456	640035097538	2009	0.014	0.51
456	640188121017	2012	0.014	0.50
456	640190172581	2017	0.014	0.23
456	640010081543	2008	0.014	0.49

续表

排名	牛号	出生年份	乳脂率 EBV / %	EBV 准确性
456	640024121945	2012	0.014	0.32
456	640201143988	2014	0.014	0.37
456	640193162821	2016	0.014	0.47
456	640031130565	2013	0.014	0.47
456	640173123112	2012	0.014	0.39
456	640253160518	2016	0.014	0.38
456	640190127827	2012	0.014	0.24
483	640188131199	2013	0.013	0.44
483	640178200974	2016	0.013	0.44
483	640004095586	2009	0.013	0.51
483	641071060078	2006	0.013	0.42
483	640190130660	2013	0.013	0.23
483	640173163970	2016	0.013	0.46
483	640003162322	2016	0.013	0.39
483	640035138348	2013	0.013	0.33
483	640097130023	2013	0.013	0.34
483	640166109735	2010	0.013	0.53
483	640251164053	2016	0.013	0.47
483	640105090424	2009	0.013	0.40
483	640195150014	2015	0.013	0.44
483	640032132192	2013	0.013	0.30
483	640005099219	2009	0.013	0.46
483	640166109840	2010	0.013	0.55
483	640035148646	2014	0.013	0.57
483	640190134510	2013	0.013	0.22

附表 3　乳蛋白率估计育种值（EBV）全宁夏排名前 500 名母牛

排名	牛号	出生年份	乳蛋白率 EBV / %	EBV 准确性
1	640178120850	2013	0.100	0.39
1	640253169495	2016	0.100	0.49
3	640173174446	2017	0.099	0.35
3	640253169447	2016	0.099	0.45
5	640193157729	2015	0.097	0.50
5	640005164819	2016	0.097	0.45
7	640190120632	2012	0.096	0.44
8	640004161436	2016	0.095	0.46
9	640190112650	2011	0.094	0.36
10	640064090215	2009	0.093	0.44
11	640193174044	2017	0.092	0.47
12	64305117A164	2017	0.091	0.30
13	640253158326	2015	0.090	0.34
13	640009160798	2016	0.090	0.48
15	643051140304	2014	0.088	0.43
16	640190131090	2013	0.087	0.36
16	640251174478	2017	0.087	0.44
16	640253158507	2015	0.087	0.39
19	640173153527	2015	0.086	0.35
19	640004136276	2013	0.086	0.57
21	640178126325	2011	0.084	0.29
21	640166172380	2017	0.084	0.45
23	640036111184	2011	0.083	0.35
24	640064090157	2009	0.080	0.55
25	640032110088	2011	0.078	0.50

续表

排名	牛号	出生年份	乳蛋白率 EBV / %	EBV 准确性
25	640166109707	2010	0.078	0.55
25	640251153080	2015	0.078	0.56
28	640190163299	2016	0.076	0.32
28	640036070116	2007	0.076	0.27
30	640136080227	2008	0.073	0.49
31	640193160729	2016	0.072	0.52
32	640202144966	2014	0.071	0.38
33	640035148668	2014	0.070	0.52
33	640190141251	2014	0.070	0.51
33	640166109755	2010	0.070	0.53
33	640178111774	2012	0.070	0.38
33	640190123447	2012	0.070	0.41
38	640190162208	2016	0.069	0.32
39	640190162648	2016	0.068	0.36
39	641009090586	2009	0.068	0.57
39	640035148614	2014	0.068	0.57
42	640166089174	2008	0.067	0.56
43	640190123424	2012	0.066	0.37
44	640190156861	2015	0.065	0.32
45	640178090657	2009	0.064	0.51
45	640190113362	2011	0.064	0.12
45	640066080051	2008	0.064	0.50
48	640193172752	2017	0.062	0.46
49	640166161860	2016	0.061	0.57
50	640184101403	2010	0.060	0.51

续表

排名	牛号	出生年份	乳蛋白率 EBV / %	EBV 准确性
51	640166119990	2011	0.059	0.54
52	640009070075	2007	0.058	0.52
53	640032142405	2014	0.057	0.40
53	640190175201	2017	0.057	0.30
55	640190131096	2013	0.056	0.40
55	640036120186	2012	0.056	0.51
55	640031090474	2009	0.056	0.58
55	640187122060	2012	0.056	0.47
59	640166141064	2014	0.055	0.47
59	640166141156	2014	0.055	0.53
59	640012110164	2011	0.055	0.34
62	640010140815	2014	0.054	0.56
62	640193160710	2016	0.054	0.51
62	64305100B436	2016	0.054	0.34
62	640173172372	2017	0.054	0.33
66	640178141839	2014	0.053	0.25
66	640193170542	2017	0.053	0.53
66	641009100079	2010	0.053	0.40
66	640007080794	2008	0.053	0.48
70	640097110629	2011	0.052	0.53
70	640038100968	2010	0.052	0.48
70	640193160684	2016	0.052	0.45
70	640193171268	2017	0.052	0.48
70	643051097056	2009	0.052	0.57
75	640024111411	2011	0.051	0.34

续表

排名	牛号	出生年份	乳蛋白率 EBV / %	EBV 准确性
75	640178150168	2015	0.051	0.51
77	640006070795	2007	0.050	0.46
77	640190163339	2016	0.050	0.36
77	640066140269	2014	0.050	0.46
77	640003121204	2012	0.050	0.57
81	640190123781	2012	0.049	0.37
81	640097080122	2008	0.049	0.45
81	640005154472	2015	0.049	0.48
84	640097130877	2013	0.048	0.42
84	640064060111	2006	0.048	0.34
84	640064091617	2009	0.048	0.29
84	640100090117	2009	0.048	0.43
88	640193160362	2016	0.047	0.54
88	640193160244	2016	0.047	0.49
88	640193141033	2014	0.047	0.49
88	640190113022	2011	0.047	0.44
92	640190141655	2014	0.046	0.38
92	640193156720	2015	0.046	0.44
92	640188100586	2010	0.046	0.48
95	640003151841	2014	0.045	0.53
96	640205155174	2015	0.044	0.31
96	643051108482	2010	0.044	0.57
96	640097120712	2012	0.044	0.55
96	640195160148	2016	0.044	0.50
100	640178099701	2009	0.043	0.51

续表

排名	牛号	出生年份	乳蛋白率 EBV / %	EBV 准确性
100	640251174999	2017	0.043	0.34
102	640188131189	2013	0.042	0.46
102	640009080070	2008	0.042	0.50
104	640193154636	2015	0.041	0.44
104	640038070614	2007	0.041	0.52
104	640253160387	2016	0.041	0.37
104	643051160938	2016	0.041	0.40
104	640005089109	2008	0.041	0.48
109	640202145131	2014	0.040	0.35
109	640004161402	2016	0.040	0.43
109	640004136335	2013	0.040	0.58
109	640007100910	2010	0.040	0.53
109	640166162043	2016	0.040	0.43
114	640193160711	2016	0.039	0.53
114	640193155289	2015	0.039	0.55
114	640253169665	2016	0.039	0.54
114	640190127240	2012	0.039	0.39
114	640178093092	2009	0.039	0.34
119	640118100248	2008	0.038	0.57
119	640105110729	2011	0.038	0.32
121	640193157273	2015	0.037	0.54
121	640035087341	2008	0.037	0.58
121	640005144449	2014	0.037	0.45
121	640190120377	2012	0.037	0.31
121	640007100793	2010	0.037	0.41

续表

排名	牛号	出生年份	乳蛋白率 EBV / %	EBV 准确性
121	640178111015	2011	0.037	0.31
127	640096130594	2013	0.036	0.48
127	640097070060	2007	0.036	0.51
127	640190127205	2012	0.036	0.29
127	640190172153	2017	0.036	0.35
127	640005154640	2015	0.036	0.53
132	640190155594	2015	0.035	0.34
132	640190156037	2015	0.035	0.30
132	640251141344	2014	0.035	0.53
135	641071102337	2010	0.034	0.36
135	640190130297	2013	0.034	0.39
135	640193153590	2015	0.034	0.47
135	640173163884	2016	0.034	0.38
135	641071130636	2013	0.034	0.30
135	640190127762	2012	0.034	0.39
135	640166130752	2013	0.034	0.62
142	640190113054	2011	0.033	0.39
142	641009080419	2008	0.033	0.51
142	640193173772	2017	0.033	0.49
142	640178120679	2012	0.033	0.36
142	640190162154	2016	0.033	0.35
147	640274153110	2015	0.032	0.34
147	640031090498	2009	0.032	0.58
147	640066115033	2011	0.032	0.40
147	640003090725	2009	0.032	0.44

续表

排名	牛号	出生年份	乳蛋白率 EBV / %	EBV 准确性
147	640253158545	2015	0.032	0.31
147	640190155141	2015	0.032	0.53
147	640003111128	2011	0.032	0.49
147	640190135139	2013	0.032	0.33
155	640003167093	2016	0.031	0.40
155	640097090230	2009	0.031	0.46
155	640188110661	2011	0.031	0.57
155	640066166483	2016	0.031	0.32
155	640190138592	2013	0.031	0.38
155	640193161092	2016	0.031	0.46
155	640193150253	2015	0.031	0.51
155	640193160037	2016	0.031	0.53
155	640182150043	2015	0.031	0.40
155	640188100873	2010	0.031	0.41
155	640190157343	2015	0.031	0.51
155	640184111478	2011	0.031	0.55
155	640178141338	2014	0.031	0.47
155	640193155021	2015	0.031	0.54
155	640190172879	2017	0.031	0.31
155	640193170918	2017	0.031	0.47
155	640193156274	2015	0.031	0.56
172	640005093358	2009	0.030	0.54
172	643052128806	2013	0.030	0.38
172	640193156485	2015	0.030	0.51
172	640066070570	2007	0.030	0.52

续表

排名	牛号	出生年份	乳蛋白率 EBV / %	EBV 准确性
172	641009100110	2010	0.030	0.42
172	640201143989	2014	0.030	0.46
172	640180091101	2009	0.030	0.51
172	640253169918	2016	0.030	0.32
180	641071090063	2009	0.029	0.55
180	640009070012	2007	0.029	0.48
180	640251148622	2014	0.029	0.55
180	640173133111	2013	0.029	0.39
180	640190163394	2016	0.029	0.34
180	640188110697	2011	0.029	0.54
186	641071130278	2013	0.028	0.44
186	640253171167	2017	0.028	0.44
186	640066101003	2010	0.028	0.42
186	640005164918	2016	0.028	0.42
186	640003080674	2008	0.028	0.58
186	640193156487	2015	0.028	0.48
186	640066100937	2010	0.028	0.59
186	643091108208	2010	0.028	0.40
186	640190175181	2017	0.028	0.28
186	640188130123	2013	0.028	0.33
196	640024090073	2009	0.027	0.56
196	640190154796	2015	0.027	0.40
196	640035158980	2015	0.027	0.37
196	640009140445	2014	0.027	0.42
196	640190127444	2012	0.027	0.30

续表

排名	牛号	出生年份	乳蛋白率 EBV / %	EBV 准确性
196	640190120336	2012	0.027	0.41
196	640193170804	2017	0.027	0.50
196	643052090129	2009	0.027	0.48
196	640035170591	2017	0.027	0.47
205	640190153907	2015	0.026	0.46
205	640066156158	2015	0.026	0.37
205	640195160131	2016	0.026	0.49
205	640182130348	2013	0.026	0.51
205	640190160071	2016	0.026	0.37
205	640024121821	2012	0.026	0.44
205	640035097475	2009	0.026	0.52
205	640251160188	2016	0.026	0.51
205	640190129016	2013	0.026	0.45
214	640031090452	2009	0.025	0.48
214	640009090034	2009	0.025	0.61
214	640195160022	2016	0.025	0.42
214	640024101320	2010	0.025	0.47
214	640190123724	2012	0.025	0.33
214	640190162090	2016	0.025	0.50
214	640193171824	2017	0.025	0.48
214	640066156259	2015	0.025	0.37
214	640066121325	2012	0.025	0.53
214	640118090347	2009	0.025	0.53
214	640036080038	2008	0.025	0.33
214	643052100056	2010	0.025	0.53

续表

排名	牛号	出生年份	乳蛋白率 EBV / %	EBV 准确性
214	640178210007	2016	0.025	0.43
214	640193163336	2016	0.025	0.43
214	640190120105	2012	0.025	0.33
229	640253160381	2016	0.024	0.45
229	640066111022	2011	0.024	0.49
229	640190112526	2011	0.024	0.35
229	640202144403	2014	0.024	0.45
229	640190160117	2016	0.024	0.37
229	640190112620	2011	0.024	0.41
229	640178141329	2014	0.024	0.35
229	640004115963	2012	0.024	0.40
229	640066121443	2012	0.024	0.49
229	640003151906	2015	0.024	0.49
229	640190141143	2014	0.024	0.52
229	640188110629	2011	0.024	0.43
229	640066121386	2012	0.024	0.39
229	640190136993	2013	0.024	0.38
229	640190154542	2015	0.024	0.37
229	640253141547	2014	0.024	0.36
245	640012100068	2010	0.023	0.38
245	640173153727	2015	0.023	0.36
245	640253148164	2015	0.023	0.36
245	640096100610	2010	0.023	0.40
245	640253158778	2015	0.023	0.42
245	640118100240	2009	0.023	0.56

续表

排名	牛号	出生年份	乳蛋白率 EBV / %	EBV 准确性
245	641009080265	2008	0.023	0.51
245	640011155080	2015	0.023	0.49
245	640011091914	2009	0.023	0.56
245	640010090044	2009	0.023	0.57
245	640173131035	2013	0.023	0.46
245	640190131161	2013	0.023	0.35
245	640063070124	2007	0.023	0.54
245	640166141166	2014	0.023	0.44
245	641071125413	2012	0.023	0.45
245	640251174787	2017	0.023	0.45
245	643051140336	2014	0.023	0.53
245	643051105033	2010	0.023	0.39
245	640032090982	2009	0.023	0.58
264	640222121629	2012	0.022	0.47
264	640190162965	2016	0.022	0.36
264	640178110002	2011	0.022	0.40
264	640036111196	2011	0.022	0.47
264	640102080435	2008	0.022	0.55
264	640166099245	2009	0.022	0.57
264	640178125429	2013	0.022	0.26
264	640032100704	2010	0.022	0.47
264	640190123504	2012	0.022	0.32
264	640004085377	2008	0.022	0.59
264	640004167168	2016	0.022	0.45
264	640063070122	2007	0.022	0.52

续表

排名	牛号	出生年份	乳蛋白率 EBV / %	EBV 准确性
264	640035150107	2015	0.022	0.53
264	640251164382	2016	0.022	0.35
278	640193150102	2015	0.021	0.46
278	640005097479	2009	0.021	0.57
278	640009160967	2016	0.021	0.47
278	640190141907	2014	0.021	0.39
278	640178130707	2013	0.021	0.51
278	640190120950	2012	0.021	0.44
278	640190113356	2011	0.021	0.36
278	640178200534	2015	0.021	0.45
278	640190162490	2016	0.021	0.36
278	640118100010	2009	0.021	0.59
288	640166141001	2014	0.020	0.50
288	640190128980	2013	0.020	0.39
288	640193171306	2017	0.020	0.44
288	640201154783	2015	0.020	0.41
288	640190163304	2016	0.020	0.39
288	643074110014	2010	0.020	0.42
288	640190162234	2016	0.020	0.52
288	640003162144	2016	0.020	0.55
288	640178126295	2012	0.020	0.37
288	640190135482	2013	0.020	0.34
288	640193150115	2015	0.020	0.37
288	641071080022	2008	0.020	0.54
288	640193161303	2016	0.020	0.43

续表

排名	牛号	出生年份	乳蛋白率 EBV / %	EBV 准确性
288	640190162756	2016	0.020	0.37
288	640009070106	2007	0.020	0.54
288	640193160263	2016	0.020	0.48
304	640136100323	2010	0.019	0.45
304	640031120045	2012	0.019	0.38
304	640251164183	2016	0.019	0.52
304	640006080848	2008	0.019	0.36
304	640190156934	2015	0.019	0.36
304	640102100611	2010	0.019	0.40
304	640251170639	2017	0.019	0.52
304	640036120139	2012	0.019	0.53
304	640190113104	2011	0.019	0.34
304	643051146507	2014	0.019	0.40
314	640178141837	2014	0.018	0.48
314	640178111728	2012	0.018	0.35
314	640190130438	2013	0.018	0.29
314	640101080192	2008	0.018	0.37
314	640193154990	2015	0.018	0.53
314	640166141346	2014	0.018	0.60
314	640173143173	2014	0.018	0.32
314	640193170158	2017	0.018	0.52
314	640195160095	2016	0.018	0.48
314	640195160410	2016	0.018	0.45
314	640063070158	2007	0.018	0.51
314	640035087308	2008	0.018	0.57

续表

排名	牛号	出生年份	乳蛋白率 EBV / %	EBV 准确性
314	640024100048	2010	0.018	0.54
314	640066156137	2015	0.018	0.38
328	640193156924	2015	0.017	0.50
328	640178130128	2013	0.017	0.38
328	640004160741	2016	0.017	0.42
328	640166130946	2013	0.017	0.42
328	640178200295	2015	0.017	0.37
328	640173163847	2016	0.017	0.39
328	641071125422	2012	0.017	0.46
328	640032100780	2010	0.017	0.49
328	640097100415	2010	0.017	0.57
328	640193156820	2015	0.017	0.51
328	640184101378	2010	0.017	0.43
328	640188141266	2014	0.017	0.42
328	640190134608	2013	0.017	0.47
328	640178100043	2010	0.017	0.41
328	640178130451	2013	0.017	0.53
328	640190170728	2017	0.017	0.44
328	640005113775	2011	0.017	0.41
328	640009171198	2017	0.017	0.42
328	640063070186	2007	0.017	0.51
328	640035117904	2011	0.017	0.56
328	640066080093	2008	0.017	0.52
328	640251153061	2015	0.017	0.55
328	640201154654	2015	0.017	0.46

续表

排名	牛号	出生年份	乳蛋白率 EBV / %	EBV 准确性
351	64305116B361	2016	0.016	0.38
351	640195160522	2016	0.016	0.53
351	640066140542	2014	0.016	0.30
351	640188100861	2010	0.016	0.33
351	643051130149	2013	0.016	0.51
351	640035128275	2012	0.016	0.59
351	640195151322	2015	0.016	0.41
351	640253171220	2017	0.016	0.40
351	640188110969	2011	0.016	0.38
351	640105080416	2008	0.016	0.41
351	640003131398	2013	0.016	0.56
351	640190131960	2013	0.016	0.32
351	640190131957	2013	0.016	0.38
351	640011091734	2009	0.016	0.57
351	640190162157	2016	0.016	0.34
351	640190132094	2013	0.016	0.37
351	640063070180	2007	0.016	0.52
351	640024131996	2013	0.016	0.51
351	640118150909	2015	0.016	0.50
351	640193170025	2017	0.016	0.50
351	640066130200	2013	0.016	0.38
351	640166151438	2015	0.016	0.47
351	640024110029	2010	0.016	0.36
351	640253169955	2016	0.016	0.46
375	640193171780	2017	0.015	0.44

续表

排名	牛号	出生年份	乳蛋白率 EBV / %	EBV 准确性
375	640136090291	2009	0.015	0.55
375	640274163626	2016	0.015	0.38
375	640190157247	2015	0.015	0.41
375	640190123861	2012	0.015	0.33
375	640219110383	2011	0.015	0.35
375	640178080208	2008	0.015	0.29
375	640035148603	2014	0.015	0.47
375	640251175177	2017	0.015	0.43
375	640188120758	2012	0.015	0.52
375	640173151210	2015	0.015	0.36
375	640101080213	2008	0.015	0.53
375	640178100731	2010	0.015	0.38
375	641009090484	2009	0.015	0.51
375	640201154948	2015	0.015	0.44
375	640190142740	2014	0.015	0.40
375	640190157500	2015	0.015	0.39
375	640251153408	2015	0.015	0.48
375	640010090119	2009	0.015	0.48
375	640190172695	2017	0.015	0.29
375	640038080730	2008	0.015	0.55
375	640066140552	2016	0.015	0.23
375	640178210055	2016	0.015	0.36
375	641009080099	2008	0.015	0.52
375	640251174480	2017	0.015	0.41
375	640190156662	2015	0.015	0.33

续表

排名	牛号	出生年份	乳蛋白率 EBV / %	EBV 准确性
375	640166162185	2016	0.015	0.43
375	640190110097	2011	0.015	0.42
375	640066166568	2016	0.015	0.37
375	64018012A276	2012	0.015	0.52
375	640193170444	2017	0.015	0.47
375	640064080082	2008	0.015	0.49
407	640193160493	2016	0.014	0.48
407	640195160596	2016	0.014	0.41
407	640173174425	2017	0.014	0.29
407	640190173323	2017	0.014	0.33
407	640178200753	2015	0.014	0.40
407	640193156528	2015	0.014	0.51
407	640097130023	2013	0.014	0.41
407	640253169519	2016	0.014	0.46
407	640003152013	2015	0.014	0.43
407	640024132211	2013	0.014	0.39
407	640253169734	2016	0.014	0.49
407	640190163077	2016	0.014	0.33
407	640190131488	2013	0.014	0.39
407	640251164380	2016	0.014	0.27
407	640004161211	2016	0.014	0.41
407	643052090121	2009	0.014	0.51
407	640173164127	2016	0.014	0.38
407	641071123904	2012	0.014	0.28
407	640118140451	2014	0.014	0.48

续表

排名	牛号	出生年份	乳蛋白率 EBV / %	EBV 准确性
407	640166151763	2015	0.014	0.46
407	640011071341	2007	0.014	0.52
407	640193160084	2016	0.014	0.50
407	640193160766	2016	0.014	0.54
407	640178100042	2010	0.014	0.36
407	640190130475	2013	0.014	0.53
407	640182140128	2014	0.014	0.50
407	640024121975	2012	0.014	0.54
407	640193156525	2015	0.014	0.46
435	640193163223	2016	0.013	0.45
435	640178200560	2015	0.013	0.50
435	640178120427	2012	0.013	0.38
435	640190080078	2008	0.013	0.56
435	640166172400	2017	0.013	0.53
435	643051098073	2009	0.013	0.41
435	640166151431	2015	0.013	0.56
435	640190155383	2015	0.013	0.32
435	640178093054	2009	0.013	0.38
435	640003090810	2009	0.013	0.55
435	640097150396	2015	0.013	0.47
435	640024111653	2011	0.013	0.38
435	640097090203	2009	0.013	0.56
435	640253169675	2016	0.013	0.53
435	640035097503	2009	0.013	0.56
435	641071120051	2012	0.013	0.37

续表

排名	牛号	出生年份	乳蛋白率 EBV / %	EBV 准确性
435	640004167153	2016	0.013	0.29
435	640193160925	2016	0.013	0.45
435	640190123651	2012	0.013	0.50
435	640182140334	2014	0.013	0.48
435	641009100052	2010	0.013	0.55
435	643051116345	2011	0.013	0.49
435	640166151768	2015	0.013	0.54
435	640193156608	2015	0.013	0.49
435	640178200974	2016	0.013	0.48
435	640182130603	2013	0.013	0.47
435	640035150003	2015	0.013	0.52
435	640118110078	2011	0.013	0.46
435	641071110227	2011	0.013	0.54
435	640190130891	2013	0.013	0.38
435	640193155925	2015	0.013	0.48
435	640190173155	2017	0.013	0.29
435	640251150611	2015	0.013	0.50
435	640190157194	2015	0.013	0.32
435	640063100450	2010	0.013	0.49
435	640166141071	2014	0.013	0.61
471	640178100848	2010	0.012	0.42
471	640005154493	2015	0.012	0.59
471	640188121017	2012	0.012	0.56
471	643051108472	2010	0.012	0.56
471	640190130840	2013	0.012	0.53

续表

排名	牛号	出生年份	乳蛋白率 EBV / %	EBV 准确性
471	640251141015	2014	0.012	0.49
471	640188110663	2011	0.012	0.43
471	640005113879	2011	0.012	0.48
471	640190135297	2013	0.012	0.32
471	640031110170	2011	0.012	0.56
471	640005175026	2017	0.012	0.46
471	640064130562	2013	0.012	0.43
471	640032110105	2011	0.012	0.47
471	640201154591	2015	0.012	0.47
471	640105090442	2009	0.012	0.46
471	640097090282	2009	0.012	0.53
471	640190170437	2017	0.012	0.41
471	643051160858	2016	0.012	0.21
471	640253171067	2017	0.012	0.32
471	640009070087	2007	0.012	0.57
471	640038121406	2012	0.012	0.36
471	640032132192	2013	0.012	0.37
471	640253160518	2016	0.012	0.41
471	640012090127	2009	0.012	0.27
471	640190127827	2012	0.012	0.33
471	640010081543	2008	0.012	0.53
471	640009080033	2008	0.012	0.54
471	640035138348	2013	0.012	0.42
471	640190173213	2017	0.012	0.28
471	640253148161	2015	0.012	0.33

附表 4　体细胞评分估计育种值（EBV）全宁夏排名前 500 名母牛

排名	牛号	出生年份	体细胞评分 EBV / 分［体细胞数 /（个·mL^{-1}）］	EBV 准确性
1	643052140216	2014	−0.06（−12 008）	0.51
2	640097110523	2011	−0.06（−12 012）	0.56
3	640166130835	2013	−0.06（−12 016）	0.55
4	643051140374	2014	−0.06（−12 029）	0.51
5	640166109791	2010	−0.05（−12 035）	0.61
6	640007100895	2010	−0.05（−12 036）	0.56
7	640166109731	2010	−0.05（−12 042）	0.59
8	640097140233	2014	−0.05（−12 043）	0.59
9	640166151443	2015	−0.05（−12 044）	0.57
10	640166089181	2008	−0.05（−12 049）	0.59
11	640166120345	2012	−0.05（−12 056）	0.61
12	640031090482	2009	−0.05（−12 057）	0.58
12	640097110548	2011	−0.05（−12 057）	0.52
14	640031120330	2012	−0.05（−12 059）	0.61
15	640031140580	2014	−0.05（−12 064）	0.59
16	640031080296	2008	−0.05（−12 065）	0.57
17	640096100590	2010	−0.05（−12 067）	0.53
18	640097110502	2011	−0.05（−12 070）	0.58
18	640166109757	2010	−0.05（−12 070）	0.59
18	640010110357	2011	−0.05（−12 070）	0.61
21	640166109798	2010	−0.05（−12 072）	0.58
22	640097110527	2011	−0.05（−12 073）	0.51
23	640010090067	2009	−0.05（−12 074）	0.59
23	640010091709	2009	−0.05（−12 074）	0.59

续表

排名	牛号	出生年份	体细胞评分 EBV / 分 [体细胞数 / （个 · mL^{-1} ）]	EBV 准确性
23	640032101228	2010	−0.05（−12 074）	0.57
26	640004109699	2010	−0.05（−12 075）	0.58
27	640166109694	2010	−0.05（−12 078）	0.56
28	640166119967	2011	−0.05（−12 079）	0.54
29	640096100600	2010	−0.05（−12 080）	0.57
29	640010120565	2012	−0.05（−12 080）	0.61
31	640222121715	2012	−0.05（−12 081）	0.54
32	640035107678	2010	−0.05（−12 082）	0.58
33	643052110617	2011	−0.05（−12 083）	0.54
34	640003120302	2012	−0.05（−12 084）	0.56
35	640031100024	2010	−0.05（−12 085）	0.61
36	640166120311	2012	−0.05（−12 086）	0.59
36	640031120281	2012	−0.05（−12 086）	0.60
38	640036101095	2010	−0.05（−12 087）	0.55
39	640035141157	2014	−0.05（−12 094）	0.56
40	640166161867	2016	−0.05（−12 095）	0.57
41	640031120277	2012	−0.05（−12 096）	0.60
42	640010110412	2011	−0.05（−12 097）	0.61
43	640004109719	2010	−0.05（−12 098）	0.56
44	640097110540	2011	−0.05（−12 099）	0.52
45	643051130169	2013	−0.05（−12 100）	0.59
46	643051130170	2013	−0.05（−12 101）	0.59
47	640166109725	2010	−0.05（−12 102）	0.57
47	640031130393	2013	−0.05（−12 102）	0.61

续表

排名	牛号	出生年份	体细胞评分 EBV / 分 [体细胞数 / （个 · mL^{-1}）]	EBV 准确性
49	640166119941	2011	−0.05（−12 103）	0.54
49	640222120552	2012	−0.05（−12 103）	0.52
51	640096100572	2010	−0.05（−12 105）	0.53
52	640010100149	2010	−0.05（−12 106）	0.53
53	640166130761	2013	−0.05（−12 108）	0.61
54	640097110507	2011	−0.05（−12 109）	0.60
55	640010091715	2009	−0.05（−12 111）	0.57
56	640005109750	2010	−0.05（−12 112 ）	0.58
57	640166109685	2010	−0.05（−12 114）	0.56
57	640007080776	2008	−0.05（−12 114）	0.51
59	640166109735	2010	−0.05（−12 116）	0.59
60	640166109701	2010	−0.04（−12 116）	0.54
61	640007090716	2009	−0.04（−12 117）	0.54
61	640166109785	2010	−0.04（−12 117）	0.57
63	640035138486	2013	−0.04（−12 118）	0.60
64	643051115103	2011	−0.04（−12 119）	0.54
64	640097110657	2011	−0.04（−12 119）	0.56
66	640035087365	2008	−0.04（−12 120）	0.60
67	640035138437	2013	−0.04（−12 121）	0.56
68	640032110109	2011	−0.04（−12 122）	0.55
68	640166120638	2012	−0.04（−12 122）	0.61
70	640166120710	2012	−0.04（−12 124）	0.60
71	640166130739	2013	−0.04（−12 125）	0.60
72	640097110525	2011	−0.04（−12 126）	0.50

续表

排名	牛号	出生年份	体细胞评分 EBV / 分 [体细胞数 / （个 · mL^{-1}）]	EBV 准确性
72	640010120453	2012	−0.04（−12 126）	0.62
72	640166151433	2015	−0.04（−12 126）	0.59
72	640004109739	2010	−0.04（−12 126）	0.58
76	640036130619	2013	−0.04（−12 127）	0.53
77	640035117967	2011	−0.04（−12 128）	0.58
77	640097110542	2011	−0.04（−12 128）	0.54
79	640166120729	2012	−0.04（−12 129）	0.62
79	640032101229	2010	−0.04（−12 129）	0.56
79	640166109720	2010	−0.04（−12 129）	0.56
82	640007100910	2010	−0.04（−12 130）	0.53
82	640066111025	2011	−0.04（−12 130）	0.55
84	640035138488	2013	−0.04（−12 132）	0.60
84	640031110261	2011	−0.04（−12 132）	0.59
86	643052140317	2014	−0.04（−12 133）	0.50
86	640035148768	2014	−0.04（−12 133）	0.58
88	640166109742	2010	−0.04（−12 134）	0.57
88	640097110534	2011	−0.04（−12 134）	0.52
90	640012110432	2011	−0.04（−12 136）	0.57
90	640031090474	2009	−0.04（−12 136）	0.58
90	640096110624	2011	−0.04（−12 136）	0.53
93	640031090475	2009	−0.04（−12 137）	0.58
94	640031110096	2011	−0.04（−12 138）	0.59
95	643051160929	2016	−0.04（−12 139）	0.50
96	640097130020	2013	−0.04（−12 141）	0.56

续表

排名	牛号	出生年份	体细胞评分 EBV / 分 [体细胞数 / （个·mL^{-1}）]	EBV 准确性
96	640166109681	2010	−0.04（−12 141）	0.57
96	643051116058	2011	−0.04（−12 141）	0.57
99	640035107717	2010	−0.04（−12 142）	0.55
99	640031100078	2010	−0.04（−12 142）	0.59
101	640035160228	2016	−0.04（−12 143）	0.56
102	640166109858	2010	−0.04（−12 144）	0.56
102	640166109772	2010	−0.04（−12 144）	0.58
104	640166120642	2012	−0.04（−12 145）	0.62
105	640166151424	2015	−0.04（−12 146）	0.56
105	640035107685	2010	−0.04（−12 146）	0.58
107	640003110867	2011	−0.04（−12 147）	0.54
108	640010130567	2013	−0.04（−12 148）	0.61
108	640097110531	2011	−0.04（−12 148）	0.55
108	640035109754	2010	−0.04（−12 148）	0.58
111	640031100019	2010	−0.04（−12 150）	0.58
112	640035128078	2012	−0.04（−12 151）	0.58
113	640035148702	2014	−0.04（−12 152）	0.58
113	640035160164	2015	−0.04（−12 152）	0.52
115	640011071348	2007	−0.04（−12 154）	0.54
115	640097130945	2013	−0.04（−12 154）	0.60
115	640031130462	2013	−0.04（−12 154）	0.58
118	640010081569	2008	−0.04（−12 155）	0.53
118	640035148741	2014	−0.04（−12 155）	0.54
118	640010091717	2009	−0.04（−12 155）	0.59

续表

排名	牛号	出生年份	体细胞评分 EBV / 分 [体细胞数 / （个 · mL^{-1} ）]	EBV 准确性
121	640010120427	2012	−0.04（−12 156）	0.59
121	640035097405	2009	−0.04（−12 156）	0.61
123	640031100030	2010	−0.04（−12 157）	0.57
123	643051130097	2013	−0.04（−12 157）	0.56
123	640031110257	2011	−0.04（−12 157）	0.61
123	640007100926	2010	−0.04（−12 157）	0.51
127	640166119908	2011	−0.04（−12 158）	0.55
127	640166089178	2008	−0.04（−12 158）	0.61
127	640166109771	2010	−0.04（−12 158）	0.55
130	643052140209	2014	−0.04（−12 159）	0.51
130	640003090729	2009	−0.04（−12 159）	0.57
132	640032101252	2010	−0.04（−12 160）	0.55
132	640187111610	2011	−0.04（−12 160）	0.53
132	640003110287	2011	−0.04（−12 160）	0.59
135	640166151407	2015	−0.04（−12 161）	0.56
135	640097130027	2013	−0.04（−12 161）	0.57
135	640035138473	2013	−0.04（−12 161）	0.60
135	640173090649	2009	−0.04（−12 161）	0.51
135	640188120772	2012	−0.04（−12 161）	0.58
135	640166119994	2011	−0.04（−12 161）	0.59
135	640013100456	2010	−0.04（−12 161）	0.54
142	640188120783	2012	−0.04（−12 162）	0.57
143	640031110141	2011	−0.04（−12 163）	0.57
143	640166089159	2008	−0.04（−12 163）	0.56

续表

排名	牛号	出生年份	体细胞评分 EBV / 分 [体细胞数 / （个 · mL^{-1} ）]	EBV 准确性
143	640010120544	2012	−0.04（−12 163）	0.60
143	640004109729	2010	−0.04（−12 163）	0.55
147	640166109682	2010	−0.04（−12 164）	0.57
148	640010110302	2011	−0.04（−12 166）	0.58
148	640011081406	2008	−0.04（−12 166）	0.54
150	640166120692	2012	−0.04（−12 167）	0.61
150	640166119925	2011	−0.04（−12 167）	0.55
150	640010120470	2012	−0.04（−12 167）	0.61
153	640097110483	2011	−0.04（−12 168）	0.55
153	640011081437	2008	−0.04（−12 168）	0.57
153	640166099226	2009	−0.04（−12 168）	0.58
153	640009120144	2012	−0.04（−12 168）	0.57
153	640031110271	2011	−0.04（−12 168）	0.55
158	640222121909	2012	−0.04（−12 169）	0.55
159	640031110213	2011	−0.04（−12 170）	0.58
159	640010090018	2009	−0.04（−12 170）	0.57
159	640166119948	2011	−0.04（−12 170）	0.54
162	640035097394	2009	−0.04（−12 171）	0.59
162	643051116385	2012	−0.04（−12 171）	0.51
164	640035089180	2008	−0.04（−12 172）	0.54
164	640009110058	2011	−0.04（−12 172）	0.53
166	640166089166	2008	−0.04（−12 173）	0.56
166	640097100352	2010	−0.04（−12 173）	0.56
168	640166120647	2012	−0.04（−12 174）	0.61

续表

排名	牛号	出生年份	体细胞评分 EBV / 分 [体细胞数 / （个 · mL^{-1}）]	EBV 准确性
168	640031070230	2007	−0.04（−12 174）	0.54
168	640010081583	2008	−0.04（−12 174）	0.53
171	640004121008	2012	−0.04（−12 175）	0.51
171	640009110094	2011	−0.04（−12 175）	0.57
171	640003110237	2011	−0.04（−12 175）	0.58
174	640166099212	2009	−0.04（−12 176）	0.59
174	640166130734	2013	−0.04（−12 176）	0.59
174	640032101208	2010	−0.04（−12 176）	0.56
174	640035160264	2016	−0.04（−12 176）	0.52
174	640188110690	2011	−0.04（−12 176）	0.53
174	640031110264	2011	−0.04（−12 176）	0.57
174	640010120449	2012	−0.04（−12 176）	0.62
174	640035118007	2011	−0.04（−12 176）	0.59
174	640173090704	2009	−0.04（−12 176）	0.54
183	640166119911	2011	−0.04（−12 177）	0.53
183	640031130540	2013	−0.04（−12 177）	0.59
183	640166099268	2009	−0.04（−12 177）	0.54
183	640035148716	2014	−0.04（−12 177）	0.55
183	640166109782	2010	−0.04（−12 177）	0.56
183	640032110083	2011	−0.04（−12 177）	0.55
183	640035117965	2011	−0.04（−12 177）	0.59
183	640031090477	2009	−0.04（−12 177）	0.58
191	640118130242	2013	−0.04（−12 178）	0.62
191	640035138442	2013	−0.04（−12 178）	0.59

续表

排名	牛号	出生年份	体细胞评分 EBV / 分 [体细胞数 / （个 · mL^{-1} ）]	EBV 准确性
191	640009120092	2012	−0.04（−12 178）	0.52
191	640032101253	2010	−0.04（−12 178）	0.55
191	640031120501	2012	−0.04（−12 178）	0.57
196	640118120179	2012	−0.04（−12 179）	0.61
196	640010120423	2012	−0.04（−12 179）	0.60
196	640222142424	2014	−0.04（−12 179）	0.50
199	640035097395	2009	−0.04（−12 180）	0.56
199	640096100601	2010	−0.04（−12 180）	0.54
199	640009090040	2009	−0.04（−12 180）	0.58
202	640004109709	2010	−0.04（−12 181）	0.56
202	640097100467	2010	−0.04（−12 181）	0.60
204	640166089180	2008	−0.04（−12 182）	0.55
204	640166109727	2010	−0.04（−12 182）	0.58
204	640166109741	2010	−0.04（−12 182）	0.55
204	640035128097	2012	−0.04（−12 182）	0.57
208	640035097402	2009	−0.04（−12 183）	0.60
208	640166161868	2016	−0.04（−12 183）	0.59
210	640035160257	2016	−0.04（−12 184）	0.56
211	643051111502	2011	−0.04（−12 185）	0.54
211	640222120513	2012	−0.04（−12 185）	0.52
211	640031110256	2011	−0.04（−12 185）	0.55
211	640035148796	2014	−0.04（−12 185）	0.58
215	640010120494	2012	−0.04（−12 186）	0.61
215	640166130842	2013	−0.04（−12 186）	0.60

续表

排名	牛号	出生年份	体细胞评分 EBV / 分 [体细胞数 / （个 · mL^{-1}）]	EBV 准确性
215	640118110002	2011	−0.04（−12 186）	0.62
215	640009120168	2012	−0.04（−12 186）	0.54
215	640166141366	2014	−0.04（−12 186）	0.61
220	640166110275	2011	−0.04（−12 187）	0.58
220	640004136327	2013	−0.04（−12 187）	0.57
220	640005113832	2011	−0.04（−12 187）	0.56
220	640166109740	2010	−0.04（−12 187）	0.54
224	640032110085	2011	−0.04（−12 188）	0.52
224	640166110151	2011	−0.04（−12 188）	0.57
224	640011101246	2010	−0.04（−12 188）	0.52
224	640166151457	2015	−0.04（−12 188）	0.58
224	640166120288	2012	−0.04（−12 188）	0.59
229	640035148791	2014	−0.04（−12 189）	0.53
229	640004115925	2011	−0.04（−12 189）	0.57
229	640118150770	2015	−0.04（−12 189）	0.54
232	640035150109	2015	−0.04（−12 190）	0.61
233	640011091944	2009	−0.04（−12 191）	0.53
233	640035138464	2013	−0.04（−12 191）	0.58
233	640118150829	2015	−0.04（−12 191）	0.53
233	640035107727	2010	−0.04（−12 191）	0.52
233	640035107722	2010	−0.04（−12 191）	0.54
238	640035160253	2016	−0.04（−12 192）	0.56
238	643052110615	2011	−0.04（−12 192）	0.52
238	640036101094	2010	−0.04（−12 192）	0.55

续表

排名	牛号	出生年份	体细胞评分 EBV / 分 [体细胞数 / （个 · mL^{-1} ）]	EBV 准确性
238	640035148798	2014	−0.04（−12 192）	0.53
238	640097110642	2011	−0.04（−12 192）	0.53
243	640184111482	2011	−0.04（−12 193）	0.55
243	640173090648	2009	−0.04（−12 193）	0.52
243	640166109767	2010	−0.04（−12 193）	0.59
246	640097110606	2011	−0.04（−12 194）	0.54
246	640010120556	2012	−0.04（−12 194）	0.60
246	640036101063	2010	−0.04（−12 194）	0.54
246	640011101266	2010	−0.04（−12 194）	0.54
246	640010120466	2012	−0.04（−12 194）	0.60
246	640009110049	2011	−0.04（−12 194）	0.56
246	640166141110	2014	−0.04（−12 194）	0.56
253	640035160251	2016	−0.04（−12 195）	0.55
253	640035138433	2013	−0.04（−12 195）	0.61
253	640010120442	2012	−0.04（−12 195）	0.59
253	640166119915	2011	−0.04（−12 195）	0.51
257	640032101221	2010	−0.04（−12 196）	0.54
257	640031080384	2008	−0.04（−12 196）	0.52
259	640011112261	2011	−0.04（−12 197）	0.54
259	640166130800	2013	−0.04（−12 197）	0.61
259	640031110231	2011	−0.04（−12 197）	0.58
259	640166119962	2011	−0.04（−12 197）	0.54
263	640011112259	2011	−0.04（−12 198）	0.55
263	640166151426	2015	−0.04（−12 198）	0.54

续表

排名	牛号	出生年份	体细胞评分 EBV / 分 [体细胞数 / （个 · mL^{-1}）]	EBV 准确性
263	640032101247	2010	−0.04（−12 198）	0.55
263	640166141206	2014	−0.04（−12 198）	0.55
263	640036101097	2010	−0.04（−12 198）	0.51
268	640010110312	2011	−0.04（−12 199）	0.60
269	640010091683	2009	−0.04（−12 200）	0.58
269	640031090483	2009	−0.04（−12 200）	0.55
269	643052110611	2011	−0.04（−12 200）	0.54
269	640136110062	2011	−0.04（−12 200）	0.51
273	640005097419	2009	−0.03（−12 201）	0.60
273	640166141365	2014	−0.03（−12 201）	0.59
273	643051118423	2011	−0.03（−12 201）	0.51
273	640010110342	2011	−0.03（−12 201）	0.59
273	643051130172	2013	−0.03（−12 201）	0.56
273	640118110036	2011	−0.03（−12 201）	0.61
273	640035128080	2012	−0.03（−12 201）	0.54
273	640010081616	2008	−0.03（−12 201）	0.56
281	640003120337	2012	−0.03（−12 202）	0.60
281	640005103608	2010	−0.03（−12 202）	0.57
283	640035160237	2016	−0.03（−12 203）	0.55
283	640005107689	2010	−0.03（−12 203）	0.59
283	640005089180	2008	−0.03（−12 203）	0.56
283	640166110285	2011	−0.03（−12 203）	0.57
283	640222121588	2012	−0.03（−12 203）	0.53
283	640031080309	2008	−0.03（−12 203）	0.57

续表

排名	牛号	出生年份	体细胞评分 EBV / 分 [体细胞数 / （个・mL^{-1}）]	EBV 准确性
283	640032110120	2011	−0.03（−12 203）	0.56
290	640032111042	2011	−0.03（−12 204）	0.55
290	640173090680	2009	−0.03（−12 204）	0.56
290	641009100989	2010	−0.03（−12 204）	0.58
290	640096120718	2012	−0.03（−12 204）	0.51
294	640035150147	2015	−0.03（−12 205）	0.54
294	640166130812	2013	−0.03（−12 205）	0.59
294	640035138329	2013	−0.03（−12 205）	0.60
294	640035087384	2008	−0.03（−12 205）	0.57
294	640166119988	2011	−0.03（−12 205）	0.54
299	640004136325	2013	−0.03（−12 206）	0.55
299	640222120456	2012	−0.03（−12 206）	0.56
299	640166109732	2010	−0.03（−12 206）	0.52
299	640180100204	2010	−0.03（−12 206）	0.56
299	640036101073	2010	−0.03（−12 206）	0.53
299	640166151406	2015	−0.03（−12 206）	0.58
299	640010090049	2009	−0.03（−12 206）	0.58
306	640166109712	2010	−0.03（−12 207）	0.57
306	640166099233	2009	−0.03（−12 207）	0.53
308	640031130400	2013	−0.03（−12 208）	0.57
308	640166151490	2015	−0.03（−12 208）	0.58
308	640032101240	2010	−0.03（−12 208）	0.58
308	643051123269	2012	−0.03（−12 208）	0.52
312	640035087387	2008	−0.03（−12 209）	0.59

续表

排名	牛号	出生年份	体细胞评分 EBV / 分 [体细胞数 / （个 · mL^{-1}）]	EBV 准确性
312	640003131387	2013	−0.03（−12 209）	0.60
312	640031070284	2007	−0.03（−12 209）	0.57
312	640166099223	2009	−0.03（−12 209）	0.60
316	640166130736	2013	−0.03（−12 210）	0.58
316	640011071305	2007	−0.03（−12 210）	0.52
316	640166099218	2009	−0.03（−12 210）	0.58
316	640187095001	2009	−0.03（−12 210）	0.50
320	640007100889	2010	−0.03（−12 211）	0.54
320	640009110096	2011	−0.03（−12 211）	0.57
320	640096100605	2010	−0.03（−12 211）	0.54
323	640011081380	2008	−0.03（−12 212）	0.55
323	640031110195	2011	−0.03（−12 212）	0.58
323	640003120307	2012	−0.03（−12 212）	0.57
326	640166119927	2011	−0.03（−12 213）	0.51
326	640066111065	2011	−0.03（−12 213）	0.52
326	640166141047	2014	−0.03（−12 213）	0.52
326	640004109799	2010	−0.03（−12 213）	0.57
330	640035160269	2016	−0.03（−12 214）	0.51
330	640024153067	2015	−0.03（−12 214）	0.54
330	640102110691	2011	−0.03（−12 214）	0.55
330	640202145060	2014	−0.03（−12 214）	0.54
330	640010081591	2008	−0.03（−12 214）	0.58
335	640178141327	2014	−0.03（−12 215）	0.57
335	640010120497	2012	−0.03（−12 215）	0.60

续表

排名	牛号	出生年份	体细胞评分 EBV / 分 [体细胞数 / （个 · mL^{-1}）]	EBV 准确性
335	640097140252	2014	−0.03（−12 215）	0.57
338	640007110022	2011	−0.03（−12 216）	0.55
338	640166109752	2010	−0.03（−12 216）	0.58
338	640031080394	2008	−0.03（−12 216）	0.56
338	640166151519	2015	−0.03（−12 216）	0.57
342	640003090726	2009	−0.03（−12 217）	0.59
342	640097100327	2010	−0.03（−12 217）	0.58
342	640031110199	2011	−0.03（−12 217）	0.58
342	640166120340	2012	−0.03（−12 217）	0.57
342	640166120671	2012	−0.03（−12 217）	0.63
347	640035107768	2010	−0.03（−12 218）	0.51
347	640188110625	2011	−0.03（−12 218）	0.54
347	640222121927	2012	−0.03（−12 218）	0.54
347	640096100603	2010	−0.03（−12 218）	0.54
347	640036101029	2010	−0.03（−12 218）	0.52
347	640031110132	2011	−0.03（−12 218）	0.59
347	640036101067	2010	−0.03（−12 218）	0.57
354	640035107723	2010	−0.03（−12 219）	0.58
355	640009110047	2011	−0.03（−12 220）	0.55
355	640166119926	2011	−0.03（−12 220）	0.56
357	640166109751	2010	−0.03（−12 221）	0.57
357	643051116387	2012	−0.03（−12 221）	0.57
357	640166119968	2011	−0.03（−12 221）	0.54
357	640035150130	2015	−0.03（−12 221）	0.55

续表

排名	牛号	出生年份	体细胞评分 EBV / 分 [体细胞数 / （个·mL^{-1}）]	EBV 准确性
361	640007100718	2010	−0.03（−12 222）	0.55
361	640005123952	2012	−0.03（−12 222）	0.60
361	640166151470	2015	−0.03（−12 222）	0.56
361	640166130816	2013	−0.03（−12 222）	0.58
361	640178110836	2011	−0.03（−12 222）	0.51
361	640097090319	2009	−0.03（−12 222）	0.57
361	640009160790	2016	−0.03（−12 222）	0.57
361	640166161835	2016	−0.03（−12 222）	0.54
361	640173090688	2009	−0.03（−12 222）	0.53
361	640166130810	2013	−0.03（−12 222）	0.59
361	640010100190	2010	−0.03（−12 222）	0.51
372	640166141155	2014	−0.03（−12 223）	0.53
372	640097110605	2011	−0.03（−12 223）	0.56
372	640031110267	2011	−0.03（−12 223）	0.59
372	640178141316	2014	−0.03（−12 223）	0.51
372	640222120339	2012	−0.03（−12 223）	0.55
372	640166120686	2012	−0.03（−12 223）	0.59
378	640166109714	2010	−0.03（−12 224）	0.59
378	640166120711	2012	−0.03（−12 224）	0.59
378	640036111177	2011	−0.03（−12 224）	0.50
378	640184121578	2012	−0.03（−12 224）	0.54
378	640035107683	2010	−0.03（−12 224）	0.60
383	640097130915	2013	−0.03（−12 225）	0.59
383	640031080304	2008	−0.03（−12 225）	0.54

续表

排名	牛号	出生年份	体细胞评分 EBV / 分 [体细胞数 / （个 · mL^{-1}）]	EBV 准确性
383	640031120284	2012	−0.03（−12 225）	0.57
383	640166109708	2010	−0.03（−12 225）	0.58
383	640011101233	2010	−0.03（−12 225）	0.53
383	640035097407	2009	−0.03（−12 225）	0.55
383	640166151494	2015	−0.03（−12 225）	0.59
383	640031110097	2011	−0.03（−12 225）	0.58
383	640166109802	2010	−0.03（−12 225）	0.58
392	640180114035	2011	−0.03（−12 226）	0.55
392	640035148774	2014	−0.03（−12 226）	0.51
392	640066111087	2011	−0.03（−12 226）	0.60
392	640035148681	2014	−0.03（−12 226）	0.54
392	640032101230	2010	−0.03（−12 226）	0.58
392	640035148789	2014	−0.03（−12 226）	0.57
398	640003090719	2009	−0.03（−12 227）	0.58
398	640178141942	2014	−0.03（−12 227）	0.51
398	640166119977	2011	−0.03（−12 227）	0.52
398	640064120419	2012	−0.03（−12 227）	0.54
398	640032110088	2011	−0.03（−12 227）	0.50
398	640036111127	2011	−0.03（−12 227）	0.55
398	640102110683	2011	−0.03（−12 227）	0.56
405	640031130406	2013	−0.03（−12 228）	0.60
405	640004089089	2008	−0.03（−12 228）	0.52
405	640118130203	2013	−0.03（−12 228）	0.59
405	640003080679	2008	−0.03（−12 228）	0.56

续表

排名	牛号	出生年份	体细胞评分 EBV / 分 [体细胞数 / （个 · mL^{-1}）]	EBV 准确性
405	640031130555	2013	−0.03（−12 228）	0.56
405	640013100434	2010	−0.03（−12 228）	0.52
405	640166099257	2009	−0.03（−12 228）	0.57
405	640188120735	2012	−0.03（−12 228）	0.51
413	640035109745	2010	−0.03（−12 229）	0.56
413	640118110004	2011	−0.03（−12 229）	0.61
413	640118150782	2015	−0.03（−12 229）	0.55
413	640011071331	2007	−0.03（−12 229）	0.50
413	640012130604	2013	−0.03（−12 229）	0.56
413	640097120840	2012	−0.03（−12 229）	0.56
413	640031120303	2012	−0.03（−12 229）	0.54
413	640097130052	2013	−0.03（−12 229）	0.59
413	640035087381	2008	−0.03（−12 229）	0.60
413	643052110707	2011	−0.03（−12 229）	0.55
423	640097110541	2011	−0.03（−12 230）	0.54
423	640118110022	2011	−0.03（−12 230）	0.61
423	640031090489	2009	−0.03（−12 230）	0.54
423	640004115930	2012	−0.03（−12 230）	0.52
427	640010120469	2012	−0.03（−12 231）	0.60
427	640166089154	2008	−0.03（−12 231）	0.56
427	640011071243	2007	−0.03（−12 231）	0.52
427	640007080761	2008	−0.03（−12 231）	0.54
431	640064100019	2010	−0.03（−12 232）	0.57
431	640097120847	2012	−0.03（−12 232）	0.55

续表

排名	牛号	出生年份	体细胞评分 EBV / 分 [体细胞数 / （个·mL^{-1}）]	EBV 准确性
433	640097140247	2014	−0.03（−12 233）	0.56
433	640010110338	2011	−0.03（−12 233）	0.57
433	643051130164	2013	−0.03（−12 233）	0.56
433	640003110132	2011	−0.03（−12 233）	0.57
433	640032101222	2010	−0.03（−12 233）	0.54
433	640166151488	2015	−0.03（−12 233）	0.52
439	640035160255	2016	−0.03（−12 234）	0.53
439	640166151435	2015	−0.03（−12 234）	0.56
439	640031080316	2008	−0.03（−12 234）	0.55
439	640031110193	2011	−0.03（−12 234）	0.59
439	640031110182	2011	−0.03（−12 234）	0.59
439	640035148771	2014	−0.03（−12 234）	0.59
439	640173100056	2010	−0.03（−12 234）	0.53
439	640066111072	2011	−0.03（−12 234）	0.50
439	643052120519	2012	−0.03（−12 234）	0.53
439	640011071345	2007	−0.03（−12 234）	0.51
449	640011091845	2009	−0.03（−12 235）	0.59
449	640166119930	2011	−0.03（−12 235）	0.50
449	640004085286	2008	−0.03（−12 235）	0.53
449	640166119952	2011	−0.03（−12 235）	0.53
449	640166151762	2015	−0.03（−12 235）	0.55
449	640031120337	2012	−0.03（−12 235）	0.60
455	640166109762	2010	−0.03（−12 236）	0.58
455	640166151474	2015	−0.03（−12 236）	0.54

续表

排名	牛号	出生年份	体细胞评分 EBV / 分 [体细胞数 / （个・mL^{-1}）]	EBV 准确性
455	640010090118	2009	−0.03（−12 236）	0.58
458	640031110124	2011	−0.03（−12 237）	0.55
458	640166099274	2009	−0.03（−12 237）	0.55
458	640096100581	2010	−0.03（−12 237）	0.50
458	640173162164	2016	−0.03（−12 237）	0.50
458	640035087375	2008	−0.03（−12 237）	0.58
458	640005113829	2011	−0.03（−12 237）	0.55
458	640010120514	2012	−0.03（−12 237）	0.59
458	640031080425	2008	−0.03（−12 237）	0.59
466	640166151477	2015	−0.03（−12 238）	0.52
466	640166109795	2010	−0.03（−12 238）	0.59
466	640012110422	2011	−0.03（−12 238）	0.56
466	640009090066	2009	−0.03（−12 238）	0.54
466	640010110316	2011	−0.03（−12 238）	0.56
466	640003151878	2015	−0.03（−12 238）	0.56
466	640031130558	2013	−0.03（−12 238）	0.56
473	640011071342	2007	−0.03（−12 239）	0.52
473	640222121682	2012	−0.03（−12 239）	0.53
473	640011081411	2008	−0.03（−12 239）	0.52
473	640097110591	2011	−0.03（−12 239）	0.54
473	643051108553	2010	−0.03（−12 239）	0.55
473	640118150895	2015	−0.03（−12 239）	0.53
479	640007100908	2010	−0.03（−12 240）	0.52
479	640009110050	2011	−0.03（−12 240）	0.55

续表

排名	牛号	出生年份	体细胞评分 EBV / 分 [体细胞数 / （个 · mL^{-1}）]	EBV 准确性
481	640010120527	2012	−0.03（−12 241）	0.58
481	640031080297	2008	−0.03（−12 241）	0.60
481	640031080288	2008	−0.03（−12 241）	0.57
481	640166099222	2009	−0.03（−12 241）	0.57
485	640031120349	2012	−0.03（−12 242）	0.57
485	640166089195	2008	−0.03（−12 242）	0.59
485	640188100523	2010	−0.03（−12 242）	0.57
485	640031090502	2009	−0.03（−12 242）	0.59
485	640166130871	2013	−0.03（−12 242）	0.57
485	640032101259	2010	−0.03（−12 242）	0.53
491	640035148735	2014	−0.03（−12 243）	0.53
491	640035150056	2015	−0.03（−12 243）	0.57
491	640036120056	2012	−0.03（−12 243）	0.50
491	640011081377	2008	−0.03（−12 243）	0.52
491	640035148797	2014	−0.03（−12 243）	0.59
496	640166119920	2011	−0.03（−12 244）	0.53
496	640011071334	2007	−0.03（−12 244）	0.52
496	640166161871	2016	−0.03（−12 244）	0.58
496	640166130752	2013	−0.03（−12 244）	0.62
496	643052110704	2011	−0.03（−12 244）	0.50

附表 5 体型总分估计育种值（EBV）全宁夏排名前 500 名母牛

排名	牛号	出生年份	体型总分 EBV / 分	EBV 准确性
1	640166110077	2011	0.923	0.51
2	640190121599	2012	0.715	0.43
3	640003121257	2012	0.714	0.53
4	640005113749	2011	0.709	0.40
5	640190134966	2013	0.688	0.31
6	640003121286	2012	0.686	0.50
7	640166110065	2011	0.674	0.48
8	640005103634	2010	0.665	0.46
9	640005113771	2011	0.662	0.47
10	640190130081	2013	0.656	0.40
11	640005134183	2013	0.653	0.50
11	640190120977	2012	0.653	0.43
13	640190121194	2012	0.652	0.42
14	640166120633	2012	0.648	0.53
15	640035117938	2011	0.638	0.49
16	640190130093	2013	0.622	0.47
17	640190110119	2011	0.621	0.41
17	640035128205	2012	0.621	0.53
19	640190113280	2011	0.620	0.36
20	640190142261	2014	0.616	0.43
21	640190110080	2011	0.608	0.41
21	640193192714	2019	0.608	0.43
23	640190142143	2014	0.607	0.43
24	640190124101	2012	0.605	0.31
25	640035128244	2012	0.599	0.52

续表

排名	牛号	出生年份	体型总分 EBV / 分	EBV 准确性
26	640190141585	2014	0.597	0.40
27	640190141279	2014	0.596	0.40
28	640190134774	2013	0.594	0.31
29	640190142102	2014	0.591	0.40
30	640190142156	2014	0.589	0.43
31	640166099311	2009	0.588	0.47
31	640005134250	2013	0.588	0.43
31	640190140280	2013	0.588	0.34
34	640003111126	2011	0.583	0.44
35	640190110021	2011	0.582	0.41
36	640190121771	2012	0.577	0.43
36	640003111119	2011	0.577	0.43
38	640190141184	2014	0.574	0.40
39	640173116377	2011	0.567	0.33
40	640003110017	2011	0.566	0.49
40	640035117836	2011	0.566	0.31
42	640190142181	2014	0.565	0.40
42	640190121597	2012	0.565	0.44
44	640190111051	2011	0.563	0.44
45	640173126008	2012	0.562	0.52
45	640003111120	2011	0.562	0.43
47	640166099338	2009	0.561	0.49
47	640166110070	2011	0.561	0.49
49	640035117845	2011	0.560	0.37
50	640005134199	2013	0.558	0.50

续表

排名	牛号	出生年份	体型总分 EBV / 分	EBV 准确性
51	640005185392	2018	0.556	0.46
52	640173113409	2011	0.554	0.35
53	640005134141	2013	0.550	0.50
54	640035109613	2010	0.549	0.44
55	640190127763	2012	0.545	0.51
56	640190122348	2011	0.544	0.41
57	640190111032	2011	0.543	0.44
58	640190123885	2012	0.542	0.36
59	640251185778	2018	0.541	0.46
60	640190110643	2011	0.540	0.45
61	640190130014	2013	0.539	0.36
62	640190142039	2014	0.534	0.44
62	640003121282	2012	0.534	0.52
64	640190128023	2012	0.533	0.50
64	640190142128	2014	0.533	0.45
66	640190112793	2011	0.532	0.31
67	640253182017	2018	0.531	0.49
68	640190140970	2014	0.530	0.40
68	640251185816	2018	0.530	0.46
68	640190141223	2014	0.530	0.40
71	640166110165	2011	0.528	0.33
71	640003111144	2011	0.528	0.43
71	640035128210	2012	0.528	0.51
74	640166141140	2014	0.526	0.48
75	640190111118	2011	0.525	0.44

续表

排名	牛号	出生年份	体型总分 EBV / 分	EBV 准确性
76	640190110066	2011	0.524	0.41
76	640173114915	2011	0.524	0.31
76	640005117956	2011	0.524	0.44
79	640190111031	2011	0.523	0.44
80	640190140956	2014	0.522	0.40
81	640173121049	2012	0.520	0.32
81	640190111142	2011	0.520	0.31
81	640173116479	2011	0.520	0.35
81	640190110657	2011	0.520	0.44
81	640005134197	2013	0.520	0.49
86	640190130178	2013	0.519	0.47
86	640190121598	2012	0.519	0.43
88	640166120480	2012	0.518	0.53
88	640003111160	2011	0.518	0.43
90	640173116524	2011	0.517	0.34
91	640190121010	2012	0.516	0.39
92	640190180546	2018	0.515	0.49
93	640005103639	2010	0.514	0.46
94	640190123994	2012	0.512	0.37
95	640190121584	2012	0.511	0.43
95	640190110103	2011	0.511	0.41
97	640253182050	2018	0.510	0.50
98	640190110247	2011	0.509	0.47
98	640190110008	2011	0.509	0.41
100	640003111115	2011	0.508	0.43

续表

排名	牛号	出生年份	体型总分 EBV / 分	EBV 准确性
101	640035117852	2011	0.506	0.40
102	640190113221	2011	0.505	0.36
103	640190111222	2011	0.504	0.32
104	640190110081	2011	0.503	0.41
104	640190138381	2013	0.503	0.36
104	640004125988	2012	0.503	0.53
104	640190111990	2011	0.503	0.33
108	640190110064	2011	0.501	0.42
109	640253181970	2018	0.500	0.49
110	640035128200	2012	0.498	0.50
110	640005093469	2009	0.498	0.41
112	640190113376	2011	0.497	0.39
113	640190123950	2012	0.496	0.34
114	640190142249	2014	0.494	0.43
114	640190110086	2011	0.494	0.41
114	640035128215	2012	0.494	0.32
117	640003182841	2018	0.493	0.44
118	640166110160	2011	0.492	0.37
119	640003186247	2018	0.491	0.53
120	640003120482	2012	0.490	0.54
120	640166120475	2012	0.490	0.55
120	640190124012	2012	0.490	0.33
123	640005113765	2011	0.487	0.46
124	640193193286	2019	0.486	0.48
125	640003121209	2012	0.485	0.53

续表

排名	牛号	出生年份	体型总分 EBV / 分	EBV 准确性
125	640173162208	2016	0.485	0.37
127	640190130096	2013	0.484	0.47
127	640005144379	2014	0.484	0.38
129	640190120984	2012	0.483	0.44
129	640190134267	2013	0.483	0.31
129	640190123856	2012	0.483	0.34
129	640003121040	2012	0.483	0.31
129	640003120517	2012	0.483	0.49
134	640166130893	2013	0.482	0.39
135	640193193314	2019	0.481	0.46
136	640005123994	2012	0.480	0.49
137	640253193676	2019	0.479	0.36
137	640190140074	2013	0.479	0.50
137	640190121760	2012	0.479	0.43
137	640190141149	2014	0.479	0.42
141	640173090634	2009	0.478	0.48
141	640193192740	2019	0.478	0.49
141	640190128024	2012	0.478	0.50
144	640190134929	2013	0.477	0.31
144	640004105695	2010	0.477	0.52
144	640190120299	2012	0.477	0.42
144	640251185799	2018	0.477	0.46
148	640005123966	2012	0.476	0.52
148	640253182001	2018	0.476	0.49
150	640190123527	2012	0.475	0.32

续表

排名	牛号	出生年份	体型总分 EBV / 分	EBV 准确性
151	640173174268	2017	0.474	0.38
151	640190120807	2012	0.474	0.45
153	640166130884	2013	0.473	0.41
153	640251185830	2018	0.473	0.46
155	640193192756	2019	0.472	0.43
155	640005113787	2011	0.472	0.41
155	640190123201	2012	0.472	0.43
155	640173184920	2018	0.472	0.45
159	640166130888	2013	0.470	0.39
159	640173100037	2010	0.470	0.47
161	640003111138	2011	0.469	0.41
162	640004181997	2018	0.468	0.49
162	640173174522	2017	0.468	0.48
162	640005099219	2009	0.468	0.44
162	640190123688	2012	0.468	0.33
166	640190139360	2013	0.467	0.36
166	640005185349	2018	0.467	0.42
166	640190123861	2012	0.467	0.34
169	640190141897	2014	0.466	0.46
170	640251185785	2018	0.465	0.45
170	640251185724	2018	0.465	0.50
170	640193193746	2019	0.465	0.46
173	640190110962	2011	0.464	0.44
173	640190127799	2012	0.464	0.50
173	640005113825	2011	0.464	0.47

续表

排名	牛号	出生年份	体型总分 EBV / 分	EBV 准确性
176	640253181983	2018	0.463	0.49
177	640166141100	2014	0.462	0.41
177	640190124007	2012	0.462	0.35
179	640173120192	2012	0.461	0.31
179	640190123925	2012	0.461	0.36
179	640190127919	2012	0.461	0.31
182	640253182007	2018	0.460	0.49
182	640035117920	2011	0.460	0.46
182	640190141102	2014	0.460	0.45
185	640190130220	2013	0.459	0.31
186	640253181982	2018	0.458	0.51
186	640190120639	2012	0.458	0.31
188	640035128193	2012	0.457	0.54
189	640003182801	2018	0.456	0.46
190	640253182087	2018	0.455	0.51
190	640190141671	2014	0.455	0.45
190	640190130923	2013	0.455	0.45
190	640003111142	2011	0.455	0.41
194	640190110686	2011	0.454	0.44
194	640173090763	2009	0.454	0.48
196	640166120510	2012	0.453	0.51
197	640173100051	2010	0.452	0.46
197	640035128212	2012	0.452	0.51
199	640173121119	2012	0.451	0.41
199	640190135182	2013	0.451	0.31

续表

排名	牛号	出生年份	体型总分 EBV / 分	EBV 准确性
199	640190181829	2018	0.451	0.52
199	640190130039	2013	0.451	0.48
203	640190120796	2012	0.450	0.40
203	640190112412	2011	0.450	0.31
205	640193193726	2019	0.449	0.44
206	640005123930	2012	0.448	0.52
206	640251185809	2018	0.448	0.45
208	640253182036	2018	0.447	0.50
209	640003090712	2009	0.446	0.35
209	640190134457	2013	0.446	0.31
209	640166120488	2012	0.446	0.52
212	640190123930	2012	0.445	0.36
213	640003121272	2012	0.444	0.47
213	640173172360	2017	0.444	0.35
213	640190110029	2011	0.444	0.44
216	640253182089	2018	0.443	0.49
217	640166193286	2019	0.442	0.46
217	640253182071	2018	0.442	0.50
217	640173112164	2011	0.442	0.29
217	640003121303	2012	0.442	0.49
221	640190120306	2012	0.441	0.31
221	640190130060	2013	0.441	0.47
223	640005113750	2011	0.440	0.40
223	640251185730	2018	0.440	0.50
223	640173164235	2016	0.440	0.33

续表

排名	牛号	出生年份	体型总分 EBV / 分	EBV 准确性
226	640190113944	2011	0.439	0.34
227	640251185764	2018	0.438	0.53
227	640035128221	2012	0.438	0.51
227	640035128249	2012	0.438	0.51
227	640190140335	2014	0.438	0.47
227	640003182795	2018	0.438	0.47
227	640190182185	2018	0.438	0.48
233	640253181981	2018	0.437	0.44
233	640190124352	2012	0.437	0.32
235	640253181945	2018	0.436	0.49
235	640166109641	2010	0.436	0.46
237	640009120139	2012	0.435	0.35
237	640251185876	2018	0.435	0.46
237	640190120265	2011	0.435	0.31
237	640003090716	2009	0.435	0.33
241	640190139296	2013	0.434	0.36
241	64019013A045	2013	0.434	0.47
241	640003182787	2018	0.434	0.43
244	640193192764	2019	0.433	0.46
244	640166120474	2012	0.433	0.54
244	640190141754	2014	0.433	0.47
244	640190182047	2018	0.433	0.47
244	640035117927	2011	0.433	0.45
249	640035128216	2012	0.432	0.56
250	640251185697	2018	0.431	0.52

续表

排名	牛号	出生年份	体型总分 EBV / 分	EBV 准确性
251	640035128241	2012	0.430	0.36
252	640251185807	2018	0.429	0.46
253	640005123953	2012	0.428	0.54
253	640190110603	2011	0.428	0.31
253	640253182057	2018	0.428	0.51
253	640003111132	2011	0.428	0.41
257	640190135013	2013	0.427	0.31
257	640193193558	2019	0.427	0.48
257	640190134604	2013	0.427	0.31
257	640193193156	2019	0.427	0.48
257	640003182844	2018	0.427	0.43
262	640190128011	2012	0.426	0.31
263	640193193202	2019	0.425	0.42
263	640190127793	2012	0.425	0.50
263	640166141162	2014	0.425	0.40
263	640009120096	2012	0.425	0.45
263	640166109655	2010	0.425	0.52
268	640035128224	2012	0.424	0.51
268	640190131387	2013	0.424	0.36
268	640035097569	2009	0.424	0.45
271	640166120639	2012	0.423	0.54
271	640173090713	2009	0.423	0.50
273	640190141100	2014	0.422	0.40
274	640190112871	2011	0.421	0.31
274	640251185808	2018	0.421	0.46

续表

排名	牛号	出生年份	体型总分 EBV / 分	EBV 准确性
274	640190139196	2013	0.421	0.35
274	640190120971	2012	0.421	0.47
274	640190130807	2013	0.421	0.45
279	640190113916	2011	0.420	0.33
279	640190121027	2012	0.420	0.39
281	640173174579	2017	0.419	0.51
281	64019013A067	2013	0.419	0.49
283	640003111141	2011	0.418	0.43
283	640003121051	2012	0.418	0.37
283	640190127770	2012	0.418	0.31
283	640005123970	2012	0.418	0.54
283	640173172362	2017	0.418	0.35
288	640173116105	2011	0.417	0.36
288	640003182809	2018	0.417	0.45
288	640166120530	2012	0.417	0.53
288	640003120497	2012	0.417	0.53
292	640190141959	2014	0.416	0.44
292	640193192702	2019	0.416	0.48
292	640190120634	2012	0.416	0.44
292	640166120591	2012	0.416	0.39
296	640005113746	2011	0.415	0.38
296	640190110858	2011	0.415	0.38
296	640190136449	2013	0.415	0.31
296	640166110153	2011	0.415	0.39
296	640190110613	2011	0.415	0.46

续表

排名	牛号	出生年份	体型总分 EBV / 分	EBV 准确性
301	640253182027	2018	0.414	0.51
301	640166182924	2018	0.414	0.43
303	640005185431	2018	0.413	0.45
303	640190110202	2011	0.413	0.33
303	640173113398	2011	0.413	0.31
306	640190127810	2012	0.412	0.50
306	640003100948	2010	0.412	0.37
306	640003121267	2012	0.412	0.34
306	640190120444	2011	0.412	0.41
310	640190121039	2012	0.411	0.39
310	640035107786	2010	0.411	0.49
310	640193192892	2019	0.411	0.44
310	640193193226	2019	0.411	0.47
310	640251186223	2018	0.411	0.33
310	640190123355	2012	0.411	0.33
316	640005113818	2011	0.410	0.48
316	640166110030	2011	0.410	0.48
316	640166109808	2010	0.410	0.52
319	640190140189	2012	0.409	0.38
319	640003186196	2018	0.409	0.52
319	640190130125	2013	0.409	0.48
319	640251186271	2018	0.409	0.52
319	640190110797	2011	0.409	0.44
319	640190129279	2013	0.409	0.31
325	640190120194	2012	0.408	0.43

续表

排名	牛号	出生年份	体型总分 EBV / 分	EBV 准确性
325	640190110536	2011	0.408	0.31
325	640190120565	2012	0.408	0.43
325	640253182113	2018	0.408	0.48
329	640166141138	2014	0.407	0.45
329	640035128184	2012	0.407	0.53
329	640251185794	2018	0.407	0.46
329	640193192994	2019	0.407	0.47
329	640190130049	2013	0.407	0.31
329	640173090642	2009	0.407	0.48
329	640166120590	2012	0.407	0.51
329	640190112123	2011	0.407	0.31
329	640005093362	2009	0.407	0.38
338	640003111147	2011	0.406	0.40
338	64019013A010	2013	0.406	0.47
338	640193182088	2018	0.406	0.54
338	640253182049	2018	0.406	0.49
342	640190142010	2014	0.405	0.46
343	640190110766	2011	0.404	0.44
343	640190112474	2011	0.404	0.39
345	640003121244	2012	0.403	0.49
345	640190127798	2012	0.403	0.50
347	640173113836	2011	0.402	0.31
347	640190134918	2013	0.402	0.31
347	640003182796	2018	0.402	0.43
347	64019013A086	2013	0.402	0.47

续表

排名	牛号	出生年份	体型总分 EBV / 分	EBV 准确性
347	640190141752	2014	0.402	0.31
347	640173117330	2011	0.402	0.31
347	640190139303	2013	0.402	0.36
354	640190127766	2012	0.401	0.50
354	640003182812	2018	0.401	0.45
354	640166110035	2011	0.401	0.48
357	640003182848	2018	0.400	0.44
357	640190123813	2012	0.400	0.32
357	640003110839	2011	0.400	0.48
357	640173100155	2011	0.400	0.34
357	640035097401	2009	0.400	0.36
357	640190120992	2012	0.400	0.44
357	640190124021	2012	0.400	0.31
364	640003110875	2011	0.399	0.48
364	640005134219	2013	0.399	0.44
364	640253181968	2018	0.399	0.49
364	640190134557	2013	0.399	0.31
364	640190141914	2014	0.399	0.44
369	640190131360	2013	0.398	0.32
369	640190110085	2011	0.398	0.41
369	64019011A436	2011	0.398	0.31
369	640190127298	2012	0.398	0.31
373	640173174508	2017	0.397	0.46
373	640190120924	2012	0.397	0.39
373	640253182016	2018	0.397	0.46

续表

排名	牛号	出生年份	体型总分 EBV / 分	EBV 准确性
373	640005093471	2009	0.397	0.41
377	640190135070	2013	0.396	0.31
377	640190123998	2012	0.396	0.33
377	640253182095	2018	0.396	0.49
377	640035191370	2019	0.396	0.37
381	640009181317	2018	0.395	0.45
381	640190125534	2012	0.395	0.31
381	640190110353	2011	0.395	0.31
381	640035128190	2012	0.395	0.31
385	640190141850	2014	0.394	0.44
385	640035191374	2019	0.394	0.46
385	640035117849	2011	0.394	0.50
388	640190142170	2014	0.393	0.40
388	640190123952	2012	0.393	0.35
388	640003182800	2018	0.393	0.43
388	640251185871	2018	0.393	0.46
388	640166109847	2010	0.393	0.53
393	640005185476	2018	0.392	0.45
394	640253182012	2018	0.391	0.46
394	640253181977	2018	0.391	0.49
394	640190182545	2018	0.391	0.51
394	640190121590	2012	0.391	0.44
394	640190124018	2012	0.391	0.31
394	640253182033	2018	0.391	0.50
394	640005113759	2011	0.391	0.42

续表

排名	牛号	出生年份	体型总分 EBV / 分	EBV 准确性
401	640190112685	2011	0.390	0.35
401	640173172288	2017	0.390	0.30
401	640005123973	2012	0.390	0.50
401	640003111152	2011	0.390	0.42
401	640005123959	2012	0.390	0.54
401	640190123397	2012	0.390	0.36
401	640251186789	2018	0.390	0.47
401	640166182882	2018	0.390	0.46
401	640190122325	2012	0.390	0.31
401	640005134168	2013	0.390	0.43
401	640253193605	2019	0.390	0.31
401	640190111105	2011	0.390	0.44
413	640193193612	2019	0.389	0.47
413	640035109837	2010	0.389	0.50
413	640190123669	2012	0.389	0.31
413	640190135628	2013	0.389	0.31
413	640173126079	2012	0.389	0.51
413	640190128235	2012	0.389	0.31
413	640190124060	2013	0.389	0.31
420	640190112696	2011	0.388	0.33
420	640190182451	2018	0.388	0.51
420	640166120464	2012	0.388	0.50
420	640190127551	2012	0.388	0.32
420	640009113961	2011	0.388	0.32
425	640253182100	2018	0.387	0.49

续表

排名	牛号	出生年份	体型总分 EBV / 分	EBV 准确性
425	640190121773	2012	0.387	0.43
427	640190134223	2013	0.386	0.31
427	640190110122	2011	0.386	0.41
427	640005154468	2015	0.386	0.44
430	640190182775	2018	0.385	0.50
430	640035107708	2010	0.385	0.52
430	64019013A148	2013	0.385	0.49
430	640190110389	2011	0.385	0.44
430	640190120623	2012	0.385	0.42
430	640004115896	2011	0.385	0.47
436	640190110129	2011	0.383	0.43
436	640190182351	2018	0.383	0.51
436	640173195399	2019	0.383	0.36
436	640003120312	2012	0.383	0.49
436	640173162232	2016	0.383	0.37
441	640190113470	2011	0.382	0.34
441	640190131043	2013	0.382	0.34
441	640190127729	2012	0.382	0.31
441	640193182836	2018	0.382	0.53
441	640190120312	2012	0.382	0.45
446	640190182141	2018	0.381	0.47
446	640173172336	2017	0.381	0.43
446	640005123943	2012	0.381	0.48
449	640035117934	2011	0.380	0.47
449	640190112046	2011	0.380	0.37

续表

排名	牛号	出生年份	体型总分 EBV / 分	EBV 准确性
449	640190120368	2012	0.380	0.42
449	640190121199	2012	0.380	0.39
449	640005185326	2018	0.380	0.40
449	640253182099	2018	0.380	0.48
449	640003182842	2018	0.380	0.45
456	640173174588	2017	0.379	0.48
456	640190120332	2012	0.379	0.44
456	640253182132	2018	0.379	0.47
459	640193182684	2018	0.378	0.51
459	640190112306	2011	0.378	0.32
459	640251186115	2018	0.378	0.35
459	640003110836	2011	0.378	0.49
463	640190113559	2011	0.377	0.32
463	640190111074	2011	0.377	0.31
463	640003111135	2011	0.377	0.40
463	640173172334	2017	0.377	0.38
463	640193193356	2019	0.377	0.46
468	640190121122	2012	0.376	0.45
468	640190134572	2013	0.376	0.31
468	640190127646	2012	0.376	0.31
468	640173174521	2017	0.376	0.47
472	640190142057	2014	0.375	0.44
472	640005123976	2012	0.375	0.53
472	640190121593	2012	0.375	0.43
472	640190121763	2012	0.375	0.43

续表

排名	牛号	出生年份	体型总分 EBV / 分	EBV 准确性
476	640190112637	2011	0.374	0.34
476	640190120479	2011	0.374	0.34
476	640253182131	2018	0.374	0.50
476	640190123727	2012	0.374	0.31
476	640190140974	2014	0.374	0.45
476	640173090711	2009	0.374	0.51
482	640035117890	2011	0.373	0.51
482	640251185846	2018	0.373	0.44
482	640003182858	2018	0.373	0.45
482	640166182931	2018	0.373	0.43
482	640190142009	2014	0.373	0.44
482	640190183025	2018	0.373	0.51
482	640190132122	2013	0.373	0.34
482	640190141761	2014	0.373	0.44
482	640193193316	2019	0.373	0.48
482	640190130118	2013	0.373	0.47
482	640173116037	2011	0.373	0.32
482	640035180916	2018	0.373	0.34
482	640190132191	2013	0.373	0.32
495	640009181342	2018	0.372	0.45
495	640253181852	2018	0.372	0.46
495	640190111058	2011	0.372	0.44
495	640193193262	2019	0.372	0.43
495	640251185755	2018	0.372	0.52
495	640190124024	2012	0.372	0.33

附表 6 首次配种日龄估计育种值（EBV）核心育种场排名前 500 名母牛

排名	牛号	出生年份	首次配种日龄 EBV / d	EBV 准确性
1	640190125420	2013	−102.4	0.61
2	640351000790	2016	−96.4	0.65
3	640351000799	2016	−93.7	0.66
4	640351000801	2016	−93.4	0.66
5	640003131338	2013	−92.7	0.61
6	640351000802	2016	−90.2	0.66
7	640351000804	2016	−89.8	0.66
8	640351000775	2016	−89.3	0.63
9	640351000870	2016	−87.3	0.65
10	640351000941	2016	−86.1	0.63
11	640351000806	2016	−82.5	0.65
11	640003131349	2013	−82.5	0.62
13	640351000886	2016	−80.6	0.63
14	640351000911	2016	−79.7	0.61
14	640190140063	2013	−79.7	0.58
14	640003131354	2013	−79.7	0.63
17	640351000808	2016	−78.7	0.64
18	640351000868	2016	−78.1	0.63
19	640190121752	2012	−75.9	0.60
20	640351000899	2016	−75.8	0.64
21	640351000810	2016	−75.3	0.63
22	640190140159	2013	−73.8	0.57
23	640351000943	2016	−72.6	0.63

续表

排名	牛号	出生年份	首次配种日龄 EBV / d	EBV 准确性
24	640351000882	2016	−72.5	0.65
25	640351000826	2016	−72.2	0.62
26	640193140114	2013	−72.1	0.57
27	640351000796	2016	−71.2	0.67
28	640003131345	2013	−70.9	0.71
29	640253148072	2014	−69.9	0.54
30	640351000823	2016	−69.8	0.62
31	640190121594	2012	−69.5	0.64
31	640003131348	2013	−69.5	0.66
33	640190140040	2013	−69.4	0.58
34	640190121779	2012	−69.3	0.64
35	640351000717	2016	−68.3	0.65
36	640351000898	2016	−68.2	0.61
37	640351000788	2016	−67.7	0.64
37	640190121599	2012	−67.7	0.66
39	640003131339	2013	−67.6	0.61
40	640193140053	2013	−67.3	0.65
41	640351000822	2016	−67.1	0.63
42	640003131346	2013	−66.8	0.61
43	640351000783	2016	−66.4	0.65
43	640351000819	2016	−66.4	0.62
45	640351000817	2016	−66.1	0.62
46	640351000791	2016	−64.8	0.64
46	640351000797	2016	−64.8	0.64

续表

排名	牛号	出生年份	首次配种日龄 EBV / d	EBV 准确性
48	640253146944	2014	−64.7	0.54
49	640190130210	2013	−64.6	0.58
50	640190123204	2012	−64.5	0.64
51	640351000795	2016	−63.6	0.65
52	640351000786	2016	−63.5	0.65
53	640351000933	2016	−63.3	0.63
54	640003182994	2018	−63.1	0.61
55	640351000815	2016	−62.7	0.62
56	640190140071	2013	−61.8	0.58
57	640351000777	2016	−61.3	0.67
58	640003162445	2016	−60.6	0.66
59	640003172451	2016	−59.5	0.65
60	640351000981	2016	−59.2	0.62
61	640190130007	2013	−57.9	0.64
62	640190140008	2013	−57.6	0.58
63	640003172458	2016	−56.9	0.67
64	640351000893	2016	−56.1	0.65
65	640351000940	2016	−56.0	0.62
65	640190121584	2012	−56.0	0.64
65	640190130091	2013	−56.0	0.59
68	640351000824	2016	−55.8	0.67
69	640190130257	2013	−55.0	0.67
70	640190130077	2013	−54.9	0.61
70	640003162446	2016	−54.9	0.65

续表

排名	牛号	出生年份	首次配种日龄 EBV / d	EBV 准确性
70	640351160834	2019	−54.9	0.62
73	640190130217	2013	−54.2	0.58
74	640190121114	2011	−53.8	0.58
75	640190130176	2013	−53.7	0.65
76	640190130082	2013	−53.6	0.58
77	640004136443	2013	−53.2	0.68
78	640190130163	2013	−53.1	0.65
79	640351000787	2016	−53.0	0.65
80	640190130136	2013	−52.9	0.58
81	640190142189	2014	−52.7	0.62
82	640351000785	2016	−52.5	0.65
82	640190130102	2013	−52.5	0.58
84	640351000975	2016	−52.3	0.64
84	640190130208	2013	−52.3	0.59
86	640003131500	2013	−52.2	0.58
87	640004166969	2015	−51.8	0.62
88	640190142168	2014	−51.6	0.59
89	640003162387	2016	−51.0	0.67
89	640190140034	2013	−51.0	0.58
91	640190120084	2011	−50.8	0.58
92	640190120365	2011	−50.6	0.58
93	640004146505	2014	−50.5	0.63
94	640351000968	2016	−50.0	0.61
94	640351000930	2016	−50.0	0.62

续表

排名	牛号	出生年份	首次配种日龄 EBV / d	EBV 准确性
94	640351000912	2016	−50.0	0.64
97	640190130216	2013	−49.9	0.58
98	640004136230	2013	−49.7	0.67
99	640351022564	2016	−49.6	0.68
99	640190130248	2013	−49.6	0.62
99	640004136447	2013	−49.6	0.65
102	640351000836	2016	−49.4	0.58
103	640004187570	2018	−49.2	0.60
104	640351000966	2016	−49.1	0.62
105	640351160800	2016	−49.0	0.67
105	640190130133	2013	−49.0	0.58
107	640351022576	2016	−48.6	0.68
107	640351000779	2016	−48.6	0.66
107	640190140018	2013	−48.6	0.58
110	640193131346	2013	−48.3	0.57
111	640190121755	2012	−48.1	0.63
111	640351000875	2016	−48.1	0.65
113	640351000814	2016	−48.0	0.67
114	640190130214	2013	−47.9	0.58
115	640190140122	2013	−47.7	0.58
116	640351000948	2016	−47.6	0.62
116	640004150682	2015	−47.6	0.67
118	640190130065	2013	−47.5	0.58
119	640003182988	2018	−47.3	0.58

续表

排名	牛号	出生年份	首次配种日龄 EBV / d	EBV 准确性
120	640351022572	2016	−47.2	0.68
121	640190130097	2013	−46.9	0.63
122	640004146498	2014	−46.5	0.65
122	640003162222	2016	−46.5	0.70
124	640351022567	2016	−46.3	0.68
125	640190130258	2013	−46.2	0.58
126	640190120152	2012	−45.8	0.58
127	640190142150	2014	−45.7	0.65
127	640351000979	2016	−45.7	0.65
129	640351000964	2016	−45.3	0.61
130	640190130009	2013	−45.2	0.58
130	64035100A002	2017	−45.2	0.62
132	640009140431	2014	−44.9	0.49
132	640351000792	2019	−44.9	0.61
134	640004136438	2013	−44.4	0.65
135	640004136448	2013	−44.3	0.66
136	640004182692	2018	−44.2	0.58
137	640190120853	2012	−44.1	0.61
138	640190142228	2014	−43.9	0.67
139	640190176919	2017	−43.8	0.70
140	640004136442	2013	−43.5	0.60
141	640193121587	2012	−43.4	0.62
142	640351000827	2016	−43.2	0.69
142	640004182704	2018	−43.2	0.58

续表

排名	牛号	出生年份	首次配种日龄 EBV / d	EBV 准确性
142	640004166983	2016	−43.2	0.65
145	640190125638	2013	−42.6	0.58
146	640351011003	2017	−42.5	0.63
146	640004187534	2018	−42.5	0.61
148	640351000771	2016	−42.3	0.65
148	640004146495	2014	−42.3	0.63
150	640004146513	2014	−42.2	0.64
151	640190123324	2012	−42.1	0.60
152	640351000794	2016	−42.0	0.65
153	640166151689	2015	−41.9	0.68
154	640035138462	2013	−41.8	0.61
154	640004136428	2013	−41.8	0.61
156	640351000978	2016	−41.7	0.63
157	640351022566	2016	−41.5	0.68
157	640351022570	2016	−41.5	0.68
157	640004182696	2018	−41.5	0.58
157	640351000809	2016	−41.5	0.66
161	640003121275	2012	−41.4	0.70
161	640351022569	2016	−41.4	0.68
163	640004182698	2018	−41.1	0.58
164	640351000894	2016	−41.0	0.63
164	640003183002	2018	−41.0	0.63
164	640166130979	2013	−41.0	0.60
167	640190120156	2012	−40.8	0.62

续表

排名	牛号	出生年份	首次配种日龄 EBV / d	EBV 准确性
168	640193130865	2013	−40.6	0.68
168	640004187617	2018	−40.6	0.61
168	640004156932	2015	−40.6	0.68
171	640004150547	2015	−40.5	0.67
172	640351000776	2016	−40.4	0.65
173	640351022571	2016	−40.2	0.68
174	640190123567	2012	−40.1	0.60
175	640351022586	2016	−39.8	0.68
176	640004187566	2018	−39.6	0.69
177	64035100B573	2016	−39.4	0.67
177	640351022574	2016	−39.4	0.67
179	640190123519	2012	−39.3	0.59
180	640004166963	2015	−39.0	0.58
180	640351033013	2017	−39.0	0.64
180	640190162301	2016	−39.0	0.73
183	640004150643	2015	−38.8	0.67
184	640003121331	2012	−38.7	0.63
184	640190140125	2013	−38.7	0.58
186	640251150601	2015	−38.3	0.65
186	640193130890	2013	−38.3	0.58
188	640190141996	2014	−38.2	0.71
189	640004136431	2013	−38.1	0.65
189	640004187592	2018	−38.1	0.64
191	640190121760	2012	−38.0	0.64

续表

排名	牛号	出生年份	首次配种日龄 EBV / d	EBV 准确性
191	640003141798	2014	−38.0	0.70
191	640190142120	2014	−38.0	0.67
194	640193130391	2013	−37.9	0.67
195	640251150611	2015	−37.8	0.68
196	640190121590	2012	−37.6	0.68
197	640190140175	2012	−37.4	0.58
198	640190132383	2013	−37.2	0.58
198	640190124551	2013	−37.2	0.58
200	640190140095	2013	−37.1	0.58
200	640003141757	2014	−37.1	0.68
200	640166151743	2015	−37.1	0.66
203	640351000881	2016	−36.9	0.65
204	640190123302	2012	−36.8	0.65
204	640351011019	2017	−36.8	0.62
206	640190140016	2014	−36.7	0.65
207	640351000752	2016	−36.6	0.68
207	640351022579	2016	−36.6	0.68
207	640193130797	2013	−36.6	0.68
210	640003141818	2014	−36.5	0.67
211	640351000988	2017	−36.4	0.61
211	640004187558	2018	−36.4	0.60
213	640004182258	2018	−36.3	0.58
213	640193130916	2013	−36.3	0.65
215	640251150521	2015	−36.2	0.66

续表

排名	牛号	出生年份	首次配种日龄 EBV / d	EBV 准确性
216	640004136416	2013	−36.1	0.69
217	640004166985	2016	−36.0	0.67
218	640166172520	2017	−35.9	0.70
219	640190131505	2013	−35.8	0.58
219	640003141811	2014	−35.8	0.69
221	640193142224	2014	−35.7	0.65
222	640193130551	2013	−35.6	0.68
222	640190124764	2013	−35.6	0.57
224	640193142239	2014	−35.5	0.63
224	640190121758	2012	−35.5	0.57
226	640004182878	2018	−35.4	0.67
226	640190123574	2012	−35.4	0.59
228	640004182616	2018	−35.3	0.59
228	640190156625	2015	−35.3	0.56
228	640190123316	2012	−35.3	0.62
231	640190121577	2012	−35.1	0.66
231	640003141802	2014	−35.1	0.61
233	640005166969	2015	−34.9	0.65
233	640190120545	2012	−34.9	0.61
233	640004136409	2013	−34.9	0.67
233	640003141825	2014	−34.9	0.66
233	640003141824	2014	−34.9	0.66
238	640166151690	2015	−34.8	0.66
239	640005154676	2015	−34.6	0.67

续表

排名	牛号	出生年份	首次配种日龄 EBV / d	EBV 准确性
240	640190123205	2012	−34.5	0.58
241	640004146474	2014	−34.4	0.65
241	640193130443	2013	−34.4	0.64
241	640351000803	2016	−34.4	0.66
244	640190141916	2014	−34.3	0.60
244	640190142258	2014	−34.3	0.58
246	640251150562	2015	−34.2	0.66
246	640003141715	2014	−34.2	0.64
246	640190120162	2012	−34.2	0.58
249	640166151740	2015	−34.1	0.68
250	640193130598	2013	−34.0	0.68
251	640166151699	2015	−33.9	0.68
251	640190120721	2012	−33.9	0.61
253	640003151845	2014	−33.7	0.66
253	640190131226	2013	−33.7	0.62
255	640004150549	2015	−33.6	0.70
255	640004187612	2018	−33.6	0.67
257	640004156933	2015	−33.5	0.62
258	640190142234	2014	−33.4	0.55
258	640253171271	2017	−33.4	0.65
260	640003151848	2015	−33.3	0.67
260	640005124032	2012	−33.3	0.48
262	640190123349	2012	−33.2	0.58
263	640190120164	2012	−33.1	0.63

续表

排名	牛号	出生年份	首次配种日龄 EBV / d	EBV 准确性
264	640190154302	2015	−33.0	0.68
265	640166151680	2015	−32.9	0.66
266	640166172527	2017	−32.8	0.66
266	640190120544	2012	−32.8	0.61
268	640166172508	2017	−32.6	0.68
268	640003121325	2012	−32.6	0.67
270	640004156926	2015	−32.5	0.63
270	640003141714	2014	−32.5	0.65
270	640193142375	2014	−32.5	0.67
270	640351000986	2017	−32.5	0.60
270	640351011145	2017	−32.5	0.62
270	640004187547	2018	−32.5	0.66
276	640251150695	2015	−32.4	0.65
277	640193130317	2013	−32.3	0.67
278	640193142385	2014	−32.2	0.66
278	640190123564	2012	−32.2	0.61
278	64035100A005	2017	−32.2	0.63
278	640003121329	2012	−32.2	0.69
278	640251150649	2015	−32.2	0.65
283	640190131590	2013	−32.0	0.59
283	640190132313	2013	−32.0	0.57
285	640190120123	2011	−31.9	0.58
286	640351011011	2017	−31.7	0.60
286	640193142373	2014	−31.7	0.66

续表

排名	牛号	出生年份	首次配种日龄 EBV / d	EBV 准确性
286	640251150559	2015	−31.7	0.66
289	640190154425	2015	−31.6	0.69
289	640004187609	2018	−31.6	0.60
289	640003141827	2014	−31.6	0.67
289	640251150672	2015	−31.6	0.65
293	640251150583	2015	−31.5	0.65
293	640004156935	2015	−31.5	0.52
293	640251003678	2016	−31.5	0.69
296	640190162213	2016	−31.4	0.70
297	640003121276	2012	−31.3	0.66
297	640251150623	2015	−31.3	0.65
297	640003110242	2011	−31.3	0.70
297	640004160875	2016	−31.3	0.67
297	640190132308	2013	−31.3	0.61
302	640004150540	2015	−31.2	0.65
302	640190250171	2015	−31.2	0.58
302	640251150591	2015	−31.2	0.65
302	640190154361	2015	−31.2	0.65
302	640251010208	2012	−31.2	0.65
307	640004187565	2018	−31.1	0.63
308	640251150618	2015	−31.0	0.65
308	640251150634	2015	−31.0	0.65
308	640251150679	2015	−31.0	0.65
308	640190131289	2013	−31.0	0.58

续表

排名	牛号	出生年份	首次配种日龄 EBV / d	EBV 准确性
308	640193142391	2014	−31.0	0.68
313	640005154636	2015	−30.9	0.67
313	640166172526	2017	−30.9	0.67
313	640190120643	2011	−30.9	0.58
316	640166172516	2017	−30.8	0.68
316	640166172514	2017	−30.8	0.69
316	640251150667	2015	−30.8	0.65
316	640251150632	2015	−30.8	0.65
316	640251150646	2015	−30.8	0.65
321	640193130302	2013	−30.7	0.67
322	640005124050	2012	−30.5	0.45
322	640351000092	2017	−30.5	0.61
322	640251150658	2015	−30.5	0.65
325	640003182993	2018	−30.4	0.60
326	640004182871	2018	−30.3	0.58
327	640003141808	2014	−30.2	0.68
327	640251150619	2015	−30.2	0.65
327	640251150628	2015	−30.2	0.65
327	640190142002	2014	−30.2	0.67
327	640166172509	2017	−30.2	0.67
332	640190120726	2012	−30.1	0.61
332	640251002019	2014	−30.1	0.65
334	640166172517	2017	−30.0	0.66
335	640193142080	2014	−29.9	0.70

续表

排名	牛号	出生年份	首次配种日龄 EBV / d	EBV 准确性
335	640190120526	2012	−29.9	0.59
335	640190141993	2014	−29.9	0.61
335	640190163546	2016	−29.9	0.61
335	640003141813	2014	−29.9	0.69
335	640004146517	2014	−29.9	0.66
341	640193132272	2013	−29.8	0.60
341	640166161813	2015	−29.8	0.67
341	640251003702	2016	−29.8	0.66
344	640253147048	2014	−29.7	0.54
344	640253171264	2017	−29.7	0.66
344	640190120528	2012	−29.7	0.58
347	640166161812	2015	−29.6	0.60
348	640003151987	2015	−29.5	0.72
349	640190154335	2015	−29.4	0.65
349	640003121269	2012	−29.4	0.68
349	640251150644	2015	−29.4	0.65
352	640005154675	2015	−29.3	0.70
352	640190250090	2015	−29.3	0.57
352	640251007813	2019	−29.3	0.69
352	640166161921	2016	−29.3	0.69
352	640253171255	2017	−29.3	0.64
352	640166172515	2017	−29.3	0.66
352	640166161808	2015	−29.3	0.67
352	640351011013	2017	−29.3	0.62

续表

排名	牛号	出生年份	首次配种日龄 EBV / d	EBV 准确性
352	640190140213	2012	−29.3	0.58
361	640166151721	2015	−29.2	0.64
361	640190120549	2011	−29.2	0.58
361	640005164739	2016	−29.2	0.68
361	640003162370	2016	−29.2	0.61
365	640190154237	2015	−29.1	0.70
365	640190120201	2012	−29.1	0.67
365	640251150701	2015	−29.1	0.65
368	640193142344	2014	−29.0	0.66
368	640190142178	2014	−29.0	0.56
368	640193154261	2015	−29.0	0.67
368	640003182706	2017	−29.0	0.58
372	640190120054	2011	−28.9	0.58
372	640251150555	2015	−28.9	0.66
372	640166151685	2015	−28.9	0.67
375	640351000832	2016	−28.8	0.68
375	640004146539	2014	−28.8	0.66
377	640003162223	2016	−28.7	0.69
377	640190182057	2018	−28.7	0.69
379	640251150668	2015	−28.6	0.64
379	640190120532	2012	−28.6	0.62
379	640190126575	2013	−28.6	0.57
382	640253171276	2017	−28.5	0.64
383	640005154666	2015	−28.4	0.68

续表

排名	牛号	出生年份	首次配种日龄 EBV / d	EBV 准确性
383	640190123424	2012	−28.4	0.61
383	640193142399	2014	−28.4	0.70
383	640003141745	2014	−28.4	0.69
387	640004150578	2015	−28.3	0.65
387	640251150659	2015	−28.3	0.64
387	640351000999	2017	−28.3	0.60
387	640005154663	2015	−28.3	0.67
391	640166151735	2015	−28.2	0.67
391	640004177251	2017	−28.2	0.58
391	640190142029	2014	−28.2	0.65
391	640003172543	2017	−28.2	0.62
391	640190175335	2017	−28.2	0.60
391	640190183927	2018	−28.2	0.71
397	640003141835	2014	−28.1	0.67
397	640003162233	2016	−28.1	0.69
397	640166172531	2017	−28.1	0.67
397	640003172590	2017	−28.1	0.65
401	640251150645	2015	−28.0	0.67
401	640004167147	2016	−28.0	0.63
401	640005154670	2015	−28.0	0.68
401	640190123474	2012	−28.0	0.58
401	640003141810	2014	−28.0	0.68
406	640253169713	2016	−27.9	0.66
407	640253171268	2017	−27.8	0.66

续表

排名	牛号	出生年份	首次配种日龄 EBV / d	EBV 准确性
407	640190131138	2013	−27.8	0.62
407	640190124247	2013	−27.8	0.58
407	640190140170	2013	−27.8	0.58
407	640005164723	2016	−27.8	0.68
407	640251150603	2015	−27.8	0.64
407	640251150563	2015	−27.8	0.66
407	640251150598	2015	−27.8	0.66
415	640004150673	2015	−27.7	0.64
416	640193142337	2014	−27.6	0.66
416	640005154651	2015	−27.6	0.68
416	640009160956	2016	−27.6	0.65
419	640251150561	2015	−27.5	0.66
420	640003121259	2012	−27.4	0.67
420	640003162173	2016	−27.4	0.68
420	640190123539	2012	−27.4	0.58
420	640253171277	2017	−27.4	0.64
420	640003152067	2015	−27.4	0.66
420	640004177253	2017	−27.4	0.64
426	640166172513	2017	−27.3	0.70
426	640253171259	2017	−27.3	0.64
426	640005154693	2015	−27.3	0.67
429	640003141674	2014	−27.2	0.66
429	640190123468	2012	−27.2	0.62
429	640190157303	2015	−27.2	0.61

续表

排名	牛号	出生年份	首次配种日龄 EBV / d	EBV 准确性
429	640004177259	2017	−27.2	0.67
429	640004182703	2018	−27.2	0.57
429	640003141689	2014	−27.2	0.68
429	640193142360	2014	−27.2	0.66
436	640003121273	2012	−27.1	0.67
436	640190123396	2012	−27.1	0.59
436	640003162230	2016	−27.1	0.67
436	640003151990	2015	−27.1	0.70
436	640005154653	2015	−27.1	0.70
441	640193142361	2014	−27.0	0.58
442	640003121304	2012	−26.9	0.65
442	640251150670	2015	−26.9	0.64
442	640003162157	2016	−26.9	0.66
442	640351000860	2016	−26.9	0.61
446	640003152001	2015	−26.8	0.62
446	640193142331	2014	−26.8	0.66
446	640190123381	2012	−26.8	0.60
446	640351000989	2017	−26.8	0.63
450	640003152006	2015	−26.7	0.69
451	640190154380	2015	−26.6	0.65
451	640166172523	2017	−26.6	0.67
451	640166172518	2017	−26.6	0.62
454	640003162140	2016	−26.5	0.67
454	640253171275	2017	−26.5	0.64

续表

排名	牛号	出生年份	首次配种日龄 EBV / d	EBV 准确性
454	640251159051	2015	−26.5	0.60
454	640193192104	2019	−26.5	0.59
458	640003141687	2014	−26.4	0.59
458	640003141716	2014	−26.4	0.68
458	640251159116	2015	−26.4	0.66
461	640251003794	2016	−26.3	0.68
461	640003121319	2012	−26.3	0.66
461	640003121265	2012	−26.3	0.65
461	640009181469	2018	−26.3	0.67
465	640005164724	2016	−26.2	0.70
466	640003151860	2015	−26.1	0.68
466	640190154574	2015	−26.1	0.64
466	640005164742	2016	−26.1	0.68
466	640003121316	2012	−26.1	0.67
470	640193142321	2014	−26.0	0.66
470	640004182804	2018	−26.0	0.58
472	640193154232	2015	−25.9	0.65
472	640251003405	2015	−25.9	0.58
472	640004177262	2017	−25.9	0.68
472	640251003709	2016	−25.9	0.66
472	640003141751	2014	−25.9	0.63
472	640193170688	2017	−25.9	0.69
472	640004156966	2015	−25.9	0.66
479	640004182793	2018	−25.8	0.66

续表

排名	牛号	出生年份	首次配种日龄 EBV / d	EBV 准确性
479	640004182802	2018	−25.8	0.66
479	640251150557	2015	−25.8	0.64
479	640251150621	2015	−25.8	0.66
483	640190154526	2015	−25.7	0.62
483	640166172510	2017	−25.7	0.68
483	640166182993	2018	−25.7	0.69
483	640004136404	2013	−25.7	0.62
483	640003182697	2017	−25.7	0.59
483	640166172507	2017	−25.7	0.68
483	640193142250	2014	−25.7	0.65
490	640253193721	2019	−25.6	0.70
490	640004146572	2014	−25.6	0.62
490	640003141718	2014	−25.6	0.70
490	640193182636	2018	−25.6	0.71
490	640003121293	2012	−25.6	0.69
495	640005154699	2015	−25.5	0.66
495	640003162363	2016	−25.5	0.65
495	640251150459	2015	−25.5	0.62
495	640253169859	2016	−25.5	0.65
499	640003121045	2012	−25.4	0.61
499	640003152063	2015	−25.4	0.62

附表 7　首次产犊日龄估计育种值（EBV）核心育种场排名前 500 名母牛

排名	牛号	出生年份	首次产犊日龄 EBV / d	EBV 准确性
1	640004161129	2016	−13.9	0.37
2	640035148658	2014	−13.8	0.44
3	640003162222	2016	−13.4	0.37
4	640251006775	2018	−13.2	0.43
5	640005175180	2017	−13.0	0.41
6	640166161870	2016	−12.7	0.40
7	640003151987	2015	−12.6	0.38
8	640003162233	2016	−12.5	0.39
8	640166141083	2014	−12.5	0.49
10	640003162168	2016	−12.4	0.34
11	640003151989	2015	−12.3	0.36
12	640251150611	2015	−12.2	0.35
12	640005154636	2015	−12.2	0.36
14	640251150601	2015	−12.1	0.34
15	640003152064	2015	−12.0	0.43
15	640003151994	2015	−12.0	0.40
17	640251150583	2015	−11.9	0.34
18	640351011172	2017	−11.8	0.43
18	640351011124	2017	−11.8	0.43
20	640005154665	2015	−11.7	0.42
21	640166141059	2014	−11.6	0.36
22	640005154528	2015	−11.5	0.45
22	640004160855	2016	−11.5	0.34
24	640253169859	2016	−11.4	0.34
24	640251003795	2016	−11.4	0.36

续表

排名	牛号	出生年份	首次产犊日龄 EBV / d	EBV 准确性
26	640251003136	2015	−11.3	0.45
26	640251150695	2015	−11.3	0.33
26	640005164815	2016	−11.3	0.33
26	640251150618	2015	−11.3	0.33
30	640251150649	2015	−11.2	0.33
30	640251003754	2016	−11.2	0.36
30	640251150591	2015	−11.2	0.34
30	640251150628	2015	−11.2	0.33
30	640251150623	2015	−11.2	0.33
30	640251150634	2015	−11.2	0.33
30	640251150658	2015	−11.2	0.33
30	640251150679	2015	−11.2	0.33
30	640003162173	2016	−11.2	0.37
30	640251150646	2015	−11.2	0.33
30	640251150645	2015	−11.2	0.33
30	640251150644	2015	−11.2	0.33
42	640251150667	2015	−11.1	0.33
42	640251003689	2016	−11.1	0.37
42	640251150603	2015	−11.1	0.33
42	640253169886	2016	−11.1	0.34
42	640166141114	2014	−11.1	0.43
42	640251003730	2016	−11.1	0.36
42	640251150619	2015	−11.1	0.33
42	640251150668	2015	−11.1	0.33
50	640004187378	2018	−11.0	0.30

续表

排名	牛号	出生年份	首次产犊日龄 EBV / d	EBV 准确性
50	640004187385	2018	−11.0	0.36
50	640251159285	2015	−11.0	0.44
50	640251003731	2016	−11.0	0.35
50	640004160881	2016	−11.0	0.37
50	640190162301	2016	−11.0	0.48
56	640253170585	2017	−10.9	0.34
56	640251150701	2015	−10.9	0.33
56	640173185019	2018	−10.9	0.53
56	640251150659	2015	−10.9	0.33
56	640251150670	2015	−10.9	0.33
56	640009160832	2016	−10.9	0.31
56	640251150557	2015	−10.9	0.33
56	640253169713	2016	−10.9	0.34
64	640251150632	2015	−10.8	0.33
64	640251150672	2015	−10.8	0.33
64	640003151981	2015	−10.8	0.37
64	640251003121	2015	−10.8	0.43
64	640003162187	2016	−10.8	0.35
64	640166110284	2011	−10.8	0.38
64	640251006764	2018	−10.8	0.46
71	640035148650	2014	−10.7	0.45
71	640005175212	2017	−10.7	0.41
71	640004161100	2016	−10.7	0.35
71	640251159264	2015	−10.7	0.44
75	640251003701	2016	−10.6	0.36

续表

排名	牛号	出生年份	首次产犊日龄 EBV / d	EBV 准确性
75	640004160865	2016	−10.6	0.33
75	640166120360	2012	−10.6	0.36
78	640005175176	2017	−10.5	0.38
78	640253159289	2015	−10.5	0.45
78	640003151990	2015	−10.5	0.40
78	640035128102	2012	−10.5	0.36
78	640251003712	2016	−10.5	0.36
78	640251150678	2015	−10.5	0.33
78	640005175170	2017	−10.5	0.38
78	640251159242	2015	−10.5	0.44
86	640251003076	2015	−10.4	0.42
86	640190160815	2016	−10.4	0.30
86	640003162167	2016	−10.4	0.36
86	640190160776	2016	−10.4	0.35
86	640166161959	2016	−10.4	0.39
86	640003151995	2015	−10.4	0.32
92	640251003132	2015	−10.3	0.45
92	640251003682	2016	−10.3	0.34
92	640003151982	2015	−10.3	0.35
92	640166120331	2012	−10.3	0.39
92	640251003072	2015	−10.3	0.45
92	640005175215	2017	−10.3	0.38
92	640253169806	2016	−10.3	0.34
92	640251150680	2015	−10.3	0.30
92	640166120310	2012	−10.3	0.36

续表

排名	牛号	出生年份	首次产犊日龄 EBV / d	EBV 准确性
92	640351011147	2017	−10.3	0.43
102	640009160997	2016	−10.2	0.32
102	640003152069	2015	−10.2	0.34
102	640005175175	2017	−10.2	0.41
102	640251003947	2016	−10.2	0.31
102	640251003699	2016	−10.2	0.35
102	640251150559	2015	−10.2	0.35
102	640003121275	2012	−10.2	0.35
102	640166120544	2012	−10.2	0.36
102	640251003703	2016	−10.2	0.35
102	640003162161	2016	−10.2	0.37
112	640251170587	2017	−10.1	0.30
112	640251003704	2016	−10.1	0.34
112	640251003119	2015	−10.1	0.42
112	640251003083	2015	−10.1	0.43
116	640251003740	2016	−10.0	0.34
116	640251150555	2015	−10.0	0.35
116	640003152023	2015	−10.0	0.32
116	640166120551	2012	−10.0	0.38
116	640251003692	2016	−10.0	0.37
116	640251003670	2016	−10.0	0.35
116	640251003690	2016	−10.0	0.35
123	640251003724	2016	−9.9	0.34
123	640166172441	2017	−9.9	0.34
123	640251003758	2016	−9.9	0.36

续表

排名	牛号	出生年份	首次产犊日龄 EBV / d	EBV 准确性
123	640251003715	2016	−9.9	0.35
123	640003162147	2016	−9.9	0.34
123	640166120560	2012	−9.9	0.35
123	640251159253	2015	−9.9	0.35
123	640253158646	2015	−9.9	0.42
123	640005175183	2017	−9.9	0.41
132	640251003108	2015	−9.8	0.42
132	640005154531	2015	−9.8	0.43
132	640005175179	2017	−9.8	0.39
132	640251003688	2016	−9.8	0.32
132	640251003726	2016	−9.8	0.35
132	640005175234	2017	−9.8	0.40
132	640193170890	2017	−9.8	0.45
132	640166120575	2012	−9.8	0.38
132	640251003140	2015	−9.8	0.45
132	640251003638	2016	−9.8	0.34
132	640193170310	2017	−9.8	0.45
143	640173184893	2018	−9.7	0.33
143	640251003764	2016	−9.7	0.34
143	640251003679	2016	−9.7	0.32
143	640251003651	2016	−9.7	0.36
143	640251002986	2015	−9.7	0.42
143	640004161304	2016	−9.7	0.44
143	640003162230	2016	−9.7	0.36
143	640251159310	2015	−9.7	0.44

续表

排名	牛号	出生年份	首次产犊日龄 EBV / d	EBV 准确性
143	640251003768	2016	−9.7	0.34
143	640251159260	2015	−9.7	0.44
143	640351011154	2017	−9.7	0.42
143	640251003794	2016	−9.7	0.36
155	640005113826	2011	−9.6	0.36
155	640005164724	2016	−9.6	0.40
155	640251003719	2016	−9.6	0.31
155	640251003082	2015	−9.6	0.42
155	640251003729	2016	−9.6	0.32
155	640251004818	2017	−9.6	0.35
155	640251006723	2018	−9.6	0.42
155	640251159284	2015	−9.6	0.44
155	640251150511	2015	−9.6	0.35
155	640190183811	2018	−9.6	0.40
155	640251003105	2015	−9.6	0.43
155	640251003084	2015	−9.6	0.42
155	640251003748	2016	−9.6	0.35
155	640251003109	2015	−9.6	0.43
169	640004187389	2018	−9.5	0.35
169	640009171269	2017	−9.5	0.35
169	640253169797	2016	−9.5	0.36
169	640193170926	2017	−9.5	0.45
169	640190160808	2016	−9.5	0.37
169	640003162206	2016	−9.5	0.32
169	640251003112	2015	−9.5	0.42

续表

排名	牛号	出生年份	首次产犊日龄 EBV / d	EBV 准确性
169	640193175100	2017	−9.5	0.44
169	640193174036	2017	−9.5	0.49
169	640003141813	2014	−9.5	0.40
169	640193250087	2015	−9.5	0.35
169	640251003745	2016	−9.5	0.32
169	640351011134	2017	−9.5	0.42
169	640003162181	2016	−9.5	0.34
169	640251003067	2015	−9.5	0.42
169	640251003103	2015	−9.5	0.42
185	640173185009	2018	−9.4	0.48
185	640003152006	2015	−9.4	0.35
185	640005113831	2011	−9.4	0.32
185	640251150543	2015	−9.4	0.35
185	640251002942	2015	−9.4	0.42
185	640003120367	2012	−9.4	0.31
185	640166120558	2012	−9.4	0.32
185	640003162164	2016	−9.4	0.34
185	640251003129	2015	−9.4	0.41
185	640166172279	2017	−9.4	0.31
185	640166141311	2014	−9.4	0.42
185	640251003709	2016	−9.4	0.35
185	640193173832	2017	−9.4	0.38
185	640193170842	2017	−9.4	0.45
185	640251003090	2015	−9.4	0.41
185	640003141798	2014	−9.4	0.37

续表

排名	牛号	出生年份	首次产犊日龄 EBV / d	EBV 准确性
185	640003141689	2014	−9.4	0.35
185	640166162122	2016	−9.4	0.44
185	640193171042	2017	−9.4	0.45
204	640003141824	2014	−9.3	0.32
204	640166120327	2012	−9.3	0.37
204	640193170668	2017	−9.3	0.40
204	640003162219	2016	−9.3	0.36
204	640193170734	2017	−9.3	0.42
204	640193170622	2017	−9.3	0.44
204	640251004871	2017	−9.3	0.35
204	640190141996	2014	−9.3	0.41
204	640251150661	2015	−9.3	0.35
204	640003162223	2016	−9.3	0.40
204	640166151689	2015	−9.3	0.34
204	640251003071	2015	−9.3	0.42
204	640173184877	2018	−9.3	0.34
204	640251003714	2016	−9.3	0.35
204	640251003779	2016	−9.3	0.32
204	640251150581	2015	−9.3	0.35
220	640193170502	2017	−9.2	0.45
220	640251003747	2016	−9.2	0.35
220	640005175182	2017	−9.2	0.41
220	640166141136	2014	−9.2	0.44
220	640173185008	2018	−9.2	0.52
220	640251150582	2015	−9.2	0.35

续表

排名	牛号	出生年份	首次产犊日龄 EBV / d	EBV 准确性
220	640003151996	2015	−9.2	0.37
220	640251003100	2015	−9.2	0.42
220	640251003723	2016	−9.2	0.34
229	640253169898	2016	−9.1	0.34
229	640166130996	2013	−9.1	0.41
229	640166141000	2014	−9.1	0.41
229	640166141002	2014	−9.1	0.41
229	640166141038	2014	−9.1	0.41
229	640166141055	2014	−9.1	0.41
229	640166141082	2014	−9.1	0.41
229	640166141088	2014	−9.1	0.41
229	640166141095	2014	−9.1	0.41
229	640166141106	2014	−9.1	0.41
229	640166141130	2014	−9.1	0.41
229	640166141131	2014	−9.1	0.41
229	640166141133	2014	−9.1	0.41
229	640166141135	2014	−9.1	0.41
229	640166141137	2014	−9.1	0.41
229	640166141196	2014	−9.1	0.41
229	640166141213	2014	−9.1	0.41
229	640166141322	2014	−9.1	0.41
229	640166141323	2014	−9.1	0.41
229	640166141327	2014	−9.1	0.41
229	640166141347	2014	−9.1	0.41
229	640166141369	2014	−9.1	0.41

续表

排名	牛号	出生年份	首次产犊日龄 EBV / d	EBV 准确性
229	640190155197	2015	−9.1	0.41
229	640190155450	2015	−9.1	0.41
229	640193154782	2015	−9.1	0.41
229	640193155055	2015	−9.1	0.41
229	640251003063	2015	−9.1	0.41
229	640251003070	2015	−9.1	0.41
229	640251003077	2015	−9.1	0.41
229	640251003086	2015	−9.1	0.41
229	640251003088	2015	−9.1	0.41
229	640251003089	2015	−9.1	0.41
229	640251003095	2015	−9.1	0.41
229	640251003101	2015	−9.1	0.41
229	640251003110	2015	−9.1	0.41
229	640253158619	2015	−9.1	0.41
229	640253158650	2015	−9.1	0.41
229	640253158678	2015	−9.1	0.41
229	640009150672	2015	−9.1	0.34
229	640193170956	2017	−9.1	0.45
229	640193173870	2017	−9.1	0.49
229	640009150587	2015	−9.1	0.32
229	640251150596	2015	−9.1	0.35
229	640351033087	2018	−9.1	0.33
229	640253158621	2015	−9.1	0.42
229	640005175223	2017	−9.1	0.39
229	640004136409	2013	−9.1	0.39

续表

排名	牛号	出生年份	首次产犊日龄 EBV / d	EBV 准确性
229	640193170832	2017	−9.1	0.45
229	640166151690	2015	−9.1	0.34
229	640190160621	2016	−9.1	0.37
229	640166141127	2014	−9.1	0.44
229	640251150584	2015	−9.1	0.35
229	640193170688	2017	−9.1	0.43
229	640193170896	2017	−9.1	0.45
229	640166110004	2011	−9.1	0.37
229	640351011141	2017	−9.1	0.43
229	640190181869	2018	−9.1	0.47
286	640251003791	2016	−9.0	0.33
286	640003162218	2016	−9.0	0.36
286	640190160684	2016	−9.0	0.37
286	640251003065	2015	−9.0	0.44
286	640193180644	2018	−9.0	0.48
286	640193170496	2017	−9.0	0.44
286	640251150633	2015	−9.0	0.35
286	640251003967	2016	−9.0	0.30
286	640193140053	2013	−9.0	0.33
286	640251150600	2015	−9.0	0.35
286	640251003746	2016	−9.0	0.36
286	640009171266	2017	−9.0	0.35
286	640193170948	2017	−9.0	0.44
286	640251003144	2015	−9.0	0.45
286	640005175158	2017	−9.0	0.36

续表

排名	牛号	出生年份	首次产犊日龄 EBV / d	EBV 准确性
286	640003141812	2014	−9.0	0.36
286	640251003639	2016	−9.0	0.31
303	640351011125	2017	−8.9	0.41
303	640351011126	2017	−8.9	0.41
303	640351011129	2017	−8.9	0.41
303	640351011130	2017	−8.9	0.41
303	640351011148	2017	−8.9	0.41
303	640351011152	2017	−8.9	0.41
303	640351011153	2017	−8.9	0.41
303	640351011155	2017	−8.9	0.41
303	640035117951	2011	−8.9	0.31
303	640193171084	2017	−8.9	0.41
303	640251003064	2015	−8.9	0.41
303	640251003694	2016	−8.9	0.37
303	640251003783	2016	−8.9	0.30
303	640003162240	2016	−8.9	0.31
303	640251003733	2016	−8.9	0.32
303	640193261295	2016	−8.9	0.30
303	640003151968	2015	−8.9	0.35
303	640251003799	2016	−8.9	0.31
303	640035117947	2011	−8.9	0.31
322	640251003772	2016	−8.8	0.30
322	640253169711	2016	−8.8	0.31
322	640166120485	2012	−8.8	0.36
322	640004150510	2015	−8.8	0.32

续表

排名	牛号	出生年份	首次产犊日龄 EBV / d	EBV 准确性
322	640166120576	2012	−8.8	0.32
322	640003121325	2012	−8.8	0.34
322	640003141818	2014	−8.8	0.33
322	640009150710	2015	−8.8	0.38
322	640251003760	2016	−8.8	0.31
322	640003162204	2016	−8.8	0.38
322	640251003059	2015	−8.8	0.41
322	640190181853	2018	−8.8	0.47
322	640351011112	2017	−8.8	0.42
322	640193140691	2014	−8.8	0.39
322	640251003798	2016	−8.8	0.31
322	640351011128	2017	−8.8	0.46
322	640251150495	2015	−8.8	0.35
322	640193170456	2017	−8.8	0.45
322	640005175167	2017	−8.8	0.38
322	640251003749	2016	−8.8	0.31
342	640193171064	2017	−8.7	0.44
342	640005175233	2017	−8.7	0.44
342	640193174982	2017	−8.7	0.44
342	640003152034	2015	−8.7	0.35
342	640193261362	2016	−8.7	0.35
342	640193261393	2016	−8.7	0.35
342	640166120548	2012	−8.7	0.32
342	640190181811	2018	−8.7	0.47
342	640251003737	2016	−8.7	0.31

续表

排名	牛号	出生年份	首次产犊日龄 EBV / d	EBV 准确性
342	640251150525	2015	−8.7	0.35
342	640193170430	2017	−8.7	0.42
342	640003162153	2016	−8.7	0.41
342	640251150588	2015	−8.7	0.35
342	640035117961	2011	−8.7	0.30
356	640251004414	2016	−8.6	0.36
356	640009160928	2016	−8.6	0.34
356	640003151984	2015	−8.6	0.32
356	640004187468	2018	−8.6	0.30
356	640251003696	2016	−8.6	0.31
356	640005154566	2015	−8.6	0.37
356	640003151966	2015	−8.6	0.33
356	640003151988	2015	−8.6	0.31
356	640009160756	2016	−8.6	0.40
356	640251004813	2017	−8.6	0.32
356	640351011140	2017	−8.6	0.44
356	640193170998	2017	−8.6	0.43
356	640251002019	2014	−8.6	0.36
356	640166120495	2012	−8.6	0.36
370	640193261219	2016	−8.5	0.30
370	640193261248	2016	−8.5	0.30
370	640193261297	2016	−8.5	0.30
370	640193261343	2016	−8.5	0.30
370	640193261351	2016	−8.5	0.30
370	640193261371	2016	−8.5	0.30

续表

排名	牛号	出生年份	首次产犊日龄 EBV / d	EBV 准确性
370	640251003672	2016	−8.5	0.30
370	640251003691	2016	−8.5	0.30
370	640251003708	2016	−8.5	0.30
370	640251003718	2016	−8.5	0.30
370	640251003725	2016	−8.5	0.30
370	640251003741	2016	−8.5	0.30
370	640251003743	2016	−8.5	0.30
370	640251003744	2016	−8.5	0.30
370	640251003752	2016	−8.5	0.30
370	640251003759	2016	−8.5	0.30
370	640251003771	2016	−8.5	0.30
370	640251003773	2016	−8.5	0.30
370	640251003778	2016	−8.5	0.30
370	640251003780	2016	−8.5	0.30
370	640251003787	2016	−8.5	0.30
370	640251003790	2016	−8.5	0.30
370	640251003796	2016	−8.5	0.30
370	640251003801	2016	−8.5	0.30
370	640251003821	2016	−8.5	0.30
370	640251004317	2016	−8.5	0.30
370	640251004805	2017	−8.5	0.30
370	640251004843	2017	−8.5	0.30
370	640251004849	2017	−8.5	0.30
370	640009171126	2017	−8.5	0.33
370	640009160935	2016	−8.5	0.40

续表

排名	牛号	出生年份	首次产犊日龄 EBV / d	EBV 准确性
370	640251003765	2016	−8.5	0.31
370	640251003080	2015	−8.5	0.42
370	640166120538	2012	−8.5	0.31
370	640173184876	2018	−8.5	0.35
370	640251006756	2018	−8.5	0.41
370	640193261401	2016	−8.5	0.35
370	640193180636	2018	−8.5	0.41
370	640253169799	2016	−8.5	0.32
370	640193180768	2018	−8.5	0.50
370	640253193101	2019	−8.5	0.41
370	640193180574	2018	−8.5	0.42
370	640003141811	2014	−8.5	0.33
413	640251004874	2017	−8.4	0.32
413	640005154504	2015	−8.4	0.37
413	640251003751	2016	−8.4	0.30
413	640035118000	2011	−8.4	0.37
413	640193182788	2018	−8.4	0.50
413	640003151980	2015	−8.4	0.31
413	640003141825	2014	−8.4	0.32
413	640190181923	2018	−8.4	0.50
413	640003121320	2012	−8.4	0.31
413	640253169393	2016	−8.4	0.32
413	640009160885	2016	−8.4	0.36
413	640190182059	2018	−8.4	0.47
413	640166161927	2016	−8.4	0.43

续表

排名	牛号	出生年份	首次产犊日龄 EBV / d	EBV 准确性
413	640009171251	2017	−8.4	0.38
413	640193170840	2017	−8.4	0.41
413	640193250084	2015	−8.4	0.31
413	640173185044	2018	−8.4	0.50
413	640005144456	2014	−8.4	0.37
413	640193153542	2015	−8.4	0.38
432	640005154494	2015	−8.3	0.35
432	640251003657	2016	−8.3	0.34
432	640003152058	2015	−8.3	0.31
432	640251003803	2016	−8.3	0.30
432	640190160732	2016	−8.3	0.33
432	640190160734	2016	−8.3	0.33
432	640190160745	2016	−8.3	0.33
432	640190181823	2018	−8.3	0.47
432	640193261198	2016	−8.3	0.30
432	640003151992	2015	−8.3	0.35
432	640005175210	2017	−8.3	0.39
432	640003121289	2012	−8.3	0.37
432	640190156474	2015	−8.3	0.38
432	640003162215	2016	−8.3	0.32
432	640193261290	2016	−8.3	0.31
432	640251003711	2016	−8.3	0.38
432	640251003162	2015	−8.3	0.44
432	640003162179	2016	−8.3	0.31
432	640003162180	2016	−8.3	0.31

续表

排名	牛号	出生年份	首次产犊日龄 EBV / d	EBV 准确性
432	640173185034	2018	−8.3	0.50
432	640005175206	2017	−8.3	0.39
432	640193180812	2018	−8.3	0.50
432	640166141289	2014	−8.3	0.33
432	640166120524	2012	−8.3	0.31
432	640166120570	2012	−8.3	0.30
432	640251003727	2016	−8.3	0.37
432	640253169725	2016	−8.3	0.33
432	640190120201	2012	−8.3	0.49
432	640251003094	2015	−8.3	0.44
432	640173184996	2018	−8.3	0.50
462	640251003120	2015	−8.2	0.43
462	640005154493	2015	−8.2	0.35
462	640251004940	2017	−8.2	0.36
462	640190154425	2015	−8.2	0.32
462	640003162174	2016	−8.2	0.31
462	640003162175	2016	−8.2	0.31
462	640003162184	2016	−8.2	0.31
462	640253159221	2015	−8.2	0.31
462	640253159241	2015	−8.2	0.31
462	640253159347	2015	−8.2	0.31
462	640253169395	2016	−8.2	0.31
462	640253169405	2016	−8.2	0.31
462	640253169407	2016	−8.2	0.31
462	640253169415	2016	−8.2	0.31

续表

排名	牛号	出生年份	首次产犊日龄 EBV / d	EBV 准确性
462	640253169425	2016	−8.2	0.31
462	640253169429	2016	−8.2	0.31
462	640253169433	2016	−8.2	0.31
462	640253169467	2016	−8.2	0.31
462	640253169559	2016	−8.2	0.31
462	640253169591	2016	−8.2	0.31
462	640251003735	2016	−8.2	0.32
462	640190182335	2018	−8.2	0.50
462	640193261272	2016	−8.2	0.35
462	640003141810	2014	−8.2	0.34
462	640173184885	2018	−8.2	0.37
462	640190181957	2018	−8.2	0.47
462	640190182031	2018	−8.2	0.50
462	640003152000	2015	−8.2	0.31
462	640193261252	2016	−8.2	0.30
462	640251004885	2017	−8.2	0.36
462	640003152036	2015	−8.2	0.35
462	640005175173	2017	−8.2	0.38
494	640190160756	2016	−8.1	0.32
494	640004187559	2018	−8.1	0.43
494	640173164075	2016	−8.1	0.40
494	640035128091	2012	−8.1	0.37
494	640251003734	2016	−8.1	0.34
494	640004146561	2014	−8.1	0.40
494	640251004708	2017	−8.1	0.38

附表 8　青年牛首末次配种间隔估计育种值（EBV）核心育种场排名前 500 名母牛

排名	牛号	出生年份	青年牛首末次配种间隔 EBV / d	EBV 准确性
1	640190181869	2018	−5.5	0.46
1	640190182177	2018	−5.5	0.46
3	640190181853	2018	−5.4	0.46
4	640190182013	2018	−5.3	0.47
5	640190182059	2018	−5.2	0.46
5	640190181917	2018	−5.2	0.47
7	640190181983	2018	−5.1	0.46
8	640190182201	2018	−5.0	0.46
9	640190182025	2018	−4.8	0.46
10	640190182035	2018	−4.7	0.46
11	640193182046	2018	−4.5	0.49
12	640193182922	2018	−4.4	0.49
12	640193182064	2018	−4.4	0.49
12	640193182066	2018	−4.4	0.49
12	640190182437	2018	−4.4	0.50
16	640190182457	2018	−4.3	0.49
16	640193182788	2018	−4.3	0.50
16	640193182908	2018	−4.3	0.50
16	640193182336	2018	−4.3	0.50
16	640193181390	2018	−4.3	0.49
16	640193181726	2018	−4.3	0.49
22	640173184973	2018	−4.2	0.46
22	640193182682	2018	−4.2	0.50
22	640193182852	2018	−4.2	0.50

续表

排名	牛号	出生年份	青年牛首末次配种间隔 EBV / d	EBV 准确性
22	640190182117	2018	−4.2	0.47
26	640193181738	2018	−4.1	0.49
26	640190162335	2016	−4.1	0.48
26	640193182832	2018	−4.1	0.48
26	640190181971	2018	−4.1	0.47
26	640193181544	2018	−4.1	0.48
26	640190162191	2016	−4.1	0.47
32	640190183345	2018	−4.0	0.50
32	640173185007	2018	−4.0	0.46
32	640190182047	2018	−4.0	0.39
32	640190182087	2018	−4.0	0.39
32	640190182173	2018	−4.0	0.39
32	640173185015	2018	−4.0	0.47
32	640173185014	2018	−4.0	0.46
32	640173185036	2018	−4.0	0.46
32	640190182605	2018	−4.0	0.47
32	640190182021	2018	−4.0	0.39
32	640190182231	2018	−4.0	0.47
32	640190181903	2018	−4.0	0.47
32	640190182619	2018	−4.0	0.47
32	640190181995	2018	−4.0	0.39
32	640190182039	2018	−4.0	0.47
47	640190182287	2018	−3.9	0.48
47	640193182062	2018	−3.9	0.47

续表

排名	牛号	出生年份	青年牛首末次配种间隔 EBV / d	EBV 准确性
47	640190182089	2018	−3.9	0.47
47	640190182189	2018	−3.9	0.47
47	640190162327	2016	−3.9	0.47
47	640193180676	2018	−3.9	0.48
47	640190181957	2018	−3.9	0.46
47	640190181863	2018	−3.9	0.48
47	640193182904	2018	−3.9	0.47
47	640190182347	2018	−3.9	0.47
47	640190182701	2018	−3.9	0.50
47	640190162222	2016	−3.9	0.47
47	640193180664	2018	−3.9	0.48
47	640190181925	2018	−3.9	0.47
47	640190181981	2018	−3.9	0.47
62	640173185033	2018	−3.8	0.46
62	640190182505	2018	−3.8	0.47
62	640193181952	2018	−3.8	0.48
62	640193182500	2018	−3.8	0.47
62	640193181300	2018	−3.8	0.47
62	640193183042	2018	−3.8	0.47
62	640193180672	2018	−3.8	0.48
62	640190182383	2018	−3.8	0.47
62	640190182469	2018	−3.8	0.47
62	640190182801	2018	−3.8	0.48
62	640193182838	2018	−3.8	0.48

续表

排名	牛号	出生年份	青年牛首末次配种间隔 EBV / d	EBV 准确性
62	640190182911	2018	−3.8	0.47
62	640190162301	2016	−3.8	0.48
62	640190182601	2018	−3.8	0.47
62	640193182252	2018	−3.8	0.47
62	640190162146	2016	−3.8	0.48
62	640190180223	2018	−3.8	0.41
62	640193181140	2018	−3.8	0.47
62	640193182462	2018	−3.8	0.47
62	640193182080	2018	−3.8	0.46
62	640193182096	2018	−3.8	0.46
62	640193182216	2018	−3.8	0.46
62	640190162369	2016	−3.8	0.48
85	640190162161	2016	−3.7	0.47
85	640190162076	2016	−3.7	0.47
85	640190182491	2018	−3.7	0.47
85	640193181920	2018	−3.7	0.47
85	640193174408	2017	−3.7	0.47
85	640190181250	2018	−3.7	0.47
85	640190162101	2016	−3.7	0.47
85	640190182081	2018	−3.7	0.39
85	640193174386	2017	−3.7	0.47
85	640193182502	2018	−3.7	0.47
85	640193181308	2018	−3.7	0.47
85	640190182671	2018	−3.7	0.47

续表

排名	牛号	出生年份	青年牛首末次配种间隔 EBV / d	EBV 准确性
85	640190182009	2018	−3.7	0.40
85	640190160928	2016	−3.7	0.47
85	640193174044	2017	−3.7	0.47
85	640190162227	2016	−3.7	0.47
85	640190182713	2018	−3.7	0.48
85	640190182185	2018	−3.7	0.40
85	640193181206	2018	−3.7	0.47
85	640193181882	2018	−3.7	0.47
85	640193182038	2018	−3.7	0.47
85	640193182916	2018	−3.7	0.48
85	640190181923	2018	−3.7	0.50
85	640193182590	2018	−3.7	0.47
85	640190160846	2016	−3.7	0.47
85	640190177317	2017	−3.7	0.40
85	640190162307	2016	−3.7	0.47
85	640190162111	2016	−3.7	0.47
85	640190162295	2016	−3.7	0.47
85	640190162321	2016	−3.7	0.47
85	640193182874	2018	−3.7	0.47
116	640190182809	2018	−3.6	0.47
116	640190182815	2018	−3.6	0.47
116	640190182823	2018	−3.6	0.47
116	640190182283	2018	−3.6	0.46
116	640190182379	2018	−3.6	0.46

续表

排名	牛号	出生年份	青年牛首末次配种间隔 EBV / d	EBV 准确性
116	640190182381	2018	−3.6	0.46
116	640190182389	2018	−3.6	0.46
116	640190182393	2018	−3.6	0.46
116	640190182399	2018	−3.6	0.46
116	640190182445	2018	−3.6	0.46
116	640190182455	2018	−3.6	0.46
116	640190182485	2018	−3.6	0.46
116	640190182519	2018	−3.6	0.46
116	640190182529	2018	−3.6	0.46
116	640190182543	2018	−3.6	0.46
116	640190182577	2018	−3.6	0.46
116	640190182599	2018	−3.6	0.46
116	640190182607	2018	−3.6	0.46
116	640190182621	2018	−3.6	0.46
116	640190182629	2018	−3.6	0.46
116	640190182439	2018	−3.6	0.47
116	640190174702	2017	−3.6	0.47
116	640190182107	2018	−3.6	0.40
116	640193180762	2018	−3.6	0.47
116	640190182363	2018	−3.6	0.47
116	640190182459	2018	−3.6	0.48
116	640193182172	2018	−3.6	0.47
116	640173185053	2018	−3.6	0.47
116	640193182688	2018	−3.6	0.47

续表

排名	牛号	出生年份	青年牛首末次配种间隔 EBV / d	EBV 准确性
116	640193172118	2017	−3.6	0.41
116	640193182798	2018	−3.6	0.46
116	640193182778	2018	−3.6	0.47
116	640190162212	2016	−3.6	0.47
116	640190182041	2018	−3.6	0.38
116	640190160842	2016	−3.6	0.47
116	640193180114	2018	−3.6	0.50
116	640193182522	2018	−3.6	0.47
116	640190182571	2018	−3.6	0.47
116	640190182057	2018	−3.6	0.41
116	640193173982	2017	−3.6	0.50
116	640190162120	2016	−3.6	0.47
116	640193182414	2018	−3.6	0.47
116	640190162280	2016	−3.6	0.47
116	640190182371	2018	−3.6	0.47
160	640193181922	2018	−3.5	0.47
160	640190162247	2016	−3.5	0.47
160	640190162248	2016	−3.5	0.47
160	640193181602	2018	−3.5	0.47
160	640190162142	2016	−3.5	0.47
160	640190162293	2016	−3.5	0.47
160	640190162324	2016	−3.5	0.47
160	640190162339	2016	−3.5	0.47
160	640190162347	2016	−3.5	0.47

续表

排名	牛号	出生年份	青年牛首末次配种间隔 EBV / d	EBV 准确性
160	640193181116	2018	−3.5	0.47
160	640193182152	2018	−3.5	0.47
160	640193182624	2018	−3.5	0.47
160	640193182826	2018	−3.5	0.46
160	640190183149	2018	−3.5	0.47
160	640193182538	2018	−3.5	0.46
160	640193182314	2018	−3.5	0.49
160	640190182409	2018	−3.5	0.47
160	640193181678	2018	−3.5	0.47
160	640193182484	2018	−3.5	0.46
160	640193182822	2018	−3.5	0.46
160	640190183257	2018	−3.5	0.47
160	640190183153	2018	−3.5	0.45
160	640193182318	2018	−3.5	0.49
160	640193182618	2018	−3.5	0.49
160	640193182722	2018	−3.5	0.48
160	640193180622	2018	−3.5	0.47
160	640190181947	2018	−3.5	0.46
160	640190182015	2018	−3.5	0.46
160	640193181066	2018	−3.5	0.48
160	640190182123	2018	−3.5	0.39
160	640193172212	2017	−3.5	0.41
160	640190171188	2017	−3.5	0.31
160	640190181901	2018	−3.5	0.48

续表

排名	牛号	出生年份	青年牛首末次配种间隔 EBV / d	EBV 准确性
160	640190162357	2016	−3.5	0.47
160	640193180396	2018	−3.5	0.47
160	640193180286	2018	−3.5	0.47
160	640190182385	2018	−3.5	0.49
160	640193182690	2018	−3.5	0.47
160	640190182069	2018	−3.5	0.39
160	640190162460	2016	−3.5	0.47
160	640190182213	2018	−3.5	0.47
201	640190180097	2018	−3.4	0.39
201	640193180732	2018	−3.4	0.48
201	640193182480	2018	−3.4	0.47
201	640193181282	2018	−3.4	0.47
201	640190182319	2018	−3.4	0.47
201	640190182603	2018	−3.4	0.47
201	640193180196	2018	−3.4	0.48
201	640190162310	2016	−3.4	0.47
201	640190182101	2018	−3.4	0.48
201	640190182135	2018	−3.4	0.48
201	640190162090	2016	−3.4	0.47
201	640190182675	2018	−3.4	0.46
201	640190182687	2018	−3.4	0.46
201	640190182719	2018	−3.4	0.46
201	640190182735	2018	−3.4	0.46
201	640190182769	2018	−3.4	0.46

续表

排名	牛号	出生年份	青年牛首末次配种间隔 EBV / d	EBV 准确性
201	640190182799	2018	−3.4	0.46
201	640190182825	2018	−3.4	0.46
201	640190182837	2018	−3.4	0.46
201	640190182031	2018	−3.4	0.50
201	640193180250	2018	−3.4	0.47
201	640193175506	2017	−3.4	0.47
201	640193181266	2018	−3.4	0.47
201	640193181772	2018	−3.4	0.49
201	640190182085	2018	−3.4	0.36
201	640193180480	2018	−3.4	0.47
201	640190176363	2017	−3.4	0.39
201	640193182146	2018	−3.4	0.46
201	640190182943	2018	−3.4	0.46
201	640193173594	2017	−3.4	0.39
201	640190182333	2018	−3.4	0.47
201	640193180576	2018	−3.4	0.47
201	640193180588	2018	−3.4	0.47
201	640193180742	2018	−3.4	0.47
201	640193180746	2018	−3.4	0.47
201	640190182227	2018	−3.4	0.48
201	640190160752	2016	−3.4	0.48
201	640190162283	2016	−3.4	0.47
201	640190181949	2018	−3.4	0.43
201	640193181742	2018	−3.4	0.44

续表

排名	牛号	出生年份	青年牛首末次配种间隔 EBV / d	EBV 准确性
201	640193181538	2018	−3.4	0.47
242	640193181196	2018	−3.3	0.48
242	640190182045	2018	−3.3	0.44
242	640193173718	2017	−3.3	0.49
242	640193173946	2017	−3.3	0.47
242	640193173874	2017	−3.3	0.47
242	640190162348	2016	−3.3	0.47
242	640193182476	2018	−3.3	0.48
242	640190162032	2016	−3.3	0.47
242	640193182968	2018	−3.3	0.46
242	640193182566	2018	−3.3	0.48
242	640190182779	2018	−3.3	0.47
242	640193181288	2018	−3.3	0.47
242	640193182024	2018	−3.3	0.47
242	640190182265	2018	−3.3	0.45
242	640193180596	2018	−3.3	0.47
242	640193181222	2018	−3.3	0.47
242	640190182523	2018	−3.3	0.48
242	640190181284	2018	−3.3	0.45
242	640190181875	2018	−3.3	0.48
242	640193181994	2018	−3.3	0.48
242	640190162447	2016	−3.3	0.48
242	640193182508	2018	−3.3	0.48
242	640190162200	2016	−3.3	0.47

续表

排名	牛号	出生年份	青年牛首末次配种间隔 EBV / d	EBV 准确性
242	640190162205	2016	−3.3	0.47
242	640193171312	2017	−3.3	0.36
242	640193180726	2018	−3.3	0.48
242	640193173772	2017	−3.3	0.48
242	640173185016	2018	−3.3	0.47
242	640190183063	2018	−3.3	0.47
242	640190183435	2018	−3.3	0.47
242	640193181368	2018	−3.3	0.45
242	640193181704	2018	−3.3	0.47
242	640193181924	2018	−3.3	0.47
242	640193171226	2017	−3.3	0.36
242	640193180870	2018	−3.3	0.47
277	640193174440	2017	−3.2	0.48
277	640193181184	2018	−3.2	0.47
277	640190183143	2018	−3.2	0.47
277	640193171228	2017	−3.2	0.36
277	640190182279	2018	−3.2	0.48
277	640190182515	2018	−3.2	0.48
277	640190162113	2016	−3.2	0.47
277	640193181276	2018	−3.2	0.45
277	640173185040	2018	−3.2	0.46
277	640193182006	2018	−3.2	0.43
277	640004187454	2018	−3.2	0.50
277	640190181999	2018	−3.2	0.39

续表

排名	牛号	出生年份	青年牛首末次配种间隔 EBV / d	EBV 准确性
277	640193181214	2018	−3.2	0.47
277	640193180812	2018	−3.2	0.50
277	640193172798	2017	−3.2	0.46
277	640193181156	2018	−3.2	0.47
277	640190180782	2018	−3.2	0.47
277	640193182116	2018	−3.2	0.47
277	640193180728	2018	−3.2	0.47
277	640193171254	2017	−3.2	0.36
277	640193180522	2018	−3.2	0.47
277	640190182557	2018	−3.2	0.48
277	640190182335	2018	−3.2	0.50
277	640193181542	2018	−3.2	0.47
277	640193171238	2017	−3.2	0.36
277	640190182023	2018	−3.2	0.44
277	640190182993	2018	−3.2	0.47
277	640190182689	2018	−3.2	0.47
277	640173185024	2018	−3.2	0.46
306	640193182012	2018	−3.1	0.44
306	640173185006	2018	−3.1	0.48
306	640193182068	2018	−3.1	0.47
306	640190174142	2017	−3.1	0.47
306	640193181100	2018	−3.1	0.47
306	640193182084	2018	−3.1	0.48
306	640193174248	2017	−3.1	0.48

续表

排名	牛号	出生年份	青年牛首末次配种间隔 EBV / d	EBV 准确性
306	640193171296	2017	−3.1	0.36
306	640190182095	2018	−3.1	0.39
306	640193182094	2018	−3.1	0.46
306	640190181967	2018	−3.1	0.45
306	640193182070	2018	−3.1	0.48
306	640193182442	2018	−3.1	0.48
306	640193181500	2018	−3.1	0.47
306	640190183177	2018	−3.1	0.47
306	640190162271	2016	−3.1	0.47
306	640190182207	2018	−3.1	0.44
306	640190182323	2018	−3.1	0.46
306	640193174036	2017	−3.1	0.48
306	640193180738	2018	−3.1	0.47
306	640193181292	2018	−3.1	0.47
306	640193172886	2017	−3.1	0.46
306	640190182419	2018	−3.1	0.47
306	640193181832	2018	−3.1	0.47
306	640193182136	2018	−3.1	0.48
306	640193173972	2017	−3.1	0.46
306	640193181480	2018	−3.1	0.47
306	640190182151	2018	−3.1	0.45
306	640193181328	2018	−3.1	0.48
306	640190181893	2018	−3.1	0.46
306	640190182259	2018	−3.1	0.46

续表

排名	牛号	出生年份	青年牛首末次配种间隔 EBV / d	EBV 准确性
306	640190160746	2016	−3.1	0.47
306	640193180662	2018	−3.1	0.48
339	640193173930	2017	−3.0	0.50
339	640190162232	2016	−3.0	0.48
339	640190160998	2016	−3.0	0.47
339	640193181460	2018	−3.0	0.50
339	640193181374	2018	−3.0	0.47
339	640190176373	2017	−3.0	0.38
339	640193181472	2018	−3.0	0.43
339	640190160756	2016	−3.0	0.31
339	640193173846	2017	−3.0	0.46
339	640193182810	2018	−3.0	0.41
339	640190181801	2018	−3.0	0.44
339	640190181883	2018	−3.0	0.44
339	640190182071	2018	−3.0	0.44
339	640190182239	2018	−3.0	0.44
339	640193181162	2018	−3.0	0.47
339	640193182828	2018	−3.0	0.49
339	640193181598	2018	−3.0	0.43
339	640190183079	2018	−3.0	0.48
339	640193182196	2018	−3.0	0.47
339	640190174352	2017	−3.0	0.38
339	640190175917	2017	−3.0	0.38
339	640190174574	2017	−3.0	0.38

续表

排名	牛号	出生年份	青年牛首末次配种间隔 EBV / d	EBV 准确性
339	640190175743	2017	−3.0	0.38
339	640193173740	2017	−3.0	0.46
339	640193182178	2018	−3.0	0.50
339	640193182270	2018	−3.0	0.46
339	640193181146	2018	−3.0	0.50
339	640193182278	2018	−3.0	0.46
339	640190162213	2016	−3.0	0.45
339	640190182407	2018	−3.0	0.47
339	640193182346	2018	−3.0	0.47
370	640190174456	2017	−2.9	0.38
370	640190174494	2017	−2.9	0.38
370	640190175953	2017	−2.9	0.38
370	640190176171	2017	−2.9	0.38
370	640190176475	2017	−2.9	0.38
370	640190176647	2017	−2.9	0.38
370	640190176729	2017	−2.9	0.38
370	640190176787	2017	−2.9	0.38
370	640193181618	2018	−2.9	0.47
370	640193182088	2018	−2.9	0.49
370	640193181530	2018	−2.9	0.43
370	640190182051	2018	−2.9	0.44
370	640190182167	2018	−2.9	0.44
370	640190176411	2017	−2.9	0.38
370	640193180624	2018	−2.9	0.47

续表

排名	牛号	出生年份	青年牛首末次配种间隔 EBV / d	EBV 准确性
370	640193182718	2018	−2.9	0.47
370	640193182860	2018	−2.9	0.47
370	640193181370	2018	−2.9	0.47
370	640190176481	2017	−2.9	0.39
370	640193182126	2018	−2.9	0.44
370	640193173214	2017	−2.9	0.46
370	640190162119	2016	−2.9	0.48
370	640193170534	2017	−2.9	0.41
370	640193180006	2018	−2.9	0.50
370	640193181776	2018	−2.9	0.48
370	640193180572	2018	−2.9	0.47
370	640190176717	2017	−2.9	0.38
370	640190176879	2017	−2.9	0.38
370	640190177037	2017	−2.9	0.38
370	640190177139	2017	−2.9	0.38
370	640190177187	2017	−2.9	0.38
370	640190177327	2017	−2.9	0.38
370	640190180051	2018	−2.9	0.38
370	640190180135	2018	−2.9	0.38
370	640190180151	2018	−2.9	0.38
370	640190180181	2018	−2.9	0.38
370	640193172926	2017	−2.9	0.38
370	640190182197	2018	−2.9	0.44
370	640190162326	2016	−2.9	0.44

续表

排名	牛号	出生年份	青年牛首末次配种间隔 EBV / d	EBV 准确性
370	640190160832	2016	−2.9	0.48
370	640193173724	2017	−2.9	0.39
370	640193182872	2018	−2.9	0.47
370	640190182413	2018	−2.9	0.44
370	640190182163	2018	−2.9	0.47
370	640193183088	2018	−2.9	0.41
370	640190182435	2018	−2.9	0.45
370	640193182556	2018	−2.9	0.47
370	640193171154	2017	−2.9	0.36
370	640173185031	2018	−2.9	0.48
370	640193172774	2017	−2.9	0.46
370	640193182486	2018	−2.9	0.47
370	640190176315	2017	−2.9	0.38
370	640193182634	2018	−2.9	0.49
370	640190182597	2018	−2.9	0.44
370	640190182277	2018	−2.9	0.44
370	640190171066	2017	−2.9	0.31
370	640193182630	2018	−2.9	0.45
370	640190183201	2018	−2.9	0.48
370	640193182404	2018	−2.9	0.47
370	640193181248	2018	−2.9	0.50
370	640190182895	2018	−2.9	0.48
370	640193180768	2018	−2.9	0.50
370	640193180496	2018	−2.9	0.47

续表

排名	牛号	出生年份	青年牛首末次配种间隔 EBV / d	EBV 准确性
370	640193181036	2018	−2.9	0.44
370	640193175394	2017	−2.9	0.44
435	640193180056	2018	−2.8	0.48
435	640193181378	2018	−2.8	0.48
435	640173184975	2018	−2.8	0.48
435	640190182535	2018	−2.8	0.44
435	640193172862	2017	−2.8	0.46
435	640193173014	2017	−2.8	0.46
435	640193182086	2018	−2.8	0.47
435	640193181900	2018	−2.8	0.43
435	640193171166	2017	−2.8	0.37
435	640190182727	2018	−2.8	0.48
435	640190174478	2017	−2.8	0.38
435	640190175363	2017	−2.8	0.38
435	640190176357	2017	−2.8	0.38
435	640190176391	2017	−2.8	0.38
435	640190176447	2017	−2.8	0.38
435	640190176639	2017	−2.8	0.38
435	640190176873	2017	−2.8	0.38
435	640193181168	2018	−2.8	0.45
435	640193172830	2017	−2.8	0.46
435	640193173332	2017	−2.8	0.39
435	640193170404	2017	−2.8	0.41
435	640190177061	2017	−2.8	0.40

续表

排名	牛号	出生年份	青年牛首末次配种间隔 EBV / d	EBV 准确性
435	640193173644	2017	−2.8	0.46
435	640193180136	2018	−2.8	0.50
435	640193180100	2018	−2.8	0.47
435	640190182831	2018	−2.8	0.48
435	640193181948	2018	−2.8	0.40
435	640190182111	2018	−2.8	0.41
435	640193182320	2018	−2.8	0.43
435	640190183095	2018	−2.8	0.43
435	640193181418	2018	−2.8	0.49
435	640193171954	2017	−2.8	0.39
435	640193173682	2017	−2.8	0.46
435	640193182156	2018	−2.8	0.48
435	640190182019	2018	−2.8	0.47
435	640190181907	2018	−2.8	0.45
435	640193172758	2017	−2.8	0.46
435	640193172786	2017	−2.8	0.46
435	640193181620	2018	−2.8	0.46
435	640190176465	2017	−2.8	0.40
435	640190162165	2016	−2.8	0.47
435	640193173584	2017	−2.8	0.46
435	640193181082	2018	−2.8	0.45
478	640190182539	2018	−2.7	0.40
478	640193181504	2018	−2.7	0.44
478	640190162074	2016	−2.7	0.47

续表

排名	牛号	出生年份	青年牛首末次配种间隔 EBV / d	EBV 准确性
478	640190182545	2018	−2.7	0.44
478	640190182631	2018	−2.7	0.44
478	640190173207	2017	−2.7	0.38
478	640193181466	2018	−2.7	0.44
478	640193181506	2018	−2.7	0.49
478	640190182255	2018	−2.7	0.40
478	640190182589	2018	−2.7	0.47
478	640190182275	2018	−2.7	0.44
478	640190182281	2018	−2.7	0.44
478	640190182327	2018	−2.7	0.44
478	640190182359	2018	−2.7	0.44
478	640190182405	2018	−2.7	0.44
478	640190182447	2018	−2.7	0.44
478	640190182481	2018	−2.7	0.44
478	640190182495	2018	−2.7	0.44
478	640190182501	2018	−2.7	0.44
478	640190182559	2018	−2.7	0.44
478	640190182613	2018	−2.7	0.44
478	640190182641	2018	−2.7	0.44
478	640190182655	2018	−2.7	0.44

附表 9　经产牛首末次配种间隔估计育种值（EBV）核心育种场排名前 500 名母牛

排名	牛号	出生年份	经产牛首末次配种间隔 EBV / d	EBV 准确性
1	640351000573	2015	−9.9	0.35
2	640190160327	2016	−3.8	0.30
3	640173174676	2017	−3.4	0.35
4	640351000244	2014	−3.3	0.44
4	640351000254	2014	−3.3	0.44
4	640351000279	2014	−3.3	0.44
4	640351006326	2013	−3.3	0.44
4	640351006342	2011	−3.3	0.44
9	640351000700	2016	−3.2	0.34
9	640351000718	2016	−3.2	0.34
11	640193153981	2015	−3.0	0.38
12	640193173108	2017	−2.8	0.30
13	640193180604	2018	−2.7	0.30
13	640351000277	2014	−2.7	0.45
13	640351000280	2014	−2.7	0.45
13	640190142032	2014	−2.7	0.41
13	640190154148	2015	−2.7	0.39
13	640190160525	2016	−2.7	0.30
13	640193153631	2015	−2.7	0.39
20	640193260957	2016	−2.6	0.30
20	640193180608	2018	−2.6	0.33
22	640190140797	2015	−2.5	0.37
22	640009160807	2016	−2.5	0.35
22	640193173500	2017	−2.5	0.31

续表

排名	牛号	出生年份	经产牛首末次配种间隔 EBV / d	EBV 准确性
25	640193172626	2017	−2.4	0.40
25	640190154082	2015	−2.4	0.40
25	640193153831	2015	−2.4	0.37
25	640173143372	2014	−2.4	0.31
25	640193173746	2017	−2.4	0.31
30	640190140794	2015	−2.3	0.37
30	640173163844	2016	−2.3	0.40
30	640193153511	2015	−2.3	0.39
30	640190160971	2016	−2.3	0.40
34	640193174730	2017	−2.2	0.31
34	640193153828	2015	−2.2	0.37
34	640193172804	2017	−2.2	0.40
34	640190154426	2015	−2.2	0.37
34	640193250037	2015	−2.2	0.46
34	640193250004	2015	−2.2	0.42
34	640193140563	2014	−2.2	0.35
34	640193180130	2018	−2.2	0.33
34	640193172580	2017	−2.2	0.38
34	640253169651	2016	−2.2	0.33
34	640253169716	2016	−2.2	0.31
34	640193141941	2014	−2.2	0.37
46	640193172232	2017	−2.1	0.38
46	640193140549	2014	−2.1	0.36
46	640193153991	2015	−2.1	0.37

续表

排名	牛号	出生年份	经产牛首末次配种间隔 EBV / d	EBV 准确性
46	640193250029	2015	−2.1	0.42
46	640253169607	2016	−2.1	0.31
46	640193250012	2015	−2.1	0.41
46	640193182282	2018	−2.1	0.36
46	640193173754	2017	−2.1	0.31
46	640193180506	2018	−2.1	0.34
46	640193154117	2015	−2.1	0.37
56	640035148782	2014	−2.0	0.41
56	640253169835	2016	−2.0	0.31
56	640193180714	2018	−2.0	0.31
56	640190154079	2015	−2.0	0.37
56	640190182261	2018	−2.0	0.35
56	640193182288	2018	−2.0	0.35
56	640253169673	2016	−2.0	0.31
56	640193261046	2016	−2.0	0.30
56	640253169710	2016	−2.0	0.31
56	640193182454	2018	−2.0	0.33
56	640193250034	2015	−2.0	0.42
56	640193173880	2017	−2.0	0.41
56	640193172732	2017	−2.0	0.38
56	640193180620	2018	−2.0	0.30
56	640173153625	2015	−2.0	0.30
56	640190162336	2016	−2.0	0.36
72	640193172692	2017	−1.9	0.40

续表

排名	牛号	出生年份	经产牛首末次配种间隔 EBV / d	EBV 准确性
72	640193174664	2017	−1.9	0.41
72	640193250033	2015	−1.9	0.42
72	640193174544	2017	−1.9	0.39
72	640193260993	2016	−1.9	0.34
72	640193174226	2017	−1.9	0.37
72	640251003657	2016	−1.9	0.30
72	640253169833	2016	−1.9	0.30
72	640190162306	2016	−1.9	0.36
72	640193141779	2014	−1.9	0.36
72	640193174182	2017	−1.9	0.35
72	640253169675	2016	−1.9	0.30
72	640193250026	2015	−1.9	0.42
72	640190154084	2015	−1.9	0.37
72	640190157128	2015	−1.9	0.32
87	640193250025	2015	−1.8	0.43
87	640193153550	2015	−1.8	0.36
87	640193174652	2017	−1.8	0.35
87	640251003682	2016	−1.8	0.30
87	640193250072	2015	−1.8	0.45
87	640193182616	2018	−1.8	0.33
87	640193174462	2017	−1.8	0.35
87	640193154159	2015	−1.8	0.36
87	640190157724	2015	−1.8	0.43
87	640193182534	2018	−1.8	0.36

续表

排名	牛号	出生年份	经产牛首末次配种间隔 EBV / d	EBV 准确性
87	640193180708	2018	−1.8	0.35
87	640253169561	2016	−1.8	0.31
87	640193172402	2017	−1.8	0.39
87	640193182728	2018	−1.8	0.35
87	640193182188	2018	−1.8	0.33
87	640193172484	2017	−1.8	0.39
87	640193174828	2017	−1.8	0.38
87	640190153906	2015	−1.8	0.37
87	640193180272	2018	−1.8	0.37
87	640193262137	2016	−1.8	0.30
87	640193153845	2015	−1.8	0.35
87	640190142009	2014	−1.8	0.34
87	640190141700	2014	−1.8	0.34
110	640193172260	2017	−1.7	0.39
110	640193153932	2015	−1.7	0.35
110	640193143103	2014	−1.7	0.34
110	640166151681	2015	−1.7	0.39
110	640193154085	2015	−1.7	0.35
110	640190154044	2015	−1.7	0.37
110	640253169701	2016	−1.7	0.30
110	640193172366	2017	−1.7	0.39
110	640193170906	2017	−1.7	0.31
110	640193174852	2017	−1.7	0.31
110	640193180712	2018	−1.7	0.37

续表

排名	牛号	出生年份	经产牛首末次配种间隔 EBV / d	EBV 准确性
110	640190120736	2012	−1.7	0.49
110	640193174472	2017	−1.7	0.37
110	640190162127	2016	−1.7	0.46
110	640193174194	2017	−1.7	0.34
110	640190171945	2017	−1.7	0.30
110	640193262171	2016	−1.7	0.30
110	640351000687	2015	−1.7	0.40
110	640193172404	2017	−1.7	0.39
110	640253169687	2016	−1.7	0.30
110	640193261309	2016	−1.7	0.30
110	640193180562	2018	−1.7	0.33
110	640193173760	2017	−1.7	0.40
110	640193173772	2017	−1.7	0.43
110	640193153619	2015	−1.7	0.35
110	640190153759	2015	−1.7	0.35
110	640193172694	2017	−1.7	0.41
137	640193180680	2018	−1.6	0.38
137	640193172598	2017	−1.6	0.42
137	640193154175	2015	−1.6	0.35
137	640193172398	2017	−1.6	0.41
137	640193172594	2017	−1.6	0.38
137	640193156625	2015	−1.6	0.31
137	640193153516	2015	−1.6	0.35
137	640193154122	2015	−1.6	0.34

续表

排名	牛号	出生年份	经产牛首末次配种间隔 EBV / d	EBV 准确性
137	640193142337	2014	−1.6	0.34
137	640193172646	2017	−1.6	0.38
137	640193172400	2017	−1.6	0.39
137	640193170696	2017	−1.6	0.33
137	640193174298	2017	−1.6	0.36
137	640193174294	2017	−1.6	0.35
137	640193174286	2017	−1.6	0.36
137	640190182033	2018	−1.6	0.35
137	640166141237	2014	−1.6	0.39
137	640193153888	2015	−1.6	0.33
137	640193180698	2018	−1.6	0.37
137	640193174736	2017	−1.6	0.38
137	640193174220	2017	−1.6	0.36
137	640193172516	2017	−1.6	0.39
137	640190162361	2016	−1.6	0.43
137	640190154121	2015	−1.6	0.34
137	640190153507	2015	−1.6	0.35
137	640193154072	2015	−1.6	0.34
137	640193181442	2018	−1.6	0.35
164	640193182706	2018	−1.5	0.36
164	640193182082	2018	−1.5	0.36
164	640190162213	2016	−1.5	0.38
164	640193153889	2015	−1.5	0.34
164	640190153745	2015	−1.5	0.34

续表

排名	牛号	出生年份	经产牛首末次配种间隔 EBV / d	EBV 准确性
164	640193154164	2015	−1.5	0.33
164	640193180194	2018	−1.5	0.33
164	640190176653	2017	−1.5	0.38
164	640193182934	2018	−1.5	0.41
164	640190162071	2016	−1.5	0.42
164	640193172310	2017	−1.5	0.40
164	640193181632	2018	−1.5	0.34
164	640190154237	2015	−1.5	0.35
164	640190160846	2016	−1.5	0.41
164	640193174268	2017	−1.5	0.35
164	640193153628	2015	−1.5	0.35
164	640193141597	2014	−1.5	0.34
164	640193174594	2017	−1.5	0.34
164	640190162280	2016	−1.5	0.42
164	640193142017	2014	−1.5	0.34
164	640253169787	2016	−1.5	0.31
164	640193173670	2017	−1.5	0.39
164	640190141996	2014	−1.5	0.35
164	640193170414	2017	−1.5	0.30
164	640193141976	2014	−1.5	0.33
164	640190162407	2016	−1.5	0.34
164	640193173590	2017	−1.5	0.38
164	640193182474	2018	−1.5	0.36
164	640193180124	2018	−1.5	0.34

续表

排名	牛号	出生年份	经产牛首末次配种间隔 EBV / d	EBV 准确性
164	640193154132	2015	−1.5	0.34
164	640190160981	2016	−1.5	0.42
164	640193181514	2018	−1.5	0.35
164	640193182192	2018	−1.5	0.33
164	640193172666	2017	−1.5	0.37
164	640190182265	2018	−1.5	0.36
164	640193180722	2018	−1.5	0.34
200	640193172454	2017	−1.4	0.39
200	640193180772	2018	−1.4	0.41
200	640193174718	2017	−1.4	0.31
200	640190162459	2016	−1.4	0.34
200	640251013500	2011	−1.4	0.35
200	640193173560	2017	−1.4	0.39
200	640193153852	2015	−1.4	0.34
200	640193142373	2014	−1.4	0.34
200	640193181712	2018	−1.4	0.35
200	640193180340	2018	−1.4	0.33
200	640193172504	2017	−1.4	0.38
200	640253160060	2016	−1.4	0.39
200	640193141612	2014	−1.4	0.34
200	640190182545	2018	−1.4	0.34
200	640190120877	2012	−1.4	0.49
200	640166141269	2014	−1.4	0.38
200	640193172326	2017	−1.4	0.37

续表

排名	牛号	出生年份	经产牛首末次配种间隔EBV / d	EBV 准确性
200	640193173520	2017	−1.4	0.41
200	640193174474	2017	−1.4	0.34
200	640190182585	2018	−1.4	0.35
200	640190153782	2015	−1.4	0.33
200	640193174866	2017	−1.4	0.39
200	640193174130	2017	−1.4	0.35
200	640190182369	2018	−1.4	0.41
200	640190153836	2015	−1.4	0.35
200	640193172592	2017	−1.4	0.40
200	640190141460	2014	−1.4	0.30
200	640190140779	2015	−1.4	0.34
200	640193140572	2014	−1.4	0.34
200	640251003692	2016	−1.4	0.31
200	640193154094	2015	−1.4	0.35
200	640190182619	2018	−1.4	0.42
200	640193141831	2014	−1.4	0.34
200	640190176763	2017	−1.4	0.38
200	640190154014	2015	−1.4	0.37
200	640005146641	2013	−1.4	0.33
200	640166130838	2013	−1.4	0.33
200	640173016049	2011	−1.4	0.33
200	640251015666	2011	−1.4	0.38
200	640193180458	2018	−1.4	0.35
200	640190162348	2016	−1.4	0.42

续表

排名	牛号	出生年份	经产牛首末次配种间隔 EBV / d	EBV 准确性
200	640193180052	2018	−1.4	0.33
200	640193171150	2017	−1.4	0.37
200	640193181100	2018	−1.4	0.37
200	640193175476	2017	−1.4	0.33
200	640035148598	2014	−1.4	0.37
200	640035148780	2014	−1.4	0.37
200	640166141236	2014	−1.4	0.37
200	640166141247	2014	−1.4	0.37
200	640166141248	2014	−1.4	0.37
200	640166141250	2014	−1.4	0.37
200	640166141254	2014	−1.4	0.37
200	640166141255	2014	−1.4	0.37
200	640166141257	2014	−1.4	0.37
200	640166141268	2014	−1.4	0.37
200	640166141275	2014	−1.4	0.37
200	640166141281	2014	−1.4	0.37
200	640166141287	2014	−1.4	0.37
200	640166141290	2014	−1.4	0.37
200	640166141296	2014	−1.4	0.37
200	640193181140	2018	−1.4	0.41
200	640193170210	2017	−1.4	0.37
200	640193181444	2018	−1.4	0.34
263	640193174632	2017	−1.3	0.34
263	640190154173	2015	−1.3	0.34

续表

排名	牛号	出生年份	经产牛首末次配种间隔 EBV / d	EBV 准确性
263	640193175466	2017	−1.3	0.34
263	640193174508	2017	−1.3	0.38
263	640193182566	2018	−1.3	0.41
263	640190153976	2015	−1.3	0.34
263	640190182465	2018	−1.3	0.35
263	640190162421	2016	−1.3	0.33
263	640193174044	2017	−1.3	0.42
263	640009171093	2017	−1.3	0.36
263	640193181578	2018	−1.3	0.34
263	640193172716	2017	−1.3	0.39
263	640193174524	2017	−1.3	0.33
263	640190154123	2015	−1.3	0.34
263	640190162291	2016	−1.3	0.42
263	640190154147	2015	−1.3	0.33
263	640193172508	2017	−1.3	0.39
263	640251015226	2012	−1.3	0.31
263	640193181894	2018	−1.3	0.34
263	640193153761	2015	−1.3	0.33
263	640190182697	2018	−1.3	0.38
263	640193154142	2015	−1.3	0.33
263	640193153871	2015	−1.3	0.37
263	640193153982	2015	−1.3	0.34
263	640190160621	2016	−1.3	0.34
263	640190154188	2015	−1.3	0.34

续表

排名	牛号	出生年份	经产牛首末次配种间隔 EBV / d	EBV 准确性
263	640193172536	2017	−1.3	0.39
263	640193182332	2018	−1.3	0.35
263	640193182406	2018	−1.3	0.35
263	640190141853	2014	−1.3	0.34
263	640193180040	2018	−1.3	0.34
263	640193172444	2017	−1.3	0.40
263	640190160799	2016	−1.3	0.42
263	640193172538	2017	−1.3	0.37
263	640193182198	2018	−1.3	0.33
263	640193142018	2014	−1.3	0.35
263	640193141734	2014	−1.3	0.34
263	640193154126	2015	−1.3	0.34
263	640193154412	2015	−1.3	0.35
263	640193182044	2018	−1.3	0.34
263	640193154069	2015	−1.3	0.34
263	640193154056	2015	−1.3	0.34
263	640190182843	2018	−1.3	0.35
263	640193172634	2017	−1.3	0.39
263	640193142033	2014	−1.3	0.34
263	640193182166	2018	−1.3	0.36
309	640193173850	2017	−1.2	0.31
309	640193172744	2017	−1.2	0.40
309	640351022549	2016	−1.2	0.45
309	640193153997	2015	−1.2	0.34

续表

排名	牛号	出生年份	经产牛首末次配种间隔 EBV / d	EBV 准确性
309	640193181248	2018	−1.2	0.43
309	640193141825	2014	−1.2	0.34
309	640193141849	2014	−1.2	0.33
309	640190182435	2018	−1.2	0.35
309	640193153931	2015	−1.2	0.34
309	640253169972	2016	−1.2	0.37
309	640190141981	2014	−1.2	0.35
309	640193153542	2015	−1.2	0.34
309	640193141625	2014	−1.2	0.34
309	640193172612	2017	−1.2	0.39
309	640193180118	2018	−1.2	0.34
309	640193181954	2018	−1.2	0.34
309	640193153770	2015	−1.2	0.39
309	640193154040	2015	−1.2	0.33
309	640193173718	2017	−1.2	0.43
309	640351000107	2013	−1.2	0.43
309	640351006355	2011	−1.2	0.43
309	640351006358	2011	−1.2	0.43
309	640351006361	2011	−1.2	0.43
309	640351022576	2016	−1.2	0.45
309	640190174348	2017	−1.2	0.33
309	640190174486	2017	−1.2	0.33
309	640193141762	2014	−1.2	0.34
309	640193154162	2015	−1.2	0.34

续表

排名	牛号	出生年份	经产牛首末次配种间隔 EBV / d	EBV 准确性
309	640193153638	2015	−1.2	0.33
309	640193153749	2015	−1.2	0.34
309	640193182866	2018	−1.2	0.39
309	640193180812	2018	−1.2	0.43
309	640190162383	2016	−1.2	0.33
309	640190141722	2014	−1.2	0.34
309	640193153615	2015	−1.2	0.34
309	640190154017	2015	−1.2	0.34
309	640193156699	2015	−1.2	0.32
309	640009171116	2017	−1.2	0.30
309	640190182597	2018	−1.2	0.34
309	640190141473	2014	−1.2	0.31
309	640190182587	2018	−1.2	0.34
309	640190174575	2017	−1.2	0.33
309	640190180104	2018	−1.2	0.33
309	640190180441	2018	−1.2	0.33
309	640193172564	2017	−1.2	0.39
309	640193175458	2017	−1.2	0.33
309	640351000139	2013	−1.2	0.43
309	640190162347	2016	−1.2	0.42
309	640193141747	2014	−1.2	0.34
309	640193154064	2015	−1.2	0.34
309	640190176307	2017	−1.2	0.38
309	640193154004	2015	−1.2	0.34

续表

排名	牛号	出生年份	经产牛首末次配种间隔 EBV / d	EBV 准确性
309	640193181054	2018	−1.2	0.36
309	640193172676	2017	−1.2	0.42
309	640193180524	2018	−1.2	0.33
309	640193174560	2017	−1.2	0.33
309	640193141973	2014	−1.2	0.35
309	640190182281	2018	−1.2	0.34
309	640190182481	2018	−1.2	0.34
309	640190182655	2018	−1.2	0.34
309	640190176515	2017	−1.2	0.33
309	640190180491	2018	−1.2	0.33
309	640190181413	2018	−1.2	0.33
309	640190181883	2018	−1.2	0.34
309	640190182023	2018	−1.2	0.34
309	640190182197	2018	−1.2	0.34
309	640190141580	2014	−1.2	0.33
309	640190153532	2015	−1.2	0.33
309	640190153895	2015	−1.2	0.33
309	640190181907	2018	−1.2	0.35
309	640193153515	2015	−1.2	0.34
309	640190154031	2015	−1.2	0.34
309	640190182639	2018	−1.2	0.34
309	640190141607	2014	−1.2	0.34
309	640004187454	2018	−1.2	0.42
309	640193181652	2018	−1.2	0.35

续表

排名	牛号	出生年份	经产牛首末次配种间隔 EBV / d	EBV 准确性
309	640190182665	2018	−1.2	0.36
309	640190182725	2018	−1.2	0.34
309	640190182783	2018	−1.2	0.34
309	640190183509	2018	−1.2	0.34
309	640190120717	2012	−1.2	0.48
309	640193174112	2017	−1.2	0.33
309	640193174264	2017	−1.2	0.33
309	640190182071	2018	−1.2	0.34
393	640190154251	2015	−1.1	0.34
393	640193180362	2018	−1.1	0.33
393	640193173626	2017	−1.1	0.40
393	640190174418	2017	−1.1	0.33
393	640190174420	2017	−1.1	0.33
393	640190180174	2018	−1.1	0.33
393	640193153556	2015	−1.1	0.33
393	640190176643	2017	−1.1	0.38
393	640193261393	2016	−1.1	0.30
393	640190182559	2018	−1.1	0.34
393	640190182613	2018	−1.1	0.34
393	640190182661	2018	−1.1	0.34
393	640193180304	2018	−1.1	0.36
393	640193174564	2017	−1.1	0.38
393	640193140556	2014	−1.1	0.35
393	640193182662	2018	−1.1	0.34

续表

排名	牛号	出生年份	经产牛首末次配种间隔 EBV / d	EBV 准确性
393	640193172544	2017	−1.1	0.38
393	640190142004	2014	−1.1	0.34
393	640193141946	2014	−1.1	0.35
393	640193141665	2014	−1.1	0.34
393	640193142034	2014	−1.1	0.34
393	640193181912	2018	−1.1	0.34
393	640190175655	2017	−1.1	0.37
393	640190176187	2017	−1.1	0.37
393	640190176225	2017	−1.1	0.37
393	640190176233	2017	−1.1	0.37
393	640190176269	2017	−1.1	0.37
393	640190176667	2017	−1.1	0.37
393	640173174541	2017	−1.1	0.36
393	640193153618	2015	−1.1	0.33
393	640193182164	2018	−1.1	0.35
393	640193182870	2018	−1.1	0.42
393	640193174824	2017	−1.1	0.37
393	640190182631	2018	−1.1	0.34
393	640193153985	2015	−1.1	0.34
393	640193141834	2014	−1.1	0.33
393	640190153509	2015	−1.1	0.33
393	640193153949	2015	−1.1	0.33
393	640190173277	2017	−1.1	0.37
393	640193153872	2015	−1.1	0.35

续表

排名	牛号	出生年份	经产牛首末次配种间隔 EBV / d	EBV 准确性
393	640253169796	2016	−1.1	0.31
393	640193180006	2018	−1.1	0.43
393	640193180406	2018	−1.1	0.43
393	640193140742	2015	−1.1	0.33
393	640193153545	2015	−1.1	0.33
393	640193153853	2015	−1.1	0.33
393	640193180594	2018	−1.1	0.34
393	640193141835	2014	−1.1	0.35
393	640190182535	2018	−1.1	0.35
393	640193174104	2017	−1.1	0.39
393	640190142123	2014	−1.1	0.30
393	640193180754	2018	−1.1	0.32
393	640190174595	2017	−1.1	0.37
393	640193174280	2017	−1.1	0.35
393	640251160533	2016	−1.1	0.30
393	640190182785	2018	−1.1	0.34
393	640193181320	2018	−1.1	0.34
393	640193141980	2014	−1.1	0.33
393	640190140782	2015	−1.1	0.33
393	640193140587	2014	−1.1	0.34
393	640253169814	2016	−1.1	0.31
393	640193180536	2018	−1.1	0.33
393	640193153536	2015	−1.1	0.33
393	640253160043	2016	−1.1	0.39

续表

排名	牛号	出生年份	经产牛首末次配种间隔 EBV / d	EBV 准确性
393	640193182140	2018	−1.1	0.35
393	640193140596	2014	−1.1	0.33
393	640193174864	2017	−1.1	0.38
393	640190173365	2017	−1.1	0.33
393	640190162234	2016	−1.1	0.32
393	640190174994	2017	−1.1	0.37
393	640193182002	2018	−1.1	0.34
393	640193154169	2015	−1.1	0.33
393	640193181606	2018	−1.1	0.35
393	640190162311	2016	−1.1	0.34
393	640190162307	2016	−1.1	0.42
393	640193172412	2017	−1.1	0.39
393	640190175193	2017	−1.1	0.37
393	640190142054	2014	−1.1	0.34
393	640193182630	2018	−1.1	0.35
393	640193182588	2018	−1.1	0.40
393	640190154218	2015	−1.1	0.33
393	640193174438	2017	−1.1	0.33
393	640193154176	2015	−1.1	0.34
393	640193172588	2017	−1.1	0.39
393	640190153719	2015	−1.1	0.34
393	640253169685	2016	−1.1	0.31
393	640190162456	2016	−1.1	0.33
393	640193172644	2017	−1.1	0.42

续表

排名	牛号	出生年份	经产牛首末次配种间隔 EBV / d	EBV 准确性
393	640190174260	2017	−1.1	0.37
393	640190174504	2017	−1.1	0.37
393	640190174580	2017	−1.1	0.37
393	640190174770	2017	−1.1	0.37
393	640190174924	2017	−1.1	0.37
393	640190176329	2017	−1.1	0.37
393	640190176383	2017	−1.1	0.37
393	640190176501	2017	−1.1	0.37
393	640190176599	2017	−1.1	0.37
393	640193181268	2018	−1.1	0.38
393	640193141780	2014	−1.1	0.34
393	640190162441	2016	−1.1	0.33
393	640193174538	2017	−1.1	0.38
393	640193180460	2018	−1.1	0.33
393	640193174218	2017	−1.1	0.33
393	640193180692	2018	−1.1	0.33
393	640193182194	2018	−1.1	0.34
393	640193153699	2015	−1.1	0.34
499	640193141873	2014	−1.0	0.33
499	640193180516	2018	−1.0	0.34

附表 10　产犊至首次配种间隔估计育种值（EBV）核心育种场排名前 500 名母牛

排名	牛号	出生年份	产犊至首次配种间隔 EBV / d	EBV 准确性
1	640253169731	2016	−6.3	0.38
2	640251003657	2016	−6.1	0.44
3	640253169744	2016	−5.9	0.38
3	640253169755	2016	−5.9	0.38
3	640253169774	2016	−5.9	0.38
6	640004187454	2018	−5.6	0.51
7	640253169537	2016	−5.4	0.39
8	640166162127	2016	−5.3	0.35
9	640253169647	2016	−5.2	0.43
9	640253169835	2016	−5.2	0.46
9	640253169787	2016	−5.2	0.46
12	640193181530	2018	−5.1	0.44
12	640190181949	2018	−5.1	0.43
12	640253000815	2011	−5.1	0.33
15	640193182006	2018	−5.0	0.43
15	640190182013	2018	−5.0	0.49
17	640193181742	2018	−4.9	0.44
17	640253169651	2016	−4.9	0.46
17	640190182131	2018	−4.9	0.42
17	640193181646	2018	−4.9	0.42
21	640193181900	2018	−4.8	0.43
21	640004161451	2016	−4.8	0.40
21	640253169710	2016	−4.8	0.46

续表

排名	牛号	出生年份	产犊至首次配种间隔 EBV / d	EBV 准确性
24	640253169716	2016	−4.7	0.43
24	640251003758	2016	−4.7	0.43
24	640193182482	2018	−4.7	0.42
24	640193182320	2018	−4.7	0.43
28	640253159279	2015	−4.6	0.44
28	640173184904	2018	−4.6	0.33
28	640166162126	2016	−4.6	0.31
28	640173185034	2018	−4.6	0.52
28	640190182059	2018	−4.6	0.48
33	640004161361	2016	−4.5	0.31
33	640253169687	2016	−4.5	0.46
33	640190181957	2018	−4.5	0.48
33	640251159290	2015	−4.5	0.41
33	640251003709	2016	−4.5	0.38
33	640190181869	2018	−4.5	0.48
33	640193182634	2018	−4.5	0.51
40	640253169663	2016	−4.4	0.46
40	640190182101	2018	−4.4	0.49
40	640190157671	2015	−4.4	0.41
40	640193182618	2018	−4.4	0.51
40	640190181823	2018	−4.4	0.48
40	640190182035	2018	−4.4	0.48
46	640193182682	2018	−4.3	0.51
46	640166162132	2016	−4.3	0.39

续表

排名	牛号	出生年份	产犊至首次配种间隔EBV / d	EBV 准确性
46	640190160549	2016	−4.3	0.38
46	640253169685	2016	−4.3	0.43
46	640193182828	2018	−4.3	0.51
46	640166151630	2015	−4.3	0.40
46	640190182177	2018	−4.3	0.48
53	640190160810	2016	−4.2	0.42
53	640251010208	2012	−4.2	0.36
53	640190181917	2018	−4.2	0.48
53	640193181794	2018	−4.2	0.44
53	640193182318	2018	−4.2	0.51
53	640253169561	2016	−4.2	0.44
53	640193181958	2018	−4.2	0.50
53	640166141108	2014	−4.2	0.46
53	640193182064	2018	−4.2	0.51
53	640193173982	2017	−4.2	0.51
53	640253169641	2016	−4.2	0.40
53	640253169704	2016	−4.2	0.43
53	640193182010	2018	−4.2	0.51
53	640193182922	2018	−4.2	0.51
67	640253169746	2016	−4.1	0.40
67	640190160192	2016	−4.1	0.38
67	640190160260	2016	−4.1	0.38
67	640193182136	2018	−4.1	0.49
67	640193182040	2018	−4.1	0.48

续表

排名	牛号	出生年份	产犊至首次配种间隔 EBV / d	EBV 准确性
67	640253169829	2016	−4.1	0.40
67	640190182039	2018	−4.1	0.48
67	640193182852	2018	−4.1	0.51
67	640193183524	2018	−4.1	0.49
67	640253169805	2016	−4.1	0.41
77	640190182021	2018	−4.0	0.38
77	640190157664	2015	−4.0	0.34
77	640253160135	2016	−4.0	0.44
77	640193181550	2018	−4.0	0.40
77	640253169701	2016	−4.0	0.43
77	640193172252	2017	−4.0	0.50
77	640190182227	2018	−4.0	0.49
77	640193182556	2018	−4.0	0.49
77	640193182398	2018	−4.0	0.40
77	640251003682	2016	−4.0	0.44
77	640190181811	2018	−4.0	0.48
77	640193182524	2018	−4.0	0.49
77	640193182702	2018	−4.0	0.49
77	640190182047	2018	−4.0	0.38
77	640193182066	2018	−4.0	0.51
77	640253159239	2015	−4.0	0.44
77	640166161868	2016	−4.0	0.43
94	640190182701	2018	−3.9	0.51
94	640193181658	2018	−3.9	0.40

续表

排名	牛号	出生年份	产犊至首次配种间隔 EBV / d	EBV 准确性
94	640253169722	2016	−3.9	0.43
94	640190157641	2015	−3.9	0.38
94	640253159323	2015	−3.9	0.41
94	640193182404	2018	−3.9	0.49
94	640193182050	2018	−3.9	0.43
94	640190181853	2018	−3.9	0.49
94	640035150148	2015	−3.9	0.30
94	640190182041	2018	−3.9	0.38
94	640193182102	2018	−3.9	0.42
94	640193172454	2017	−3.9	0.48
94	640193173880	2017	−3.9	0.51
94	640253169812	2016	−3.9	0.40
94	640190156840	2015	−3.9	0.38
94	640190182223	2018	−3.9	0.40
94	640193182418	2018	−3.9	0.47
94	640193182908	2018	−3.9	0.51
112	640193182666	2018	−3.8	0.41
112	640190162336	2016	−3.8	0.49
112	640190160840	2016	−3.8	0.38
112	640251160119	2016	−3.8	0.41
112	640253169791	2016	−3.8	0.38
112	640190156295	2015	−3.8	0.50
112	640193182364	2018	−3.8	0.43
112	640190160018	2016	−3.8	0.37

续表

排名	牛号	出生年份	产犊至首次配种间隔 EBV / d	EBV 准确性
112	640166141080	2014	−3.8	0.42
112	640193182810	2018	−3.8	0.41
112	640190182195	2018	−3.8	0.41
112	640251013664	2011	−3.8	0.35
112	640193180114	2018	−3.8	0.51
112	640251003723	2016	−3.8	0.42
112	640193182610	2018	−3.8	0.46
112	640190182457	2018	−3.8	0.51
112	640190182583	2018	−3.8	0.40
112	640193182336	2018	−3.8	0.51
112	640193182282	2018	−3.8	0.47
112	640251016564	2011	−3.8	0.39
112	640193183309	2018	−3.8	0.37
112	640190160752	2016	−3.8	0.52
112	640193171508	2017	−3.8	0.48
112	640193181948	2018	−3.8	0.40
112	640251003135	2015	−3.8	0.55
112	640193180672	2018	−3.8	0.51
112	640253160049	2016	−3.8	0.44
112	640190182009	2018	−3.8	0.38
140	640190160418	2016	−3.7	0.42
140	640190155300	2015	−3.7	0.38
140	640190182287	2018	−3.7	0.49
140	640190181999	2018	−3.7	0.38

续表

排名	牛号	出生年份	产犊至首次配种间隔 EBV / d	EBV 准确性
140	640193182774	2018	−3.7	0.40
140	640190157246	2015	−3.7	0.42
140	640193182284	2018	−3.7	0.44
140	640035150087	2015	−3.7	0.38
140	640193181974	2018	−3.7	0.42
140	640166161915	2016	−3.7	0.32
140	640190182467	2018	−3.7	0.40
140	640190160806	2016	−3.7	0.38
140	640190182057	2018	−3.7	0.41
140	640190171121	2017	−3.7	0.40
140	640253160006	2016	−3.7	0.48
140	640193173714	2017	−3.7	0.49
140	640193181826	2018	−3.7	0.40
140	640193182752	2018	−3.7	0.40
140	640190181819	2018	−3.7	0.45
140	640166161871	2016	−3.7	0.44
140	640193182022	2018	−3.7	0.40
140	640193173554	2017	−3.7	0.49
140	640193181124	2018	−3.7	0.50
140	640193172744	2017	−3.7	0.50
140	640193182788	2018	−3.7	0.52
140	640193182448	2018	−3.7	0.51
140	640253160038	2016	−3.7	0.48
140	640251003694	2016	−3.7	0.44

续表

排名	牛号	出生年份	产犊至首次配种间隔 EBV / d	EBV 准确性
140	640190160837	2016	−3.7	0.38
140	640253169697	2016	−3.7	0.39
140	640190160285	2016	−3.7	0.38
140	640035148606	2014	−3.7	0.38
172	640193181140	2018	−3.6	0.49
172	640166141340	2014	−3.6	0.44
172	640193182940	2018	−3.6	0.47
172	640193174104	2017	−3.6	0.48
172	640251003690	2016	−3.6	0.41
172	640193182756	2018	−3.6	0.47
172	640190182421	2018	−3.6	0.40
172	640190182539	2018	−3.6	0.40
172	640193182832	2018	−3.6	0.49
172	640193182326	2018	−3.6	0.40
172	640251003715	2016	−3.6	0.38
172	640009160803	2016	−3.6	0.39
172	640193173522	2017	−3.6	0.49
172	640190182111	2018	−3.6	0.41
172	640190182235	2018	−3.6	0.40
172	640193181496	2018	−3.6	0.40
172	640193250087	2015	−3.6	0.42
172	640193172706	2017	−3.6	0.48
172	640193183040	2018	−3.6	0.47
172	640190160512	2016	−3.6	0.50

续表

排名	牛号	出生年份	产犊至首次配种间隔 EBV / d	EBV 准确性
172	640166141065	2014	−3.6	0.44
172	640251003768	2016	−3.6	0.38
172	640190182745	2018	−3.6	0.40
172	640193181332	2018	−3.6	0.48
172	640190182113	2018	−3.6	0.40
172	640190156593	2015	−3.6	0.41
172	640253169811	2016	−3.6	0.40
172	640193182290	2018	−3.6	0.41
172	640193182576	2018	−3.6	0.50
172	640253160102	2016	−3.6	0.44
172	640035150059	2015	−3.6	0.46
172	640253169489	2016	−3.6	0.35
172	640005185273	2018	−3.6	0.38
172	640193172634	2017	−3.6	0.50
172	640193172444	2017	−3.6	0.50
172	640193181832	2018	−3.6	0.47
208	640193172520	2017	−3.5	0.47
208	640190182347	2018	−3.5	0.50
208	640253169833	2016	−3.5	0.43
208	640190182555	2018	−3.5	0.40
208	640193181648	2018	−3.5	0.44
208	640193182382	2018	−3.5	0.42
208	640253169706	2016	−3.5	0.40
208	640190182081	2018	−3.5	0.38

续表

排名	牛号	出生年份	产犊至首次配种间隔 EBV / d	EBV 准确性
208	640253169972	2016	−3.5	0.48
208	640193182184	2018	−3.5	0.45
208	640190182483	2018	−3.5	0.40
208	640253169673	2016	−3.5	0.43
208	640193181732	2018	−3.5	0.41
208	640190162076	2016	−3.5	0.50
208	640253160054	2016	−3.5	0.48
208	640190182531	2018	−3.5	0.40
208	640005154666	2015	−3.5	0.45
208	640193181882	2018	−3.5	0.48
208	640190182261	2018	−3.5	0.46
208	640193182076	2018	−3.5	0.41
208	640190162119	2016	−3.5	0.52
208	640190182395	2018	−3.5	0.50
208	640190162280	2016	−3.5	0.52
208	640190160525	2016	−3.5	0.42
208	640190182477	2018	−3.5	0.40
208	640166130987	2013	−3.5	0.43
208	640166141337	2014	−3.5	0.43
208	640193182378	2018	−3.5	0.40
208	640190181995	2018	−3.5	0.38
208	640193182470	2018	−3.5	0.40
208	640193181554	2018	−3.5	0.40
208	640166141153	2014	−3.5	0.43

续表

排名	牛号	出生年份	产犊至首次配种间隔 EBV / d	EBV 准确性
208	640193182554	2018	−3.5	0.40
208	640251012074	2011	−3.5	0.36
242	640253169703	2016	−3.4	0.40
242	640253160070	2016	−3.4	0.41
242	640193171964	2017	−3.4	0.44
242	640190182473	2018	−3.4	0.40
242	640190181863	2018	−3.4	0.49
242	640004161274	2016	−3.4	0.44
242	640193182350	2018	−3.4	0.40
242	640253160053	2016	−3.4	0.48
242	640190182173	2018	−3.4	0.38
242	640193182534	2018	−3.4	0.46
242	640190162297	2016	−3.4	0.48
242	640193157549	2015	−3.4	0.47
242	640193182878	2018	−3.4	0.37
242	640193181602	2018	−3.4	0.48
242	640166141154	2014	−3.4	0.43
242	640193182804	2018	−3.4	0.37
242	640193182182	2018	−3.4	0.45
242	640190182755	2018	−3.4	0.40
242	640166141015	2014	−3.4	0.45
242	640193174440	2017	−3.4	0.49
242	640035150092	2015	−3.4	0.45
242	640253169597	2016	−3.4	0.35

续表

排名	牛号	出生年份	产犊至首次配种间隔 EBV / d	EBV 准确性
242	640193182688	2018	−3.4	0.49
242	640190182231	2018	−3.4	0.48
242	640193172558	2017	−3.4	0.47
242	640193182152	2018	−3.4	0.47
242	640190181945	2018	−3.4	0.40
242	640190182193	2018	−3.4	0.40
242	640253160067	2016	−3.4	0.44
242	640190182247	2018	−3.4	0.40
242	640253169675	2016	−3.4	0.43
242	640193181852	2018	−3.4	0.35
242	640193182110	2018	−3.4	0.35
242	640193182244	2018	−3.4	0.35
242	640190157265	2015	−3.4	0.43
242	640193172492	2017	−3.4	0.47
242	640193181452	2018	−3.4	0.41
242	640193182664	2018	−3.4	0.40
242	640193182866	2018	−3.4	0.46
242	640190181983	2018	−3.4	0.48
242	640253001694	2011	−3.4	0.33
242	640190182121	2018	−3.4	0.40
242	640193182054	2018	−3.4	0.51
242	640193181706	2018	−3.4	0.41
242	640173162075	2016	−3.4	0.37
242	640193173150	2017	−3.4	0.42

续表

排名	牛号	出生年份	产犊至首次配种间隔 EBV / d	EBV 准确性
242	640193156703	2015	−3.4	0.37
242	640251003764	2016	−3.4	0.41
242	640004160726	2016	−3.4	0.41
242	640193181162	2018	−3.4	0.49
242	640190160746	2016	−3.4	0.50
242	640190160572	2016	−3.4	0.34
242	640193180676	2018	−3.4	0.49
242	640193181970	2018	−3.4	0.37
242	640193182462	2018	−3.4	0.48
297	640253169830	2016	−3.3	0.40
297	640190182369	2018	−3.3	0.49
297	640193182720	2018	−3.3	0.44
297	640190181901	2018	−3.3	0.49
297	640253160048	2016	−3.3	0.44
297	640193181650	2018	−3.3	0.41
297	640190162271	2016	−3.3	0.50
297	640193182390	2018	−3.3	0.38
297	640190160061	2016	−3.3	0.37
297	640009171221	2017	−3.3	0.37
297	640251003791	2016	−3.3	0.36
297	640253169996	2016	−3.3	0.48
297	640190182333	2018	−3.3	0.48
297	640190157724	2015	−3.3	0.52
297	640190182061	2018	−3.3	0.40

续表

排名	牛号	出生年份	产犊至首次配种间隔 EBV / d	EBV 准确性
297	640190182795	2018	−3.3	0.35
297	640193181858	2018	−3.3	0.35
297	640193182036	2018	−3.3	0.35
297	640193182238	2018	−3.3	0.35
297	640193182266	2018	−3.3	0.35
297	640193182461	2018	−3.3	0.35
297	640193183305	2018	−3.3	0.35
297	640193182432	2018	−3.3	0.35
297	640190162071	2016	−3.3	0.50
297	640166130990	2013	−3.3	0.44
297	640193181724	2018	−3.3	0.45
297	640190182757	2018	−3.3	0.40
297	640166141128	2014	−3.3	0.38
297	640193171474	2017	−3.3	0.48
297	640166130995	2013	−3.3	0.44
297	640193173742	2017	−3.3	0.46
297	640193180738	2018	−3.3	0.49
297	640193181146	2018	−3.3	0.52
297	640190181414	2018	−3.3	0.37
297	640193182732	2018	−3.3	0.37
297	640190181993	2018	−3.3	0.40
297	640193172572	2017	−3.3	0.44
297	640190181897	2018	−3.3	0.40
297	640193182510	2018	−3.3	0.51

续表

排名	牛号	出生年份	产犊至首次配种间隔 EBV / d	EBV 准确性
297	640009160765	2016	−3.3	0.39
297	640193173076	2017	−3.3	0.47
297	640190181947	2018	−3.3	0.48
297	640193182148	2018	−3.3	0.35
297	640253160148	2016	−3.3	0.48
297	640193182660	2018	−3.3	0.51
297	640251150543	2015	−3.3	0.45
297	640166141115	2014	−3.3	0.38
297	640193171490	2017	−3.3	0.44
297	640251003734	2016	−3.3	0.38
297	640251003726	2016	−3.3	0.38
297	640193171660	2017	−3.3	0.45
297	640253160034	2016	−3.3	0.44
297	640193182214	2018	−3.3	0.48
297	640253169681	2016	−3.3	0.37
297	640190162447	2016	−3.3	0.50
297	640190162339	2016	−3.3	0.50
297	640253169991	2016	−3.3	0.34
297	640253160027	2016	−3.3	0.41
297	640190182319	2018	−3.3	0.48
297	640190182189	2018	−3.3	0.48
357	640251004578	2017	−3.2	0.42
357	640190160842	2016	−3.2	0.52
357	640193171480	2017	−3.2	0.42

续表

排名	牛号	出生年份	产犊至首次配种间隔 EBV / d	EBV 准确性
357	640193182228	2018	−3.2	0.48
357	640193182458	2018	−3.2	0.48
357	640253169671	2016	−3.2	0.43
357	640253160060	2016	−3.2	0.49
357	640190182753	2018	−3.2	0.49
357	640190183067	2018	−3.2	0.35
357	640193182288	2018	−3.2	0.46
357	640190181971	2018	−3.2	0.48
357	640193171606	2017	−3.2	0.47
357	640190157143	2015	−3.2	0.34
357	640193181610	2018	−3.2	0.41
357	640190181867	2018	−3.2	0.40
357	640193173508	2017	−3.2	0.52
357	640193180762	2018	−3.2	0.49
357	640193182324	2018	−3.2	0.40
357	640005154679	2015	−3.2	0.30
357	640193182868	2018	−3.2	0.51
357	640190182107	2018	−3.2	0.40
357	640251004871	2017	−3.2	0.42
357	640190160782	2016	−3.2	0.50
357	640190182619	2018	−3.2	0.50
357	640193182590	2018	−3.2	0.48
357	640193182898	2018	−3.2	0.41
357	640190162165	2016	−3.2	0.48

续表

排名	牛号	出生年份	产犊至首次配种间隔 EBV / d	EBV 准确性
357	640193172050	2017	−3.2	0.42
357	640190156988	2015	−3.2	0.35
357	640193171754	2017	−3.2	0.45
357	640004161678	2016	−3.2	0.40
357	640193171428	2017	−3.2	0.42
357	640193171434	2017	−3.2	0.42
357	640193171540	2017	−3.2	0.42
357	640193171626	2017	−3.2	0.42
357	640193171816	2017	−3.2	0.42
357	640193171890	2017	−3.2	0.42
357	640193172014	2017	−3.2	0.42
357	640190160584	2016	−3.2	0.34
357	640190162324	2016	−3.2	0.47
357	640004160982	2016	−3.2	0.32
357	640253169994	2016	−3.2	0.38
357	640251003795	2016	−3.2	0.39
357	640193182624	2018	−3.2	0.48
357	640193182830	2018	−3.2	0.36
357	640190182845	2018	−3.2	0.35
357	640009150703	2015	−3.2	0.38
357	640193170670	2017	−3.2	0.48
357	640193172552	2017	−3.2	0.47
357	640193182144	2018	−3.2	0.40
357	640190182123	2018	−3.2	0.38

续表

排名	牛号	出生年份	产犊至首次配种间隔 EBV / d	EBV 准确性
357	640190162348	2016	−3.2	0.50
357	640173185030	2018	−3.2	0.49
357	640193182548	2018	−3.2	0.51
357	640253160043	2016	−3.2	0.48
357	640193182848	2018	−3.2	0.42
357	640193182760	2018	−3.2	0.46
357	640253158653	2015	−3.2	0.34
357	640173174274	2017	−3.2	0.37
357	640193172718	2017	−3.2	0.48
357	640009150700	2015	−3.2	0.38
418	640173185044	2018	−3.1	0.52
418	640193182216	2018	−3.1	0.48
418	640193171814	2017	−3.1	0.41
418	640190182443	2018	−3.1	0.49
418	640190154638	2015	−3.1	0.38
418	640193180572	2018	−3.1	0.48
418	640166161881	2016	−3.1	0.34
418	640253169727	2016	−3.1	0.37
418	640253160088	2016	−3.1	0.41
418	640166141071	2014	−3.1	0.46
418	640193181556	2018	−3.1	0.40
418	640190162101	2016	−3.1	0.48
418	640004161528	2016	−3.1	0.39
418	640193182172	2018	−3.1	0.48

续表

排名	牛号	出生年份	产犊至首次配种间隔 EBV / d	EBV 准确性
418	640190182033	2018	−3.1	0.46
418	640193173538	2017	−3.1	0.52
418	640190162295	2016	−3.1	0.48
418	640190181903	2018	−3.1	0.49
418	640193180622	2018	−3.1	0.48
418	640004161599	2016	−3.1	0.40
418	640190182279	2018	−3.1	0.49
418	640193181036	2018	−3.1	0.48
418	640190181875	2018	−3.1	0.50
418	640251003712	2016	−3.1	0.39
418	640193181950	2018	−3.1	0.36
418	640193171150	2017	−3.1	0.48
418	640193180870	2018	−3.1	0.48
418	640193182170	2018	−3.1	0.36
418	640193173144	2017	−3.1	0.46
418	640193173760	2017	−3.1	0.50
418	640193172692	2017	−3.1	0.50
418	640193172580	2017	−3.1	0.50
418	640193180522	2018	−3.1	0.49
418	640193180480	2018	−3.1	0.48
418	640253159333	2015	−3.1	0.41
418	640193171414	2017	−3.1	0.44
418	640193155919	2015	−3.1	0.34
418	640193182500	2018	−3.1	0.48

续表

排名	牛号	出生年份	产犊至首次配种间隔 EBV / d	EBV 准确性
418	640190182255	2018	−3.1	0.40
418	640193182300	2018	−3.1	0.41
418	640190176323	2017	−3.1	0.47
418	640193171404	2017	−3.1	0.41
418	640193172496	2017	−3.1	0.47
418	640193172578	2017	−3.1	0.47
418	640193173180	2017	−3.1	0.48
418	640193182196	2018	−3.1	0.49
418	640193182934	2018	−3.1	0.48
418	640190181923	2018	−3.1	0.51
418	640004161338	2016	−3.1	0.41
418	640253160041	2016	−3.1	0.46
418	640190160327	2016	−3.1	0.44
418	640193172866	2017	−3.1	0.46
418	640193173212	2017	−3.1	0.46
418	640193173486	2017	−3.1	0.46
418	640193173488	2017	−3.1	0.46
418	640193172726	2017	−3.1	0.47
418	640190162361	2016	−3.1	0.52
418	640193171372	2017	−3.1	0.41
418	640193171376	2017	−3.1	0.41
418	640193171444	2017	−3.1	0.41
418	640193171454	2017	−3.1	0.41
418	640193171460	2017	−3.1	0.41

续表

排名	牛号	出生年份	产犊至首次配种间隔 EBV / d	EBV 准确性
418	640193171468	2017	−3.1	0.41
418	640193171478	2017	−3.1	0.41
418	640193171500	2017	−3.1	0.41
418	640193171514	2017	−3.1	0.41
418	640193171528	2017	−3.1	0.41
418	640193171620	2017	−3.1	0.41
418	640193171844	2017	−3.1	0.41
418	640193171914	2017	−3.1	0.41
418	640193171940	2017	−3.1	0.41
418	640193172048	2017	−3.1	0.41
418	640193172884	2017	−3.1	0.41
418	640193172906	2017	−3.1	0.51
418	640193182502	2018	−3.1	0.48
418	640166141029	2014	−3.1	0.40
418	640193182200	2018	−3.1	0.46
418	640193162615	2016	−3.1	0.37
418	640193182354	2018	−3.1	0.48
418	640193182472	2018	−3.1	0.48
418	640173162010	2016	−3.1	0.36
418	640193182286	2018	−3.1	0.47
418	640193182252	2018	−3.1	0.48

附表 11 青年牛产犊难易性估计育种值（EBV）核心育种场排名前 500 名母牛

排名	牛号	出生年份	青年牛产犊难易性 EBV	EBV 准确性
1	640193171242	2017	−0.024	0.30
1	640193181136	2018	−0.024	0.30
3	640190180303	2018	−0.023	0.29
3	640193180470	2018	−0.023	0.30
3	640193173604	2017	−0.023	0.30
3	640190180479	2018	−0.023	0.30
3	640193180954	2018	−0.023	0.30
8	640190180299	2018	−0.022	0.29
8	640193180960	2018	−0.022	0.29
8	640190180911	2018	−0.022	0.30
8	640251006509	2018	−0.022	0.28
8	640193171818	2017	−0.022	0.29
8	640193172668	2017	−0.022	0.29
8	640193171374	2017	−0.022	0.29
15	640193172680	2017	−0.021	0.29
15	640193172682	2017	−0.021	0.29
15	640193180880	2018	−0.021	0.29
15	640193172224	2017	−0.021	0.29
15	640193172406	2017	−0.021	0.29
15	640193172512	2017	−0.021	0.29
15	640193180832	2018	−0.021	0.28
15	640193171696	2017	−0.021	0.29
15	640193171466	2017	−0.021	0.28
15	640193180284	2018	−0.021	0.29
15	640193180896	2018	−0.021	0.29

续表

排名	牛号	出生年份	青年牛产犊难易性 EBV	EBV 准确性
15	640193180922	2018	−0.021	0.29
15	640193172458	2017	−0.021	0.29
15	640193171322	2017	−0.021	0.29
15	640193171896	2017	−0.021	0.29
15	640193171868	2017	−0.021	0.28
15	640193171676	2017	−0.021	0.28
15	640193172582	2017	−0.021	0.29
15	640193172672	2017	−0.021	0.29
15	640193181038	2018	−0.021	0.29
15	640193171700	2017	−0.021	0.28
15	640193171708	2017	−0.021	0.28
15	640193173770	2017	−0.021	0.29
15	640193171744	2017	−0.021	0.28
15	640190181134	2018	−0.021	0.29
15	640193172352	2017	−0.021	0.28
15	640193171850	2017	−0.021	0.29
15	640193180788	2018	−0.021	0.29
15	640193172584	2017	−0.021	0.29
15	640190180579	2018	−0.021	0.30
15	640193172934	2017	−0.021	0.29
15	640193180160	2018	−0.021	0.29
15	640193171928	2017	−0.021	0.29
15	640193180992	2018	−0.021	0.29
15	640193171488	2017	−0.021	0.29
15	640193171638	2017	−0.021	0.29

续表

排名	牛号	出生年份	青年牛产犊难易性 EBV	EBV 准确性
15	640193172394	2017	−0.021	0.28
15	640193180948	2018	−0.021	0.28
15	640193171246	2017	−0.021	0.29
15	640193180228	2018	−0.021	0.29
55	640193171726	2017	−0.020	0.29
55	640193173580	2017	−0.020	0.28
55	640193172268	2017	−0.020	0.29
55	640193172396	2017	−0.020	0.28
55	640193172528	2017	−0.020	0.29
55	640193180382	2018	−0.020	0.28
55	640190180909	2018	−0.020	0.29
55	640190180309	2018	−0.020	0.29
55	640190180011	2018	−0.020	0.29
55	640193171356	2017	−0.020	0.27
55	640193180858	2018	−0.020	0.29
55	640193172264	2017	−0.020	0.29
55	640193172662	2017	−0.020	0.29
55	640193172452	2017	−0.020	0.29
55	640193172344	2017	−0.020	0.28
55	640004187391	2018	−0.020	0.28
55	640193181130	2018	−0.020	0.27
55	640193175060	2017	−0.020	0.27
55	640193171306	2017	−0.020	0.28
55	640193180784	2018	−0.020	0.28
55	640193180770	2018	−0.020	0.29

续表

排名	牛号	出生年份	青年牛产犊难易性 EBV	EBV 准确性
55	640193171560	2017	−0.020	0.28
55	640193171402	2017	−0.020	0.28
55	640193172500	2017	−0.020	0.27
55	640193180886	2018	−0.020	0.29
55	640193171532	2017	−0.020	0.27
55	640193172518	2017	−0.020	0.28
55	640193171778	2017	−0.020	0.28
55	640193171642	2017	−0.020	0.29
55	640193172382	2017	−0.020	0.28
55	640193172794	2017	−0.020	0.28
55	640193171684	2017	−0.020	0.28
55	640190177009	2017	−0.020	0.28
55	640193171664	2017	−0.020	0.28
55	640193172534	2017	−0.020	0.28
55	640193180904	2018	−0.020	0.29
55	640193172306	2017	−0.020	0.29
55	640193180868	2018	−0.020	0.28
55	640193181204	2018	−0.020	0.29
55	640193181102	2018	−0.020	0.29
55	640193172502	2017	−0.020	0.29
55	640193172380	2017	−0.020	0.28
55	640193172576	2017	−0.020	0.29
55	640193172202	2017	−0.020	0.29
55	640193172272	2017	−0.020	0.29
55	640193172414	2017	−0.020	0.28

续表

排名	牛号	出生年份	青年牛产犊难易性 EBV	EBV 准确性
55	640193181052	2018	−0.020	0.28
55	640193180882	2018	−0.020	0.28
55	640193171112	2017	−0.020	0.28
55	640193171382	2017	−0.020	0.28
55	640193180224	2018	−0.020	0.28
55	640193171294	2017	−0.020	0.28
55	640193171942	2017	−0.020	0.28
55	640193173728	2017	−0.020	0.28
55	640193171418	2017	−0.020	0.28
55	640193180824	2018	−0.020	0.28
55	640193172206	2017	−0.020	0.28
55	640193172242	2017	−0.020	0.28
55	640193172244	2017	−0.020	0.28
55	640193180906	2018	−0.020	0.29
55	640193171636	2017	−0.020	0.28
55	640193173686	2017	−0.020	0.28
55	640193180748	2018	−0.020	0.28
55	640193180780	2018	−0.020	0.28
55	640193180950	2018	−0.020	0.28
55	640193172362	2017	−0.020	0.28
55	640193172712	2017	−0.020	0.28
55	640193180826	2018	−0.020	0.28
55	640193180944	2018	−0.020	0.28
55	640193171730	2017	−0.020	0.28
55	640193171758	2017	−0.020	0.28

续表

排名	牛号	出生年份	青年牛产犊难易性 EBV	EBV 准确性
55	640193171798	2017	−0.020	0.28
55	640193171870	2017	−0.020	0.28
55	640193173012	2017	−0.020	0.28
55	640193172928	2017	−0.020	0.28
55	640193172182	2017	−0.020	0.28
55	640193172278	2017	−0.020	0.28
55	640193171674	2017	−0.020	0.28
55	640193172126	2017	−0.020	0.28
55	640193172274	2017	−0.020	0.28
55	640190171668	2017	−0.020	0.28
55	640193172220	2017	−0.020	0.28
55	640193172262	2017	−0.020	0.28
55	640193172340	2017	−0.020	0.28
55	640193172554	2017	−0.020	0.28
55	640193171164	2017	−0.020	0.28
55	640193171518	2017	−0.020	0.28
55	640193171310	2017	−0.020	0.28
55	640193172510	2017	−0.020	0.28
55	640193180422	2018	−0.020	0.28
55	640193180262	2018	−0.020	0.28
55	640193180410	2018	−0.020	0.28
55	640193180926	2018	−0.020	0.28
55	640193172478	2017	−0.020	0.28
55	640193181218	2018	−0.020	0.27
55	640193172216	2017	−0.020	0.28

续表

排名	牛号	出生年份	青年牛产犊难易性 EBV	EBV 准确性
55	640193172354	2017	−0.020	0.28
55	640190171278	2017	−0.020	0.28
55	640190171550	2017	−0.020	0.28
55	640190171702	2017	−0.020	0.28
55	640190171734	2017	−0.020	0.28
55	640190171764	2017	−0.020	0.28
55	640004187393	2018	−0.020	0.28
55	640193171320	2017	−0.020	0.28
55	640190171390	2017	−0.020	0.28
55	640190171556	2017	−0.020	0.28
55	640190171740	2017	−0.020	0.28
55	640190176587	2017	−0.020	0.28
55	640193172192	2017	−0.020	0.28
55	640193173340	2017	−0.020	0.27
55	640193171272	2017	−0.020	0.28
55	640193172254	2017	−0.020	0.28
55	640193172314	2017	−0.020	0.28
55	640193172332	2017	−0.020	0.28
55	640193172546	2017	−0.020	0.28
170	640193172456	2017	−0.019	0.28
170	640193172586	2017	−0.019	0.28
170	640190174729	2017	−0.019	0.28
170	640193173096	2017	−0.019	0.27
170	640190175971	2017	−0.019	0.28
170	640190180325	2018	−0.019	0.28

续表

排名	牛号	出生年份	青年牛产犊难易性 EBV	EBV 准确性
170	640190180326	2018	−0.019	0.28
170	640190180473	2018	−0.019	0.28
170	640193171618	2017	−0.019	0.27
170	640193171770	2017	−0.019	0.27
170	640190177161	2017	−0.019	0.28
170	640190180021	2018	−0.019	0.28
170	640190180079	2018	−0.019	0.28
170	640190180355	2018	−0.019	0.28
170	640190180427	2018	−0.019	0.28
170	640193171842	2017	−0.019	0.27
170	640193171882	2017	−0.019	0.27
170	640193173178	2017	−0.019	0.27
170	640193173726	2017	−0.019	0.28
170	640193180226	2018	−0.019	0.28
170	640193172958	2017	−0.019	0.27
170	640193172752	2017	−0.019	0.27
170	640193173194	2017	−0.019	0.27
170	640193171632	2017	−0.019	0.28
170	640190180455	2018	−0.019	0.28
170	640193172894	2017	−0.019	0.27
170	640193172896	2017	−0.019	0.27
170	640193173094	2017	−0.019	0.27
170	640193172974	2017	−0.019	0.27
170	640004187394	2018	−0.019	0.28
170	640004187400	2018	−0.019	0.28

续表

排名	牛号	出生年份	青年牛产犊难易性 EBV	EBV 准确性
170	640004187403	2018	−0.019	0.28
170	640193171268	2017	−0.019	0.28
170	640193171720	2017	−0.019	0.28
170	640193171766	2017	−0.019	0.28
170	640193171824	2017	−0.019	0.28
170	640193171852	2017	−0.019	0.28
170	640253181785	2018	−0.019	0.28
170	640193172196	2017	−0.019	0.28
170	640193171608	2017	−0.019	0.28
170	640193172336	2017	−0.019	0.29
170	640193171448	2017	−0.019	0.29
170	640193171776	2017	−0.019	0.28
170	640193171794	2017	−0.019	0.28
170	640193171252	2017	−0.019	0.29
170	640193175202	2017	−0.019	0.27
170	640190172635	2017	−0.019	0.27
170	640193172816	2017	−0.019	0.27
170	640193171544	2017	−0.019	0.27
170	640190171206	2017	−0.019	0.28
170	640173174276	2017	−0.019	0.27
170	640193172162	2017	−0.019	0.27
170	640193172532	2017	−0.019	0.28
170	640193173700	2017	−0.019	0.28
170	640190171652	2017	−0.019	0.28
170	640253181958	2018	−0.019	0.28

续表

排名	牛号	出生年份	青年牛产犊难易性 EBV	EBV 准确性
170	640190180956	2018	−0.019	0.27
170	640193172170	2017	−0.019	0.27
170	640193172308	2017	−0.019	0.27
170	640193172144	2017	−0.019	0.27
170	640193181024	2018	−0.019	0.28
170	640193180892	2018	−0.019	0.28
170	640193171340	2017	−0.019	0.28
170	640193171872	2017	−0.019	0.28
170	640193171840	2017	−0.019	0.27
170	640190181072	2018	−0.019	0.27
170	640173174347	2017	−0.019	0.28
170	640173174259	2017	−0.019	0.27
170	640193180796	2018	−0.019	0.28
170	640193171906	2017	−0.019	0.27
170	640193171716	2017	−0.019	0.27
170	640193171752	2017	−0.019	0.27
170	640253181927	2018	−0.019	0.28
170	640193172422	2017	−0.019	0.28
170	640251006525	2018	−0.019	0.28
170	640004187601	2018	−0.019	0.27
170	640193172266	2017	−0.019	0.27
170	640193171864	2017	−0.019	0.27
170	640193173262	2017	−0.019	0.27
170	640193171968	2017	−0.019	0.27
170	640193171178	2017	−0.019	0.27

续表

排名	牛号	出生年份	青年牛产犊难易性 EBV	EBV 准确性
170	640193171318	2017	−0.019	0.27
170	640190171712	2017	−0.019	0.27
170	640253181933	2018	−0.019	0.28
170	640193173784	2017	−0.019	0.28
170	640193172674	2017	−0.019	0.27
170	640193172834	2017	−0.019	0.27
257	640253181792	2018	−0.018	0.28
257	640004187604	2018	−0.018	0.27
257	640251006514	2018	−0.018	0.28
257	640193171538	2017	−0.018	0.27
257	640004187396	2018	−0.018	0.28
257	640193171416	2017	−0.018	0.28
257	640253170579	2017	−0.018	0.27
257	640193171934	2017	−0.018	0.26
257	640253181942	2018	−0.018	0.27
257	640193171334	2017	−0.018	0.27
257	640193171336	2017	−0.018	0.27
257	640004187404	2018	−0.018	0.29
257	640193172718	2017	−0.018	0.20
257	640193175220	2017	−0.018	0.27
257	640193171698	2017	−0.018	0.28
257	640004187611	2018	−0.018	0.27
257	640173174265	2017	−0.018	0.27
257	640173174278	2017	−0.018	0.27
257	640173174342	2017	−0.018	0.27

续表

排名	牛号	出生年份	青年牛产犊难易性 EBV	EBV 准确性
257	640173174344	2017	−0.018	0.27
257	640173174346	2017	−0.018	0.27
257	640173174349	2017	−0.018	0.27
257	640173174352	2017	−0.018	0.27
257	640173174355	2017	−0.018	0.27
257	640173174381	2017	−0.018	0.27
257	640173174382	2017	−0.018	0.27
257	640173174389	2017	−0.018	0.27
257	640190171190	2017	−0.018	0.27
257	640190171298	2017	−0.018	0.27
257	640190171326	2017	−0.018	0.27
257	640190171328	2017	−0.018	0.27
257	640190171352	2017	−0.018	0.27
257	640190171354	2017	−0.018	0.27
257	640190171442	2017	−0.018	0.27
257	640190171672	2017	−0.018	0.27
257	640190171682	2017	−0.018	0.27
257	640190171714	2017	−0.018	0.27
257	640190171746	2017	−0.018	0.27
257	640190171750	2017	−0.018	0.27
257	640190171756	2017	−0.018	0.27
257	640190171838	2017	−0.018	0.27
257	640193171216	2017	−0.018	0.27
257	640193171290	2017	−0.018	0.27
257	640193171392	2017	−0.018	0.27

续表

排名	牛号	出生年份	青年牛产犊难易性 EBV	EBV 准确性
257	640193171396	2017	−0.018	0.27
257	640193171450	2017	−0.018	0.27
257	640193171780	2017	−0.018	0.27
257	640193171784	2017	−0.018	0.27
257	640193171786	2017	−0.018	0.27
257	640193171792	2017	−0.018	0.27
257	640193171802	2017	−0.018	0.27
257	640193171804	2017	−0.018	0.27
257	640193171806	2017	−0.018	0.27
257	640193171820	2017	−0.018	0.27
257	640193171828	2017	−0.018	0.27
257	640193171830	2017	−0.018	0.27
257	640193171862	2017	−0.018	0.27
257	640193171878	2017	−0.018	0.27
257	640193171884	2017	−0.018	0.27
257	640193171900	2017	−0.018	0.27
257	640193171920	2017	−0.018	0.27
257	640193172150	2017	−0.018	0.27
257	640193172176	2017	−0.018	0.27
257	640193172210	2017	−0.018	0.27
257	640193172348	2017	−0.018	0.27
257	640193172420	2017	−0.018	0.27
257	640193172670	2017	−0.018	0.27
257	640193172728	2017	−0.018	0.27
257	640193175184	2014	−0.018	0.27

续表

排名	牛号	出生年份	青年牛产犊难易性 EBV	EBV 准确性
257	640193180036	2012	−0.018	0.27
257	640251006454	2018	−0.018	0.27
257	640251006516	2018	−0.018	0.27
257	640251006518	2018	−0.018	0.27
257	640251006529	2018	−0.018	0.27
257	640251170582	2017	−0.018	0.27
257	640251170596	2017	−0.018	0.27
257	640251170619	2017	−0.018	0.27
257	640251170636	2017	−0.018	0.27
257	640253160539	2016	−0.018	0.27
257	640253160554	2016	−0.018	0.27
257	640253160563	2016	−0.018	0.27
257	640253170584	2017	−0.018	0.27
257	640253170589	2017	−0.018	0.27
257	640253181744	2018	−0.018	0.27
257	640253181771	2018	−0.018	0.27
257	640253181781	2018	−0.018	0.27
257	640253181788	2018	−0.018	0.27
257	640253181808	2018	−0.018	0.27
257	640253181913	2018	−0.018	0.27
257	640253181926	2018	−0.018	0.27
257	640253181932	2018	−0.018	0.27
257	640253181935	2018	−0.018	0.27
257	640253181938	2018	−0.018	0.27
257	640253181939	2018	−0.018	0.27

续表

排名	牛号	出生年份	青年牛产犊难易性 EBV	EBV 准确性
257	640253181949	2018	−0.018	0.27
257	640253181952	2018	−0.018	0.27
257	640253181975	2018	−0.018	0.27
257	640193171212	2017	−0.018	0.28
257	640253181720	2018	−0.018	0.27
257	640193171476	2017	−0.018	0.29
257	640193172474	2017	−0.018	0.28
257	640193172650	2017	−0.018	0.28
257	640193172184	2017	−0.018	0.27
257	640193181084	2018	−0.018	0.27
257	640193181118	2018	−0.018	0.27
257	640193172370	2017	−0.018	0.29
257	640253181910	2018	−0.018	0.27
257	640193173250	2017	−0.018	0.27
257	640004184328	2019	−0.018	0.27
257	640193171854	2017	−0.018	0.27
257	640193174926	2017	−0.018	0.27
257	640193175026	2017	−0.018	0.27
257	640193180912	2018	−0.018	0.29
257	640193180510	2018	−0.018	0.29
257	640193175084	2017	−0.018	0.27
257	640193171508	2017	−0.018	0.20
257	640193171660	2017	−0.018	0.20
257	640193173834	2017	−0.018	0.26
257	640253170599	2017	−0.018	0.27

续表

排名	牛号	出生年份	青年牛产犊难易性 EBV	EBV 准确性
257	640193173180	2017	−0.018	0.20
257	640193180046	2018	−0.018	0.27
257	640193172416	2017	−0.018	0.28
257	640193171348	2017	−0.018	0.28
257	640193172548	2017	−0.018	0.29
257	640193180820	2018	−0.018	0.27
257	640193171774	2017	−0.018	0.29
257	640193181458	2018	−0.018	0.27
257	640251006519	2018	−0.018	0.27
257	640193172772	2017	−0.018	0.26
257	640193172796	2017	−0.018	0.26
257	640193172996	2017	−0.018	0.26
257	640193173074	2017	−0.018	0.26
257	640193173106	2017	−0.018	0.26
257	640193173156	2017	−0.018	0.26
257	640193173354	2017	−0.018	0.26
257	640193173484	2017	−0.018	0.26
257	640193175230	2017	−0.018	0.27
257	640251006506	2018	−0.018	0.28
257	640193172390	2017	−0.018	0.29
257	640193175322	2017	−0.018	0.27
257	640193180874	2018	−0.018	0.28
257	640193172302	2017	−0.018	0.28
257	640193180924	2018	−0.018	0.28
257	640251006505	2018	−0.018	0.28

续表

排名	牛号	出生年份	青年牛产犊难易性 EBV	EBV 准确性
257	640251006515	2018	−0.018	0.28
257	640193180968	2018	−0.018	0.29
257	640193180918	2018	−0.018	0.29
257	640193171506	2017	−0.018	0.27
257	640193180202	2018	−0.018	0.27
257	640193180334	2018	−0.018	0.29
257	640193181088	2018	−0.018	0.29
257	640193175090	2017	−0.018	0.26
257	640193172870	2017	−0.018	0.28
257	640193172200	2017	−0.018	0.27
411	640193173136	2017	−0.017	0.28
411	640193173246	2017	−0.017	0.28
411	640193174062	2017	−0.017	0.28
411	640193171234	2017	−0.017	0.27
411	640193173008	2017	−0.017	0.28
411	640193171646	2017	−0.017	0.29
411	640004187395	2018	−0.017	0.28
411	640193172924	2017	−0.017	0.28
411	640193173252	2017	−0.017	0.28
411	640193173346	2017	−0.017	0.28
411	640193173508	2017	−0.017	0.28
411	640193173682	2017	−0.017	0.28
411	640193172602	2017	−0.017	0.29
411	640193172832	2017	−0.017	0.28
411	640193173216	2017	−0.017	0.28

续表

排名	牛号	出生年份	青年牛产犊难易性 EBV	EBV 准确性
411	640193172830	2017	−0.017	0.28
411	640193172218	2017	−0.017	0.29
411	640193173584	2017	−0.017	0.28
411	640193172868	2017	−0.017	0.25
411	640193173610	2017	−0.017	0.27
411	640193173036	2017	−0.017	0.27
411	640193181154	2018	−0.017	0.29
411	640193173268	2017	−0.017	0.28
411	640193173184	2017	−0.017	0.25
411	640193173318	2017	−0.017	0.25
411	640193172468	2017	−0.017	0.29
411	640190176099	2017	−0.017	0.27
411	640193171276	2017	−0.017	0.27
411	640193172988	2017	−0.017	0.28
411	640004187399	2018	−0.017	0.28
411	640193172906	2017	−0.017	0.27
411	640193181128	2018	−0.017	0.27
411	640190176369	2017	−0.017	0.27
411	640193171808	2017	−0.017	0.27
411	640193171846	2017	−0.017	0.27
411	640193171892	2017	−0.017	0.28
411	640193180266	2018	−0.017	0.28
411	640193182142	2018	−0.017	0.28
411	640193173644	2017	−0.017	0.28
411	640004187392	2018	−0.017	0.25

续表

排名	牛号	出生年份	青年牛产犊难易性 EBV	EBV 准确性
411	640193171848	2017	−0.017	0.28
411	640193173482	2017	−0.017	0.26
411	640193175264	2017	−0.017	0.25
411	640193173364	2017	−0.017	0.28
411	640193175198	2017	−0.017	0.26
411	640193180138	2018	−0.017	0.27
411	640193173044	2017	−0.017	0.26
411	640190172885	2017	−0.017	0.26
411	640193172778	2017	−0.017	0.28
411	640190176189	2017	−0.017	0.26
411	640193173046	2017	−0.017	0.26
411	640193181190	2018	−0.017	0.29
411	640193173062	2017	−0.017	0.28
464	640193173192	2017	−0.016	0.27
464	640193172942	2017	−0.016	0.21
464	640190180978	2018	−0.016	0.28
464	640193180932	2018	−0.016	0.28
464	640193173284	2017	−0.016	0.27
464	640193173434	2017	−0.016	0.27
464	640193173164	2017	−0.016	0.27
464	640193173308	2017	−0.016	0.27
464	640193173336	2017	−0.016	0.27
464	640193173504	2017	−0.016	0.27
464	640193173394	2017	−0.016	0.28
464	640193173418	2017	−0.016	0.28

续表

排名	牛号	出生年份	青年牛产犊难易性 EBV	EBV 准确性
464	640190174784	2017	−0.016	0.26
464	640190155665	2015	−0.016	0.25
464	640190174932	2017	−0.016	0.26
464	640190175783	2017	−0.016	0.26
464	640193173154	2017	−0.016	0.28
464	640190176051	2017	−0.016	0.26
464	640193173764	2017	−0.016	0.29
464	640190180024	2018	−0.016	0.26
464	640190184171	2018	−0.016	0.26
464	640190173693	2017	−0.016	0.26
464	640190175087	2017	−0.016	0.28
464	640190174357	2017	−0.016	0.26
464	640190175441	2017	−0.016	0.26
464	640190175851	2017	−0.016	0.26
464	640190176297	2017	−0.016	0.26
464	640190176387	2017	−0.016	0.26
464	640190175195	2017	−0.016	0.26
464	640190175799	2017	−0.016	0.26
464	640190175895	2017	−0.016	0.26
464	640190175963	2017	−0.016	0.26
464	640190176095	2017	−0.016	0.26
464	640190176143	2017	−0.016	0.26
464	640190176167	2017	−0.016	0.26
464	640190176253	2017	−0.016	0.26
464	640193175428	2017	−0.016	0.27

附表 12 经产牛产犊难易性估计育种值（EBV）核心育种场排名前 500 名母牛

排名	牛号	出生年份	经产牛产犊难易性 EBV	EBV 准确性
1	640035138458	2013	−0.002 2	0.14
2	640173142577	2014	−0.002 1	0.14
2	640035128273	2012	−0.002 1	0.13
4	640166130765	2013	−0.002 0	0.13
4	640166130766	2013	−0.002 0	0.13
4	640190120736	2012	−0.002 0	0.26
4	640166120480	2012	−0.002 0	0.13
4	640166110268	2011	−0.002 0	0.12
4	640005113829	2011	−0.002 0	0.13
4	640005144386	2014	−0.002 0	0.13
11	640190120647	2012	−0.001 9	0.25
11	640190120226	2012	−0.001 9	0.25
11	640190120745	2012	−0.001 9	0.25
11	640190120778	2012	−0.001 9	0.25
11	640190121128	2012	−0.001 9	0.25
11	640190121162	2012	−0.001 9	0.25
11	640003121237	2012	−0.001 9	0.12
11	640166120380	2012	−0.001 9	0.11
11	640035128207	2012	−0.001 9	0.13
20	640035160459	2016	−0.001 8	0.10
20	640005113732	2011	−0.001 8	0.12
20	640035128283	2012	−0.001 8	0.12
20	640166120654	2012	−0.001 8	0.14
20	640173142591	2014	−0.001 8	0.13
20	640166120632	2012	−0.001 8	0.12

续表

排名	牛号	出生年份	经产牛产犊难易性 EBV	EBV 准确性
20	640003110167	2011	−0.001 8	0.13
20	640003167040	2016	−0.001 8	0.24
20	640166120652	2012	−0.001 8	0.13
20	640166120659	2012	−0.001 8	0.13
20	640166119977	2011	−0.001 8	0.12
20	640166110177	2011	−0.001 8	0.12
20	640166110190	2011	−0.001 8	0.12
20	640003110192	2011	−0.001 8	0.12
20	640173153625	2015	−0.001 8	0.14
35	640166141132	2014	−0.001 7	0.13
35	640166119892	2011	−0.001 7	0.12
37	640166110071	2011	−0.001 6	0.12
37	640173164148	2016	−0.001 6	0.14
37	640173153474	2015	−0.001 6	0.12
37	64035100B299	2012	−0.001 6	0.14
37	640166110027	2011	−0.001 6	0.11
37	640003121301	2012	−0.001 6	0.14
37	640351000556	2015	−0.001 6	0.12
44	640166120686	2012	−0.001 5	0.11
44	640035138462	2013	−0.001 5	0.12
44	640035138387	2013	−0.001 5	0.11
44	640166130740	2013	−0.001 5	0.12
48	640035138309	2013	−0.001 4	0.11
48	640004126157	2012	−0.001 4	0.15
48	640005123929	2012	−0.001 4	0.15

续表

排名	牛号	出生年份	经产牛产犊难易性 EBV	EBV 准确性
48	640035138332	2013	−0.001 4	0.15
48	640351000525	2015	−0.001 4	0.12
48	640351000537	2015	−0.001 4	0.12
48	640351000557	2015	−0.001 4	0.12
48	640351000558	2015	−0.001 4	0.12
48	640351006340	2013	−0.001 4	0.12
48	640166110005	2011	−0.001 4	0.10
48	640003121266	2012	−0.001 4	0.14
59	640035138339	2013	−0.001 3	0.15
59	640173164167	2016	−0.001 3	0.15
59	640166120642	2012	−0.001 3	0.15
59	640166120330	2012	−0.001 3	0.11
63	640173110130	2011	−0.001 2	0.10
63	640190120877	2012	−0.001 2	0.26
63	640190141473	2014	−0.001 2	0.13
63	640190141721	2014	−0.001 2	0.13
63	640190142123	2014	−0.001 2	0.13
63	640190171945	2017	−0.001 2	0.13
63	640035128213	2012	−0.001 2	0.15
70	640190160526	2016	−0.001 1	0.13
70	640166120466	2012	−0.001 1	0.15
70	640005124041	2012	−0.001 1	0.14
70	640009160820	2016	−0.001 1	0.10
70	640190162563	2016	−0.001 1	0.13
70	640005123916	2012	−0.001 1	0.11

续表

排名	牛号	出生年份	经产牛产犊难易性 EBV	EBV 准确性
70	640251012699	2011	−0.001 1	0.14
70	640003111181	2011	−0.001 1	0.19
70	640166119990	2011	−0.001 1	0.14
70	640251013000	2011	−0.001 1	0.13
70	640003141717	2014	−0.001 1	0.11
81	640004136454	2013	−0.001 0	0.11
81	640166119947	2011	−0.001 0	0.11
81	640190130620	2013	−0.001 0	0.13
81	640190141534	2014	−0.001 0	0.13
81	640251017367	2011	−0.001 0	0.13
81	640005123907	2012	−0.001 0	0.14
81	640035120544	2012	−0.001 0	0.11
81	640166120544	2012	−0.001 0	0.11
81	640003111114	2011	−0.001 0	0.16
81	640251015345	2011	−0.001 0	0.12
81	640003162153	2016	−0.001 0	0.10
81	640251010472	2012	−0.001 0	0.12
81	640251010480	2012	−0.001 0	0.12
81	640251013873	2011	−0.001 0	0.12
81	640251013955	2011	−0.001 0	0.12
81	640251015016	2012	−0.001 0	0.12
81	640251015051	2011	−0.001 0	0.12
81	640251015087	2011	−0.001 0	0.12
81	640251015232	2011	−0.001 0	0.12
81	640251015936	2012	−0.001 0	0.12

续表

排名	牛号	出生年份	经产牛产犊难易性 EBV	EBV 准确性
81	640251016255	2011	−0.001 0	0.12
81	640251016633	2011	−0.001 0	0.12
81	640251016763	2011	−0.001 0	0.12
81	640251016868	2012	−0.001 0	0.12
81	640251017031	2011	−0.001 0	0.12
81	640251017110	2011	−0.001 0	0.12
81	640193162360	2016	−0.001 0	0.13
81	640251015190	2011	−0.001 0	0.12
81	640166120596	2012	−0.001 0	0.13
81	640190130021	2013	−0.001 0	0.13
81	640190130297	2013	−0.001 0	0.13
81	640190160142	2016	−0.001 0	0.13
113	640009130119	2013	−0.000 9	0.16
113	640009130110	2013	−0.000 9	0.13
113	640166120643	2012	−0.000 9	0.14
113	640166120455	2012	−0.000 9	0.11
113	640035150160	2015	−0.000 9	0.12
113	640166120445	2012	−0.000 9	0.14
113	640166120647	2012	−0.000 9	0.15
113	640009130068	2013	−0.000 9	0.10
113	640190157128	2015	−0.000 9	0.13
113	640166141108	2014	−0.000 9	0.14
113	640166120505	2012	−0.000 9	0.15
113	640003111113	2011	−0.000 9	0.15
113	640166120444	2012	−0.000 9	0.11

续表

排名	牛号	出生年份	经产牛产犊难易性 EBV	EBV 准确性
113	640166120636	2012	−0.000 9	0.15
113	640166141224	2014	−0.000 9	0.15
128	640003121216	2012	−0.000 8	0.16
128	640003120492	2012	−0.000 8	0.15
128	640004126003	2012	−0.000 8	0.15
128	640004136232	2013	−0.000 8	0.14
128	640251016733	2011	−0.000 8	0.20
128	640166120345	2012	−0.000 8	0.13
128	640251010114	2012	−0.000 8	0.20
128	640251010131	2012	−0.000 8	0.20
128	640251013100	2011	−0.000 8	0.20
128	640251014852	2011	−0.000 8	0.20
128	640003110237	2011	−0.000 8	0.14
128	640003121253	2012	−0.000 8	0.14
128	640166120673	2012	−0.000 8	0.16
128	640166119967	2011	−0.000 8	0.13
128	640166110170	2011	−0.000 8	0.14
128	640009140438	2014	−0.000 8	0.16
128	640009130157	2013	−0.000 8	0.12
128	640009140181	2014	−0.000 8	0.13
128	640035160377	2016	−0.000 8	0.12
128	640166130990	2013	−0.000 8	0.15
128	640004136223	2013	−0.000 8	0.15
128	640166120585	2012	−0.000 8	0.13
150	640003111175	2011	−0.000 7	0.16

续表

排名	牛号	出生年份	经产牛产犊难易性 EBV	EBV 准确性
150	640173143415	2014	−0.000 7	0.10
150	640035128236	2012	−0.000 7	0.16
150	640351000223	2013	−0.000 7	0.12
150	640351004103	2011	−0.000 7	0.12
150	640351008906	2012	−0.000 7	0.12
150	640005124007	2012	−0.000 7	0.15
150	640005134102	2013	−0.000 7	0.15
150	640166120603	2012	−0.000 7	0.15
150	640166130961	2013	−0.000 7	0.14
150	640004136442	2013	−0.000 7	0.12
150	640166119966	2011	−0.000 7	0.14
150	640190156765	2015	−0.000 7	0.13
150	640166120602	2012	−0.000 7	0.14
150	640173163861	2016	−0.000 7	0.12
150	640003120362	2012	−0.000 7	0.11
150	640005113773	2011	−0.000 7	0.14
150	640009130151	2013	−0.000 7	0.14
150	640173142536	2014	−0.000 7	0.11
169	640351000712	2016	−0.000 6	0.10
169	640251005025	2017	−0.000 6	0.12
169	640035117985	2011	−0.000 6	0.14
169	640166141223	2014	−0.000 6	0.13
169	640005134084	2013	−0.000 6	0.11
169	640166120288	2012	−0.000 6	0.14
169	640190172401	2017	−0.000 6	0.13

续表

排名	牛号	出生年份	经产牛产犊难易性 EBV	EBV 准确性
169	640003120302	2012	−0.000 6	0.14
169	640251005198	2017	−0.000 6	0.12
169	640004146638	2014	−0.000 6	0.10
169	640004125998	2012	−0.000 6	0.13
169	640251016510	2011	−0.000 6	0.11
169	640005113832	2011	−0.000 6	0.15
169	640003121186	2012	−0.000 6	0.13
169	640251005028	2017	−0.000 6	0.12
169	640251017375	2011	−0.000 6	0.10
169	640009150547	2015	−0.000 6	0.16
169	640004115914	2011	−0.000 6	0.12
169	640005124042	2012	−0.000 6	0.11
169	640166120610	2012	−0.000 6	0.10
169	640005136424	2013	−0.000 6	0.14
190	640190123355	2012	−0.000 5	0.11
190	640166120545	2012	−0.000 5	0.13
190	640251003132	2015	−0.000 5	0.10
190	640035117972	2011	−0.000 5	0.16
190	640166110150	2011	−0.000 5	0.14
190	640003131365	2014	−0.000 5	0.14
190	640251003598	2016	−0.000 5	0.12
190	640166119994	2011	−0.000 5	0.14
190	640005113864	2011	−0.000 5	0.10
190	640004167169	2016	−0.000 5	0.12
190	640251005049	2017	−0.000 5	0.12

续表

排名	牛号	出生年份	经产牛产犊难易性 EBV	EBV 准确性
190	640003111080	2011	−0.000 5	0.14
190	640004146576	2014	−0.000 5	0.12
190	640166119959	2011	−0.000 5	0.13
190	640251005026	2017	−0.000 5	0.12
190	640166120400	2012	−0.000 5	0.12
190	640173133021	2013	−0.000 5	0.12
190	640035170763	2017	−0.000 5	0.12
190	640003119937	2011	−0.000 5	0.12
190	640251005168	2017	−0.000 5	0.12
190	640003111074	2011	−0.000 5	0.13
190	640173153473	2015	−0.000 5	0.12
190	640351006394	2011	−0.000 5	0.11
190	640035170743	2017	−0.000 5	0.11
190	640035170759	2017	−0.000 5	0.11
190	640035170771	2017	−0.000 5	0.11
190	640173163815	2016	−0.000 5	0.11
190	640173163829	2016	−0.000 5	0.11
190	640173163837	2016	−0.000 5	0.11
190	640173163875	2016	−0.000 5	0.11
190	640251004547	2017	−0.000 5	0.11
190	640251005034	2017	−0.000 5	0.11
190	640251005036	2017	−0.000 5	0.11
190	640251005057	2017	−0.000 5	0.11
190	640251005174	2017	−0.000 5	0.11
190	640251005176	2017	−0.000 5	0.11

续表

排名	牛号	出生年份	经产牛产犊难易性 EBV	EBV 准确性
190	640251005186	2017	−0.000 5	0.11
190	640251005188	2017	−0.000 5	0.11
190	640251005189	2017	−0.000 5	0.11
190	640251005197	2017	−0.000 5	0.11
190	640251005203	2017	−0.000 5	0.11
190	640251005211	2017	−0.000 5	0.11
190	640251010901	2012	−0.000 5	0.11
190	640251004639	2017	−0.000 5	0.11
190	640166110185	2011	−0.000 5	0.15
190	640004136204	2013	−0.000 5	0.12
190	640351000715	2016	−0.000 5	0.11
190	640251005181	2017	−0.000 5	0.11
190	640251003146	2015	−0.000 5	0.10
190	640035128287	2012	−0.000 5	0.11
190	640166120348	2012	−0.000 5	0.11
190	640193120264	2011	−0.000 5	0.13
190	640009140282	2014	−0.000 5	0.12
190	640351000018	2012	−0.000 5	0.12
190	640351000086	2013	−0.000 5	0.12
190	640351006350	2012	−0.000 5	0.12
190	640351006372	2011	−0.000 5	0.12
190	640004136414	2013	−0.000 5	0.14
190	640166141345	2014	−0.000 5	0.13
190	640251005210	2017	−0.000 5	0.11
190	640004125990	2012	−0.000 5	0.11

续表

排名	牛号	出生年份	经产牛产犊难易性 EBV	EBV 准确性
190	640166119948	2011	−0.000 5	0.11
252	640173132301	2013	−0.000 4	0.10
252	640009120047	2012	−0.000 4	0.16
252	640251005191	2017	−0.000 4	0.11
252	640035170778	2017	−0.000 4	0.11
252	640251005012	2017	−0.000 4	0.10
252	640004136354	2013	−0.000 4	0.14
252	640166141070	2014	−0.000 4	0.11
252	640004136405	2013	−0.000 4	0.13
252	640251004848	2017	−0.000 4	0.10
252	640003162163	2016	−0.000 4	0.12
252	640251004967	2017	−0.000 4	0.10
252	640005113879	2011	−0.000 4	0.11
252	640173110116	2011	−0.000 4	0.10
252	640173119026	2011	−0.000 4	0.10
252	640009110038	2011	−0.000 4	0.15
252	640004136253	2013	−0.000 4	0.10
252	640166141071	2014	−0.000 4	0.17
252	640251005055	2017	−0.000 4	0.11
252	640166119877	2011	−0.000 4	0.14
252	640166110084	2011	−0.000 4	0.13
252	640009110055	2011	−0.000 4	0.11
252	640003111042	2011	−0.000 4	0.12
252	640003121321	2012	−0.000 4	0.13
252	640166120640	2012	−0.000 4	0.10

续表

排名	牛号	出生年份	经产牛产犊难易性 EBV	EBV 准确性
252	640004115838	2011	−0.000 4	0.10
252	640003121308	2012	−0.000 4	0.15
252	640004126174	2012	−0.000 4	0.15
252	640004136264	2013	−0.000 4	0.15
252	640005124012	2012	−0.000 4	0.15
252	640253158965	2015	−0.000 4	0.13
252	640005124002	2012	−0.000 4	0.14
252	640004146507	2014	−0.000 4	0.16
252	640351000890	2016	−0.000 4	0.16
252	640351008580	2011	−0.000 4	0.16
252	640251005000	2017	−0.000 4	0.11
252	640166119888	2011	−0.000 4	0.14
252	640190157286	2015	−0.000 4	0.11
252	640166120388	2012	−0.000 4	0.10
252	640005154471	2015	−0.000 4	0.11
291	640251014922	2011	−0.000 3	0.12
291	640251015217	2011	−0.000 3	0.12
291	640166120705	2012	−0.000 3	0.13
291	640251012986	2011	−0.000 3	0.12
291	640251013592	2011	−0.000 3	0.12
291	640251013767	2011	−0.000 3	0.12
291	640166120344	2012	−0.000 3	0.12
291	640005146641	2013	−0.000 3	0.12
291	640166130838	2013	−0.000 3	0.12
291	640166130843	2013	−0.000 3	0.12

续表

排名	牛号	出生年份	经产牛产犊难易性 EBV	EBV 准确性
291	640173016049	2011	−0.000 3	0.12
291	640251016593	2011	−0.000 3	0.14
291	640166130799	2013	−0.000 3	0.14
291	640251004882	2017	−0.000 3	0.11
291	640166119924	2011	−0.000 3	0.11
291	640166119964	2011	−0.000 3	0.11
291	640166119975	2011	−0.000 3	0.11
291	640005185275	2018	−0.000 3	0.12
291	640166120377	2012	−0.000 3	0.11
291	640005123944	2012	−0.000 3	0.10
291	640351011125	2017	−0.000 3	0.11
291	640351011126	2017	−0.000 3	0.11
291	640351011129	2017	−0.000 3	0.11
291	640351011130	2017	−0.000 3	0.11
291	640351011140	2017	−0.000 3	0.11
291	640351011148	2017	−0.000 3	0.11
291	640351011152	2017	−0.000 3	0.11
291	640351011153	2017	−0.000 3	0.11
291	640166120504	2012	−0.000 3	0.13
291	640005134108	2013	−0.000 3	0.10
291	640166120580	2012	−0.000 3	0.10
291	640009130001	2013	−0.000 3	0.15
291	640009120115	2012	−0.000 3	0.11
291	640251004876	2017	−0.000 3	0.11
291	640166130985	2013	−0.000 3	0.16

续表

排名	牛号	出生年份	经产牛产犊难易性 EBV	EBV 准确性
291	640003152019	2015	−0.000 3	0.13
291	640003110282	2011	−0.000 3	0.15
291	640251012080	2011	−0.000 3	0.14
291	640251014115	2011	−0.000 3	0.14
291	640251017159	2011	−0.000 3	0.14
291	640351000827	2016	−0.000 3	0.13
291	640004136316	2013	−0.000 3	0.11
333	640351000306	2014	−0.000 2	0.15
333	640004136327	2013	−0.000 2	0.16
333	640251015594	2011	−0.000 2	0.11
333	640166141074	2014	−0.000 2	0.11
333	640003120497	2012	−0.000 2	0.13
333	640166110275	2011	−0.000 2	0.11
333	640173153707	2015	−0.000 2	0.16
333	640004115945	2011	−0.000 2	0.11
333	640009171177	2017	−0.000 2	0.11
333	640005113887	2011	−0.000 2	0.12
333	640003111023	2011	−0.000 2	0.14
333	640251005037	2017	−0.000 2	0.12
333	640009130042	2013	−0.000 2	0.14
333	640251006685	2014	−0.000 2	0.14
333	640251013179	2011	−0.000 2	0.16
333	640005154634	2015	−0.000 2	0.12
333	640251006185	2013	−0.000 2	0.14
333	640251006314	2013	−0.000 2	0.14

续表

排名	牛号	出生年份	经产牛产犊难易性 EBV	EBV 准确性
333	640251006410	2013	−0.000 2	0.14
333	640251006691	2014	−0.000 2	0.14
333	640251006712	2014	−0.000 2	0.14
333	640251006805	2014	−0.000 2	0.14
333	640251006807	2014	−0.000 2	0.14
333	640253135483	2013	−0.000 2	0.14
333	640253135779	2013	−0.000 2	0.14
333	640253135813	2013	−0.000 2	0.14
333	640253135892	2013	−0.000 2	0.14
333	640253135932	2013	−0.000 2	0.14
333	640253140313	2014	−0.000 2	0.14
333	640253140467	2014	−0.000 2	0.14
333	640003121249	2012	−0.000 2	0.12
333	640003141593	2014	−0.000 2	0.12
333	640166120495	2012	−0.000 2	0.13
366	640003111129	2011	−0.000 1	0.11
366	640166161926	2016	−0.000 1	0.13
366	640005164731	2016	−0.000 1	0.10
366	640003120457	2012	−0.000 1	0.11
366	640003111461	2011	−0.000 1	0.11
366	640003111462	2011	−0.000 1	0.11
366	640003111463	2011	−0.000 1	0.11
366	640351006392	2012	−0.000 1	0.14
366	640004115907	2011	−0.000 1	0.14
366	640035117868	2011	−0.000 1	0.12

续表

排名	牛号	出生年份	经产牛产犊难易性 EBV	EBV 准确性
366	640005113819	2011	−0.000 1	0.14
366	640035170757	2017	−0.000 1	0.11
366	640004156765	2015	−0.000 1	0.12
366	640004156791	2015	−0.000 1	0.13
366	640166110222	2011	−0.000 1	0.10
366	640166119999	2011	−0.000 1	0.10
366	640004125988	2012	−0.000 1	0.11
366	640003121208	2012	−0.000 1	0.12
366	640166119940	2011	−0.000 1	0.11
366	640003131345	2013	−0.000 1	0.15
366	640166120650	2012	−0.000 1	0.12
366	640035150068	2015	−0.000 1	0.12
366	640166141093	2014	−0.000 1	0.10
389	640005185279	2018	0	0.12
389	640009171145	2017	0	0.15
389	640035148569	2014	0	0.15
389	640251014107	2011	0	0.10
389	640166130982	2013	0	0.12
389	640035150097	2015	0	0.12
389	640166130771	2013	0	0.11
389	640009110082	2011	0	0.12
389	640251014586	2011	0	0.11
389	640166110215	2011	0	0.12
389	640009171234	2017	0	0.12
389	640253159003	2015	0	0.13

续表

排名	牛号	出生年份	经产牛产犊难易性 EBV	EBV 准确性
389	640005146552	2014	0	0.12
389	640166130940	2013	0	0.12
389	640003111037	2011	0	0.10
389	640003111070	2011	0	0.15
389	640253159131	2015	0	0.13
389	640193127481	2012	0	0.11
389	640005185269	2018	0	0.11
389	640003111153	2011	0	0.10
389	640190121995	2011	0	0.10
389	640009150702	2015	0	0.11
411	640173122148	2012	0.000 1	0.12
411	640351006908	2012	0.000 1	0.12
411	640005175238	2017	0.000 1	0.11
411	640009171227	2017	0.000 1	0.12
411	640166141041	2014	0.000 1	0.14
411	640166120385	2012	0.000 1	0.12
411	640035118000	2011	0.000 1	0.11
411	640190121250	2011	0.000 1	0.10
411	640190121822	2011	0.000 1	0.10
411	640190122755	2011	0.000 1	0.10
411	640190127956	2012	0.000 1	0.10
411	640190128734	2013	0.000 1	0.10
411	640190128783	2013	0.000 1	0.10
411	640193121794	2011	0.000 1	0.10
411	640193121802	2011	0.000 1	0.10

续表

排名	牛号	出生年份	经产牛产犊难易性 EBV	EBV 准确性
411	640193121803	2011	0.000 1	0.10
411	640193121959	2011	0.000 1	0.10
411	640193122133	2011	0.000 1	0.10
411	640193122643	2011	0.000 1	0.10
411	640193122753	2011	0.000 1	0.10
411	640193122987	2011	0.000 1	0.10
411	640193128909	2013	0.000 1	0.10
411	640193129018	2013	0.000 1	0.10
411	640003141569	2014	0.000 1	0.12
411	640003121286	2012	0.000 1	0.15
411	640251010976	2012	0.000 1	0.12
411	640009110126	2011	0.000 1	0.14
411	640251013991	2011	0.000 1	0.12
411	640251016598	2011	0.000 1	0.10
411	640251016857	2011	0.000 1	0.14
411	640004125978	2012	0.000 1	0.13
411	640004136226	2013	0.000 1	0.13
411	640166119955	2011	0.000 1	0.12
411	640003162133	2016	0.000 1	0.10
411	640035150143	2015	0.000 1	0.13
411	640005175255	2017	0.000 1	0.12
411	640166120484	2012	0.000 1	0.12
411	640166141339	2014	0.000 1	0.13
411	640005175248	2017	0.000 1	0.12
411	640166120653	2012	0.000 1	0.13

续表

排名	牛号	出生年份	经产牛产犊难易性 EBV	EBV 准确性
411	640190142620	2014	0.000 1	0.12
411	640190142635	2014	0.000 1	0.12
411	640190142653	2014	0.000 1	0.12
411	640190142682	2014	0.000 1	0.12
411	640190142689	2014	0.000 1	0.12
411	640003121257	2012	0.000 1	0.14
411	640004115859	2011	0.000 1	0.11
411	640251013500	2011	0.000 1	0.13
411	640005175259	2017	0.000 1	0.12
411	640003166991	2016	0.000 1	0.12
411	640035150129	2015	0.000 1	0.12
411	640173163896	2016	0.000 1	0.12
411	640173164069	2016	0.000 1	0.12
411	640190157220	2015	0.000 1	0.12
411	640190157289	2015	0.000 1	0.12
411	640190157383	2015	0.000 1	0.12
411	640190157392	2015	0.000 1	0.12
411	640193157411	2015	0.000 1	0.12
411	640003120312	2012	0.000 1	0.13
411	640166120626	2012	0.000 1	0.10
411	640251005380	2017	0.000 1	0.12
411	640005185289	2018	0.000 1	0.12
411	640251015226	2012	0.000 1	0.13
411	640166120554	2012	0.000 1	0.14
411	640251013688	2011	0.000 1	0.12

续表

排名	牛号	出生年份	经产牛产犊难易性 EBV	EBV 准确性
411	640005175232	2017	0.000 1	0.12
411	640035118007	2011	0.000 1	0.12
411	640003131442	2013	0.000 1	0.13
411	640003141704	2014	0.000 1	0.13
411	640251013590	2011	0.000 1	0.12
411	640251015412	2011	0.000 1	0.12
411	640003131525	2013	0.000 1	0.11
411	640173164132	2016	0.000 1	0.12
411	640166141379	2014	0.000 1	0.14
411	640166120474	2012	0.000 1	0.13
411	640166120475	2012	0.000 1	0.13
411	640166120477	2012	0.000 1	0.13
488	640003121185	2012	0.000 2	0.13
488	640166151743	2015	0.000 2	0.12
488	640351000829	2016	0.000 2	0.11
488	640351011036	2017	0.000 2	0.11
488	640005123952	2012	0.000 2	0.13
488	640251015487	2011	0.000 2	0.12
488	640173164199	2016	0.000 2	0.12
488	640251017113	2011	0.000 2	0.12
488	640251015578	2011	0.000 2	0.12
488	640166141111	2014	0.000 2	0.13
488	640166120525	2012	0.000 2	0.13
488	640193127435	2012	0.000 2	0.10
488	640251004566	2017	0.000 2	0.11

附表 13 青年牛死产率估计育种值（EBV）核心育种场排名前 500 名母牛

排名	牛号	出生年份	青年牛死产率 EBV	EBV 准确性
1	640173185044	2018	−0.005 2	0.21
1	640173184996	2018	−0.005 2	0.21
1	640173185034	2018	−0.005 2	0.21
4	640173185019	2018	−0.004 9	0.24
4	640173185011	2018	−0.004 9	0.20
6	640173185008	2018	−0.004 8	0.24
6	640190183249	2018	−0.004 8	0.20
8	640190182899	2018	−0.004 7	0.23
9	640173185037	2018	−0.004 5	0.20
10	640251005010	2017	−0.003 7	0.21
11	640351011061	2017	−0.002 7	0.30
12	640351011052	2017	−0.002 1	0.31
12	640351011100	2017	−0.002 1	0.31
12	640003141628	2014	−0.002 1	0.33
15	640193262164	2016	−0.001 9	0.22
16	640193262111	2016	−0.001 8	0.22
16	640193262088	2016	−0.001 8	0.21
16	640193262189	2016	−0.001 8	0.22
16	640193262110	2016	−0.001 8	0.22
20	640251005055	2017	−0.001 6	0.21
21	640173163871	2016	−0.001 4	0.21
22	640035128121	2012	−0.001 3	0.21
22	640005175256	2017	−0.001 3	0.21
22	640035128108	2012	−0.001 3	0.21
25	640193262227	2016	−0.001 2	0.22

续表

排名	牛号	出生年份	青年牛死产率 EBV	EBV 准确性
25	640005185289	2018	−0.001 2	0.21
25	640193170104	2017	−0.001 2	0.22
25	640193261396	2016	−0.001 2	0.20
25	640193262078	2016	−0.001 2	0.22
25	640251003788	2016	−0.001 2	0.21
25	640193261375	2016	−0.001 2	0.21
25	640351011124	2017	−0.001 2	0.23
25	640251004060	2016	−0.001 2	0.20
25	640193262192	2016	−0.001 2	0.21
25	640005175248	2017	−0.001 2	0.21
25	640351011172	2017	−0.001 2	0.23
25	640193170192	2017	−0.001 2	0.21
25	640193262101	2016	−0.001 2	0.21
25	640193262153	2016	−0.001 2	0.21
25	640193262107	2016	−0.001 2	0.20
41	640251004016	2016	−0.001 1	0.21
41	640193262177	2016	−0.001 1	0.22
41	640193261241	2016	−0.001 1	0.21
41	640193261355	2016	−0.001 1	0.21
41	640251004058	2016	−0.001 1	0.21
41	640251003819	2016	−0.001 1	0.21
41	640251003820	2016	−0.001 1	0.21
41	640251004039	2016	−0.001 1	0.21
41	640251004030	2016	−0.001 1	0.21
41	640251003871	2016	−0.001 1	0.21

续表

排名	牛号	出生年份	青年牛死产率 EBV	EBV 准确性
41	640193262144	2016	−0.001 1	0.21
41	640005164922	2016	−0.001 1	0.20
41	640005175257	2017	−0.001 1	0.20
41	640004162054	2016	−0.001 1	0.21
41	640251003993	2016	−0.001 1	0.21
41	640253171462	2017	−0.001 1	0.21
41	640251005380	2017	−0.001 1	0.21
41	640005175255	2017	−0.001 1	0.20
41	640193262197	2016	−0.001 1	0.20
41	640193262140	2016	−0.001 1	0.21
41	640251004032	2016	−0.001 1	0.21
41	640193262211	2016	−0.001 1	0.21
41	640193261669	2016	−0.001 1	0.21
41	640193262174	2016	−0.001 1	0.21
41	640193262224	2016	−0.001 1	0.21
41	640193262117	2016	−0.001 1	0.21
41	640193262122	2016	−0.001 1	0.21
41	640251003813	2016	−0.001 1	0.21
41	640004162068	2016	−0.001 1	0.21
41	640193261195	2016	−0.001 1	0.21
41	640193262157	2016	−0.001 1	0.21
41	640193262160	2016	−0.001 1	0.21
41	640193262193	2016	−0.001 1	0.21
41	640193262198	2016	−0.001 1	0.21
41	640193262219	2016	−0.001 1	0.21

续表

排名	牛号	出生年份	青年牛死产率 EBV	EBV 准确性
41	640193262231	2016	−0.001 1	0.21
41	640193262238	2016	−0.001 1	0.21
41	640251003785	2016	−0.001 1	0.21
41	640193262185	2016	−0.001 1	0.21
41	640193262191	2016	−0.001 1	0.21
41	640193262204	2016	−0.001 1	0.21
41	640193261691	2016	−0.001 1	0.21
41	640193262213	2016	−0.001 1	0.21
41	640193262214	2016	−0.001 1	0.21
41	640251003852	2016	−0.001 1	0.21
41	640251004059	2016	−0.001 1	0.21
41	640193262112	2016	−0.001 1	0.21
41	640193262123	2016	−0.001 1	0.21
41	640193262150	2016	−0.001 1	0.21
41	640193262159	2016	−0.001 1	0.21
41	640193262166	2016	−0.001 1	0.21
41	640193262201	2016	−0.001 1	0.21
41	640193262215	2016	−0.001 1	0.21
41	640193262234	2016	−0.001 1	0.21
41	640251003814	2016	−0.001 1	0.21
41	640193262175	2016	−0.001 1	0.21
41	640251003966	2016	−0.001 1	0.21
41	640193262118	2016	−0.001 1	0.21
41	640251003808	2016	−0.001 1	0.21
41	640251004052	2016	−0.001 1	0.21

续表

排名	牛号	出生年份	青年牛死产率 EBV	EBV 准确性
101	640193262133	2016	−0.001 0	0.21
101	640251003811	2016	−0.001 0	0.21
101	640193262162	2016	−0.001 0	0.21
101	640251160162	2016	−0.001 0	0.21
101	640004136411	2013	−0.001 0	0.20
101	640251003846	2016	−0.001 0	0.21
101	640251003991	2016	−0.001 0	0.21
101	640251004015	2016	−0.001 0	0.20
101	640005175232	2017	−0.001 0	0.21
101	640251004031	2016	−0.001 0	0.21
101	640190170076	2017	−0.001 0	0.21
101	640251003784	2016	−0.001 0	0.21
101	640251004029	2016	−0.001 0	0.21
101	640251004041	2016	−0.001 0	0.21
101	640251004025	2016	−0.001 0	0.21
101	640251004049	2016	−0.001 0	0.21
101	640009171228	2017	−0.001 0	0.23
101	640190185819	2018	−0.001 0	0.21
101	640251003816	2016	−0.001 0	0.21
101	640253160118	2016	−0.001 0	0.21
101	640193261211	2016	−0.001 0	0.21
101	640193261395	2016	−0.001 0	0.21
101	640251003810	2016	−0.001 0	0.21
101	640251003983	2016	−0.001 0	0.21
101	640190185687	2018	−0.001 0	0.21

续表

排名	牛号	出生年份	青年牛死产率 EBV	EBV 准确性
101	640251003828	2016	−0.001 0	0.20
101	640251003996	2016	−0.001 0	0.21
101	640190185781	2018	−0.001 0	0.21
101	640253160160	2016	−0.001 0	0.21
101	640004146520	2014	−0.001 0	0.26
101	640251004002	2016	−0.001 0	0.21
101	640251004018	2016	−0.001 0	0.21
101	640251004073	2016	−0.001 0	0.21
101	640004162108	2016	−0.001 0	0.21
101	640190185973	2018	−0.001 0	0.21
101	640193163378	2016	−0.001 0	0.21
101	640193163793	2016	−0.001 0	0.21
101	640193170003	2017	−0.001 0	0.21
101	640193170009	2017	−0.001 0	0.21
101	640193261186	2016	−0.001 0	0.21
101	640193261201	2016	−0.001 0	0.21
101	640193261203	2016	−0.001 0	0.21
101	640193261205	2016	−0.001 0	0.21
101	640193261208	2016	−0.001 0	0.21
101	640193261213	2016	−0.001 0	0.21
101	640193261283	2016	−0.001 0	0.21
101	640193261293	2016	−0.001 0	0.21
101	640193261320	2016	−0.001 0	0.21
101	640193261363	2016	−0.001 0	0.21
101	640193261387	2016	−0.001 0	0.21

续表

排名	牛号	出生年份	青年牛死产率 EBV	EBV 准确性
101	640193261428	2016	−0.001 0	0.21
101	640193261445	2016	−0.001 0	0.21
101	640193261473	2016	−0.001 0	0.21
101	640251003800	2016	−0.001 0	0.21
101	640251003804	2016	−0.001 0	0.21
101	640251003805	2016	−0.001 0	0.21
101	640251003806	2016	−0.001 0	0.21
101	640251003807	2016	−0.001 0	0.21
101	640251003809	2016	−0.001 0	0.21
101	640251003815	2016	−0.001 0	0.21
101	640251003817	2016	−0.001 0	0.21
101	640251003822	2016	−0.001 0	0.21
101	640251003824	2016	−0.001 0	0.21
101	640251003826	2016	−0.001 0	0.21
101	640251003827	2016	−0.001 0	0.21
101	640251003829	2016	−0.001 0	0.21
101	640251003831	2016	−0.001 0	0.21
101	640251003832	2016	−0.001 0	0.21
101	640251003836	2016	−0.001 0	0.21
101	640251003841	2016	−0.001 0	0.21
101	640251003842	2016	−0.001 0	0.21
101	640251003845	2016	−0.001 0	0.21
101	640251003847	2016	−0.001 0	0.21
101	640251003850	2016	−0.001 0	0.21
101	640251003969	2016	−0.001 0	0.21

续表

排名	牛号	出生年份	青年牛死产率 EBV	EBV 准确性
101	640251003971	2016	−0.001 0	0.21
101	640251003974	2016	−0.001 0	0.21
101	640251003977	2016	−0.001 0	0.21
101	640251003981	2016	−0.001 0	0.21
101	640251003982	2016	−0.001 0	0.21
101	640251003994	2016	−0.001 0	0.21
101	640251003995	2016	−0.001 0	0.21
101	640251003997	2016	−0.001 0	0.21
101	640251004012	2016	−0.001 0	0.21
101	640251004013	2016	−0.001 0	0.21
101	640251004014	2016	−0.001 0	0.21
101	640251004019	2016	−0.001 0	0.21
101	640251004021	2016	−0.001 0	0.21
101	640251004022	2016	−0.001 0	0.21
101	640251004027	2016	−0.001 0	0.21
101	640251004035	2016	−0.001 0	0.21
101	640251004040	2016	−0.001 0	0.21
101	640251004042	2016	−0.001 0	0.21
101	640251004043	2016	−0.001 0	0.21
101	640251004046	2016	−0.001 0	0.21
101	640251004047	2016	−0.001 0	0.21
101	640251004048	2016	−0.001 0	0.21
101	640251004050	2016	−0.001 0	0.21
101	640251004056	2016	−0.001 0	0.21
101	640251004057	2016	−0.001 0	0.21

续表

排名	牛号	出生年份	青年牛死产率 EBV	EBV 准确性
101	640251004065	2016	−0.001 0	0.21
101	640251004072	2016	−0.001 0	0.21
101	640251004077	2016	−0.001 0	0.21
101	640251004087	2016	−0.001 0	0.21
101	640251004090	2016	−0.001 0	0.21
101	640251004093	2016	−0.001 0	0.21
101	640251160101	2016	−0.001 0	0.21
101	640253160145	2016	−0.001 0	0.21
101	640251004023	2016	−0.001 0	0.21
101	640193262121	2016	−0.001 0	0.21
211	640251003975	2016	−0.000 9	0.22
211	640251003857	2016	−0.000 9	0.20
211	640009130058	2013	−0.000 9	0.27
211	640351011128	2017	−0.000 9	0.24
211	640193261399	2016	−0.000 9	0.21
211	640009130119	2013	−0.000 9	0.28
211	640251003840	2016	−0.000 9	0.20
211	640005175258	2017	−0.000 9	0.21
211	640193262134	2016	−0.000 9	0.21
211	640173164144	2016	−0.000 9	0.21
211	640009130110	2013	−0.000 9	0.27
211	640251004081	2016	−0.000 9	0.21
223	640009140185	2014	−0.000 8	0.25
223	640351011151	2017	−0.000 8	0.26
223	640351011134	2017	−0.000 8	0.23

续表

排名	牛号	出生年份	青年牛死产率 EBV	EBV 准确性
223	640009140181	2014	−0.000 8	0.27
223	640004146579	2014	−0.000 8	0.21
223	640251004044	2016	−0.000 8	0.21
223	640005175263	2017	−0.000 8	0.21
223	640009130114	2013	−0.000 8	0.24
223	640009130171	2013	−0.000 8	0.27
223	640009130071	2013	−0.000 8	0.27
223	640251004066	2016	−0.000 8	0.21
223	640009130088	2013	−0.000 8	0.23
223	640009130151	2013	−0.000 8	0.28
223	640351033381	2018	−0.000 8	0.21
223	640009130172	2013	−0.000 8	0.23
223	640173153621	2015	−0.000 8	0.26
223	640005175261	2017	−0.000 8	0.21
223	640005185270	2018	−0.000 8	0.21
223	640251005369	2017	−0.000 8	0.21
223	640009130082	2013	−0.000 8	0.20
243	640005175242	2017	−0.000 7	0.21
243	640009130102	2013	−0.000 7	0.22
243	640005175246	2017	−0.000 7	0.21
243	640251005327	2017	−0.000 7	0.21
243	640009130126	2013	−0.000 7	0.24
243	640009140184	2014	−0.000 7	0.20
243	640005185273	2018	−0.000 7	0.21
243	640005185276	2018	−0.000 7	0.21

续表

排名	牛号	出生年份	青年牛死产率 EBV	EBV 准确性
243	640351011140	2017	−0.000 7	0.25
243	640251005172	2017	−0.000 7	0.20
243	640251005199	2017	−0.000 7	0.20
243	640251005202	2017	−0.000 7	0.20
243	640009130094	2013	−0.000 7	0.24
243	640009140183	2014	−0.000 7	0.22
243	640009130067	2013	−0.000 7	0.22
243	640173153668	2015	−0.000 7	0.27
243	640173153699	2015	−0.000 7	0.27
243	640253171285	2017	−0.000 7	0.21
243	640009130074	2013	−0.000 7	0.24
243	640009130105	2013	−0.000 7	0.24
243	640253171435	2017	−0.000 7	0.21
243	640253171490	2017	−0.000 7	0.21
243	640251016593	2011	−0.000 7	0.21
243	640253171483	2017	−0.000 7	0.20
243	640253171488	2017	−0.000 7	0.20
243	640253171491	2017	−0.000 7	0.20
243	640253171498	2017	−0.000 7	0.20
243	640253171501	2017	−0.000 7	0.20
243	640253171504	2017	−0.000 7	0.20
243	640251004036	2016	−0.000 7	0.24
243	640009130087	2013	−0.000 7	0.24
243	640251005259	2017	−0.000 7	0.20
243	640251005279	2017	−0.000 7	0.20

续表

排名	牛号	出生年份	青年牛死产率 EBV	EBV 准确性
243	640251005306	2017	−0.000 7	0.20
243	640251005341	2017	−0.000 7	0.20
243	640251005346	2017	−0.000 7	0.20
243	640251005363	2017	−0.000 7	0.20
243	640251005281	2017	−0.000 7	0.20
243	640251005320	2017	−0.000 7	0.20
243	640251005345	2017	−0.000 7	0.20
243	640251005378	2017	−0.000 7	0.20
243	640253171473	2017	−0.000 7	0.21
243	640251017159	2011	−0.000 7	0.21
243	640253171475	2017	−0.000 7	0.21
243	640253171449	2017	−0.000 7	0.21
243	640253171476	2017	−0.000 7	0.21
243	640253171455	2017	−0.000 7	0.21
290	640253171464	2017	−0.000 6	0.20
290	640351011125	2017	−0.000 6	0.25
290	640351011126	2017	−0.000 6	0.25
290	640351011129	2017	−0.000 6	0.25
290	640351011130	2017	−0.000 6	0.25
290	640351011148	2017	−0.000 6	0.25
290	640351011152	2017	−0.000 6	0.25
290	640351011153	2017	−0.000 6	0.25
290	640351011155	2017	−0.000 6	0.25
290	640009171234	2017	−0.000 6	0.20
290	640009130137	2013	−0.000 6	0.26

续表

排名	牛号	出生年份	青年牛死产率 EBV	EBV 准确性
290	640009171261	2017	−0.000 6	0.21
290	640009130059	2013	−0.000 6	0.23
290	640009130089	2013	−0.000 6	0.25
290	640351022515	2016	−0.000 6	0.30
290	640351022520	2016	−0.000 6	0.30
290	640009171238	2017	−0.000 6	0.20
290	640009130068	2013	−0.000 6	0.25
290	640005185285	2018	−0.000 6	0.20
290	640253171421	2017	−0.000 6	0.20
290	640253171439	2017	−0.000 6	0.20
290	640253171440	2017	−0.000 6	0.20
290	640253171441	2017	−0.000 6	0.20
290	640253171442	2017	−0.000 6	0.20
290	640253171444	2017	−0.000 6	0.20
290	640253171447	2017	−0.000 6	0.20
290	640253171448	2017	−0.000 6	0.20
290	640253171450	2017	−0.000 6	0.20
290	640253171456	2017	−0.000 6	0.20
290	640253171457	2017	−0.000 6	0.20
290	640253171458	2017	−0.000 6	0.20
290	640253171460	2017	−0.000 6	0.20
290	640253171463	2017	−0.000 6	0.20
290	640253171465	2017	−0.000 6	0.20
290	640253171466	2017	−0.000 6	0.20
290	640253171467	2017	−0.000 6	0.20

续表

排名	牛号	出生年份	青年牛死产率 EBV	EBV 准确性
290	640253171468	2017	−0.000 6	0.20
290	640253171470	2017	−0.000 6	0.20
290	640253171471	2017	−0.000 6	0.20
290	640253171472	2017	−0.000 6	0.20
290	640253171478	2017	−0.000 6	0.20
290	640253171480	2017	−0.000 6	0.20
290	640253171482	2017	−0.000 6	0.20
290	640253171484	2017	−0.000 6	0.20
290	640253171486	2017	−0.000 6	0.20
290	640253171489	2017	−0.000 6	0.20
290	640253171495	2017	−0.000 6	0.20
290	640253171499	2017	−0.000 6	0.20
290	640253171519	2017	−0.000 6	0.20
290	640009171229	2017	−0.000 6	0.21
290	640009140198	2014	−0.000 6	0.23
290	640351011141	2017	−0.000 6	0.22
290	640253159003	2015	−0.000 6	0.21
290	640253159131	2015	−0.000 6	0.21
290	640009140263	2014	−0.000 6	0.37
290	640009140251	2014	−0.000 6	0.36
290	640009140229	2014	−0.000 6	0.39
290	640251012080	2011	−0.000 6	0.21
290	640251014115	2011	−0.000 6	0.21
290	640351022565	2016	−0.000 6	0.30
290	640009140350	2014	−0.000 6	0.37

续表

排名	牛号	出生年份	青年牛死产率 EBV	EBV 准确性
290	640009130097	2013	−0.000 6	0.36
290	640009130174	2013	−0.000 6	0.25
290	640173153615	2015	−0.000 6	0.27
290	640251015217	2011	−0.000 6	0.24
290	640351011112	2017	−0.000 6	0.24
290	640035148658	2014	−0.000 6	0.25
290	640173153646	2015	−0.000 6	0.27
290	640351022569	2016	−0.000 6	0.30
290	640351011147	2017	−0.000 6	0.24
290	64035100B530	2016	−0.000 6	0.30
290	640351022546	2016	−0.000 6	0.30
290	640351022556	2016	−0.000 6	0.30
290	640009140193	2014	−0.000 6	0.35
290	640009171227	2017	−0.000 6	0.21
365	640351022582	2016	−0.000 5	0.30
365	64035100B534	2016	−0.000 5	0.30
365	640009181305	2018	−0.000 5	0.36
365	640351022567	2016	−0.000 5	0.30
365	640351022526	2016	−0.000 5	0.30
365	640351022533	2016	−0.000 5	0.30
365	640351022536	2016	−0.000 5	0.30
365	640351022522	2016	−0.000 5	0.30
365	640351022564	2016	−0.000 5	0.30
365	640009171272	2017	−0.000 5	0.35
365	640009171226	2017	−0.000 5	0.20

续表

排名	牛号	出生年份	青年牛死产率 EBV	EBV 准确性
365	640009171230	2017	−0.000 5	0.21
365	640009130122	2013	−0.000 5	0.22
365	640351011154	2017	−0.000 5	0.23
365	640251010976	2012	−0.000 5	0.21
365	640009140189	2014	−0.000 5	0.22
365	640251004078	2016	−0.000 5	0.21
365	640009171297	2017	−0.000 5	0.36
365	640009171268	2017	−0.000 5	0.35
365	640251002019	2014	−0.000 5	0.21
365	640009130150	2013	−0.000 5	0.23
365	640004136413	2013	−0.000 5	0.21
365	640009140287	2014	−0.000 5	0.34
365	640009140208	2014	−0.000 5	0.35
365	640009130156	2013	−0.000 5	0.23
365	640009171280	2017	−0.000 5	0.36
365	640251012986	2011	−0.000 5	0.24
365	640251013592	2011	−0.000 5	0.24
365	640251013767	2011	−0.000 5	0.24
365	640009140245	2014	−0.000 5	0.37
365	640004146521	2014	−0.000 5	0.21
396	640005175259	2017	−0.000 4	0.21
396	640351000731	2016	−0.000 4	0.25
396	640004146591	2014	−0.000 4	0.21
396	640009130125	2013	−0.000 4	0.23
396	640009130095	2013	−0.000 4	0.24

续表

排名	牛号	出生年份	青年牛死产率 EBV	EBV 准确性
396	640251002015	2014	−0.000 4	0.21
396	640009130064	2013	−0.000 4	0.22
396	640166130985	2013	−0.000 4	0.20
396	640251001976	2014	−0.000 4	0.21
396	640009120142	2012	−0.000 4	0.21
396	640009130112	2013	−0.000 4	0.37
396	640009171185	2017	−0.000 4	0.21
396	640009171235	2017	−0.000 4	0.21
396	640003131450	2013	−0.000 4	0.20
396	640009181300	2018	−0.000 4	0.37
396	640009171285	2017	−0.000 4	0.37
396	640009171265	2017	−0.000 4	0.35
396	640193250003	2015	−0.000 4	0.26
396	640004146561	2014	−0.000 4	0.23
396	640173153639	2015	−0.000 4	0.30
396	640009171293	2017	−0.000 4	0.37
396	640005123997	2012	−0.000 4	0.22
396	640251001529	2014	−0.000 4	0.21
396	640009140182	2014	−0.000 4	0.37
396	640251012935	2011	−0.000 4	0.21
396	640009140186	2014	−0.000 4	0.36
422	640005144420	2014	−0.000 3	0.20
422	640251001606	2014	−0.000 3	0.20
422	640251001999	2014	−0.000 3	0.20
422	640009130166	2013	−0.000 3	0.35

续表

排名	牛号	出生年份	青年牛死产率 EBV	EBV 准确性
422	640005124017	2012	−0.000 3	0.22
422	640035138322	2013	−0.000 3	0.29
422	640004146643	2014	−0.000 3	0.25
422	640193250074	2015	−0.000 3	0.26
422	640005154638	2015	−0.000 3	0.26
422	640003121266	2012	−0.000 3	0.29
422	640351022581	2016	−0.000 3	0.30
422	640005185269	2018	−0.000 3	0.21
422	640351022570	2016	−0.000 3	0.30
422	640351022579	2016	−0.000 3	0.30
422	640351022576	2016	−0.000 3	0.30
422	640251005052	2017	−0.000 3	0.21
422	640173152934	2015	−0.000 3	0.29
422	640173153650	2015	−0.000 3	0.29
422	640005134150	2013	−0.000 3	0.24
422	640166130843	2013	−0.000 3	0.21
422	640251006685	2014	−0.000 3	0.26
422	640193250010	2015	−0.000 3	0.26
422	640005124030	2012	−0.000 3	0.21
445	640005154660	2015	−0.000 2	0.23
445	640173174414	2017	−0.000 2	0.20
445	640003131501	2013	−0.000 2	0.26
445	640003141573	2014	−0.000 2	0.26
445	640005134157	2013	−0.000 2	0.26
445	640251006185	2013	−0.000 2	0.26

续表

排名	牛号	出生年份	青年牛死产率 EBV	EBV 准确性
445	640251006314	2013	−0.000 2	0.26
445	640251006410	2013	−0.000 2	0.26
445	640251006691	2014	−0.000 2	0.26
445	640251006712	2014	−0.000 2	0.26
445	640251006805	2014	−0.000 2	0.26
445	640251006807	2014	−0.000 2	0.26
445	640253134644	2013	−0.000 2	0.26
445	640253134967	2013	−0.000 2	0.26
445	640253135351	2013	−0.000 2	0.26
445	640253135483	2013	−0.000 2	0.26
445	640253135500	2013	−0.000 2	0.26
445	640253135755	2013	−0.000 2	0.26
445	640253135779	2013	−0.000 2	0.26
445	640253135813	2013	−0.000 2	0.26
445	640253135892	2013	−0.000 2	0.26
445	640253135932	2013	−0.000 2	0.26
445	640253136039	2013	−0.000 2	0.26
445	640253136063	2013	−0.000 2	0.26
445	640253140020	2014	−0.000 2	0.26
445	640253140197	2014	−0.000 2	0.26
445	640253140212	2014	−0.000 2	0.26
445	640253140256	2014	−0.000 2	0.26
445	640253140313	2014	−0.000 2	0.26
445	640253140354	2014	−0.000 2	0.26
445	640253140387	2014	−0.000 2	0.26

续表

排名	牛号	出生年份	青年牛死产率 EBV	EBV 准确性
445	640253140390	2014	−0.000 2	0.26
445	640253140409	2014	−0.000 2	0.26
445	640253140442	2014	−0.000 2	0.26
445	640253140467	2014	−0.000 2	0.26
445	640253140478	2014	−0.000 2	0.26
445	640253147057	2014	−0.000 2	0.26
445	640253147063	2014	−0.000 2	0.26
445	640253147065	2014	−0.000 2	0.26
445	640253147074	2014	−0.000 2	0.26
445	640003141767	2014	−0.000 2	0.24
445	640009171264	2017	−0.000 2	0.35
445	640173153633	2015	−0.000 2	0.27
445	640193250072	2015	−0.000 2	0.26
445	640193250029	2015	−0.000 2	0.26
445	640193250033	2015	−0.000 2	0.26
445	640035138448	2013	−0.000 2	0.20
445	640173153611	2015	−0.000 2	0.26
445	640009130101	2013	−0.000 2	0.35
445	640005185279	2018	−0.000 2	0.21
445	640035138327	2013	−0.000 2	0.21
445	640005146641	2013	−0.000 2	0.21
445	640166130838	2013	−0.000 2	0.21
445	640166130846	2013	−0.000 2	0.21
445	640009140195	2014	−0.000 2	0.34
445	640193250025	2015	−0.000 2	0.26

附表 14 经产牛死产率估计育种值（EBV）核心育种场排名前 500 名母牛

排名	牛号	出生年份	经产牛死产率 EBV	EBV 准确性
1	640190174812	2017	−0.000 3	0.18
1	640190174944	2017	−0.000 3	0.18
1	640251005025	2017	−0.000 3	0.25
1	640251005198	2017	−0.000 3	0.25
5	640166161866	2016	−0.000 2	0.24
5	640251005047	2017	−0.000 2	0.20
5	640251005046	2017	−0.000 2	0.19
5	640251004414	2016	−0.000 2	0.26
5	640009130124	2013	−0.000 2	0.30
5	640009171149	2017	−0.000 2	0.27
5	640035170758	2017	−0.000 2	0.20
5	640251005191	2017	−0.000 2	0.22
5	640035170778	2017	−0.000 2	0.22
5	640251005037	2017	−0.000 2	0.22
5	640251005181	2017	−0.000 2	0.22
5	640251005210	2017	−0.000 2	0.22
5	640251005028	2017	−0.000 2	0.22
5	640173174539	2017	−0.000 2	0.28
5	640251005000	2017	−0.000 2	0.22
5	640251010071	2012	−0.000 2	0.23
5	640251004401	2016	−0.000 2	0.23
5	640251005026	2017	−0.000 2	0.22
5	640251004416	2016	−0.000 2	0.23
5	640009160928	2016	−0.000 2	0.23
5	640173010073	2012	−0.000 2	0.23

续表

排名	牛号	出生年份	经产牛死产率 EBV	EBV 准确性
5	640251004390	2016	−0.000 2	0.23
5	640251004391	2016	−0.000 2	0.23
5	640251004417	2016	−0.000 2	0.23
5	640251010075	2012	−0.000 2	0.23
5	640251010087	2012	−0.000 2	0.23
5	640173163861	2016	−0.000 2	0.22
5	640003110774	2011	−0.000 2	0.22
5	640003110821	2011	−0.000 2	0.22
5	640003110832	2011	−0.000 2	0.22
5	640004115833	2011	−0.000 2	0.22
5	640035170763	2017	−0.000 2	0.22
5	640035170757	2017	−0.000 2	0.22
5	640005123907	2012	−0.000 2	0.33
5	640251005049	2017	−0.000 2	0.22
5	640009130121	2013	−0.000 2	0.31
5	640251004639	2017	−0.000 2	0.22
5	640035170761	2017	−0.000 2	0.22
5	640009160960	2016	−0.000 2	0.23
5	640035170777	2017	−0.000 2	0.22
5	640251003598	2016	−0.000 2	0.22
5	640251005204	2017	−0.000 2	0.20
5	640035170743	2017	−0.000 2	0.22
5	640035170759	2017	−0.000 2	0.22
5	640035170771	2017	−0.000 2	0.22
5	640173163815	2016	−0.000 2	0.22

续表

排名	牛号	出生年份	经产牛死产率 EBV	EBV 准确性
5	640173163829	2016	−0.000 2	0.22
5	640173163837	2016	−0.000 2	0.22
5	640173163875	2016	−0.000 2	0.22
5	640251004547	2017	−0.000 2	0.22
5	640251005034	2017	−0.000 2	0.22
5	640251005036	2017	−0.000 2	0.22
5	640251005057	2017	−0.000 2	0.22
5	640251005174	2017	−0.000 2	0.22
5	640251005176	2017	−0.000 2	0.22
5	640251005186	2017	−0.000 2	0.22
5	640251005188	2017	−0.000 2	0.22
5	640251005189	2017	−0.000 2	0.22
5	640251005197	2017	−0.000 2	0.22
5	640251005203	2017	−0.000 2	0.22
5	640251005211	2017	−0.000 2	0.22
5	640251010901	2012	−0.000 2	0.22
5	640251004992	2017	−0.000 2	0.21
5	640035170744	2017	−0.000 2	0.19
5	640035170747	2017	−0.000 2	0.19
5	640251004403	2016	−0.000 2	0.23
5	640035170752	2017	−0.000 2	0.22
5	640009160997	2016	−0.000 2	0.22
5	640193260165	2016	−0.000 2	0.20
5	640193261270	2016	−0.000 2	0.20
5	640251005178	2017	−0.000 2	0.20

续表

排名	牛号	出生年份	经产牛死产率 EBV	EBV 准确性
5	640251003992	2016	−0.000 2	0.19
5	640251005055	2017	−0.000 2	0.23
5	640251005012	2017	−0.000 2	0.22
5	640003111181	2011	−0.000 2	0.19
5	640251004409	2016	−0.000 2	0.23
5	640009160935	2016	−0.000 2	0.26
5	640004187381	2018	−0.000 2	0.21
5	640035170756	2017	−0.000 2	0.18
5	640251003675	2016	−0.000 2	0.20
5	640173174579	2017	−0.000 2	0.29
5	640193260228	2016	−0.000 2	0.19
5	640009160961	2016	−0.000 2	0.22
5	640035170749	2017	−0.000 2	0.19
5	640009120025	2012	−0.000 2	0.19
5	640003111114	2011	−0.000 2	0.19
5	640003152051	2015	−0.000 2	0.19
5	640193262151	2016	−0.000 2	0.20
5	640193163887	2016	−0.000 2	0.20
5	640193260598	2016	−0.000 2	0.19
5	640251005237	2017	−0.000 2	0.20
5	640251004410	2016	−0.000 2	0.23
5	640005154471	2015	−0.000 2	0.21
5	640035170767	2017	−0.000 2	0.22
5	640009120022	2012	−0.000 2	0.20
5	640003111101	2011	−0.000 2	0.20

续表

排名	牛号	出生年份	经产牛死产率 EBV	EBV 准确性
5	640193260245	2016	−0.000 2	0.19
5	640173152717	2015	−0.000 2	0.19
5	640190162686	2016	−0.000 2	0.19
5	640251005038	2017	−0.000 2	0.20
5	640193260178	2016	−0.000 2	0.20
5	640193260539	2016	−0.000 2	0.20
107	640193260667	2016	−0.000 1	0.20
107	640193260198	2016	−0.000 1	0.20
107	640193261386	2016	−0.000 1	0.20
107	640193160177	2016	−0.000 1	0.20
107	640193260186	2016	−0.000 1	0.20
107	640193163878	2016	−0.000 1	0.20
107	640193260646	2016	−0.000 1	0.20
107	640193261298	2016	−0.000 1	0.20
107	640253181831	2018	−0.000 1	0.25
107	640193260246	2016	−0.000 1	0.20
107	640193260053	2016	−0.000 1	0.20
107	640251005212	2017	−0.000 1	0.20
107	640193260087	2016	−0.000 1	0.20
107	640193261589	2016	−0.000 1	0.20
107	640009120047	2012	−0.000 1	0.22
107	640193160600	2016	−0.000 1	0.20
107	640193261416	2016	−0.000 1	0.20
107	640193160259	2016	−0.000 1	0.20
107	640193163875	2016	−0.000 1	0.20

续表

排名	牛号	出生年份	经产牛死产率 EBV	EBV 准确性
107	640193261240	2016	−0.000 1	0.20
107	640190162536	2016	−0.000 1	0.20
107	640193260356	2016	−0.000 1	0.20
107	640190160452	2016	−0.000 1	0.20
107	640190160471	2016	−0.000 1	0.20
107	640190162566	2016	−0.000 1	0.20
107	640190261336	2016	−0.000 1	0.20
107	640193156399	2015	−0.000 1	0.20
107	640193156866	2015	−0.000 1	0.20
107	640193160031	2016	−0.000 1	0.20
107	640193160145	2016	−0.000 1	0.20
107	640193160195	2016	−0.000 1	0.20
107	640193160265	2016	−0.000 1	0.20
107	640193160577	2016	−0.000 1	0.20
107	640193162535	2016	−0.000 1	0.20
107	640193162547	2016	−0.000 1	0.20
107	640193162548	2016	−0.000 1	0.20
107	640193162564	2016	−0.000 1	0.20
107	640193162669	2016	−0.000 1	0.20
107	640193162754	2016	−0.000 1	0.20
107	640193162765	2016	−0.000 1	0.20
107	640193162808	2016	−0.000 1	0.20
107	640193162836	2016	−0.000 1	0.20
107	640193163753	2016	−0.000 1	0.20
107	640193163796	2016	−0.000 1	0.20

续表

排名	牛号	出生年份	经产牛死产率 EBV	EBV 准确性
107	640193163842	2016	−0.000 1	0.20
107	640193163854	2016	−0.000 1	0.20
107	640193163873	2016	−0.000 1	0.20
107	640193163884	2016	−0.000 1	0.20
107	640193163889	2016	−0.000 1	0.20
107	640193260015	2016	−0.000 1	0.20
107	640193260054	2016	−0.000 1	0.20
107	640193260102	2016	−0.000 1	0.20
107	640193260134	2016	−0.000 1	0.20
107	640193260146	2016	−0.000 1	0.20
107	640193260192	2016	−0.000 1	0.20
107	640193260207	2016	−0.000 1	0.20
107	640193260240	2016	−0.000 1	0.20
107	640193260256	2016	−0.000 1	0.20
107	640193260275	2016	−0.000 1	0.20
107	640193260276	2016	−0.000 1	0.20
107	640193260526	2016	−0.000 1	0.20
107	640193260529	2016	−0.000 1	0.20
107	640193260546	2016	−0.000 1	0.20
107	640193260556	2016	−0.000 1	0.20
107	640193260563	2016	−0.000 1	0.20
107	640193260577	2016	−0.000 1	0.20
107	640193260586	2016	−0.000 1	0.20
107	640193260592	2016	−0.000 1	0.20
107	640193260629	2016	−0.000 1	0.20

续表

排名	牛号	出生年份	经产牛死产率 EBV	EBV 准确性
107	640193260684	2016	−0.000 1	0.20
107	640193261161	2016	−0.000 1	0.20
107	640193261207	2016	−0.000 1	0.20
107	640193261209	2016	−0.000 1	0.20
107	640193261212	2016	−0.000 1	0.20
107	640193261216	2016	−0.000 1	0.20
107	640193261225	2016	−0.000 1	0.20
107	640193261226	2016	−0.000 1	0.20
107	640193261230	2016	−0.000 1	0.20
107	640193261235	2016	−0.000 1	0.20
107	640193261236	2016	−0.000 1	0.20
107	640193261253	2016	−0.000 1	0.20
107	640193261254	2016	−0.000 1	0.20
107	640193261258	2016	−0.000 1	0.20
107	640193261262	2016	−0.000 1	0.20
107	640193261275	2016	−0.000 1	0.20
107	640193261324	2016	−0.000 1	0.20
107	640193261342	2016	−0.000 1	0.20
107	640193261345	2016	−0.000 1	0.20
107	640193261377	2016	−0.000 1	0.20
107	640193261379	2016	−0.000 1	0.20
107	640193261384	2016	−0.000 1	0.20
107	640193261391	2016	−0.000 1	0.20
107	640193261412	2016	−0.000 1	0.20
107	640193261484	2016	−0.000 1	0.20

续表

排名	牛号	出生年份	经产牛死产率 EBV	EBV 准确性
107	640193261487	2016	−0.000 1	0.20
107	640193261505	2016	−0.000 1	0.20
107	640193260157	2016	−0.000 1	0.20
107	640193260566	2016	−0.000 1	0.20
107	640193261237	2016	−0.000 1	0.18
107	640193160200	2016	−0.000 1	0.19
107	640193261463	2016	−0.000 1	0.20
107	640193261565	2016	−0.000 1	0.20
107	640251005015	2017	−0.000 1	0.20
107	640193261356	2016	−0.000 1	0.20
107	640193261385	2016	−0.000 1	0.20
107	640193261312	2016	−0.000 1	0.18
107	640193261217	2016	−0.000 1	0.20
107	640173174535	2017	−0.000 1	0.25
107	640009120038	2012	−0.000 1	0.19
107	640173174521	2017	−0.000 1	0.26
107	640005175218	2017	−0.000 1	0.27
107	640193261593	2016	−0.000 1	0.20
107	640173174588	2017	−0.000 1	0.25
107	640009120024	2012	−0.000 1	0.20
107	640009110108	2011	−0.000 1	0.21
107	640173174542	2017	−0.000 1	0.25
107	640009120026	2012	−0.000 1	0.18
107	640009120041	2012	−0.000 1	0.19
107	640193261244	2016	−0.000 1	0.20

续表

排名	牛号	出生年份	经产牛死产率 EBV	EBV 准确性
107	640005123906	2012	−0.000 1	0.29
107	640005123904	2012	−0.000 1	0.30
107	640003151925	2015	−0.000 1	0.19
107	640003172527	2017	−0.000 1	0.23
107	640253181851	2018	−0.000 1	0.25
107	640253181832	2018	−0.000 1	0.25
107	640173122013	2012	−0.000 1	0.23
107	640173174559	2017	−0.000 1	0.25
107	640004126053	2012	−0.000 1	0.27
107	640005175204	2017	−0.000 1	0.26
107	640190180537	2018	−0.000 1	0.25
107	640003172540	2017	−0.000 1	0.26
107	640251016510	2011	−0.000 1	0.26
107	640005175220	2017	−0.000 1	0.26
107	640009171057	2017	−0.000 1	0.25
107	640009120040	2012	−0.000 1	0.19
107	640004181987	2018	−0.000 1	0.25
107	640173174450	2017	−0.000 1	0.25
107	640173174508	2017	−0.000 1	0.25
107	640173174511	2017	−0.000 1	0.25
107	640173174517	2017	−0.000 1	0.25
107	640173174520	2017	−0.000 1	0.25
107	640173174522	2017	−0.000 1	0.25
107	640173174536	2017	−0.000 1	0.25
107	640173174544	2017	−0.000 1	0.25

续表

排名	牛号	出生年份	经产牛死产率 EBV	EBV 准确性
107	640173174546	2017	−0.000 1	0.25
107	640173174547	2017	−0.000 1	0.25
107	640173174548	2017	−0.000 1	0.25
107	640173174578	2017	−0.000 1	0.25
107	640173174593	2017	−0.000 1	0.25
107	640253181778	2018	−0.000 1	0.25
107	640253181801	2018	−0.000 1	0.25
107	640253181802	2018	−0.000 1	0.25
107	640253181804	2018	−0.000 1	0.25
107	640253181814	2018	−0.000 1	0.25
107	640253181819	2018	−0.000 1	0.25
107	640253181838	2018	−0.000 1	0.25
107	640253181839	2018	−0.000 1	0.25
107	640253181840	2018	−0.000 1	0.25
107	640253181841	2018	−0.000 1	0.25
107	640253181842	2018	−0.000 1	0.25
107	640253181858	2018	−0.000 1	0.25
107	640253181861	2018	−0.000 1	0.25
107	640253181862	2018	−0.000 1	0.25
107	640253181874	2018	−0.000 1	0.25
107	640253181875	2018	−0.000 1	0.25
107	640253181882	2018	−0.000 1	0.25
107	640253181885	2018	−0.000 1	0.25
107	640253181886	2018	−0.000 1	0.25
107	640253181890	2018	−0.000 1	0.25

续表

排名	牛号	出生年份	经产牛死产率 EBV	EBV 准确性
107	640253181898	2018	−0.000 1	0.25
107	640253181903	2018	−0.000 1	0.25
107	640253181907	2018	−0.000 1	0.25
107	640009171125	2017	−0.000 1	0.26
107	640253181889	2018	−0.000 1	0.25
107	640251017375	2011	−0.000 1	0.26
107	640193262073	2016	−0.000 1	0.20
107	640193262125	2016	−0.000 1	0.20
107	640193262026	2016	−0.000 1	0.20
107	640193262034	2016	−0.000 1	0.20
107	640003172520	2017	−0.000 1	0.26
107	640003172539	2017	−0.000 1	0.26
107	640009171098	2017	−0.000 1	0.19
107	640009120039	2012	−0.000 1	0.18
107	640193162801	2016	−0.000 1	0.20
107	640193260634	2016	−0.000 1	0.20
107	640193261232	2016	−0.000 1	0.20
107	640193261273	2016	−0.000 1	0.20
107	640173174541	2017	−0.000 1	0.26
107	640009160966	2016	−0.000 1	0.27
107	640009171091	2017	−0.000 1	0.26
107	640005123892	2012	−0.000 1	0.27
107	640173163871	2016	−0.000 1	0.26
107	640005175227	2017	−0.000 1	0.27
107	640166120647	2012	−0.000 1	0.22

续表

排名	牛号	出生年份	经产牛死产率 EBV	EBV 准确性
107	640173174573	2017	−0.000 1	0.26
107	640005123946	2012	−0.000 1	0.22
107	640166120643	2012	−0.000 1	0.21
107	640005175175	2017	−0.000 1	0.23
107	640166120445	2012	−0.000 1	0.21
107	640003121221	2012	−0.000 1	0.29
107	640166120642	2012	−0.000 1	0.22
107	640166120636	2012	−0.000 1	0.22
107	640166141224	2014	−0.000 1	0.22
107	640166120364	2012	−0.000 1	0.26
107	640005175182	2017	−0.000 1	0.24
107	640173174518	2017	−0.000 1	0.24
107	640005175206	2017	−0.000 1	0.26
107	640166120384	2012	−0.000 1	0.29
107	640004126035	2012	−0.000 1	0.27
107	640005118026	2012	−0.000 1	0.26
107	640005123898	2012	−0.000 1	0.26
107	640003141598	2014	−0.000 1	0.20
107	640193260637	2016	−0.000 1	0.20
107	640193261276	2016	−0.000 1	0.20
107	640173126045	2012	−0.000 1	0.29
107	640009171047	2017	−0.000 1	0.26
107	640003120382	2012	−0.000 1	0.29
107	640003120397	2012	−0.000 1	0.29
107	640004126051	2012	−0.000 1	0.29

续表

排名	牛号	出生年份	经产牛死产率 EBV	EBV 准确性
107	640166120372	2012	−0.000 1	0.29
107	640166120390	2012	−0.000 1	0.29
107	640173126042	2012	−0.000 1	0.29
107	640173126047	2012	−0.000 1	0.29
107	640173126048	2012	−0.000 1	0.29
107	640173126057	2012	−0.000 1	0.29
107	640009171093	2017	−0.000 1	0.25
107	640173174531	2017	−0.000 1	0.25
107	640173174505	2017	−0.000 1	0.24
107	640173174526	2017	−0.000 1	0.24
107	640253181912	2018	−0.000 1	0.25
107	640166151476	2015	−0.000 1	0.23
107	640166151475	2015	−0.000 1	0.18
107	640251003302	2015	−0.000 1	0.19
107	640005144299	2014	−0.000 1	0.19
107	640003121216	2012	−0.000 1	0.22
107	640004126044	2012	−0.000 1	0.31
107	640009171080	2017	−0.000 1	0.25
107	640003121218	2012	−0.000 1	0.28
107	640005175205	2017	−0.000 1	0.27
107	640009171072	2017	−0.000 1	0.22
107	640003152087	2015	−0.000 1	0.19
107	640253181896	2018	−0.000 1	0.25
107	640003120492	2012	−0.000 1	0.22
107	640004126003	2012	−0.000 1	0.22

续表

排名	牛号	出生年份	经产牛死产率 EBV	EBV 准确性
107	640166120505	2012	−0.000 1	0.22
107	640004120943	2011	−0.000 1	0.27
107	640005175212	2017	−0.000 1	0.24
107	640166120377	2012	−0.000 1	0.33
107	640009171115	2017	−0.000 1	0.24
107	640005123899	2012	−0.000 1	0.29
107	640009171150	2017	−0.000 1	0.25
107	640009171032	2017	−0.000 1	0.23
107	640009171044	2017	−0.000 1	0.30
107	640003121232	2012	−0.000 1	0.28
107	640003120402	2012	−0.000 1	0.28
107	640173163844	2016	−0.000 1	0.25
107	640003152064	2015	−0.000 1	0.30
107	640173174525	2017	−0.000 1	0.30
107	640003121223	2012	−0.000 1	0.29
107	640193162053	2016	−0.000 1	0.20
107	640193261214	2016	−0.000 1	0.20
107	640009171040	2017	−0.000 1	0.30
107	640166120378	2012	−0.000 1	0.29
107	640005175180	2017	−0.000 1	0.22
107	640009171159	2017	−0.000 1	0.26
107	640005175234	2017	−0.000 1	0.22
107	640005175215	2017	−0.000 1	0.27
107	640166120344	2012	−0.000 1	0.19
107	640005175192	2017	−0.000 1	0.26

续表

排名	牛号	出生年份	经产牛死产率 EBV	EBV 准确性
107	640003121230	2012	−0.000 1	0.29
107	640005175167	2017	−0.000 1	0.24
107	640003151884	2015	−0.000 1	0.23
107	640035160454	2016	−0.000 1	0.19
107	640004177339	2017	−0.000 1	0.34
107	640005175216	2017	−0.000 1	0.27
107	640009171058	2017	−0.000 1	0.25
107	640003111113	2011	−0.000 1	0.19
107	640166120388	2012	−0.000 1	0.33
107	640004177328	2017	−0.000 1	0.35
107	640251013179	2011	−0.000 1	0.22
107	640004126046	2012	−0.000 1	0.32
107	640005123888	2012	−0.000 1	0.32
107	640004136414	2013	−0.000 1	0.24
107	640009110091	2011	−0.000 1	0.22
107	640166120380	2012	−0.000 1	0.33
107	640166120400	2012	−0.000 1	0.33
107	640004177340	2017	−0.000 1	0.33
107	640173131021	2013	−0.000 1	0.33
107	640173131022	2013	−0.000 1	0.33
107	640173131034	2013	−0.000 1	0.33
107	640173131035	2013	−0.000 1	0.33
107	640173131036	2013	−0.000 1	0.33
107	640173131090	2013	−0.000 1	0.33
107	640173131093	2013	−0.000 1	0.33

续表

排名	牛号	出生年份	经产牛死产率 EBV	EBV 准确性
107	640173131106	2013	−0.000 1	0.33
107	640173132271	2013	−0.000 1	0.33
107	640173132288	2013	−0.000 1	0.33
107	640173133025	2013	−0.000 1	0.33
107	640173133031	2013	−0.000 1	0.33
107	640173133036	2013	−0.000 1	0.33
107	640173133037	2013	−0.000 1	0.33
107	640173133048	2013	−0.000 1	0.33
107	640173141131	2014	−0.000 1	0.33
107	640173141198	2014	−0.000 1	0.33
107	640004177351	2017	−0.000 1	0.34
107	640166120673	2012	−0.000 1	0.23
107	640003141593	2014	−0.000 1	0.22
107	640003121286	2012	−0.000 1	0.23
107	640005175223	2017	−0.000 1	0.26
107	640035170546	2017	−0.000 1	0.25
107	640005175183	2017	−0.000 1	0.26
107	640005175194	2017	−0.000 1	0.25
107	640251013000	2011	−0.000 1	0.28
107	640004187405	2018	−0.000 1	0.35
107	640251012699	2011	−0.000 1	0.28
107	640005175174	2017	−0.000 1	0.26
107	640166120385	2012	−0.000 1	0.34
107	640005175166	2017	−0.000 1	0.27
107	640005123933	2012	−0.000 1	0.19

续表

排名	牛号	出生年份	经产牛死产率 EBV	EBV 准确性
107	640005118006	2012	−0.000 1	0.29
107	640005113832	2011	−0.000 1	0.18
107	640166119994	2011	−0.000 1	0.18
107	640173164148	2016	−0.000 1	0.18
107	640166120375	2012	−0.000 1	0.33
107	640005144273	2014	−0.000 1	0.19
107	640005123894	2012	−0.000 1	0.29
107	640009130134	2013	−0.000 1	0.19
107	640005144319	2014	−0.000 1	0.19
107	640003120302	2012	−0.000 1	0.18
107	640351000827	2016	−0.000 1	0.19
107	640351000944	2016	−0.000 1	0.19
107	640009130106	2013	−0.000 1	0.19
107	640351000846	2016	−0.000 1	0.21
107	640173174519	2017	−0.000 1	0.25
107	640251017367	2011	−0.000 1	0.28
107	640351000764	2016	−0.000 1	0.21
107	640251005696	2018	−0.000 1	0.32
107	640251005168	2017	−0.000 1	0.22
107	640009160816	2016	−0.000 1	0.20
107	640004126007	2012	−0.000 1	0.31
107	640251015345	2011	−0.000 1	0.28
107	640009160885	2016	−0.000 1	0.23
107	640251005251	2017	−0.000 1	0.33
107	640166120465	2012	−0.000 1	0.19

续表

排名	牛号	出生年份	经产牛死产率 EBV	EBV 准确性
107	640004177331	2017	−0.000 1	0.34
107	640173141186	2014	−0.000 1	0.32
107	640173174514	2017	−0.000 1	0.29
107	640004146564	2014	−0.000 1	0.21
107	640251015190	2011	−0.000 1	0.28
107	640253171528	2017	−0.000 1	0.34
107	640253171542	2017	−0.000 1	0.34
107	640251010472	2012	−0.000 1	0.28
107	640251010480	2012	−0.000 1	0.28
107	640251013873	2011	−0.000 1	0.28
107	640251013955	2011	−0.000 1	0.28
107	640251015016	2012	−0.000 1	0.28
107	640251015051	2011	−0.000 1	0.28
107	640251015087	2011	−0.000 1	0.28
107	640251015232	2011	−0.000 1	0.28
107	640251016255	2011	−0.000 1	0.28
107	640251016633	2011	−0.000 1	0.28
107	640251016763	2011	−0.000 1	0.28
107	640251016868	2012	−0.000 1	0.28
107	640251017031	2011	−0.000 1	0.28
107	640251017110	2011	−0.000 1	0.28
107	640251015936	2012	−0.000 1	0.28
107	640166130990	2013	−0.000 1	0.18
107	640009150708	2015	−0.000 1	0.20
107	640003121226	2012	−0.000 1	0.32

续表

排名	牛号	出生年份	经产牛死产率 EBV	EBV 准确性
107	640005117799	2011	−0.000 1	0.18
107	640166141007	2014	−0.000 1	0.21
107	640005123905	2012	−0.000 1	0.28
107	640005134153	2012	−0.000 1	0.28
107	640004136384	2013	−0.000 1	0.22
107	640005123972	2012	−0.000 1	0.19
107	640251005377	2017	−0.000 1	0.34
107	640003121253	2012	−0.000 1	0.18
107	640005175177	2017	−0.000 1	0.25
107	640003110237	2011	−0.000 1	0.18
107	640005123903	2012	−0.000 1	0.28
107	640003152048	2015	−0.000 1	0.20
107	640005175250	2017	−0.000 1	0.34
107	640004136327	2013	−0.000 1	0.20
107	640035170547	2017	−0.000 1	0.22
107	640004187375	2018	−0.000 1	0.34
107	640253181864	2018	−0.000 1	0.25
107	640166120504	2012	−0.000 1	0.24
107	640003172492	2017	−0.000 1	0.26
107	640003111080	2011	−0.000 1	0.18
107	640003152094	2015	−0.000 1	0.19
107	640166161960	2016	−0.000 1	0.19
107	640251005752	2018	−0.000 1	0.34
107	640004177329	2017	−0.000 1	0.34
107	640004177347	2017	−0.000 1	0.23

附表 15　生产寿命估计育种值（EBV）核心育种场排名前 500 名母牛

排名	牛号	出生年份	生产寿命 EBV / d	EBV 准确性
1	640003121269	2012	313.2	0.48
2	640003120302	2012	298.2	0.48
3	640003121263	2012	294.7	0.47
4	640003120337	2012	293.9	0.48
5	640003111118	2011	288.8	0.49
6	640003120347	2012	286.2	0.46
7	640003120307	2012	283.7	0.42
8	640003121320	2012	283.1	0.48
9	640003111169	2011	282.5	0.52
10	640003121275	2012	281.1	0.51
11	640003111129	2011	280.3	0.51
12	640003121273	2012	278.3	0.47
13	640003121260	2012	272.2	0.46
14	640003141674	2014	269.2	0.49
15	640003131530	2013	266.9	0.53
16	640003120342	2012	266.4	0.49
17	640003111116	2011	265.4	0.51
18	640003121259	2012	263.2	0.49
19	640003121305	2012	262.7	0.55
20	640003111156	2011	262.4	0.50
21	640003121200	2012	254.8	0.52
22	640003121299	2012	253.3	0.49
23	640003121220	2012	250.2	0.49
24	640003131361	2013	245.9	0.53
25	640003120550	2012	245.6	0.51

续表

排名	牛号	出生年份	生产寿命 EBV / d	EBV 准确性
26	640003121258	2012	243.5	0.47
27	640003111137	2011	243.0	0.48
28	640003110287	2011	241.1	0.48
29	640003131374	2013	236.2	0.53
30	640003121219	2012	235.9	0.50
31	640003131377	2013	234.2	0.53
32	640003120537	2012	230.3	0.52
33	640003120357	2012	228.7	0.48
33	640003110873	2011	228.7	0.42
35	640003121310	2012	227.0	0.48
36	640003111122	2011	226.3	0.50
37	640003121283	2012	226.2	0.48
38	640003111130	2011	225.4	0.49
39	640003110875	2011	224.0	0.42
40	640003121315	2012	220.4	0.50
41	640003121276	2012	218.1	0.51
42	640003111121	2011	215.5	0.49
43	640003128086	2012	214.7	0.44
44	640003121231	2012	214.1	0.46
45	640003121284	2012	213.9	0.47
46	640003121326	2012	213.0	0.54
47	640003128093	2012	211.7	0.45
48	640003110876	2011	211.4	0.41
49	640003110897	2011	208.7	0.42
50	640003121265	2012	207.6	0.49

续表

排名	牛号	出生年份	生产寿命 EBV / d	EBV 准确性
51	640003121327	2012	207.4	0.48
52	640003128079	2012	205.8	0.42
53	640003121308	2012	204.3	0.53
54	640003121303	2012	203.7	0.49
55	640003141739	2014	199.2	0.45
56	640003121314	2012	198.8	0.49
57	640003120532	2012	196.4	0.44
58	640003131551	2013	195.5	0.51
59	640003110877	2011	194.2	0.42
60	640003110852	2011	194.1	0.41
61	640003110839	2011	192.2	0.42
62	640003121313	2012	190.0	0.46
63	640003110886	2011	189.1	0.42
64	640003120312	2012	188.5	0.49
65	640003110868	2011	188.2	0.41
66	640003131362	2013	188.1	0.42
67	640003121253	2012	180.1	0.50
68	640003110899	2011	180.0	0.45
69	640003121272	2012	179.5	0.51
70	640003121244	2012	176.9	0.49
71	640003151923	2015	174.9	0.48
72	640003110855	2011	168.7	0.43
73	640003110861	2011	166.3	0.43
74	640003110871	2011	162.7	0.41
75	640003110838	2011	161.8	0.41

续表

排名	牛号	出生年份	生产寿命 EBV / d	EBV 准确性
76	640003162387	2016	160.0	0.39
77	640003131365	2014	155.2	0.45
78	640003110872	2011	155.0	0.41
79	640003141736	2014	154.4	0.44
80	640003110242	2011	154.3	0.51
81	640003111175	2011	154.1	0.52
82	640003110849	2011	149.5	0.41
83	640003131527	2013	146.9	0.51
84	640003110878	2011	146.8	0.41
85	640003141757	2014	146.0	0.45
86	640003110844	2011	143.9	0.42
86	640003172568	2017	143.9	0.31
88	640003110257	2011	142.6	0.51
89	640003110864	2011	142.2	0.43
90	640003141581	2014	141.4	0.46
91	640003151838	2014	140.9	0.35
92	640003162222	2016	140.6	0.44
93	640003110237	2011	140.5	0.50
94	640003110885	2011	137.7	0.41
95	640003162211	2016	135.1	0.50
96	640003110879	2011	132.8	0.48
97	640003141561	2014	132.0	0.47
98	640003111157	2011	128.6	0.48
99	640003121187	2012	127.9	0.47
100	640003141818	2014	127.6	0.49

续表

排名	牛号	出生年份	生产寿命 EBV / d	EBV 准确性
101	640003110865	2011	127.5	0.42
101	640003152078	2015	127.5	0.52
103	640003110888	2011	126.0	0.42
104	640003141826	2014	125.6	0.46
105	640003182701	2017	125.4	0.35
106	640003151863	2015	124.5	0.49
107	640003162219	2016	124.0	0.45
108	640003131498	2013	123.6	0.47
109	640003131491	2013	122.9	0.47
110	640003111141	2011	122.2	0.46
111	640003110162	2011	121.9	0.49
112	640003152038	2015	121.7	0.46
113	640003110182	2011	120.1	0.51
114	640003121246	2012	119.9	0.49
115	640003111168	2011	119.6	0.48
116	640003111138	2011	119.0	0.40
117	640003162231	2016	118.8	0.48
118	640003110883	2011	117.9	0.43
119	640003110187	2011	117.8	0.51
120	640003151848	2015	115.3	0.48
121	640003131550	2013	113.4	0.47
122	640003151875	2015	113.3	0.46
123	640003111139	2011	113.2	0.41
124	640003152016	2015	112.3	0.50
125	640003172528	2017	111.6	0.41

续表

排名	牛号	出生年份	生产寿命 EBV / d	EBV 准确性
126	640003110884	2011	110.4	0.42
127	640003110895	2011	109.6	0.42
128	640003131495	2013	108.6	0.47
129	640003162227	2016	107.8	0.47
130	640003111136	2011	107.6	0.46
131	640003131422	2013	107.2	0.36
132	640003151874	2015	105.9	0.46
133	640003141607	2014	105.5	0.46
134	640003182784	2018	103.1	0.39
135	640003121210	2012	102.8	0.48
136	640003151908	2015	101.6	0.50
136	640003120457	2012	101.6	0.51
138	640003151944	2015	101.3	0.47
139	640003110167	2011	100.1	0.51
140	640003131455	2013	99.8	0.39
141	640003111173	2011	98.7	0.48
142	640003151853	2015	98.6	0.36
143	640003162220	2016	98.4	0.47
144	640003110926	2011	98.2	0.40
145	640003151892	2015	98.1	0.33
146	640003111152	2011	98.0	0.45
147	640003151846	2014	97.6	0.50
148	640003111159	2011	97.3	0.47
149	640003151890	2015	97.2	0.34
150	640003111041	2011	97.1	0.41

续表

排名	牛号	出生年份	生产寿命 EBV / d	EBV 准确性
151	640003141741	2014	96.3	0.44
152	640003111133	2011	95.3	0.48
153	640003162235	2016	94.9	0.48
153	640003141562	2014	94.9	0.53
155	640003131459	2013	94.3	0.44
156	640003120397	2012	93.8	0.46
157	640003162161	2016	93.7	0.45
158	640003110900	2011	93.6	0.42
159	640003111132	2011	93.5	0.43
160	640003111179	2011	91.8	0.49
161	640003172621	2017	91.6	0.45
162	640003121203	2012	91.2	0.47
163	640003110811	2011	91.0	0.47
164	640003131407	2013	90.8	0.44
165	640003172455	2016	90.4	0.38
166	640003120352	2012	90.2	0.42
167	640003141821	2014	90.0	0.46
168	640003131535	2013	89.2	0.40
169	640003141560	2014	88.1	0.47
170	640003131461	2013	87.2	0.39
171	640003110282	2011	87.0	0.52
172	640003111468	2011	86.9	0.49
173	640003141716	2014	86.7	0.47
173	640003111124	2011	86.7	0.47
175	640003162244	2016	85.5	0.52

续表

排名	牛号	出生年份	生产寿命 EBV / d	EBV 准确性
176	640003141559	2014	83.9	0.47
177	640003111153	2011	83.6	0.52
178	640003131543	2013	83.4	0.48
179	640003121302	2012	82.9	0.52
179	640003110197	2011	82.9	0.51
181	640003121238	2012	82.6	0.53
182	640003110232	2011	82.5	0.51
182	640003111070	2011	82.5	0.42
184	640003162335	2016	81.7	0.38
185	640003121256	2012	81.3	0.48
186	640003121232	2012	81.1	0.50
187	640003152100	2015	80.5	0.49
188	640003141759	2014	80.0	0.35
189	640003131470	2013	79.3	0.39
190	640003111178	2011	79.2	0.49
191	640003121221	2012	77.2	0.47
192	640003120470	2012	76.9	0.48
193	640003152020	2015	76.2	0.49
193	640003100965	2010	76.2	0.43
195	640003121229	2012	76.0	0.48
196	640003141584	2014	75.8	0.45
197	640003151851	2015	75.5	0.47
198	640003162431	2016	75.4	0.45
199	640003141556	2013	75.3	0.48
200	640003128119	2012	74.5	0.43

续表

排名	牛号	出生年份	生产寿命 EBV / d	EBV 准确性
201	640003100984	2010	73.6	0.52
202	640003141622	2014	73.3	0.35
203	640003131345	2013	73.2	0.54
204	640003121228	2012	72.9	0.51
205	640003131432	2013	72.5	0.33
205	640003100935	2010	72.5	0.49
207	640003121215	2012	72.4	0.52
208	640003110904	2011	71.8	0.40
209	640003141565	2014	71.7	0.42
209	640003141774	2014	71.7	0.40
211	640003120502	2012	71.6	0.49
212	640003111042	2011	71.5	0.38
213	640003121222	2012	71.3	0.50
214	640003172453	2016	71.1	0.47
215	640003141592	2014	70.5	0.37
215	640003141586	2014	70.5	0.35
217	640003111073	2011	70.2	0.48
218	640003110906	2011	69.9	0.42
219	640003111162	2011	69.4	0.50
220	640003121286	2012	69.1	0.53
221	640003162164	2016	68.9	0.45
222	640003121289	2012	68.8	0.52
223	640003121293	2012	68.4	0.50
224	640003110207	2011	68.0	0.44
224	640003120935	2012	68.0	0.42

续表

排名	牛号	出生年份	生产寿命 EBV / d	EBV 准确性
226	640003110803	2011	67.7	0.46
227	640003152062	2015	67.4	0.46
227	640003121250	2012	67.4	0.49
229	640003110819	2011	66.2	0.47
230	640003131457	2013	65.7	0.43
231	640003131475	2013	65.6	0.46
232	640003172497	2017	65.5	0.33
233	640003110809	2011	64.7	0.46
234	640003131549	2013	64.4	0.53
235	640003151839	2014	64.2	0.46
236	640003162149	2016	63.2	0.44
237	640003120512	2012	63.1	0.50
238	640003121186	2012	62.7	0.44
239	640003141795	2014	62.6	0.48
240	640003111142	2011	62.4	0.41
240	640003131401	2013	62.4	0.41
242	640003110802	2011	61.8	0.46
243	640003131356	2013	61.4	0.54
244	640003172463	2017	61.2	0.34
245	640003120482	2012	61.1	0.53
245	640003121216	2012	61.1	0.53
247	640003162131	2016	61.0	0.49
247	640003162377	2016	61.0	0.37
249	640003110867	2011	60.5	0.38
250	640003131382	2013	60.1	0.44

续表

排名	牛号	出生年份	生产寿命 EBV / d	EBV 准确性
250	640003109832	2010	60.1	0.51
252	640003110807	2011	59.9	0.47
253	640003131346	2013	59.7	0.37
254	640003141769	2014	59.5	0.45
255	640003110821	2011	59.2	0.39
256	640003121325	2012	59.0	0.50
257	640003120492	2012	58.5	0.52
258	640003141668	2014	58.0	0.35
258	640003141724	2014	58.0	0.47
260	640003111094	2011	57.7	0.46
261	640003111154	2011	57.2	0.47
262	640003111146	2011	56.8	0.41
262	640003172623	2017	56.8	0.34
264	640003100959	2010	56.6	0.39
265	640003162192	2016	56.0	0.38
266	640003141819	2014	55.9	0.33
267	640003141580	2014	55.5	0.46
268	640003121230	2012	55.2	0.50
269	640003121297	2012	54.8	0.50
270	640003110804	2011	54.5	0.46
271	640003121292	2012	54.3	0.49
272	640003151842	2014	54.2	0.49
273	640003141608	2014	53.9	0.38
274	640003131487	2013	53.8	0.41
275	640003131389	2013	53.4	0.50

续表

排名	牛号	出生年份	生产寿命 EBV / d	EBV 准确性
276	640003111009	2011	53.3	0.49
277	640003131398	2013	52.9	0.47
278	640003131451	2013	52.6	0.39
279	640003121227	2012	51.9	0.52
280	640003167045	2016	51.5	0.43
281	640003100926	2010	51.3	0.50
281	640003167052	2016	51.3	0.43
281	640003182751	2018	51.3	0.32
281	640003121206	2012	51.3	0.51
285	640003151961	2015	51.2	0.49
286	640003162175	2016	50.8	0.42
286	640003110887	2011	50.8	0.50
288	640003111163	2011	50.7	0.46
289	640003141831	2014	50.6	0.47
290	640003110931	2011	50.5	0.41
291	640003151984	2015	50.2	0.44
292	640003141726	2014	50.1	0.34
292	640003151968	2015	50.1	0.48
294	640003131541	2013	50.0	0.46
295	640003141771	2014	49.9	0.44
296	640003120452	2012	49.5	0.50
296	640003111080	2011	49.5	0.36
298	640003111155	2011	49.3	0.47
299	640003121235	2012	48.8	0.52
300	640003120402	2012	48.5	0.47

续表

排名	牛号	出生年份	生产寿命 EBV / d	EBV 准确性
300	640003162148	2016	48.5	0.44
300	640003131381	2013	48.5	0.52
303	640003111069	2011	48.4	0.44
304	640003162413	2016	48.0	0.38
305	640003110799	2011	47.6	0.46
305	640003120367	2012	47.6	0.46
307	640003152105	2015	47.5	0.45
308	640003111135	2011	47.4	0.44
309	640003152098	2015	46.8	0.52
310	640003100939	2010	46.6	0.50
311	640003111112	2011	46.4	0.43
311	640003121251	2012	46.4	0.48
313	640003111164	2011	46.3	0.46
314	640003100927	2010	46.2	0.54
314	640003152029	2015	46.2	0.49
316	640003110815	2011	45.8	0.49
317	640003151963	2015	45.7	0.49
317	640003141693	2014	45.7	0.48
319	640003162373	2016	45.6	0.48
320	640003110911	2011	45.3	0.43
320	640003141583	2014	45.3	0.41
322	640003100934	2010	44.8	0.52
323	640003152091	2015	44.4	0.50
324	640003141710	2014	44.3	0.37
325	640003152067	2015	44.1	0.44

续表

排名	牛号	出生年份	生产寿命 EBV / d	EBV 准确性
326	640003141823	2014	43.9	0.46
327	640003131463	2013	43.6	0.45
328	640003141555	2013	43.5	0.39
329	640003100944	2010	43.1	0.49
330	640003110834	2011	42.8	0.46
331	640003131342	2013	42.4	0.50
332	640003121204	2012	42.3	0.52
333	640003120949	2012	42.2	0.43
333	640003111461	2011	42.2	0.37
335	640003111003	2011	42.0	0.49
335	640003141822	2014	42.0	0.48
337	640003121049	2012	41.7	0.30
338	640003151896	2015	40.9	0.34
339	640003110902	2011	40.4	0.40
340	640003152068	2015	39.9	0.51
340	640003111127	2011	39.9	0.46
340	640003120487	2012	39.9	0.50
343	640003141695	2014	39.8	0.47
344	640003121226	2012	39.6	0.52
345	640003151847	2014	39.4	0.48
346	640003162408	2016	39.1	0.38
346	640003172587	2017	39.1	0.34
348	640003110913	2011	39.0	0.40
348	640003141599	2014	39.0	0.41
350	640003141553	2013	38.8	0.41

续表

排名	牛号	出生年份	生产寿命 EBV / d	EBV 准确性
351	640003131488	2013	38.2	0.37
352	640003110818	2011	38.1	0.47
353	640003110152	2011	38.0	0.41
354	640003141572	2014	37.9	0.47
354	640003120955	2012	37.9	0.40
356	640003131503	2013	37.8	0.36
356	640003110012	2011	37.8	0.40
358	640003111114	2011	37.7	0.57
358	640003141703	2014	37.7	0.45
360	640003131393	2013	37.2	0.51
360	640003151859	2015	37.2	0.44
362	640003141749	2014	36.7	0.38
362	640003110905	2011	36.7	0.42
364	640003152113	2015	36.5	0.50
365	640003110896	2011	36.2	0.40
366	640003141678	2014	35.7	0.37
367	640003100918	2010	35.6	0.49
368	640003110810	2011	35.2	0.46
369	640003128169	2012	34.9	0.43
370	640003120447	2012	34.8	0.51
371	640003141597	2014	34.7	0.43
372	640003141755	2014	34.6	0.49
373	640003110805	2011	34.5	0.47
374	640003141595	2014	34.4	0.47
374	640003151910	2015	34.4	0.37

续表

排名	牛号	出生年份	生产寿命 EBV / d	EBV 准确性
376	640003111047	2011	33.9	0.41
377	640003131546	2013	33.8	0.42
377	640003100967	2010	33.8	0.49
379	640003131391	2013	33.7	0.53
379	640003100913	2010	33.7	0.51
379	640003111463	2011	33.7	0.36
382	640003110832	2011	33.6	0.38
383	640003111147	2011	33.2	0.42
384	640003162390	2016	33.0	0.43
384	640003100941	2010	33.0	0.52
386	640003162283	2016	32.8	0.39
387	640003131351	2013	32.7	0.50
388	640003152097	2015	32.3	0.51
389	640003121233	2012	32.1	0.52
390	640003110797	2011	32.0	0.46
390	640003162173	2016	32.0	0.45
392	640003100972	2010	31.9	0.48
392	640003111035	2011	31.9	0.44
394	640003111083	2011	31.4	0.50
394	640003152106	2015	31.4	0.50
396	640003141591	2014	31.3	0.39
397	640003111105	2011	31.1	0.41
398	640003110932	2011	31.0	0.42
399	640003141649	2014	30.8	0.37
400	640003162333	2016	30.7	0.45

续表

排名	牛号	出生年份	生产寿命 EBV / d	EBV 准确性
401	640003111019	2011	30.5	0.48
402	640003120462	2012	30.3	0.50
403	640003172567	2017	30.2	0.31
404	640003162206	2016	30.1	0.44
404	640003111106	2011	30.1	0.46
406	640003111045	2011	29.9	0.43
407	640003121267	2012	29.8	0.36
408	640003152008	2015	29.6	0.47
409	640003120944	2012	29.2	0.40
410	640003131490	2013	29.1	0.37
411	640003100916	2010	28.9	0.39
412	640003121217	2012	28.7	0.47
413	640003121298	2012	28.6	0.54
413	640003111075	2011	28.6	0.47
413	640003152079	2015	28.6	0.34
416	640003152023	2015	28.4	0.43
416	640003151949	2015	28.4	0.49
416	640003120497	2012	28.4	0.54
419	640003111120	2011	28.2	0.44
420	640003110923	2011	28.0	0.42
421	640003120975	2012	27.6	0.42
422	640003110192	2011	27.5	0.50
422	640003111460	2011	27.5	0.47
424	640003162407	2016	27.3	0.44
424	640003121247	2012	27.3	0.50

续表

排名	牛号	出生年份	生产寿命 EBV / d	EBV 准确性
426	640003172590	2017	27.2	0.36
427	640003151898	2015	27.0	0.45
428	640003111077	2011	26.9	0.47
429	640003121248	2012	26.8	0.48
430	640003141813	2014	26.7	0.50
431	640003131350	2013	26.6	0.38
431	640003162233	2016	26.6	0.47
431	640003141732	2014	26.6	0.40
434	640003172662	2017	26.4	0.35
435	640003141624	2014	26.2	0.35
436	640003121309	2012	25.9	0.50
437	640003151912	2015	25.7	0.34
438	640003110859	2011	25.6	0.37
439	640003141585	2014	25.4	0.39
440	640003172586	2017	25.0	0.33
441	640003151880	2015	24.8	0.44
441	640003111123	2011	24.8	0.38
443	640003141730	2014	24.5	0.34
443	640003141807	2014	24.5	0.47
445	640003131476	2013	23.5	0.48
446	640003167064	2016	23.2	0.43
446	640003172471	2017	23.2	0.40
446	640003110820	2011	23.2	0.46
449	640003121225	2012	23.1	0.51
450	640003111115	2011	22.6	0.41

续表

排名	牛号	出生年份	生产寿命 EBV / d	EBV 准确性
451	640003131360	2013	22.5	0.35
452	640003110892	2011	22.1	0.40
452	640003151951	2015	22.1	0.47
454	640003162196	2016	21.9	0.38
454	640003131536	2013	21.9	0.37
456	640003131545	2013	21.7	0.47
457	640003162304	2016	21.5	0.37
457	640003152000	2015	21.5	0.46
459	640003121015	2012	21.4	0.31
460	640003141825	2014	21.3	0.50
461	640003100954	2010	21.1	0.36
461	640003141652	2014	21.1	0.30
461	640003111140	2011	21.1	0.42
464	640003131493	2013	21.0	0.35
464	640003141743	2014	21.0	0.43
466	640003141812	2014	20.8	0.50
466	640003151966	2015	20.8	0.49
466	640003182850	2018	20.8	0.36
469	640003128163	2012	20.6	0.43
470	640003151849	2015	20.5	0.49
471	640003167116	2016	20.4	0.43
471	640003141762	2014	20.4	0.49
473	640003120517	2012	20.3	0.47
473	640003152011	2015	20.3	0.49
475	640003151932	2015	20.2	0.45

续表

排名	牛号	出生年份	生产寿命 EBV / d	EBV 准确性
476	640003152108	2015	20.0	0.50
477	640003100975	2010	19.7	0.43
478	640003151904	2015	19.1	0.37
479	640003152061	2015	18.9	0.42
479	640003141837	2014	18.9	0.45
479	640003167118	2016	18.9	0.36
482	640003111182	2011	18.8	0.37
482	640003110836	2011	18.8	0.46
484	640003110828	2011	18.5	0.49
485	640003151980	2015	18.3	0.45
486	640003162203	2016	18.1	0.37
487	640003162325	2016	18.0	0.32
488	640003152099	2015	17.9	0.52
489	640003166993	2016	17.8	0.33
490	640003121017	2012	17.7	0.30
491	640003151996	2015	17.6	0.46
492	640003131473	2013	17.3	0.41
492	640003141639	2014	17.3	0.35
494	640003152002	2015	17.2	0.42
495	640003111071	2011	17.1	0.47
496	640003128136	2012	17.0	0.41
497	640003151978	2015	16.9	0.32
497	640003162135	2016	16.9	0.50
499	640003100931	2010	16.8	0.49
500	640003162419	2016	16.5	0.37

附表 16 CPI1$_{2020}$指数核心育种场排名前 500 名母牛

排名	牛号	出生年份	CPI1$_{2020}$
1	640035107768	2010	2 642.5
2	640166141287	2014	2 629.4
3	640190130441	2013	2 627.4
4	640066100904	2010	2 581.3
5	643052100067	2010	2 575.9
6	640005113825	2011	2 575.3
7	640166099311	2009	2 572.2
8	640173090634	2009	2 571.3
9	640166099338	2009	2 570.8
10	640190128046	2012	2 570.7
11	640166110077	2011	2 570.5
12	640166151425	2015	2 570.3
13	640166119962	2011	2 570.2
14	640005113749	2011	2 570.0
15	640035128210	2012	2 569.9
16	640166130800	2013	2 569.7
17	640166120638	2012	2 569.6
18	640190141467	2014	2 569.3
19	640166130812	2013	2 569.2
20	640178110027	2011	2 568.7
21	640035097405	2009	2 568.2
21	640035128200	2012	2 568.2
21	640166119908	2011	2 568.2
21	643052110707	2011	2 568.2
21	640035117845	2011	2 568.2

续表

排名	牛号	出生年份	$CPI1_{2020}$
26	640004125988	2012	2 568.0
26	640166130842	2013	2 568.0
26	640009090021	2009	2 568.0
26	640166109701	2010	2 568.0
30	640180119154	2011	2 567.7
31	640166120480	2012	2 567.6
32	640166120633	2012	2 567.3
32	640166119920	2011	2 567.3
32	640003121286	2012	2 567.3
32	640035128224	2012	2 567.3
36	640190130081	2013	2 567.2
37	640009120096	2012	2 567.1
38	640166130816	2013	2 566.9
38	640009110045	2011	2 566.9
38	640166109791	2010	2 566.9
41	640066111087	2011	2 566.8
41	643052110617	2011	2 566.8
41	643052110611	2011	2 566.8
44	640190110275	2011	2 566.7
45	640166109742	2010	2 566.5
46	640004109699	2010	2 566.4
47	640166109731	2010	2 566.3
47	643052110802	2011	2 566.3
47	640166130761	2013	2 566.3
47	640035107717	2010	2 566.3

续表

排名	牛号	出生年份	$CPI1_{2020}$
51	640035117965	2011	2 566.2
52	640166141035	2014	2 566.1
53	640035128249	2012	2 566.0
53	640064110065	2011	2 566.0
53	640005113750	2011	2 566.0
53	640118090575	2009	2 566.0
57	640190141585	2014	2 565.7
57	640066111159	2011	2 565.7
59	640007100857	2010	2 565.6
60	640032101225	2010	2 565.5
60	640035107685	2010	2 565.5
60	640166119977	2011	2 565.5
60	640035107786	2010	2 565.5
64	640003120497	2012	2 565.4
64	640036111283	2011	2 565.4
66	640190142156	2014	2 565.3
66	640064120363	2012	2 565.3
68	641009110366	2011	2 565.2
68	64018009W203	2009	2 565.2
68	640178110915	2011	2 565.2
71	640005093469	2009	2 565.1
71	640166119953	2011	2 565.1
71	640007100866	2010	2 565.1
74	640007090735	2009	2 565.0
74	640035097573	2009	2 565.0

续表

排名	牛号	出生年份	$CPI1_{2020}$
74	640003120307	2012	2 565.0
74	640035128216	2012	2 565.0
78	640190121599	2012	2 564.9
79	640003120302	2012	2 564.8
79	640166109785	2010	2 564.8
79	640035117852	2011	2 564.8
79	640003110867	2011	2 564.8
83	640173174310	2017	2 564.7
84	640009090066	2009	2 564.6
84	640005134197	2013	2 564.6
86	641071091098	2009	2 564.5
86	640118110099	2011	2 564.5
86	640190110021	2011	2 564.5
86	640166109782	2010	2 564.5
86	640005099219	2009	2 564.5
86	640166120692	2012	2 564.5
86	640190141184	2014	2 564.5
86	640190113221	2011	2 564.5
94	640166151400	2015	2 564.4
94	640190122348	2011	2 564.4
94	640118110103	2011	2 564.4
94	640035107722	2010	2 564.4
94	640035107723	2010	2 564.4
99	640166110153	2011	2 564.2
99	640035128244	2012	2 564.2

续表

排名	牛号	出生年份	$CPI1_{2020}$
99	640166130796	2013	2 564.2
102	640012110379	2011	2 564.1
102	640009090040	2009	2 564.1
102	640166099334	2009	2 564.1
102	640190123861	2012	2 564.1
106	640032110109	2011	2 564.0
106	643052110701	2011	2 564.0
106	640005134237	2013	2 564.0
109	640066100978	2010	2 563.9
109	640003111161	2011	2 563.9
109	640166130888	2013	2 563.9
109	640005134141	2013	2 563.9
109	640004109729	2010	2 563.9
109	640166119915	2011	2 563.9
115	640064090216	2009	2 563.8
116	643051098071	2009	2 563.7
116	640166130795	2013	2 563.7
116	640190136666	2013	2 563.7
116	640003111119	2011	2 563.7
116	640032101194	2010	2 563.7
121	640190141897	2014	2 563.6
121	640035097394	2009	2 563.6
123	640190141850	2014	2 563.5
123	640190127495	2012	2 563.5
123	640166119968	2011	2 563.5

续表

排名	牛号	出生年份	$CPI1_{2020}$
123	640166109772	2010	2 563.5
127	640003120482	2012	2 563.4
127	640190142249	2014	2 563.4
127	640166109714	2010	2 563.4
130	640166151506	2015	2 563.3
130	640166109607	2010	2 563.3
130	640190111222	2011	2 563.3
130	640004095545	2009	2 563.3
134	640032110083	2011	2 563.2
134	640005154468	2015	2 563.2
134	640035097569	2009	2 563.2
137	640118090640	2009	2 563.1
137	640105090465	2009	2 563.1
137	640007100864	2010	2 563.1
140	643051116387	2012	2 563.0
140	640166151499	2015	2 563.0
140	640066111025	2011	2 563.0
140	640003121249	2012	2 563.0
140	640166109611	2010	2 563.0
140	640190141761	2014	2 563.0
146	640009110058	2011	2 562.9
146	640005117983	2011	2 562.9
146	640166141138	2014	2 562.9
146	640118110002	2011	2 562.9
150	640166099237	2009	2 562.8

续表

排名	牛号	出生年份	$CPI1_{2020}$
150	640173090648	2009	2 562.8
150	640173090642	2009	2 562.8
150	640003121208	2012	2 562.8
150	640066111100	2011	2 562.8
150	640190110247	2011	2 562.8
156	640166109732	2010	2 562.7
156	640166130890	2013	2 562.7
156	640118110008	2011	2 562.7
156	640118090564	2009	2 562.7
156	643051108551	2010	2 562.7
161	640190128024	2012	2 562.6
161	643051108189	2010	2 562.6
161	640173174315	2017	2 562.6
161	640118110014	2011	2 562.6
161	640004119909	2011	2 562.6
166	640190123651	2012	2 562.5
166	640007100910	2010	2 562.5
166	640012070100	2007	2 562.5
166	640032090911	2009	2 562.5
166	640005109750	2010	2 562.5
171	640166130835	2013	2 562.4
171	640166109762	2010	2 562.4
171	640003120550	2012	2 562.4
171	640180100204	2010	2 562.4
171	640190110080	2011	2 562.4

续表

排名	牛号	出生年份	$CPI1_{2020}$
171	640005131521	2013	2 562.4
171	640118100067	2010	2 562.4
178	640032110085	2011	2 562.3
178	643051118611	2011	2 562.3
178	640035097401	2009	2 562.3
178	640190142009	2014	2 562.3
182	640190138381	2013	2 562.2
182	640166130923	2013	2 562.2
182	640190138678	2013	2 562.2
182	640190141752	2014	2 562.2
182	640190127912	2012	2 562.2
182	640190120977	2012	2 562.2
182	640064110090	2011	2 562.2
189	640166109744	2010	2 562.1
189	640190141754	2014	2 562.1
189	640035109754	2010	2 562.1
189	640166130774	2013	2 562.1
189	640007110037	2011	2 562.1
189	640066101037	2010	2 562.1
189	640035107727	2010	2 562.1
189	640032101195	2010	2 562.1
189	640190142032	2014	2 562.1
189	640173090763	2009	2 562.1
189	640007100889	2010	2 562.1
189	640166099232	2009	2 562.1

续表

排名	牛号	出生年份	$CPI1_{2020}$
189	640219110383	2011	2 562.1
189	640190140189	2012	2 562.1
189	640166120510	2012	2 562.1
189	64305212B051	2011	2 562.1
189	640105110649	2011	2 562.1
206	640066111243	2011	2 562.0
206	640190142139	2014	2 562.0
206	640118110065	2011	2 562.0
206	640190110119	2011	2 562.0
206	640166109758	2010	2 562.0
206	640178093065	2009	2 562.0
206	640190124154	2012	2 562.0
206	640190121597	2012	2 562.0
214	640166109682	2010	2 561.9
214	640035117816	2011	2 561.9
214	640007090716	2009	2 561.9
214	640012110405	2011	2 561.9
214	640190141149	2014	2 561.9
214	640005123974	2012	2 561.9
214	640166109691	2010	2 561.9
214	640166120671	2012	2 561.9
214	640190124012	2012	2 561.9
223	640064090271	2009	2 561.8
223	640166109687	2010	2 561.8
223	640118110070	2011	2 561.8

续表

排名	牛号	出生年份	$CPI1_{2020}$
223	640173090691	2009	2 561.8
223	643051106834	2010	2 561.8
223	640190110029	2011	2 561.8
223	640007100895	2010	2 561.8
230	640118100269	2010	2 561.7
230	640190110657	2011	2 561.7
230	643091118809	2011	2 561.7
230	640166130762	2013	2 561.7
230	640064090215	2009	2 561.7
230	640004115783	2011	2 561.7
230	640009090071	2009	2 561.7
230	640166120654	2012	2 561.7
230	640190139381	2013	2 561.7
230	640190141914	2014	2 561.7
240	640190123994	2012	2 561.6
240	640032101236	2010	2 561.6
240	640166141284	2014	2 561.6
240	640035128074	2012	2 561.6
240	640003111144	2011	2 561.6
240	640190127793	2012	2 561.6
240	640190124352	2012	2 561.6
247	640003111138	2011	2 561.5
247	640190121194	2012	2 561.5
247	640024101350	2010	2 561.5
247	640166109757	2010	2 561.5

续表

排名	牛号	出生年份	$CPI1_{2020}$
247	640190142170	2014	2 561.5
247	640166120644	2012	2 561.5
247	640166109751	2010	2 561.5
254	640036120257	2012	2 561.4
254	640012120494	2012	2 561.4
254	640178110828	2011	2 561.4
254	640190113356	2011	2 561.4
254	640032090664	2009	2 561.4
259	640005134080	2013	2 561.3
259	640190140956	2014	2 561.3
259	640166120569	2012	2 561.3
259	640166151424	2015	2 561.3
259	640032110107	2011	2 561.3
259	640166099241	2009	2 561.3
259	640035107678	2010	2 561.3
266	640166141058	2014	2 561.2
267	640190111031	2011	2 561.1
267	641071102283	2010	2 561.1
267	640012090174	2009	2 561.1
267	640032110123	2011	2 561.1
267	640166120545	2012	2 561.1
267	643091108610	2010	2 561.1
267	640009110073	2011	2 561.1
274	640036111108	2011	2 561.0
274	640118110129	2011	2 561.0

续表

排名	牛号	出生年份	$CPI1_{2020}$
274	640005144411	2014	2 561.0
274	640007100892	2010	2 561.0
274	643052120207	2012	2 561.0
274	640166141343	2014	2 561.0
274	640190111032	2011	2 561.0
274	640190132191	2013	2 561.0
282	643091108740	2010	2 560.9
282	640190110084	2011	2 560.9
282	640166109727	2010	2 560.9
282	640190139157	2013	2 560.9
282	640190112152	2011	2 560.9
282	640009090052	2009	2 560.9
282	640005093470	2009	2 560.9
282	640009120015	2012	2 560.9
282	640066100920	2010	2 560.9
282	640004095557	2009	2 560.9
292	640166109755	2010	2 560.8
292	640190136014	2013	2 560.8
292	640166130953	2013	2 560.8
292	640190110643	2011	2 560.8
292	640005113765	2011	2 560.8
292	640178120198	2012	2 560.8
292	640009116268	2011	2 560.8
299	640064120283	2012	2 560.7
299	640166119952	2011	2 560.7

续表

排名	牛号	出生年份	$CPI1_{2020}$
299	640005123939	2012	2 560.7
299	640032101228	2010	2 560.7
299	640166130893	2013	2 560.7
299	640190139303	2013	2 560.7
305	640003111080	2011	2 560.6
305	640064110156	2011	2 560.6
305	640190110121	2011	2 560.6
305	640004125986	2012	2 560.6
305	640009130098	2013	2 560.6
305	640190110066	2011	2 560.6
305	641071102585	2010	2 560.6
305	640064110145	2011	2 560.6
305	640009110050	2011	2 560.6
314	640166130772	2013	2 560.5
314	640105090496	2009	2 560.5
314	641009110346	2011	2 560.5
314	640003090757	2009	2 560.5
314	640190113376	2011	2 560.5
314	640166120514	2012	2 560.5
320	640005154462	2015	2 560.4
320	640064110103	2011	2 560.4
320	640166119973	2011	2 560.4
320	640166110151	2011	2 560.4
320	640003111170	2011	2 560.4
320	640166151443	2015	2 560.4

续表

排名	牛号	出生年份	$CPI1_{2020}$
326	640190123950	2012	2 560.3
326	640005113746	2011	2 560.3
326	640003121294	2012	2 560.3
326	640066111090	2011	2 560.3
326	640035117802	2011	2 560.3
326	640180119151	2011	2 560.3
332	640190123527	2012	2 560.2
332	640190120368	2012	2 560.2
332	640178111620	2011	2 560.2
332	640180110216	2011	2 560.2
332	640166110070	2011	2 560.2
332	640066122086	2012	2 560.2
332	640180100198	2010	2 560.2
332	640190112656	2011	2 560.2
340	640035128080	2012	2 560.1
340	640190142181	2014	2 560.1
340	640007100877	2010	2 560.1
340	640066080767	2008	2 560.1
340	640003121284	2012	2 560.1
340	640035128211	2012	2 560.1
340	640009090063	2009	2 560.1
340	640190141627	2014	2 560.1
340	640118110078	2011	2 560.1
340	640035118020	2011	2 560.1
340	640166130757	2013	2 560.1

续表

排名	牛号	出生年份	$CPI1_{2020}$
340	640003121297	2012	2 560.1
352	640190142027	2014	2 560.0
352	640190130853	2013	2 560.0
352	643091101379	2010	2 560.0
352	640003111142	2011	2 560.0
352	640190123485	2012	2 560.0
352	640032110082	2011	2 560.0
352	640007110022	2011	2 560.0
352	640007100718	2010	2 560.0
352	640190139104	2013	2 560.0
352	640190141959	2014	2 560.0
352	640118100069	2010	2 560.0
352	640166110124	2011	2 560.0
352	640190141129	2014	2 560.0
352	640118090549	2009	2 560.0
352	641071090044	2009	2 560.0
352	640166110150	2011	2 560.0
352	640005124017	2012	2 560.0
369	640190127262	2012	2 559.9
369	640190127678	2012	2 559.9
369	640166120597	2012	2 559.9
369	640118100112	2010	2 559.9
369	643051116344	2011	2 559.9
369	640173090713	2009	2 559.9
369	640190123998	2012	2 559.9

续表

排名	牛号	出生年份	$CPI1_{2020}$
369	640178090013	2009	2 559.9
369	640166119966	2011	2 559.9
369	640036101029	2010	2 559.9
369	640166141116	2014	2 559.9
369	640166141140	2014	2 559.9
381	640005103639	2010	2 559.8
381	641071120258	2012	2 559.8
381	640190110086	2011	2 559.8
381	640190131877	2013	2 559.8
381	640035097417	2009	2 559.8
381	640166130767	2013	2 559.8
381	640178120089	2012	2 559.8
381	640035117938	2011	2 559.8
381	640178120057	2012	2 559.8
381	640118110051	2011	2 559.8
381	640035118022	2011	2 559.8
381	640190110103	2011	2 559.8
381	640190111051	2011	2 559.8
381	640190127350	2012	2 559.8
381	640190111643	2011	2 559.8
396	643091118791	2011	2 559.7
396	640166110244	2011	2 559.7
396	640190132286	2013	2 559.7
396	640190120593	2012	2 559.7
396	640007091058	2009	2 559.7

续表

排名	牛号	出生年份	CPI1$_{2020}$
396	640178120106	2012	2 559.7
396	640003111135	2011	2 559.7
396	640166130856	2013	2 559.7
396	640190110085	2011	2 559.7
396	640166109725	2010	2 559.7
396	640035128247	2012	2 559.7
407	640178120101	2012	2 559.6
407	640190113470	2011	2 559.6
407	640190123896	2012	2 559.6
407	640178120143	2012	2 559.6
407	640166141345	2014	2 559.6
407	640012110171	2011	2 559.6
407	640190130688	2013	2 559.6
407	640173090610	2009	2 559.6
407	640066122088	2012	2 559.6
407	640003080615	2008	2 559.6
407	640005113859	2011	2 559.6
407	640166141234	2014	2 559.6
407	640190140293	2012	2 559.6
407	640009113961	2011	2 559.6
407	640003121051	2012	2 559.6
407	640005113794	2011	2 559.6
423	64019011A449	2011	2 559.5
423	640118090567	2009	2 559.5
423	640190123448	2012	2 559.5

续表

排名	牛号	出生年份	$CPI1_{2020}$
423	640035128252	2012	2 559.5
423	640190142002	2014	2 559.5
423	640166141090	2014	2 559.5
423	640190131043	2013	2 559.5
423	640036101067	2010	2 559.5
423	640118100274	2010	2 559.5
423	640190123930	2012	2 559.5
423	640190110081	2011	2 559.5
423	640004115935	2011	2 559.5
423	640105090474	2009	2 559.5
423	640190142057	2014	2 559.5
423	640190130923	2013	2 559.5
438	640036120667	2012	2 559.4
438	640035117855	2011	2 559.4
438	643052100904	2010	2 559.4
438	640003120352	2012	2 559.4
438	640190112300	2011	2 559.4
438	640064120298	2012	2 559.4
438	640190130221	2013	2 559.4
438	640003121251	2012	2 559.4
438	640003120512	2012	2 559.4
438	640166110160	2011	2 559.4
438	640190141843	2014	2 559.4
438	640190127866	2012	2 559.4
438	640190111481	2011	2 559.4

续表

排名	牛号	出生年份	$CPI1_{2020}$
451	640032111042	2011	2 559.3
451	64018010W211	2010	2 559.3
451	640166120325	2012	2 559.3
451	640166120598	2012	2 559.3
451	640166109625	2010	2 559.3
451	640035128184	2012	2 559.3
451	640166120606	2012	2 559.3
451	640036101078	2010	2 559.3
451	640003111141	2011	2 559.3
451	640166110128	2011	2 559.3
451	640007100921	2010	2 559.3
451	640190141100	2014	2 559.3
451	640005123994	2012	2 559.3
464	640178100865	2010	2 559.2
464	640005113829	2011	2 559.2
464	640190110828	2011	2 559.2
464	640190113916	2011	2 559.2
464	640166109740	2010	2 559.2
464	640005124000	2012	2 559.2
464	640003080641	2008	2 559.2
464	640190110353	2011	2 559.2
464	640190111074	2011	2 559.2
464	640166120450	2012	2 559.2
464	640166120460	2012	2 559.2
464	640003100948	2010	2 559.2

续表

排名	牛号	出生年份	$CPI1_{2020}$
464	640166130804	2013	2 559.2
464	640012110425	2011	2 559.2
464	640003100959	2010	2 559.2
464	640032101173	2010	2 559.2
480	640190110604	2011	2 559.1
480	640036100996	2010	2 559.1
480	640190110464	2011	2 559.1
480	640004115951	2011	2 559.1
480	640118100235	2009	2 559.1
480	640066100895	2010	2 559.1
480	640190131948	2013	2 559.1
480	640190140974	2014	2 559.1
480	640190111058	2011	2 559.1
480	640178120216	2012	2 559.1
480	640190130125	2013	2 559.1
480	640190110686	2011	2 559.1
480	640190112412	2011	2 559.1
480	640032121078	2012	2 559.1
480	640166109722	2010	2 559.1
480	640190131387	2013	2 559.1
480	640024111456	2011	2 559.1
480	640166141062	2014	2 559.1
480	640190120332	2012	2 559.1
499	640035138496	2013	2 559.0
499	640190123742	2012	2 559.0